CAD/CAM/CAE 微视频讲解大系

中文版 MATLAB 2018
从入门到精通
（实战案例版）

402 集同步微视频讲解　402 个实例案例分析
☑数值分析　☑数值和符号计算　☑算法开发　☑工程与科学绘图　☑建模与仿真
☑信号处理与通信系统设计与仿真　☑金融建模设计与分析等

天工在线　编著

U0280809

中国水利水电出版社
www.waterpub.com.cn

·北京·

内 容 提 要

《中文版 MATLAB 2018 从入门到精通（实战案例版）》以目前版本最新、功能最全面的 MATLAB 2018 软件为基础，详细介绍了 MATLAB 编程、MATLAB 数据分析、MATLAB 图像处理、MATLAB 智能算法、MATLAB 信号处理和 Simulink 仿真设计等内容，既是一本涉及数学计算和仿真分析的 MATLAB 教程，也是一本讲解清晰的包含402 集同步微视频的 MATLAB 视频教程。

《中文版 MATLAB 2018 从入门到精通（实战案例版）》一书共包含 21 章，详细介绍了 MATLAB 所有常用知识点，具体内容包括 MATLAB 用户界面、MATLAB 帮助系统的使用、MATLAB 基础知识、向量与多项式、矩阵运算、图形绘制、图形标注、程序设计、矩阵分析、符号运算、数列与极限、积分、方程和方程组求解、微分方程求解、数据可视化分析、回归分析和方差分析、数据拟合与插值、优化设计、图形用户界面设计、Simulink 仿真设计等，为了进一步提高读者的 MATLAB 使用水平，本书还赠送了 7 个大型工程应用综合案例，详细介绍了 MATLAB 在控制系统分析设计、Excel 外部程序接口设计、希尔伯特矩阵运算设计、输出反馈控制器设计、数字低通信号频谱分析设计、供应中心选址设计、函数最优化解设计中的具体使用方法和技巧。基础知识和经典案例相结合，知识掌握更容易，学习更有目的性。

《中文版 MATLAB 2018 从入门到精通（实战案例版）》不仅配带 402 个实例源文件和对应的视频讲解，赠送的7 个 MATLAB 大型工程应用分析案例（包括源文件和视频），还可以拓展读者视野。

《中文版 MATLAB 2018 从入门到精通（实战案例版）》既可作为 MATLAB 软件初学者的入门用书，也可作为理工科院校相关专业的教材或辅导用书。MATLAB 功能强大，对大数据处理技术、深度学习和虚拟现实感兴趣的读者，也可选择 MATLAB 图书参考学习相关内容。

图片在版编目（ＣＩＰ）数据

中文版 MATLAB 2018 从入门到精通：实战案例版/
天工在线编著． 一北京：中国水利水电出版社，2018.8（2020.11 重印）
（CAD/CAM/CAE 微视频讲解大系）
ISBN 978-7-5170-5987-5

Ⅰ．①中… Ⅱ．①天… Ⅲ．①Matlab 软件 Ⅳ．
①TP317

中国版本图书馆 CIP 数据核字（2017）第 262517 号

丛 书 名	CAD/CAM/CAE 微视频讲解大系
书 名	中文版 MATLAB 2018 从入门到精通（实战案例版） ZHONGWENBAN MATLAB 2018 CONG RUMEN DAO JINGTONG
作 者	天工在线 编著
出版发行	中国水利水电出版社 （北京市海淀区玉渊潭南路 1 号 D 座 100038） 网址：www.waterpub.com.cn E-mail：zhiboshangshu@163.com 电话：（010）62572966-2205/2266/2201（营销中心）
经 售	北京科水图书销售中心（零售） 电话：（010）88383994、63202643、68545874 全国各地新华书店和相关出版物销售网点
排 版	北京智博尚书文化传媒有限公司
印 刷	三河市龙大印装有限公司
规 格	203mm×260mm 16 开本 34.5 印张 788 千字 4 插页
版 次	2018 年 8 月第 1 版 2020 年 11 月第 10 次印刷
印 数	59001—64000 册
定 价	89.80 元

Try your best
Never underestimate your power to change yourself!

中文版MATLAB 2018
从入门到精通（实战案例版）
本书部分案例

最优化解

三维曲面图

绘制参数曲面

绘制球面

函数光照对比图

peaks图像

各个季度所占营利总额的比例统计图

渲染图形

部门工资统计图分析

绘制矩阵图形

绘制网格面视图

绘制带等值线的三维表面图

中文版MATLAB 2018
从入门到精通（实战案例版）
本书部分案例

Try your best
Never underestimate your power to change yourself!

极坐标图形

箭头图

样本均值分析

单位冲激响应曲线

埃尔米特插值

曲线属性的设置

功率谱1

协方差曲线

图例标注函数

功率谱2

分割线显示函数

双Y轴坐标绘图

韦尔奇谱估计曲线

质量指标线性回归

网格面

绘制阶梯图

绘制符号函数曲面

绘制火柴杆图

绘制三维曲线

箱线图

白炽灯测量数据分析1

滤波后的频谱分析图

正弦图形

正弦函数拟合

y(t)单边振幅频谱

R-K方法解方程组

加零平均值噪声信号

Runge现象

R-K方法精度

polar作图

plot作图2

plot作图

积分区域

ezcontour作图

contour3作图

透视图结果

Try your best
Never underestimate your power to change yourself!

中文版MATLAB 2018
从入门到精通（实战案例版）
本书部分案例

系数图

等值线标注

极坐标系下的柱状图

松弛振荡方程求解

用assempde命令进行求解

用pdemesh命令求解

微分方程组解2

数据点图形

显示矩阵数据

微分方程组解

平均数据对比图

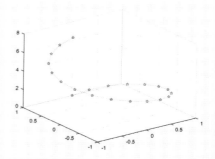

三维曲线

中文版MATLAB 2018
从入门到精通（实战案例版）
本书部分案例

Try your best
Never underestimate your power to change yourself!

绘制带洞孔的山峰表面

绘制山峰表面

绘制柱面

第十六特征模态图

函数二维插值

对peak函数插值

色彩变换

第一特征模态图

求解波动方程

求解热传导方程

前　言

Preface

　　MATLAB 是美国 MathWorks 公司出品的一个优秀的商业数学软件，它将数值分析、矩阵计算、数据可视化以及非线性动态系统的建模和仿真等诸多强大功能集成在一个易于使用的视窗环境中，为科学研究、工程设计以及与数值计算相关的众多科学领域提供了一种全面的解决方案，并成为自动控制、应用数学、信息与计算科学等专业大学生与研究生必须掌握的基本技能。

　　MATLAB 功能强大，应用范围广泛，是各大公司和科研机构相关专业的专用软件，也是各高校理工科相关学生必须掌握的专业技能之一。本书以目前版本最新、功能最全面的 MATLAB 2018 版本为基础进行编写。

本书特点

➥　内容合理，适合自学

　　本书定位以初学者为主，因为 MATLAB 功能强大，为了帮助初学者快速掌握 MATLAB 的使用方法和应用技巧，本书从基础着手，详细对 MATLAB 的基本功能进行介绍，同时根据不同读者的需求，在数学计算、图形绘制、仿真分析、最优化设计和外部接口编程等不同领域进行了详细的介绍，让读者快速入门。

➥　视频讲解，通俗易懂

　　为了提高学习效率，本书中的大部分实例都录制了教学视频。视频录制时采用模仿实际授课的形式，在各知识点的关键处给出解释、提醒和需注意事项，专业知识和经验的提炼，让你高效学习的同时，更多体会 MATLAB 功能的强大，以及数值计算的魅力与编程的乐趣。

➥　内容全面，实例丰富

　　本书在有限的篇幅内，包罗了 MATLAB 2018 常用的全部功能，包括 MATLAB 的用户界面、帮助系统的使用、MATLAB 基础知识、向量与多项式、矩阵运算、二维绘图、图形标注、三维绘图、程序设计、矩阵分析、符号运算、数列与极限、积分、方程求解、微分方程、数据可视化分析、回归分析和方差分析、数据拟合与插值、优化设计、图形用户界面设计和 Simulink 仿真设计等。知识点全面、够用。在介绍知识点时，辅以大量中小型实例（共 402 个），并提供具体的分析和设计过程，以帮助读者快速理解并掌握 MATLAB 知识要点和使用技巧。为了进一步提高读者的 MATLAB 使用能力，本书还赠送控制系统分析、Excel 外部程序接口、希尔伯特矩阵运算、输出反馈控制器、数字低通信号频谱分析、供应中心选址、函数最优化解 7 个大型工程分析和设计实例（包括对应电子书、视频讲解和源文件）。

本书显著特色

➥ **体验好，随时随地学习**

二维码扫一扫，随时随地看视频。 书中大部分实例都提供了二维码，读者朋友可以通过手机扫一扫，随时随地观看相关的教学视频。(若个别手机不能播放，请参考下面的"本书资源获取方式"，下载后在计算机上观看)

➥ **实例多，用实例学习更高效**

实例多，覆盖范围广泛，用实例学习更高效。 为方便读者学习，针对本书实例专门制作了 402 集配套教学视频，读者可以先看视频，像看电影一样轻松、愉悦地学习本书内容，然后对照课本加以实践和练习，可以大大提高学习效率。

➥ **入门易，全力为初学者着想**

遵循学习规律，入门实战相结合。 编写模式采用"基础知识+中小实例+综合实例+大型案例"的形式，内容由浅入深，循序渐进，入门与实战相结合。

➥ **服务快，让你学习无后顾之忧**

提供 QQ 群在线服务，随时随地可交流。 提供公众号、QQ 群等多渠道贴心服务。

本书资源获取方式

📢 **注意：**

本书配带视频和源文件，以及赠送的 7 个大型案例的视频和源文件及对应电子书，但本书不配带光盘，所有资源均需通过下面的方法下载后使用。

(1) 读者朋友可以关注下面的微信公众号，并在后台输入"MAT9875"并发送，获取下载链接或咨询本书的任何问题。

(2) 登录网站 xue.bookln.cn，输入书名，搜索到本书后下载。

(3) 读者可加入 QQ 群 1018022993 (若群满，会创建新群，请注意加群时的提示，并根据提示加入相应的群)，作者在线提供本书学习疑难解答，让读者无障碍地快速学习本书。

(4) 如果在图书写作上有好的建议，可将您的意见或建议发送至邮箱 945694286@qq.com，我们将根据您的意见或建议在后续图书中酌情进行调整，以更方便读者学习。

📢 **注意：**

在学习本书，或按照本书上的实例进行操作之前，请先在计算机中安装 MATLAB 2018 操作软件，您可以在 MathWorks 中文官网下载 MATLAB 软件试用版本（或购买正版），也可在当地电脑城、软件经销商处购买安装软件。

关于作者

本书由天工在线组织编写。天工在线是一个 CAD/CAM/CAE/EDA 技术研讨、工程开发、培训咨询和图书创作的工程技术人员协作联盟，包含 40 多位专职和众多兼职 CAD/CAM/CAE/EDA 工程技术专家。其创作的很多教材成为国内具有引导性的旗帜作品，在国内相关专业方向图书创作领域具有举足轻重的地位。

本书具体编写人员有张亭、秦志霞、井晓翠、解江坤、闫国超、吴秋彦、刘昌丽、康士廷、毛瑢、王敏、王玮、王艳池、王培合、王义发、王玉秋、张红松、王佩楷、陈晓鸽、张日晶、左防、禹飞舟、杨肖、吕波、李瑞、贾燕、刘建英、薄亚、方月、刘浪、穆礼渊、张俊生、郑传文、赵志超、张辉、赵黎黎、朱玉莲、徐声杰、韩冬梅、卢园、杨雪静、孟培、闫聪聪、李兵、甘勤涛、孙立明、李亚莉、王敏、宫鹏涵、左防、李谨、李瑞、张秀辉等，对他们的付出表示真诚的感谢。

致谢

MATLAB 功能强大，本书虽内容全面，但也仅涉及 MATLAB 在各方面应用的一小部分，就是这一小部分内容，为读者 MATLAB 使用的无限延伸提供了各种可能。本书在写作过程中虽然几经求证，求解，求教，但仍难免有个别错误和偏见。在此，本书作者恳切期望得到各方面专家和广大读者的指教。

本书所有实例均由作者在计算机上验证通过。

本书能够顺利出版，是作者、编辑和所有审校人员共同努力的结果，在此表示深深的感谢。同时，祝福所有读者在学习过程中一帆风顺。

编 者

目　录

Contents

第 1 章　MATLAB 用户界面

内容简介

MATLAB 是 Matrix Laboratory（矩阵实验室）的缩写。它是以线性代数软件包 LINPACK 和特征值计算软件包 EISPACK 中的子程序为基础发展起来的一种开放式程序设计语言，是一种高性能的工程计算语言，其基本的数据单位是没有维数限制的矩阵。本章主要介绍 MATLAB 的发展历程及 MATLAB 的用户界面。

内容要点

➥　MATLAB 中的科学计算概述
➥　MATLAB 2018 的工作界面

案例效果

1.1　MATLAB 中的科学计算概述

MATLAB 是一款功能非常强大的科学计算软件。在正式使用 MATLAB 之前，应该对它有一个整体的认识。

MATLAB 的指令表达式与数学、工程中常用的形式十分相似，故用 MATLAB 来计算问题要比用仅支持标量的非交互式的编程语言（如 C、FORTRAN 等语言）简捷得多，尤其是解决包含了矩阵和向量的工程技术问题。在大学中，MATLAB 是很多数学类、工程和科学类的初等和高等课程的标准指导工具。在工业上，MATLAB 是产品研究、开发和分析经常选用的工具。

1.1.1　MATLAB 的发展历程

20 世纪 70 年代中期，Cleve Moler 博士及其同事在美国国家科学基金的资助下开发了调用 EISPACK 和 LINPACK 的 FORTRAN 子程序库。EISPACK 是求解特征值的 FOTRAN 程序库，

LINPACK 是求解线性方程的程序库。在当时，这两个程序库代表矩阵运算的最高水平。

20 世纪 70 年代后期，时任美国新墨西哥大学计算机科学系主任的 Cleve Moler 教授在给学生讲授线性代数课程时，想教给学生使用 EISPACK 和 LINPACK 程序库，但他发现学生用 FORTRAN 编写接口程序很费时间。出于减轻学生编程负担的目的，他设计了一组调用 LINPACK 和 EISPACK 程序库的"通俗易用"的接口，此即用 FORTRAN 编写的萌芽状态的 MATLAB。在此后的数年里，MATLAB 在多所大学里作为教学辅助软件使用，并作为面向大众的免费软件广为流传。

1983 年，Cleve Moler 教授、工程师 John Little 和 Steve Bangert 一起用 C 语言开发了第二代专业版 MATLAB，使 MATLAB 语言同时具备了数值计算和数据图示化的功能。

1984 年，Cleve Moler 和 John Little 成立了 MathWorks 公司，正式把 MATLAB 推向市场，并继续进行 MATLAB 的研究和开发。从这时起，MATLAB 的内核采用 C 语言编写。

1993 年，MathWorks 公司推出 MATLAB 4.0 版本，从此告别 DOS 版。4.x 版在继承和发展其原有的数值计算和图形可视能力的同时，出现了几个重要变化：推出了交互式操作的动态系统建模、仿真、分析集成环境——Simulink；开发了与外部进行直接数据交换的组件，打通了 MATLAB 进行实时数据分析、处理和硬件开发的道路；推出了符号计算工具包；构造了 Notebook。

1997 年，MATLAB 5.0 版问世，紧接着是 5.1、5.2，以及 1999 年春的 5.3 版。2003 年，MATLAB 7.0 问世。

2006 年，MATLAB 分别在 3 月和 9 月进行两次产品发布，3 月发布的版本被称为"a"，9 月发布的版本被称为"b"，即 R2006a 和 R2006b。之后，MATLAB 分别在每年的 3 月和 9 月进行两次产品发布，每次发布都涵盖产品家族中的所有模块，包含已有产品的新特性和 bug 修订，以及新产品的发布。

2012 年，MathWorks 推出了 MATLAB 7.14，即 MATLAB R2012a。

2016 年 3 月，MathWorks 正式发布了 R2016a 版 MATLAB（以下简称 MATLAB 2016）和 Simulink 产品系列的 Release 2016（R2016）版本，同年 9 月，该版本被称为"b"，即 R2016b。

2017 年 3 月，MathWorks 正式发布了 R2017a 版 MATLAB（以下简称 MATLAB 2017）和 Simulink 产品系列的 Release 2017（R2017）版本，同年 9 月，该版本被称为"b"，即 R2017b。

2018 年 3 月，MathWorks 正式发布了 R2018a 版 MATLAB（以下简称 MATLAB 2018）和 Simulink 产品系列的 Release 2018（R2018）版本。

与以往的版本相比，现在的 MATLAB 拥有更丰富的数据类型和结构、更友善的面向对象的开发环境、更快速精良的图形可视化界面、更广博的数学和数据分析资源、更多的应用开发工具。

1.1.2　MATLAB 系统

MATLAB 系统主要包括以下 5 个部分。

（1）桌面工具和开发环境：MATLAB 由一系列工具组成，这些工具大部分是图形用户界面，方便用户使用 MATLAB 的函数和文件，包括 MATLAB 桌面和命令行窗口、编辑器和调试器、代码分析器和用于浏览帮助、工作空间、文件的浏览器。

（2）数学函数库：MATLAB 数学函数库提供了大量的计算算法，从初等函数（如加法、正弦、余弦等）到复杂的高等函数（如矩阵求逆、矩阵特征值、贝塞尔函数和快速傅里叶变换等）。

（3）语言：MATLAB 语言是一种高级的基于矩阵/数组的语言，具有程序流控制、函数、数据结构、输入/输出和面向对象编程等特色。用户可以在命令行窗口中将输入语句与执行命令同步，以迅速创立快速抛弃型程序，也可以先编写一个较大的复杂的 M 文件后再一起运行，以创立完整的大型应用程序。

（4）图形处理：MATLAB 具有方便的数据可视化功能，以将向量和矩阵用图形表现出来，并且可以对图形进行标注和打印。其高层次作图包括二维和三维的可视化、图像处理、动画和表达式作图；低层次作图包括完全定制图形的外观，以及建立基于用户的 MATLAB 应用程序的完整的图形用户界面。

（5）外部接口：外部接口是一个使 MATLAB 语言能与 C、FORTRAN 等其他高级编程语言进行交互的函数库，包括从 MATLAB 中调用程序（动态链接）、调用 MATLAB 为计算引擎和读写 mat 文件的设备。

1.1.3　MATLAB 的特点

MATLAB 自产生之日起，就以其强大的功能和良好的开放性而在科学计算诸软件中独占鳌头。学会了 MATLAB 就可以方便地处理诸如矩阵变换及运算、多项式运算、微积分运算、线性与非线性方程求解、常微分方程求解、偏微分方程求解、插值与拟合、统计及优化等问题了。

在进行数学计算的时候，其中最难处理的就是算法的选择。在 MATLAB 面前，这一问题迎刃而解。MATLAB 中许多功能函数都带有算法的自适应能力，且算法先进，大大解决了用户的后顾之忧，同时也大大弥补了 MATLAB 程序因为非可执行文件而影响其速度的缺陷。另外，MATLAB 提供了一套完善的图形可视化功能，为用户展示自己的计算结果提供了广阔的空间。如图 1-1～图 1-3 所示就是用 MATLAB 绘制的茶壶二维和三维图形。

图 1-1　茶壶填充对象示意图

图 1-2　茶壶三维平面图

图 1-3　茶壶三维映射图

对于一种语言来说，无论其功能多么强大，如果非常艰深，那么它绝对算不上成功的语言。

而 MATLAB 是成功的,它允许用户以数学形式的语言编写程序,比 BASIC、FORTRAN 和 C 语言等语言更接近于书写计算公式的思维方式。

MATLAB 能发展到今天这种程度,其可扩充性和可开发性起着不可估量的作用。MATLAB 本身就像一个解释系统,对其中的函数程序的执行以一种解释执行的方式进行。这样的最大好处是 MATLAB 完全成了一个开放的系统,用户可以方便地看到函数的源程序,也可以方便地开发自己的程序,甚至创建自己的工具箱。另外,MATLAB 还可以方便地与 FORTRAN、C 等语言接口,以充分利用各种资源。

任何字处理程序都能对 MATLAB 进行编写和修改,从而使得程序易于调试,人机交互性强。

1.2　MATLAB 2018 的工作界面

本节主要介绍 MATLAB 2018 的工作界面,使读者初步认识各组成部分,并掌握其操作方法。

如果是第一次使用 MATLAB 2018,启动后将进入其默认设置的工作界面,如图 1-4 所示。

MATLAB 2018 的工作界面形式简洁,主要由标题栏、功能区、工具栏、当前目录窗口(Current Folder),即当前文件夹窗口、命令行窗口(Command Window)、工作区窗口(Workspace)和命令历史记录窗口(Command History)等组成。

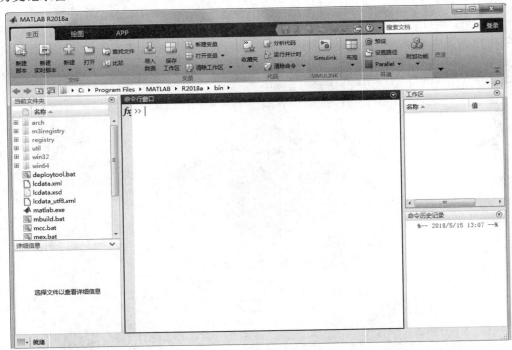

图 1-4　MATLAB 工作界面

1.2.1　标题栏

标题栏位于工作界面的顶部,如图 1-5 所示。

图 1-5　标题栏

在标题栏中，左侧为软件图标及名称；右侧有 3 个按钮，用于控制工作界面的显示。其中，单击 █ 按钮，将最小化显示工作界面；单击 ▣ 按钮，将最大化显示工作界面；单击 ✕ 按钮，将关闭工作界面。

📢 提示：

在命令行窗口中输入"exit"或"quit"命令，或按快捷键 Alt+F4，同样可以关闭 MATLAB。

动手练一练——熟悉操作界面

扫一扫，看视频

📝 思路点拨：

打开 MATLAB 2018，熟悉操作界面。
了解操作界面各部分的功能，掌握不同的操作命令，能够熟练地打开、关闭文件。

1.2.2　功能区

有别于传统的菜单栏形式，MATLAB 以功能区的形式显示各种常用的功能命令。它将所有的功能命令分类别放置在 3 个选项卡中，下面分别介绍这 3 个选项卡。

1．"主页"选项卡

选择标题栏下方的"主页"选项卡，显示基本的"新建脚本"、"新建实时脚本"等命令，如图 1-6 所示。

图 1-6　"主页"选项卡

2．"绘图"选项卡

选择标题栏下方的"绘图"选项卡，显示关于图形绘制的编辑命令，如图 1-7 所示。

图 1-7　"绘图"选项卡

3．APP（应用程序）选项卡

选择标题栏下方的 APP（应用程序）选项卡，显示多种应用程序命令，如图 1-8 所示。

图 1-8　APP（应用程序）选项卡

1.2.3　工具栏

功能区上方是工具栏，其中以图标的形式汇集了常用的操作命令。下面简要介绍工具栏中部分常用按钮的功能。

- ➘ 　：保存 M 文件。
- ➘ 　、　、　：剪切、复制或粘贴已选中的对象。
- ➘ 　、　：撤销或恢复上一次操作。
- ➘ 　：切换窗口。
- ➘ 　：打开 MATLAB 帮助系统。
- ➘ 　　　　：向前、向后、向上一级、浏览路径文件夹。
- ➘ 　▸ C: ▸ Program Files ▸ MATLAB ▸ R2018a ▸ bin ▸ ：当前路径设置栏。

1.2.4　命令行窗口

MATLAB 的使用方法和界面形态多种多样，但命令行窗口指令操作是最基本的，也是入门时首先要掌握的。

1．基本界面

MATLAB 命令行窗口的基本表现形态和操作方式如图 1-9 所示。在该窗口中可以进行各种计算操作，也可以使用命令打开各种 MATLAB 工具，还可以查看各种命令的帮助说明等。

图 1-9　命令行窗口

2．基本操作

在命令行窗口中，通过选择相应的命令可以进行清空命令行窗口、全选、查找、打印、页面设置、最小化、最大化、取消停靠等一系列基本操作。单击右上角的 按钮，弹出如图 1-10 所示下拉菜单。在该下拉菜单中，选择 "➡ 最小化" 命令，可将命令行窗口最小化到主窗口左侧，以标签（或称选项卡）形式存在，当鼠标指针移到上面时，显示窗口内容。此时在 下拉菜单中单击 按钮，即可恢复显示。

在如图 1-10 所示的下拉菜单中选择 "页面设置" 命令，弹出如图 1-11 所示的 "页面设置：命令行窗口" 对话框。该对话框中包括 3 个选项卡，分别用于对打印前命令行窗口中的文字布局、标题、字体进行设置。

图 1-10　下拉菜单

图 1-11　"页面设置：命令行窗口" 对话框

（1） "布局" 选项卡：用于对文本中的打印对象及打印颜色进行设置，如图 1-11 所示。

（2） "标题" 选项卡：用于对打印的页码及布局进行设置，如图 1-12 所示。

（3） "字体" 选项卡：可选择使用当前命令行中的字体，也可以进行自定义设置，在相应的下拉列表框中选择字体名称及字体大小，如图 1-13 所示。

图 1-12　"标题" 选项卡

图 1-13　"字体" 选项卡

3．快捷操作

选中该窗口中的命令，单击鼠标右键，在弹出的如图 1-14 所示快捷菜单中选择所需命令，即可进行相应的操作。

下面介绍几种常用命令。

（1）执行所选内容：对选中的命令进行操作。

（2）打开所选内容：执行该命令，查找所选内容所在的文件，并在命令行窗口中显示该文件中的内容。

（3）关于所选内容的帮助：执行该命令，弹出关于所选内容的相关帮助窗口，如图 1-15 所示。

图 1-14　快捷菜单

图 1-15　帮助窗口

（4）函数浏览器：执行该命令，弹出如图 1-16 所示的函数窗口。在该窗口中可以选择编程所需的函数，并对该函数进行安装与介绍。

（5）剪切：剪切选中的文本。

（6）复制：复制选中的文本。

（7）粘贴：粘贴选中的文本。

（8）全选：将显示在命令行窗口的文本全部选中。

（9）查找：执行该命令后，弹出"查找"对话框，如图 1-17 所示。在"查找内容"文本框中输入要查找的文本关键词，即可在庞大的命令程序历史记录中迅速定位所需对象的位置。

（10）清空命令行窗口：删除命令行窗口中显示的所有命令程序。

图 1-16　函数窗口

图 1-17　"查找"对话框

1.2.5　命令历史记录窗口

命令历史记录窗口主要用于记录所有执行过的命令，如图 1-18 所示。在默认条件下，它会保存自安装以来所有运行过的命令的历史记录，并记录运行时间，以方便查询。

选择"命令历史记录"→"停靠"命令，可在工作界面中固定显示命令历史记录窗口。

在命令历史记录窗口中双击某一命令，即可在命令行窗口中执行该命令。

图 1-18　"命令历史记录"命令

扫一扫，看视频

实例——显示命令历史记录窗口

在工作界面中显示命令历史记录窗口，如图 1-19 所示。

操作步骤

选择"命令历史记录"→"停靠"命令，在工作界面中固定显示命令历史记录窗口，如图 1-19 所示。

图 1-19　显示命令历史记录窗口

1.2.6　当前目录窗口

在当前目录窗口中，可显示或改变当前目录，查看当前目录下的文件，如图 1-20 所示。单击 🔍 按钮，可以在当前目录或子目录下搜索文件。

单击 ⊙ 按钮，在弹出的下拉菜单中选择相应的命令，可以执行一些常用的操作。例如，在当前目录下新建文件或文件夹（还可以指定新建文件的类型）、生成文件分析报告、查找文件、显示/隐藏文件信息、将当前目录按某种指定方式排序和分组等。

如图 1-21 所示是对当前目录中的代码进行分析，提出一些程序优化建议并生成报告。

图 1-20　当前目录窗口　　　　　　　　　　　图 1-21　M 文件分析报告

MATLAB 提供了搜索路径的设置命令，下面分别进行介绍。

实例——设置目录

通过设置目录，在命令行窗口中显示 MATLAB 文件路径，如图 1-22 所示。

扫一扫，看视频

图 1-22　设置目录

操作步骤

在命令行窗口中输入"path"，按 Enter 键，即可在命令行窗口中显示如图 1-22 所示的目录。

实例——设置文件路径

通过设置搜索路径，在命令行窗口中显示 MATLAB 文件路径，如图 1-23 所示。

扫一扫，看视频

图 1-23 "设置路径"对话框

操作步骤

在命令行窗口中输入"pathtool"，弹出"设置路径"对话框，如图 1-23 所示。

单击"添加文件夹"按钮，进入文件夹浏览对话框，把某一目录下的文件包含进搜索范围而忽略子目录；单击"添加并包含子文件夹"按钮，进入文件夹浏览对话框，将子目录也包含进来。建议选择后者以避免一些可能的错误。

动手练一练——环境设置

演示 MATLAB 2018 软件的基本操作。

扫一扫，看视频

📋 **思路点拨：**

（1）调出命令历史记录窗口。
（2）切换文件目录。

1.2.7 工作区窗口

在工作区窗口中，显示了目前内存中所有的 MATLAB 变量名、数据结构、字节数与类型。不同的变量类型有不同的变量名图标。

实例——变量赋值

源文件：yuanwenjian/ch01/bianliangfuzhi.m

在 MATLAB 中创建变量 a、b,并给其赋值,同时将整个语句保存在计算机的一段内存中,也就是工作区中,如图 1-24 所示。

图 1-24　工作区窗口

操作步骤

解:MATLAB 程序如下。

```
>> a=2
a =
     2
>> b=5
b =
     5
```

功能区面板是 MATLAB 一个非常重要的数据分析与管理窗口,与之相关的一些主要按钮功能如下。

➥ "新建脚本"按钮：新建一个 M 文件。

➥ "新建实时脚本"按钮：新建一个实时脚本,如图 1-25 所示。

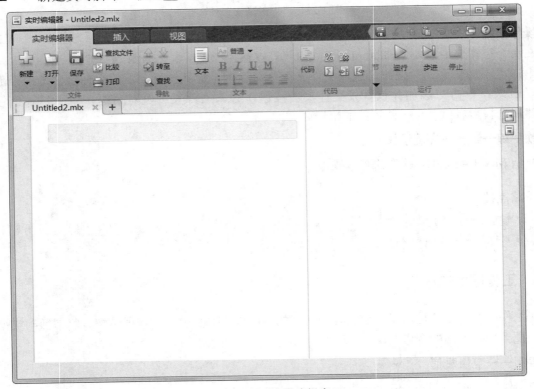

图 1-25　实时脚本编辑窗口

➤ "打开"按钮：打开选择的数据对象。单击该按钮后，弹出如图 1-26 所示的数组编辑窗口，在这里可以对数据进行各种编辑操作。

图 1-26　数组编辑窗口

➤ "导入数据"按钮：将数据文件导入到工作空间。

➤ "新建变量"按钮：创建一个变量。

➤ "保存工作区"按钮：保存工作区数据。

➤ "清除工作区"按钮：删除变量。

➤ Simulink 按钮：打开 Simulink 主窗口。

➤ "布局"按钮：打开用户界面设计窗口。

➤ "分析代码"按钮：打开代码分析器主窗口。

➤ "收藏夹"按钮：为了方便记录，在调试 M 文件时在不同工作区之间进行切换。MATLAB 在执行 M 文件时，会把 M 文件的数据保存到其对应的工作区中，并将该工作区添加到"收藏夹"文件夹里。

➤ "绘图"选项卡：绘制数据图形。单击右侧的下拉按钮，弹出如图 1-27 所示的下拉列表，从中可以选择不同的绘制命令。

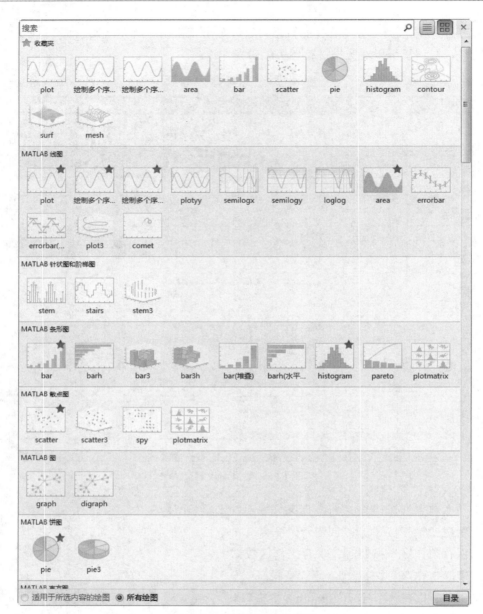

图 1-27　绘图命令下拉列表

1.2.8　图像窗口

图像窗口主要是用于显示 MATLAB 图像。MATLAB 显示的图像可以是数据的二维或三维坐标图、图片或用户图形接口。

实例——绘制函数图形

源文件：yuanwenjian/ch01/hanshu.m

在 MATLAB 图像窗口中显示函数曲线，如图 1-28 所示。

扫一扫，看视频

图 1-28　函数图形

操作步骤

解：MATLAB 程序如下。

```
>> x=0:0.1:50;
>> y=sin(x).*cos(x);
>> plot(x,y)
```

弹出如图 1-28 所示的 Figure 窗口，在其中生成默认名为 Figure 1 的图形文件，在该文件中显示程序中输入的三角图形。

利用图形文件中的菜单命令或工具按钮保存图形文件，这样在程序中需要使用该图形时，就无需再输入上面的程序，而只需要在命令行窗口中输入文件名就可以执行文件了。

第2章　帮　助　系　统

内容简介

MATLAB 的一切操作都是在它的搜索路径（包括当前路径）中进行的，需要把程序所在的目录扩展成 MATLAB 的搜索路径。若调用的函数在搜索路径之外，MATLAB 则认为此函数并不存在。

本章详细讲解 MATLAB 相关的内容的查找和搜索路径的扩展，最后介绍了 MATLAB 应用中比较实用的帮助系统。

内容要点

❯ MATLAB 内容及查找
❯ MATLAB 的帮助系统

案例效果

2.1　MATLAB 内容及查找

MATLAB 的功能是通过指令来实现的，MATLAB 包括数千条指令，对大多数用户来说，全部掌握这些指令是不可能的，但在特殊情况下，需要用到某个指令，则需要对指令进行查找。在此之前，首先需要设置的是搜索路径，方便查找。

2.1.1　MATLAB 的搜索路径

选择 MATLAB 主窗口中的菜单"主页"中的"设置路径"选项，进入到设置搜索路径对话框，如图 2-1 所示。

图 2-1　设置搜索路径对话框

这里的列表框中所列出的目录就是 MATLAB 的所有搜索路径。

如果只想把某一目录下的文件包含在搜索范围内而忽略其子目录，则单击对话框中的"添加文件夹"按钮，否则单击"添加并包含子文件夹"按钮。

为了以后的方便，这里再简单介绍一下图 2-1 中其他几个按钮的作用。

- ➥ 移至顶端：将选中的目录移动到搜索路径的顶端。
- ➥ 上移：将选中的目录在搜索路径中向上移动一位。
- ➥ 删除：将选中的目录在搜索路径中删除。
- ➥ 下移：将选中的目录在搜索路径中向下移动一位。
- ➥ 移至底端：将选中的目录移动到搜索路径的底部。
- ➥ 还原：恢复上次改变路径前的路径。
- ➥ 默认：恢复到最原始的 MATLAB 的默认路径。

📃 **知识拓展：**

在 MATLAB 命令行窗口中输入 pathtool 命令，将进入如图 2-1 所示的 MATLAB 设置搜索路径对话框。

实例——显示文件路径

源文件：yuanwenjian/ch02/wenjianlujing.m

本实例演示 path 命令得到 MATLAB 的所有搜索路径。

操作步骤

解：MATLAB 程序如下。

```
>> path
    MATLABPATH
```

扫一扫，看视频

```
C:\Documents\MATLAB
C:\Program Files\MATLAB\R2018a\toolbox\matlab\datafun
C:\Program Files\MATLAB\R2018a\toolbox\matlab\datatypes
C:\Program Files\MATLAB\R2018a\toolbox\matlab\elfun
C:\Program Files\MATLAB\R2018a\toolbox\matlab\elmat
C:\Program Files\MATLAB\R2018a\toolbox\matlab\funfun
C:\Program Files\MATLAB\R2018a\toolbox\matlab\general
C:\Program Files\MATLAB\R2018a\toolbox\matlab\iofun
C:\Program Files\MATLAB\R2018a\toolbox\matlab\lang
...
```

其中的…在 MATLAB 中是很多的显示内容,这里由于版面限制省略。

实例——显示文件路径字符串

源文件: yuanwenjian/ch02/lujingzifuchuan.m

本实例演示命令 genpath 将 MATLAB 所有搜索路径连接而成的一个长字符串。

操作步骤

解:MATLAB 程序如下。

```
>> genpath
ans =
'C:\Program Files\MATLAB\R2018a\toolbox;C:\Program
Files\MATLAB\R2018a\toolbox\aero;C:\Program
Files\MATLAB\R2018a\toolbox\aero\aero;C:\Program
Files\MATLAB\R2018a\toolbox\aero\aero\src;
...
C:\Program Files\MATLAB\R2018a\toolbox\antenna\atexamples;C:\Program Files\M...
输出已截断。文本超出命令行窗口显示的行长度,最多为 25,000 个字符。
```

其中的…在 MATLAB 中是很多的显示内容,这里由于版面限制省略。

2.1.2 扩展 MATLAB 的搜索路径

由于路径设置错误,明明看到自己编写的程序在某个路径下,MATLAB 就是找不到,并报告此函数不存在。这是初学者常犯的一个错误,需要把程序所在的目录扩展成 MATLAB 的搜索路径。

1. 利用设置搜索路径对话框设置菜单

选择 MATLAB 主窗口"主页"中的"设置路径"选项,进入到如图 2-1 所示的设置搜索路径对话框。如果只想把某一目录下的文件包含在搜索范围内而忽略其子目录,则单击对话框中的"添加文件夹"按钮,否则单击"添加并包含子文件夹"按钮,进入浏览文件夹对话框。

实例——添加文件路径

本实例演示添加 MATLAB 文件路径,如图 2-2 所示。

扫一扫,看视频

图 2-2　添加路径

操作步骤

选择 MATLAB 主窗口中"主页"中的"设置路径"选项，进入到如图 2-2 所示的设置搜索路径对话框。

单击"添加文件夹"按钮，进入如图 2-3 所示的浏览文件夹对话框。选择名为 matlabfile 的文件夹，要把此文件夹包含在 MATLAB 的搜索路径中。

图 2-3　浏览文件夹对话框

选中 matlabfile 文件夹，单击"选择文件夹"按钮，新的目录出现在搜索路径的列表中，如图 2-1 所示，单击"保存"按钮保存新的搜索路径，单击"关闭"按钮关闭对话框。新的搜索路径设置完毕。

2．使用 path 命令扩展目录

使用 path 命令也可以扩展 MATLAB 的搜索路径。就上面的例子来说，把 D:\matlabfile 扩展到搜索路径的方法是在 MATLAB 的命令行窗口中输入：

```
>> path(path,'D:\matlabfile')
```

3.使用 addpath 命令扩展目录

在早期的 MATLAB 版本中,用得最多的扩展目录命令就是 addpath,,如果要把 D:\matlabfile 添加到整个搜索路径的开始,使用命令:

```
>> addpath D:\matlabfile -begin
```

如果要把 D:\matlabfile 添加到整个搜索路径的末尾,使用命令:

```
>> addpath D:\matlabfile -end
```

4.使用 pathtool 命令扩展目录

在 MATLAB 命令行窗口中输入 pathtool 命令,将进入如图 2-1 所示的 MATLAB 设置搜索路径对话框。所以,以后的工作可参照利用设置搜索路径对话框设置菜单进行。

2.2 MATLAB 的帮助系统

MATLAB 的帮助系统非常完善,这与其他科学计算软件相比是一个突出的特点,要熟练掌握 MATLAB,就必须熟练掌握 MATLAB 帮助系统的应用。所以,用户在学习 MATLAB 的过程中,理解、掌握和熟练应用 MATLAB 帮助系统是非常重要的。

2.2.1 联机帮助系统

选中如图 2-4 所示的"资源"→"帮助"下拉菜单前 3 项中的任何一项,打开 MATLAB 联机帮助系统窗口。

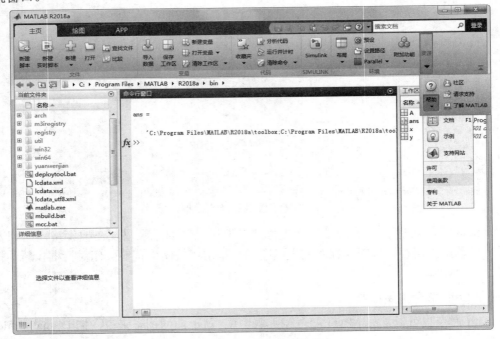

图 2-4 "帮助"下拉菜单

2.2.2 帮助命令

为了使用户更快捷地获得帮助，MATLAB 提供了一些帮助命令，包括 help 系列、lookfor 命令和其他常用的帮助命令。

1. help 系列命令

help 系列的帮助命令有 help，help+函数（类）名，helpwin 和 helpdesk，其中后两个是用来调用 MATLAB 联机帮助窗口的。

2. help 命令

help 命令是最常用的帮助命令。在命令行窗口中直接输入 help 命令将会显示当前的帮助系统中所包含的所有项目，也就是搜索路径中所有的目录名称。

实例——搜索文件

源文件：yuanwenjian/ch02/sousuowenjian.m

本实例介绍如何搜索所有目录文件。

操作步骤

解：MATLAB 程序如下。

扫一扫，看视频

```
>> help
帮助主题：

matlab\datafun          - Data analysis and Fourier transforms.
matlab\datatypes        - Data types and structures.
matlab\elfun            - Elementary math functions.
matlab\elmat            - Elementary matrices and matrix manipulation.
matlab\funfun           - Function functions and ODE solvers.
matlab\general          - General purpose commands.
matlab\iofun            - File input and output.
matlab\lang             - Programming language constructs.
matlab\matfun           - Matrix functions   - numerical linear algebra.
matlab\ops              - Operators and special characters.
matlab\polyfun          - Interpolation and polynomials.
matlab\randfun          - Random matrices and random streams.
matlab\sparfun          - Sparse matrices.
matlab\specfun          - Specialized math functions.
matlab\strfun           - Character arrays and strings.
matlab\timefun          - Time and dates.
matlab\validators       - (没有目录文件)
matlabhdlcoder          - (没有目录文件)
...
webservices\restful     - (没有目录文件)
interfaces\webservices  - MATLAB Web Services Interfaces.
```

```
xpc                               -  (没有目录文件)
xpcblocks\thirdpartydrivers       -  (没有目录文件)
build\xpcblocks                   -  (没有目录文件)
build\xpcobsolete                 -  (没有目录文件)
xpcdemos                          -  (没有目录文件)
```

其中的···在 MATLAB 中是很多的显示内容，这里由于版面限制省略。

3．help+函数（类）名

假如准确知道所要求助的主题词，或指令名称，那么使用 help 是获得在线帮助的最简单有效的途径。在平时的使用中，这个命令是最有用的，能最快、最好地解决用户在使用的过程中碰到的问题。调用格式为：

```
>> help 函数（类）名
```

扫一扫，看视频

实例——查询 eig 函数

源文件：yuanwenjian/ch02/sousuohanshu1.m

本实例演示如何查询 eig 函数。

操作步骤

解：MATLAB 程序如下。

```
>> help eig
eig - 特征值和特征向量

    此 MATLAB 函数 返回一个列向量，其中包含方阵 A 的特征值。

    e = eig(A)
    [V,D] = eig(A)
    [V,D,W] = eig(A)
    e = eig(A,B)
    [V,D] = eig(A,B)
    [V,D,W] = eig(A,B)
    [___] = eig(A,balanceOption)
    [___] = eig(A,B,algorithm)
    [___] = eig(___,eigvalOption)

    另请参阅 balance, condeig, eigs, hess, qz, schur

    eig 的参考页
    名为 eig 的其他函数
```

4．lookfor 函数

如果知道某个函数的函数名但是不知道该函数的具体用法，help 系列函数足以解决这些问题，然而，用户在很多情况下还不知道某个函数的确切名称，这时候就需要用到 lookfor 函数。

实例——搜索 quadratic 函数

源文件：yuanwenjian/ch02/sousuohanshu2.m

本实例利用 Lookfor 函数来查询关键字"quadratic"，搜索相关函数。

操作步骤

解：MATLAB 程序如下。

```
>> lookfor quadratic
dlqr          - Linear-quadratic regulator design for discrete-time systems.
lqr           - Linear-quadratic regulator design for state space systems.
lqrd          - Discrete linear-quadratic regulator design from continuous
lqgreg        - Form linear-quadratic-Gaussian (LQG) regulator
lqgtrack      - Forms a Linear-Quadratic-Gaussian (LQG) servo controller
lqi           - Linear-Quadratic-Integral control.
lqr           - Linear-quadratic regulator design for state space systems.
lqry          - Linear-quadratic regulator design with output weighting.
dlqry         - Linear quadratic regulator design with output weighting for
lqe2          - Linear quadratic estimator design. For the continuous-time system:
lqr2          - Linear-quadratic regulator design for continuous-time systems.
lqry          - Linear-quadratic regulator design with output weighting.
...
```

执行 lookfor 命令后，它对 MATLAB 搜索路径中每个 M 文件注释区的第一行进行扫描，发现此行中包含有所查询的字符串，则将该函数名和第一行注释全部显示在显示器上。当然，用户也可以在自己的文件中加入在线注释，并且最好加入。

5．其他的帮助命令

MATLAB 中还有许多其他的常用查询帮助命令，如下所示。

- ↘ who：内存变量列表。
- ↘ whos：内存变量详细信息。
- ↘ what：目录中的文件列表。
- ↘ which：确定文件位置。
- ↘ exist：变量检验函数。

2.2.3　联机演示系统

除了在使用时查询帮助，对 MATLAB 或某个工具箱的初学者，最好的学习办法是查看它的联机演示系统。MATLAB 一向重视演示软件的设计，因此无论 MATLAB 旧版还是新版，都随带各自的演示程序。只是，新版内容更丰富了。

选择 MATLAB 主窗口功能区的"资源"→"帮助"→"示例"选项，或者直接在 MATLAB 联机帮助窗口中选中 MATLAB Example 选项卡，或者直接在命令行窗口中输入 demos，将进入 MATLAB 帮助系统的主演示页面，如图 2-5 所示。

图 2-5　MATLAB 帮助系统主演示页面

　　左边是演示选项超链接，单击某个选项超链接即可进入具体的演示界面，在右边显示如图 2-6 所示。

图 2-6　具体演示界面

　　单击页面上的 Open This Example 按钮，打开该实例，运行该实例可以得到如图 2-7 所示的数值结果。

图 2-7　运行结果

2.2.4　网络资源

在前面已经介绍过，开发 MATLAB 软件的初衷是为了方便矩阵运算。随着商业软件的推广，MATLAB 不断升级。如今，MATLAB 已经把工具箱延伸到了科学研究和工程应用的许多领域。各种与实际应用相关的工具箱在 MATLAB 的 Toolboxes 中有了一席之地。

MATLAB 2018 "主页" 选项卡的右下角有一个与计算机操作系统类似的 ▓▓ Parallel ▼ 按钮，单击该按钮，选择下拉列表中的 Parallel preferences 命令，可以打开各种 MATLAB 工具、进行工具演示、查看工具的说明文档等，如图 2-8 所示。在这里寻找帮助，比 "帮助" 窗口中更方便、更简洁明了。

图 2-8　MATLAB 快捷菜单

MATLAB 的联机帮助系统非常系统全面，进入联机帮助系统的方法有以下几种：

➡ 单击 MATLAB 主窗口的 ⓘ 按钮。

➡ 在命令行窗口执行 doc 命令。

➡ 在功能区"资源"→"帮助"下拉菜单中选择"文档"选项。

联机帮助窗口如图 2-9 所示，在上面的搜索文档文本框中输入想要查询的内容，下面将显示帮助内容。

图 2-9　联机帮助窗口

第 3 章　MATLAB 基础知识

内容简介

本章简要介绍 MATLAB 的基本组成部分：数值、符号、函数。这 3 部分可单独运行，也可组合运行，在 MATLAB 中根据不同的操作实现数值计算、符号计算和图形处理的目的。

内容要点

- ↘ MATLAB 命令的组成
- ↘ 数据类型
- ↘ 运算符
- ↘ 函数运算

案例效果

3.1　MATLAB 命令的组成

MATLAB 语言基于最为流行的 C++语言，因此语法特征与 C++语言极为相似，而且更加简单，更加符合科技人员对数学表达式的书写格式，使之更利于非计算机专业的科技人员使用。同时，这种语言可移植性好、可拓展性极强。

在 MATLAB 中不同的数字、字符、符号代表不同的含义，组成了极为丰富的表达式，能满足用户的各种应用需求,如图 3-1 所示。本节将按照命令不同的生成方法简要介绍各种符号的功能。

图 3-1　命令表达式

3.1.1　基本符号

指令行"头首"的">>"是"指令输入提示符",它是自动生成的,如图 3-2 所示。为使本书简洁,本书用 MATLAB 的 M-book 写成,而在 M-book 中运行的指令前是没有提示符的。本书在此后的输入指令前将不再带提示符">>"。

图 3-2　命令行窗口

">>"为运算提示符,表示 MATLAB 处于准备就绪状态。如在提示符后输入一条命令或一段程序后按 Enter 键,MATLAB 将给出相应的结果,并将结果保存在工作区窗口中,然后再次显示一个运算提示符,为下一段程序的输入做准备。

在 MATLAB 命令行窗口中输入汉字时,会出现一个输入窗口,在中文状态下输入的括号和标点等不被认为是命令的一部分,所以在输入命令的时候一定要在英文状态下进行。

下面介绍命令输入过程中几种常见的错误及显示的警告与错误信息。

（1）输入的括号为中文格式。

```
>> sin（ ）
 sin（ ）
     ↑
错误：输入字符不是 MATLAB 语句或表达式中的有效字符。
```

（2）函数使用格式错误。

```
>> sin( )
错误使用 sin
输入参数的数目不足。
```

（3）缺少步骤，未定义变量。

```
>> sin(x)
未定义函数或变量 'x'。
```

（4）正确格式。

```
>> x=1
x =
    1
>> sin(x)
ans =
    0.8415
```

3.1.2　功能符号

除了必需的符号外，MATLAB 为了解决命令输入过于繁琐、复杂的问题，采取了分号、续行符及插入变量等方法，如表 3-1、3-2 所示。

表 3-1　快捷键表

键 盘 按 键	说　　明	键 盘 按 键	说　　明
←	向前移一个字符	Esc	清除一行
→	向后移一个字符	Del	删除光标处字符
Ctrl+←	左移一个字	Backspace	删除光标前的一个字符
Ctrl+→	右移一个字	Alt+Backspace	删除到行尾

表 3-2　标点表

标　　点	定　　义	标　　点	定　　义
:	冒号：具有多种功能	.	小数点：小数点及域访问符
;	分号：区分行及取消运行显示等	…	续行号
,	逗号：区分列及函数参数分隔符等	%	百分号：注释标记
( )	圆括号：指定运算过程中的优先顺序	!	叹号：调用操作系统运算
[]	方括号：矩阵定义的标志	=	等号：赋值标记
{}	大括号：用于构成单元数组	'	单引号：字符串标记符

1. 分号

一般情况下，在 MATLAB 中命令行窗口中输入命令，则系统随机根据指令给出计算结果。命令显示如下：

```
>> A=[1 2;3 4]
A =
     1     2
     3     4
>> B=[5 6;7 8]
B =
     5     6
     7     8
```

若不想让 MATLAB 每次都显示运算结果，只需在运算式最后加上分号（;）。命令显示如下：

```
>> A=[1 2;3 4];
>>
>> B=[5 6;7 8];
>>
```

2. 续行号

由于命令太长，或出于某种需要，输入指令行必须多行书写时，需要使用特殊符号"…"来处理，如图 3-3 所示。

MATLAB 用 3 个或 3 个以上的连续黑点表示"续行"，即表示下一行是上一行的继续。

```
>> y=1-1/2+1/3-1/4+ ...
1/5-1/6+1/7-1/8

y =

    0.6345
```

图 3-3　多行输入

3. 插入变量

在需要解决的问题比较复杂，直接输入比较麻烦，即使添加分号依旧无法解决的情况下，可引入变量，赋予变量名称与数值，最后进行计算。

变量定义之后才可以使用，如未定义就会出错，显示警告信息（字体为红色）。

```
>> x
未定义函数或变量 'x'。
```

存储变量可以不必定义，随时需要，随时定义，但是有时候如果变量很多，需要提前声明，同时也可以直接赋予 0 值，并且注释，这样方便以后区分，避免混淆。

```
>> a=1
a =
     1
>> b=2
b =
     2
```

直接输入"x=4*3"，则自动在命令行窗口显示结果。

```
>> x=4*3
x =
    12
```

命令中包含"赋值号"，因此表达式的计算结果被赋给了变量 x。指令执行后，变量 x 被保存在 MATLAB 的工作区中，以备后用。

若输入"x=4*3;"，则按 Enter 键后不显示输出结果，可继续输入指令，完成所有指令输出后，显示运算结果。命令显示如下：

```
>> x=4*3;
>>
```

3.1.3 常用指令

在使用 MATLAB 语言编制程序时，掌握常用的操作命令或技巧，可以起到事半功倍的效果。下面详细介绍其中用到的一些主要命令。

1．cd：显示或改变工作目录

```
>> cd
D:\Program Files\MATLAB\R2018a\bin                    %显示工作目录
```

2．clc：清除命令行窗口

在命令行窗口中输入"clc"，按 Enter 键，执行该命令，则自动清除命令行窗口中的所有程序，如图 3-4 所示。

图 3-4　清除命令

实例——清除内存变量

源文件： yuanwenjian/ch03/neicun.m

本实例通过给变量 a 赋值 1，然后清除赋值，来演示如何清除内存变量。

在命令行窗口中输入"clear"，按 Enter 键，执行该命令，则自动清除内存中变量的定义。

操作步骤

解：MATLAB 程序如下。

```
>> a=1
a =
    1
>> clear a
>> a
未定义函数或变量 'a'。
```

扫一扫，看视频

除了上述 3 个命令，在使用 MATLAB 2018 编制程序时，还会经常用到一些其他命令，如表 3-3 所示。

表 3-3　其他常用的操作命令

命　　令	功　　能	命　　令	功　　能
clf	清除图形窗口	hold	保持图形
diary	日志文件	load	加载指定文件的变量
dir	显示当前目录下文件	pack	整理内存碎片
disp	显示变量或文字内容	path	显示搜索目录
echo	命令行窗口信息显示开关	quit	退出 MATLAB 2018
save	保存内存变量指定文件	type	显示文件内容

在 M 语言中，还有一些键盘按键被赋予了特殊的意义。下面介绍常用的几种键盘按键及其功能，如表 3-4 所示。

表 3-4 键盘操作技巧

键 盘 按 键	说　明	键 盘 按 键	说　明
↑	重调前一行	Home	移动到行首
↓	重调下一行	End	移动到行尾

3.2 数 据 类 型

MATLAB 的数据类型主要包括：数字、字符串、向量、矩阵、单元型数据及结构型数据。矩阵是 MATLAB 语言中最基本的数据类型，从本质上讲它是数组。向量可以看作只有一行或一列的矩阵（或数组）；数字也可以看作矩阵，即一行一列的矩阵；字符串也可以看作矩阵（或数组），即字符矩阵（或数组）；而单元型数据和结构型数据都可以看作以任意形式的数组为元素的多维数组，只不过结构型数据的元素具有属性名。

本书中，在不需要强调向量的特殊性时，向量和矩阵统称为矩阵（或数组）。

3.2.1 变量与常量

1. 变量

变量是任何程序设计语言的基本元素之一，MATLAB 语言当然也不例外。与常规的程序设计语言不同的是，MATLAB 并不要求事先对所使用的变量进行声明，也不需要指定变量类型，MATLAB 语言会自动依据所赋予变量的值或对变量所进行的操作来识别变量的类型。在赋值过程中，如果赋值变量已存在，则 MATLAB 将使用新值代替旧值，并以新值类型代替旧值类型。在MATLAB 中变量的命名应遵循如下规则：

- ↘ 变量名必须以字母开头，之后可以是任意的字母、数字或下划线。
- ↘ 变量名区分字母的大小写。
- ↘ 变量名不超过 31 个字符，第 31 个字符以后的字符将被忽略。

与其他的程序设计语言相同，在 MATLAB 语言中也存在变量作用域的问题。在未加特殊说明的情况下，MATLAB 语言将所识别的一切变量视为局部变量，即仅在其使用的 M 文件内有效。若要将变量定义为全局变量，则应当对变量进行声明，即在该变量前加关键字 global。一般来说，全局变量均用大写的英文字符表示。

2. 常量

MATLAB 语言本身也提供了一些预定义的变量，这些特殊的变量称为常量。表 3-5 给出了MATLAB 语言中经常使用的一些常量。

表 3-5　MATLAB 中的常量

常 量 名 称	说　明
ans	MATLAB 中的默认变量
pi	圆周率
eps	浮点运算的相对精度
inf	无穷大，如 1/0
NaN	不定值，如 0/0、∞/∞、$0*\infty$
i(j)	复数中的虚数单位
realmin	最小正浮点数
realmax	最大正浮点数

实例——显示圆周率 pi 的值

源文件：yuanwenjian/ch03/yuanzhoulv.m

本实例演示如何显示圆周率 pi 的默认值。

扫一扫，看视频

操作步骤

解：MATLAB 程序如下。

在命令行窗口提示符"＞＞"后输入"pi"，然后按 Enter 键，出现以下内容。

```
>> pi
ans =
    3.1416
```

这里的 ans 是指当前的计算结果，若计算时用户没有对表达式设定变量，系统自动将当前结果赋给 ans 变量。

在定义变量时应避免与常量名相同，以免改变这些常量的值。如果已经改变了某个常量的值，可以通过"clear+常量名"命令恢复该常量的初始设定值。当然，重新启动 MATLAB 也可以恢复这些常量值。

实例——改变圆周率初始值

源文件：yuanwenjian/ch03/gaibianchuzhi.m

本实例演示给圆周率 pi 赋值 1，然后恢复。

扫一扫，看视频

操作步骤

解：MATLAB 程序如下。

```
>> pi=1
pi =
     1
>> clear pi
>> pi
ans =
    3.1416
```

✍ **小技巧：**

若不想让 MATLAB 每次都显示运算结果，只需在运算式最后加上分号（；）即可；若要显示变量 a 的值，直接输入"a"即可，即＞＞a。

3.2.2 数值

MATLAB 以矩阵为基本运算单元，而构成矩阵的基本单元是数值。为了更好地学习和掌握矩阵的运算，首先对数值的基本知识作一简单介绍。

1. 数值类型

（1）整型。

整型数据是不包含小数部分的数值型数据，用字母 I 表示。整型数据只用来表示整数，以二进制形式存储。下面介绍整型数据的分类。

- char：字符型数据，属于整型数据的一种，占用 1 个字节。
- unsigned char：无符号字符型数据，属于整型数据的一种，占用 1 个字节。
- short：短整型数据，属于整型数据的一种，占用 2 个字节。
- unsigned short：无符号短整型数据，属于整型数据的一种，占用 2 个字节。
- int：有符号整型数据，属于整型数据的一种，占用 4 个字节。
- unsigned int：无符号整型数据，属于整型数据的一种，占用 4 个字节。
- long：长整型数据，属于整型数据的一种，占用 4 个字节。
- unsigned long：无符号长整型数据，属于整型数据的一种，占用 4 个字节。

实例——显示十进制数字

源文件：yuanwenjian/ch03/shijinzhi.m

本实例练习十进制数字的显示。

扫一扫，看视频

操作步骤

解：MATLAB 程序如下。

```
>> 3.00000
ans =
     3
>> 3
ans =
     3
>> .3
ans =
    0.3000
>> .06
ans =
    0.0600
```

（2）浮点型。

浮点型数据只采用十进制，有两种形式，即十进制数形式和指数形式。

① 十进制数形式：由数码 0～9 和小数点组成，如 0.0、.25、5.789、0.13、5.0、300.、-267.8230。

② 指数形式：由十进制数，加阶码标志"e"或"E"以及阶码（只能为整数，可以带符号）组成。其一般形式为：

$$a\,E\,n$$

其中，a 为十进制数，n 为十进制整数，表示的值为 a*10ⁿ。

例如，2.1E5 等于 $2.1*10^5$，3.7E-2 等于 $3.7*10^{-2}$，0.5E7 等于 $0.5*10^7$，-2.8E-2 等于$-2.8*10^{-2}$。

实例——指数的显示

源文件：yuanwenjian/ch03/zhishuxianshi.m

本实例练习指数的显示。

扫一扫，看视频

操作步骤

解：MATLAB 程序如下。

```
>> 3E6
ans =
   3000000
>> 3e6
ans =
   3000000
>> 4e0
ans =
   4
>> 0.5e5
ans =
   50000
```

下面介绍常见的不合法的实数。

➘　E7：阶码标志 E 之前无数字。

➘　53.-E3：负号位置不对。

➘　2.7E：无阶码。

浮点型变量还可分为两类：单精度型和双精度型。

➘　float：单精度说明符，占 4 个字节（32 位）内存空间，其数值范围为 3.4E-38～3.4E+38，只能提供 7 位有效数字。

➘　double：双精度说明符，占 8 个字节（64 位）内存空间，其数值范围为 1.7E-308～1.7E+308，可提供 16 位有效数字。

（3）复数类型。

把形如 $a+bi$（a,b 均为实数）的数称为复数。其中，a 称为实部（real part），记作 Rez=a；b 称为虚部（imaginary part），记作 Imz=b；i 称为虚数单位。

当虚部等于 0（即 $b=0$），这个复数可以视为实数；当 z 的虚部不等于 0，实部等于 0（即 $a=0$ 且 $b\neq0$）时，$z=bi$，常称 z 为纯虚数。

复数的四则运算规定如下。

➘　加法法则：$(a+bi)+(c+di)=(a+c)+(b+d)i$。

➘　减法法则：$(a+bi)-(c+di)=(a-c)+(b-d)i$。

➘　乘法法则：$(a+bi)\cdot(c+di)=(ac-bd)+(bc+ad)i$。

➘　除法法则：$(a+bi)/(c+di)=(ac+bd)/(c^2+d^2)+(bc-ad)i/(c^2+d^2)$。

实例——复数的显示

源文件：yuanwenjian/ch03/fushuxianshi.m

本实例练习复数的显示。

扫一扫，看视频

操作步骤

解：MATLAB 程序如下。

```
>> 1+2i
ans =
   1.0000 + 2.0000i
>> 2-3i
ans =
   2.0000 - 3.0000i
>> 5+6j
ans =
   5.0000 + 6.0000i
>> 2i
ans =
   0.0000 + 2.0000i
>> -3i
ans =
   0.0000 - 3.0000i
```

2. 数字的显示格式

一般而言，在 MATLAB 中数据的存储与计算都是以双精度进行的，但有多种显示形式。在默认情况下，若数据为整数，就以整数表示；若数据为实数，则以保留小数点后 4 位的精度近似表示。

用户可以改变数字显示格式。控制数字显示格式的命令是 format，其调用格式如表 3-6 所示。

实例——显示长整型圆周率

源文件：yuanwenjian/ch03/changzhengxing.m

本实例演示如何控制数字显示格式。

操作步骤

解：MATLAB 程序如下。

```
>> format long , pi
ans =
   3.141592653589793
```

扫一扫，看视频

表 3-6　format 调用格式

调 用 格 式	说　　明
format short	5 位定点表示（默认值）
format long	15 位定点表示
format short e	5 位浮点表示
format long e	15 位浮点表示
format short g	在 5 位定点和 5 位浮点中选择最好的格式表示，MATLAB 自动选择
format long g	在 15 位定点和 15 位浮点中选择最好的格式表示，MATLAB 自动选择
format hex	十六进制格式表示
format +	在矩阵中，用符号+、-和空格表示正号、负号和零
format bank	用美元与美分定点表示
format rat	以有理数形式输出结果
format compact	变量之间没有空行
format loose	变量之间有空行

动手练一练——对比数值的显示格式

本练习演示长整型与短整型数字的显示。

📝 **思路点拨：**

源文件：yuanwenjian/ch03/shuzhixianshi.m
使用 format long 与 format short 演示整型数字与小数数字的显示结果。

3.3 运 算 符

MATLAB 提供了丰富的运算符，能满足用户的各种应用需求。这些运算符包括算术运算符、关系运算符和逻辑运算符。本节将简要介绍各种运算符的功能。

3.3.1 算术运算符

MATLAB 语言的算术运算符如表 3-7 所示。

表 3-7 MATLAB 语言的算术运算符

运 算 符	定 义
+	算术加
-	算术减
*	算术乘
.*	点乘
∧	算术乘方
.∧	点乘方
\	算术左除
.\	点左除
/	算术右除
./	点右除
'	矩阵转置。当矩阵是复数时，求矩阵的共轭转置
.'	矩阵转置。当矩阵是复数时，不求矩阵的共轭

其中，算术运算符加、减、乘及乘方与传统意义上的加、减、乘及乘方类似，用法基本相同，而点乘、点乘方等运算有其特殊的一面。点运算是指元素点对点的运算，即矩阵内元素对元素之间的运算。点运算要求参与运算的变量在结构上必须是相似的。

MATLAB 的除法运算较为特殊。对于简单数值而言，算术左除与算术右除也不同。算术右除与传统的除法相同，即 a/b=a÷b；而算术左除则与传统的除法相反，即 a\b=b÷a。对矩阵而言，算术右除 B/A 相当于求解线性方程 X*A=B 的解；算术左除 A\B 相当于求解线性方程 A*X=B 的解。点左除与点右除与上面的点运算相似，是变量对应于元素进行点除。

在 MATLAB 下进行简单数值运算，只需将运算式在提示符（>>）之后直接输入，并按 Enter 键即可。

实例——计算乘法

源文件：yuanwenjian/ch03/shuzhichengfa.m

本实例计算 145 与 25 的乘积。

操作步骤

解：MATLAB 程序如下。

可以直接输入：

```
>> 145*25
ans =
    3625
```

用户也可以输入：

```
>> x=145*25
x =
    3625
```

实例——立方运算

源文件：yuanwenjian/ch03/shuzhilifang.m

本实例计算 57^3。

操作步骤

解：MATLAB 程序如下。

```
>> x= 57^3
x =
    185193
```

实例——计算平方根

源文件：yuanwenjian/ch03/shuzhipingfanggen.m

本实例计算 $\sqrt{57^5+6}$。

操作步骤

解：MATLAB 程序如下。

```
>> x= 57^5+6
x =
    601692063
>> y= sqrt(x)
y =
   2.4529e+04
```

3.3.2 关系运算符

关系运算符主要用于对矩阵与数、矩阵与矩阵进行比较，返回表示二者关系的由数字 0 和 1 组成的矩阵，0 和 1 分别表示不满足和满足指定关系。

MATLAB 语言的关系运算符如表 3-8 所示。

表 3-8 MATLAB 语言的关系运算符

运　算　符	定　义
==	等于
～=	不等于
>	大于
>=	大于等于
<	小于
<=	小于等于

扫一扫，看视频

实例——比较字符大小

源文件：yuanwenjian/ch03/bijiaozifu.m

本实例计算 x 与 y 赋值后的大小。

操作步骤

解：MATLAB 程序如下。

```
>> x=1
x =
     1
>> y=2
y =
     2
>> x>=y
ans =
     0
```

3.3.3　逻辑运算符

MATLAB 语言进行逻辑判断时，所有非零数值均被认为真，而零为假。在逻辑判断结果中，判断为真时输出 1，判断为假时输出 0。

MATLAB 语言的逻辑运算符如表 3-9 所示。

表 3-9 MATLAB 语言的逻辑运算符

运　算　符	定　义
&或 and	逻辑与。两个操作数同时为非零值时，结果为 1，否则为 0
|或 or	逻辑或。两个操作数同时为 0 时，结果为 0，否则为 1
～	逻辑非。当操作数为 0 时，结果为 1，否则为 0
xor	逻辑异或。两个操作数之一为非零值时，结果为 1，否则为 0
any	有非零元素则为 1
all	所有元素均非零则为 1

在算术、关系、逻辑 3 种运算符中，算术运算符优先级最高，关系运算符次之，而逻辑运算符优先级最低。在逻辑运算符中，"非"的优先级最高，"与"和"或"有相同的优先级。

下面结合实例，详细介绍 MATLAB 语言的逻辑运算符和逻辑运算函数。逻辑运算中，通常用元素 1 表示真，元素 0 表示假。（假设进行运算的两个操作数分别为 A 和 B。）

（1）逻辑"与"。运算符"&"或运算函数"and(A,B)"。当两个操作数 A 和 B 全为非零时，运算结果为 1；只要两个操作数 A 和 B 中有一个为 0，运算结果则为 0。例如：

```
>> A=2;                          >> A=2;
>> B=4;                          >> B=4;
>> A & B                         >> and(A,B)
ans =                            ans =
  logical                          logical
   1                                1
>> A=2;                          >> A=2;
>> B=0;                          >> B=0;
>> A & B                         >> and(A,B)
ans =                            ans =
  logical                          logical
   0                                0
```

（2）逻辑"或"。运算符"|"或运算函数"or(A,B)"。当两个操作数 A 和 B 中有一个为非零时，运算结果为 1；当两个操作数 A 和 B 全为 0，运算结果才为 0。例如：

```
>> A=3;                          >> A=3;
>> B=0;                          >> B=0;
>> A | B                         >> or(A,B)
ans =                            ans =
  logical                          logical
   1                                1
>> A=0;                          >> A=0;
>> B=0;                          >> B=0;
>> A | B                         >> or(A,B)
ans =                            ans =
  logical                          logical
   0                                0
```

（3）逻辑"非"，运算符"~"或运算函数"not(A)"。当操作数 A 为非零时，运算结果为 0；当操作数 A 为 0，运算结果则为 1。例如：

```
>> A=3;                          >> A=3;
>> ~A                            >> not(A)
ans =                            ans =
  logical                          logical
   0                                0
>> A=0;                          >> A=0;
>> ~A                            >> not(A)
ans =                            ans =
  logical                          logical
   1                                1
```

（4）逻辑"异或"，运算函数"xor(A，B)"。当两个操作数 A 和 B 相同时，运算结果为 0；当两个操作数 A 和 B 不相同时，运算结果则为 1。例如：

```
>> A=2;                          >> A=2;
>> B=2;                          >> B=1;
>> xor(A,B)                      >> xor(A,B)
ans =                            ans =
  logical                          logical
   0                                1
```

（5）any：有非零元素则为真。输入格式为：B = any(A)；B = any(A,dim)。

```
>> any(15)
```

```
ans =
  logical
    1
>> any(logical(5),logical(5))
ans =
  logical
    1
```

（6）all：所有元素均非零则为真。输入格式为：B = all(A)；B = all(A,dim)。

```
>> all(15)
ans =
  logical
    1
```

动手练一练——数值的逻辑运算练习

本练习主要练习逻辑运算符的应用。

 思路点拨：

源文件：yuanwenjian/ch03/luojiyunsuan.m
练习使用逻辑运算符。

扫一扫，看视频

3.4 函 数 运 算

简单数学运算除了基本的四则运算外，还包括复数运算、三角函数运算、指数运算等。本节将介绍进行简单数学运算所用到的运算符及函数。

3.4.1 复数运算

MATLAB 提供的复数函数包括以下 9 种。

- ➘ abs：模。
- ➘ angle：复数的相角。
- ➘ complex：用实部和虚部构造一个复数。
- ➘ conj：复数的共轭。
- ➘ imag：复数的虚部。
- ➘ real：复数的实部。
- ➘ unwrap：调整矩阵元素的相位。
- ➘ isreal：是否为实数矩阵。
- ➘ cplxpair：把复数矩阵排列成复共轭对。

1．复数的四则运算

如果复数 $c_1 = a_1 + b_1 i$ 和复数 $c_2 = a_2 + b_2 i$，那么它们的加、减、乘、除运算定义如下。

$$c_1 + c_2 = (a_1 + a_2) + (b_1 + b_2) i$$
$$c_1 - c_2 = (a_1 - a_2) + (b_1 - b_2) i$$
$$c_1 \times c_2 = (a_1 a_2 - b_1 b_2) + (a_1 b_2 + b_1 a_2) i$$

$$\frac{c_1}{c_2} = \frac{(a_1 a_2 + b_1 b_2)}{(a_1^2 + b_2^2)} + \frac{(b_1 a_2 - a_1 b_2)}{(a_2^2 + b_2^2)} i$$

当两个复数进行二元运算，MATLAB 将会用上面的法则进行加法、减法、乘法和除法运算。

```
>> A=1+2i;
>> B=3+5i;
>> C=A+B
C =
   4.0000 + 7.0000i
>> C=A-B
C =
  -2.0000 - 3.0000i
>> C=A*B
C =
  -7.0000 +11.0000i
>> C=A/B
C =
   0.3824 + 0.0294i
```

2. 复数的模

复数除基本表达方式外，在平面内还有另一种表达方式，即用极坐标表示为：

$$z = a + bi = z \angle \theta$$

其中，z 代表向量的模，θ 代表辐角。直角坐标中的 a，b 和极坐标 z，θ 之间的关系为

$$a = z \cos\theta$$
$$b = z \sin\theta$$
$$z = \sqrt{a^2 + b^2}$$
$$\theta = \arctan\frac{b}{a}$$

这里，调用 abs 函数可直接得到复数的模。

```
>> A=1+2i;
>> B=angle(A)                    %得到复数的辐角 θ
B =
   1.1071
>> C=abs(A)                      %得到复数的模
C =
   2.2361
```

3. 复数的共轭

如果复数 $c=a+bi$，那么该复数的共轭复数为 $d=a-bi$。

```
>> A=1+2i;
>> B=real(A)                     %得到复数的实数部分
B =
    1
>> C=imag(A)                     %得到复数的虚数部分
C =
    2
>> D=conj(A)                     %得到复数的共轭复数
D =
   1.0000 - 2.0000i
```

4．构造复数

直接输入 $a+bi$ 形式的数值，得到该复数；使用函数 complex(a,b)，同样可得到相同的复数。

```
>> complex(1,3)                    %函数构造复数
ans =
   1.0000 + 3.0000i
>> 1+3i                            %直接输入复数
ans =
   1.0000 + 3.0000i
```

5．实数矩阵

若单个复数或复数矩阵中的元素中虚部为 0，即显示为：

$$c = a + bi$$

其中，$b=0$，可以简写为：

$$c = a$$

符合这种条件的复数矩阵，称为实数矩阵。调用 isreal(X)函数显示结果为 1，反之显示为 0。

```
>> A=1+2i;
>> isreal(A)
ans =
logical
    0
>> M=1
M =
    1
>> isreal(M)
ans =
logical
    1
```

3.4.2　三角函数运算

三角函数是以角度为自变量的函数，一般用于计算三角形中未知长度的边和未知的角度。如图 3-5 所示，当平面上的 3 点 A、B、C 的连线 AB、AC、BC 构成一个直角三角形，其中 $\angle ACB$ 为直角时，对 $\angle BAC$ 而言，对边 $a=BC$、斜边 $c=AB$、邻边 $b=AC$，则存在如表 3-10 关系。

图 3-5　三角形

表 3-10　三角函数

基 本 函 数	缩　　写	表　达　式	
正弦函数 sine	sin	a/c	$\angle A$ 的对边比斜边
余弦函数 cosine	cos	b/c	$\angle A$ 的邻边比斜边
正切函数 tangent	tan	a/b	$\angle A$ 的对边比邻边
余切函数 cotangent	cot	b/a	$\angle A$ 的邻边比对边
正割函数 secant	sec	c/b	$\angle A$ 的斜边比邻边
余割函数 cosecant	csc	c/a	$\angle A$ 的斜边比对边

第4章　向量与多项式

内容简介

在 MATLAB 中，系统识别数字及一些特殊常量，可以在程序运行中直接使用的。包括本章讲解向量、多项式及特殊变量。但大多数情况下，这些数据是需要进行定义后，才能进行使用。否则不能被识别，显示警告信息，同时程序不能被运行。

内容要点

➥　向量
➥　多项式
➥　特殊变量

案例效果

4.1　向　　量

向量是由 n 个数 a_1, a_2, $\cdots$, a_n 组成的有序数组，记成

$$a = \begin{pmatrix} a_1 \\ a_2 \\ \vdots \\ a_n \end{pmatrix} \text{ 或 } a^T = (a_1, a_2, \cdots, a_n)$$

叫做 n 维向量，向量 a 的第 i 个分量称为 a_i。

4.1.1　向量的生成

向量的生成有直接输入法、冒号法和利用 MATLAB 函数创建 3 种方法。

（1）直接输入法。

生成向量最直接的方法就是在命令行窗口中直接输入。格式上的要求如下。

➥　向量元素需要用"[ ]"括起来。

➥　元素之间可以用空格、逗号或分号分隔。

✍ 说明：

用空格和逗号分隔生成行向量，用分号分隔形成列向量。

实例——直接输入生成向量

源文件：yuanwenjian/ch04/xiangliang1.m

本实例利用直接输入法生成向量。

操作步骤

解：MATLAB 程序如下。

```
>> x=[2 4 6 8]
x =
   2    4    6    8
```

又如

```
>> x=[1;2;3]
x =
     1
     2
     3
```

（2）冒号法。

基本格式是 x=first:increment:last，表示创建一个从 first 开始，到 last 结束，数据元素的增量为 increment 的向量。若增量为 1，上面创建向量的方式简写为 x=first:last。

实例——冒号创建向量

源文件：yuanwenjian/ch04/xiangliang2.m

本实例创建一个从 0 开始，增量为 2，到 10 结束的向量 x。

操作步骤

解：MATLAB 程序如下。

```
>> x=0:2:10
x =
     0    2    4    6    8   10
```

（3）利用函数 linspace 创建向量。

linspace 通过直接定义数据元素个数，而不是数据元素之间的增量来创建向量。此函数的调用格式如下。

```
linspace(first_value,last_value,number)
```

扫一扫，看视频

扫一扫，看视频

扫一扫，看视频

该调用格式表示创建一个从 first_value 开始 last_value 结束，包含 number 个元素的向量。

实例——函数生成向量

源文件：yuanwenjian/ch04/xiangliang3.m

本实例创建一个从 0 开始，到 10 结束，包含 6 个数据元素的向量 x。

操作步骤

解：MATLAB 程序如下。

```
>> x=linspace(0,10,6)
x =
     0     2     4     6     8    10
```

（4）利用函数 logspace 创建一个对数分隔的向量。

与 linspace 一样，logspace 也通过直接定义向量元素个数，而不是数据元素之间的增量来创建数组。logspace 的调用格式如下。

```
logspace(first_value,last_value,number)
```

表示创建一个从 10^{first_value} 开始，到 10^{last_value} 结束，包含 number 个数据元素的向量。

扫一扫，看视频

实例——生成对数分割向量

源文件：yuanwenjian/ch04/xiangliang4.m

本实例创建一个从 10 开始，到 10^3 结束，包含 3 个数据元素的向量 x。

操作步骤

解：MATLAB 程序如下。

```
>> x=logspace(1,3,3)
x =
    10   100  1000
```

4.1.2 向量元素的引用

向量元素引用的方式见表 4-1 所示。

表 4-1 向量元素引用的方式

格　式	说　明
x(n)	表示向量中的第 n 个元素
x(n1:n2)	表示向量中的第 n1 至 n2 个元素

实例——抽取向量元素

源文件：yuanwenjian/ch04/xiangliang5.m

本实例演示如何引用向量元素。

操作步骤

解：MATLAB 程序如下。

```
>> x=[1 2 3 4 5];
>> x(1:3)
ans =
     1     2     3
```

4.1.3　向量运算

向量可以看成是一种特殊的矩阵，因此矩阵的运算对向量同样适用。除此以外，向量还是矢量运算的基础，所以还有一些特殊的运算，主要包括向量的点积、叉积和混合积。

1．向量的四则运算

向量的四则运算与一般数值的四则运算相同，相当于将向量中的元素拆开，分别进行加减四则运算，最后将运算结果重新组合成向量。

（1）首先对向量定义、赋值。

```
>> a=logspace(0,5,6)
a =
  1 至 5 列
       1        10       100      1000     10000
  6 列
     100000
```

（2）进行向量加法运算。

```
>> a+10
ans =
  1 至 5 列
      11        20       110      1010     10010
  6 列
    100010
```

（3）进行向量减法运算。

```
>> a-1
ans =
  1 至 5 列
       0         9        99       999      9999
  6 列
     99999
```

（4）进行乘法运算。

```
>> a*5
ans =
  1 至 5 列
       5        50       500      5000     50000
  6 列
    500000
```

（5）进行除法运算。

```
>> a=[2 4 5 3 1];
>> a/2
ans =
   1.0000    2.0000    2.5000    1.5000    0.5000
```

（6）进行简单加减运算。

```
>> a-2+5
ans =
  1 至 5 列
       4        13       103      1003     10003
```

6 列

```
    100003
```

实例——向量的四则运算

源文件：yuanwenjian/ch04/jiajian.m

本实例演示向量的四则运算。

操作步骤

解：MATLAB 程序如下。

```
>> a=logspace(0,5,6);
>> a+5-(a+1)
ans =
     4     4     4     4     4     4
```

2. 向量的点积运算

在 MATLAB 中，对于向量 a、b，其点积可以利用 a'*b（a'是 a 的转置）得到，也可以直接用命令 dot 算出，该命令的调用格式见表 4-2。

表 4-2　dot 调用格式

调 用 格 式	说　　　明
dot(a,b)	返回向量 a 和 b 的点积。需要说明的是，a 和 b 必须同维。另外，当 a、b 都是列向量时，dot(a,b) 等同于 a'*b
dot(a,b,dim)	返回向量 a 和 b 在 dim 维的点积

实例——向量的点积运算

源文件：yuanwenjian/ch04/dianji.m

本实例演示向量的点积运算。

操作步骤

解：MATLAB 程序如下。

```
>> a=[2 4 5 3 1];
>> b=[3  8 10 12 13];
>> c=dot(a,b)
c =
       137
```

3. 向量的叉积运算

我们知道，在空间解析几何学中，两个向量叉积的结果是一个过两相交向量交点且垂直于两向量所在平面的向量。在 MATLAB 中，向量的叉积运算可由函数 cross 来实现。cross 函数调用格式见表 4-3。

表 4-3　cross 调用格式

调 用 格 式	说　　　明
cross(a,b)	返回向量 a 和 b 的叉积。需要说明的是，a 和 b 必须是 3 维的向量
cross(a,b,dim)	返回向量 a 和 b 在 dim 维的叉积。需要说明的是，a 和 b 必须有相同的维数，size(a,dim)和 size(b,dim)的结果必须为 3

实例——向量的叉积运算

源文件：yuanwenjian/ch04/chaji.m

本实例演示向量的叉积运算。

操作步骤

解：MATLAB 程序如下。

```
>> a=[2 3 4];
>> b=[3 4 6];
>> c=cross(a,b)
c =
     2     0    -1
```

4. 向量的混合积运算

在 MATLAB 中，向量的混合积运算可由以上两个函数（dot、cross）共同来实现。

实例——向量的混合积运算

源文件：yuanwenjian/ch04/hunheji.m

本实例演示向量的混合积运算。

操作步骤

解：MATLAB 程序如下。

```
>> a=[2 3 4];
>> b=[3 4 6];
>> c=[1 4 5];
>> d=dot(a,cross(b,c))
d =
    -3
```

4.2 多 项 式

式指的是代数式，是由数字和字母组成的，如 1,5a,sdef, ax^n+b。式又分为单项式和多项式：

- ➜ 单项式是数字与字母的积，单独的一个数字或字母也是单项式，如 3ab。
- ➜ 几个单项式的和叫做多项式，如 3ab+5cd。

在高等代数中，多项式一般可表示为：$a_0x^n + a_1x^{n-1} + \cdots + a_{n-1}x + a_n$。这是一个 n（>0）次多项式，$a_0, \cdots, a_n$ 等是多项式的系数。在 MATLAB 中，多项式的系数组成的向量表示为 $p=[a_0, a_1, \cdots, a_{n-1}, a_n]$，如 $2x^3 - x^2 + 3 \leftrightarrow [2, -1, 0, 3]$。

系数中的零不能省略。

将对多项式运算转化为对向量的运算，是数学中最基本的运算之一。

4.2.1 多项式的创建

构造带字符多项式的基本方法是直接输入，主要由 26 个英文字母及空格等一些特殊符号组成。

实例——输入符号多项式

源文件：yuanwenjian/ch04/duoxiangshi1.m

本实例演示输入符号多项式 $ax^n + bx^{n-1}$。

操作步骤

解：MATLAB 程序如下。

```
>>'a*x^n+b*x^(n-1)'
ans =
'a*x^n+b*x^(n-1)'
```

构造带数值多项式最简单的方法就是直接输入向量。这种方法通过函数 poly2sym 来实现。其调用格式如下。

$$poly2sym(p)$$

其中，p 为多项式的系数向量。

实例——构建多项式

源文件：yuanwenjian/ch04/duoxiangshi2.m

本实例利用向量 $p = [3, -2, 4, 6, 8]$ 构建多项式 $3x^4 - 2x^3 + 4x^2 + 6x + 8$。

操作步骤

解：MATLAB 程序如下。

```
>> p=[3 -2 4 6 8];
>> poly2sym(p)
ans =
3*x^4-2*x^3+4*x^2+6*x+8
```

4.2.2 数值多项式四则运算

MATLAB 没有提供专门的针对多项式的加减运算的函数，多项式的四则运算实际上是多项式对应的系数的四则运算。

多项式的四则运算是指多项式的加、减、乘、除运算。需要注意的是，相加、减的两个向量必须大小相等。阶次不同时，低阶多项式必须用零填补，使其与高阶多项式有相同的阶次。多项式的加、减运算直接用"+"、"-"来实现。

1. 乘法运算

多项式的乘法用函数 conv(p1,p2)来实现，相当于执行两个数组的卷积。

```
>> p1=(1:5);
>> p2=(2:6);
>> p1+p2
ans =
    3    5    7    9   11
>> conv(p1,p2)
ans =
    2    7   16   30   50   58   58   49   30
```

2. 除法运算

多项式的除法用函数 deconv(p1,p2) 来实现，相当于执行两个数组的解卷。

调用格式如下。

$$[k,r] = \text{deconv}(p,q)$$

其中 k 返回的是多项式 p 除以 q 的商，r 是余式。

$$[k,r] = \text{deconv}(p,q) \Leftrightarrow p = \text{conv}(q,k) + r$$

```
>> deconv(p1,p2)
ans =
    0.5000
```

动手练一练——多项式的计算

本实例演示计算多项式 $2x^3 - x^2 + 3$ 和 $2x+1$ 的加减乘除。

思路点拨：

源文件：yuanwenjian/ch04/duoxiangshijisuan.m

（1）输入系数向量。

（2）创建两个多项式。

（3）计算多项式的四则运算。

实例——构造多项式

源文件：yuanwenjian/ch04/duoxiangshi3.m

本实例演示由根构造多项式。

操作步骤

解：MATLAB 程序如下。

```
>> root=[-5 3+2i 3-2i];
>> p=poly(root)
p =
    1   -1  -17   65
>> poly2sym(p)
 ans =
x^3-x^2-17*x+65
```

实例——多项式的四则运算

源文件：yuanwenjian/ch04/duoxiangshiyunsuan.m

本实例演示多项式的四则运算。

操作步骤

解：MATLAB 程序如下。

```
>> p1=[2 3 4 0 -2];
>> p2=[0 0 8 -5 6];
>> p=p1+p2;
>> poly2sym(p)
ans =
2*x^4+3*x^3+12*x^2-5*x+4
```

```
>> q=conv(p1,p2)
q =
    0    0    16    14    29    -2    8    10    -12
>> poly2sym(q)
ans =
16*x^6+14*x^5+29*x^4-2*x^3+8*x^2+10*x-12
```

4.2.3 多项式导数运算

多项式导数运算用函数 polyder 来实现。其调用格式为

$$polyder(p)$$

其中 p 为多项式的系数向量。

```
>> p=[2 3 8 -5 6];
>> a=poly2sym(p)
a =
2*x^4 + 3*x^3 + 8*x^2 - 5*x + 6
>> q=polyder(p)                          %导数系数
q =
    8    9    16    -5
>> b=poly2sym(q)                          %导数多项式
b =
8*x^3 + 9*x^2 + 16*x - 5
```

动手练一练——创建导数多项式

利用向量（1:10）创建多项式，并求解多项式的 1 阶导数、2 阶导数、3 阶导数组成的多项式。

思路点拨：

源文件：yuanwenjian/ch04/daoshuduoxiangshi.m
（1）利用冒号生成向量。
（2）利用 poly2sym 生成多项式。
（3）利用 polyder 求 1 阶导数的系数向量。
（4）利用 poly2sym 生成 1 阶导数多项式。
（5）同样的方法创建 2 阶导数、3 阶导数组成的多项式。

4.3 特 殊 变 量

本节介绍的特殊变量包括单元型变量和结构型变量。这两种数据类型的特点是允许用户将不同但是相关的数据类型集成一个单一的变量，方便数据的管理。

4.3.1 单元型变量

单元型变量是以单元为元素的数组，每个元素称为单元，每个单元可以包含其他类型的数组，

如实数矩阵、字符串、复数向量。单元型变量通常由"{}"创建，其数据通过数组下标来引用。

1. 单元型变量的创建

单元型变量的定义有两种方式，一种是用赋值语句直接定义，另一种是由 cell 函数预先分配存储空间，然后对单元元素逐个赋值。

（1）赋值语句直接定义。

在直接赋值过程中，与在矩阵的定义中使用中括号不同，单元型变量的定义需要使用大括号，而元素之间由逗号隔开。

实例——生成单元数组

源文件：yuanwenjian/ch04/shuzu1.m

创建一个 2×2 的单元型数组。

扫一扫，看视频

操作步骤

解：MATLAB 程序如下。

```
>> A=[1 2;3 4];
>> B=3+2*i;
>> C='efg';
>> D=2;
>> E={A,B,C,D}
E =
1×4 cell 数组
    [2x2 double]    [3.0000 + 2.0000i]    'efg'    [2]
```

MATLAB 语言会根据显示的需要决定是将单元元素完全显示，还是只显示存储量来代替。

（2）对单元的元素逐个赋值。

该方法的操作方式是先预分配单元型变量的存储空间，然后对变量中的元素逐个进行赋值。实现预分配存储空间的函数是 cell。

在 MATLAB 中，可以用 cell 函数生成单元数组，具体的应用形式如下。

- ➲ cell(N)生成一个 n×n 阶的置空的单元数组；
- ➲ cell(M,N)或者 cell([M,N])生成一个 m×n 阶的置空的单元数组；
- ➲ cell(M,N,P,…)或者 cell(M,N,P,…)生成 m×n×p…阶的置空的单元数组；
- ➲ cell(size(A))生成与 A 同形式的单元型的置空矩阵。

上面例子中的单元型变量 E 还可以由以下方式定义。

```
>> E=cell(1,3);
>> E{1,1}=[1:4];
>> E{1,2}=B;
>> E{1,3}=2;
>> E
E=
1×3 cell 数组
    [1x4 double]    [3.0000 + 2.0000i]    [2]
```

2. 单元型变量的引用

单元型变量的引用应当采用大括号作为下标的标识，而小括号作为下标标识符则只显示该元素的压缩形式。

扫一扫，看视频

实例——引用单元型变量

源文件：yuanwenjian/ch04/shuzu2.m

本实例演示单元型变量的引用。

操作步骤

解：MATLAB 程序如下。

```
>> E{1}
ans =
    1    2    3    4
>> E(1)
ans =
1×1 cell 数组
[1x4 double]
```

3．MATLAB 语言中有关单元型变量的函数

MATLAB 语言中有关单元型变量的函数见表 4-4。

表 4-4　MATLAB 语言中有关单元型变量的函数表

函　数　名	说　　明
cell	生成单元型变量
cellfun	对单元型变量中的元素作用的函数
celldisp	显示单元型变量的内容
cellplot	用图形显示单元型变量的内容
num2cell	将数值转换成单元型变量
deal	输入输出处理
cell2struct	将单元型变量转换成结构型变量
struct2cell	将结构型变量转换成单元型变量
iscell	判断是否为单元型变量
reshape	改变单元数组的结构

（1）celldisp 函数。celldisp 函数可以显示单元型变量的内容，具体应用形式如下。

➥　celldisp(C)显示单元型变量 C 的内容；

➥　celldisp(C,'name')在窗口中显示的单元型变量的内容的名称为 name，而不是通常的显示传统的 ans。

（2）cellplot 函数。cellplot 函数使用彩色的图形来显示单元型变量的结构形式，具体应用形式如下。

➥　H=cellplot(C)返回一个向量，这个向量综合体现了表面、线和句柄；

➥　H=cellplot(C,'legend')返回一个向量，这个向量综合体现了表面、线和句柄，并有图形注释 legend。

实例——图形显示单元型变量

源文件：yuanwenjian/ch04/danyuanxingbianliang.m、图形显示单元型变量.fig

本实例判断 E 中的元素是否为逻辑变量，如图 4-1 所示。

图 4-1　图形单元变量输出

操作步骤

解：MATLAB 程序如下。

```
>> cellfun('islogical',E)
ans =
 1×3 logical 数组
    0    0    0
>> cellplot(E)
```

结果如图 4-1 所示。

4.3.2　结构型变量

1. 结构型变量的创建和引用

结构型变量是根据属性名（field）组织起来的不同数据类型的集合。结构的任何一个属性可以包含不同的数据类型，如字符串、矩阵等。结构型变量用函数 struct 来创建，其调用格式见表 4-5。

结构型变量数据通过属性名来引用。

表 4-5　struct 调用格式

调用格式	说明
s=struct('field',{},'field2',{},…)	表示建立一个空的结构数组，不含数据
s=struct('field',values1,'field2',values2,…)	表示建立一个具有属性名和数据的结构数组

实例——创建结构型变量

源文件：yuanwenjian/ch04/jiegouxingbianliang.m

本实例创建一个结构型变量。

操作步骤

解：MATLAB 程序如下。

```
>> mn=struct('color',{'red', 'black'},'number',{1,2})
mn =
1x2 struct array with fields:
    color
    number
>> mn(1)                                         % 结构型变量数据通过属性名来引用
ans =
     color: 'red'
    number: 1
>> mn(2)
ans =
     color: 'black'
    number: 2
>> mn(2).color
ans =
black
```

2. 结构型变量的相关函数

MATLAB 语言中有关结构型变量的函数见表 4-6。

表 4-6　MATLAB 语言结构型变量的函数

函　数　名	说　　明
struct	创建结构型变量
fieldnames	得到结构型变量的属性名
getfield	得到结构型变量的属性值
setfield	设定结构型变量的属性值
rmfield	删除结构型变量的属性
isfield	判断是否为结构型变量的属性
isstruct	判断是否为结构型变量

第 5 章 矩 阵 运 算

内容简介

MATLAB 中所有的数值功能都是以矩阵为基本单元进行的，其矩阵运算功能可谓是全面、强大。本章将对矩阵及其运算进行详细介绍。

内容要点

- ↘ 矩阵定义
- ↘ 矩阵数学运算
- ↘ 矩阵运算
- ↘ 矩阵分解

案例效果

5.1 矩 阵

MATLAB 即 Matrix Laboratory（矩阵实验室）的缩写，可见该软件在处理矩阵问题上的优势。本节主要介绍如何用 MATLAB 来进行"矩阵实验"，即如何生成矩阵，如何对已知矩阵进行各种变换等。

5.1.1 矩阵定义

MATLAB 以矩阵作为数据操作的基本单位，这使得矩阵运算变得非常简捷、方便、高效。

矩阵是由 $m \times n$ 个数 a_{ij} ($i = 1,2,\cdots,m$; $j = 1,2,\cdots,n$) 排成的 m 行 n 列数表，记成

$$A = \begin{pmatrix} a_{11} & a_{12} & \cdots & a_{1n} \\ a_{21} & a_{22} & \cdots & a_{2n} \\ \cdots & \cdots & \cdots & \cdots \\ a_{m1} & a_{m2} & \cdots & a_{mn} \end{pmatrix}$$

称为 $m \times n$ 矩阵，也可以记成 a_{ij} 或 $A_{m \times n}$。其中，i 表示行数，j 表示列数。若 $m=n$，则该矩阵为 n 阶矩阵（n 阶方阵）。

📢 注意：

由有限个向量所组成的向量组可以构成矩阵，如果 $A=(a_{ij})$ 是 $m \times n$ 矩阵，那么 A 有 m 个 n 维行向量；有 n 个 m 维列向量。

矩阵的生成主要有直接输入法、M 文件生成法和文本文件生成法等。

在键盘上直接按行方式输入矩阵是最方便、最常用的创建数值矩阵的方法，尤其适合较小的简单矩阵。在用此方法创建矩阵时，应当注意以下几点。

- ⬇ 输入矩阵时要以"[　]"为其标识符号，矩阵的所有元素必须都在括号内。
- ⬇ 矩阵同行元素之间由空格（个数不限）或逗号分隔，行与行之间用分号或回车键分隔。
- ⬇ 矩阵大小不需要预先定义。
- ⬇ 矩阵元素可以是运算表达式。
- ⬇ 若"[　]"中无元素，表示空矩阵。
- ⬇ 如果不想显示中间结果，可以用"；"结束。

实例——创建矩阵

源文件：yuanwenjian/ch05/juzhen.m

本实例演示创建元素均是 15 的 3×3 矩阵。

扫一扫，看视频

操作步骤

解：MATLAB 程序如下。

```
>> a=[15 15 15;15 15 15;15 15 15]
a =
    15    15    15
    15    15    15
    15    15    15
```

📢 注意：

在输入矩阵时，MATLAB 允许方括号里还有方括号，例如下面的语句是合法的：

```
>> [[1 2 3];[2 4 6];7 8 9]
ans =
    1    2    3
    2    4    6
    7    8    9
```
结果是一个 3 维方阵。

实例——创建复数矩阵

源文件：yuanwenjian/ch05/fushujuzhen.m

扫一扫，看视频

本实例演示创建包含复数的矩阵 A，其中，$A = \begin{pmatrix} 1 & 1+i & 2 \\ 2 & 3+2i & 1 \end{pmatrix}$。

操作步骤

解：MATLAB 程序如下。

```
>> A=[[1,1+i,2];[2,3+2i,1]]
A =
   1.0000 + 0.0000i   1.0000 + 1.0000i   2.0000 + 0.0000i
   2.0000 + 0.0000i   3.0000 + 2.0000i   1.0000 + 0.0000i
```

5.1.2 矩阵的生成

矩阵的生成除了直接输入法，还可以利用 M 文件生成法和文本文件生成法等。

1. 利用 M 文件创建

当矩阵的规模比较大时，直接输入法就显得笨拙，出差错也不易修改。为了解决这些问题，可以将所要输入的矩阵按格式先写入一文本文件中，并将此文件以 m 为其扩展名，即 M 文件。

M 文件是一种可以在 MATLAB 环境下运行的文本文件，它可以分为命令式文件和函数式文件两种。在此处主要用到的是命令式 M 文件，用它的简单形式来创建大型矩阵。在 MATLAB 命令行窗口中输入 M 文件名，所要输入的大型矩阵即可被输入到内存中。

实例——M 文件矩阵

源文件： yuanwenjian/ch05/sample.m、Mjuzhen.m

本实例演示利用 M 文件创建矩阵。

扫一扫，看视频

操作步骤

解：MATLAB 程序如下。

（1）编制一个名为 gmatrix 的矩阵。

（2）在 M 文件编辑器中编制一个名为 sample.m 的 M 文件。

```
% sample.m
% 创建一个 M 文件，用以输入大规模矩阵
gmatrix=[378 89 90  83 382 92 29;
3829 32 9283 2938 378 839 29;
388 389 200 923 920 92 7478;
3829 892 66 89 90 56 8980;
7827 67 890 6557 45  123 35]
```

（3）运行 M 文件。在 MATLAB 命令行窗口中输入文件名，得到下面结果。

```
>> sample
gmatrix =
1 至 5 列
378          89          90          83          382
3829         32          9283        2938        378
388          389         200         923         920
3829         892         66          89          90
7827         67          890         6557        45
```

6 至 7 列

92	29
839	29
92	7478
56	8980
123	35

在通常的使用中，上例中的矩阵还不算"大型"矩阵，此处只是借例说明。

◁))) 注意：

M 文件中的变量名与文件名不能相同，否则会造成变量名和函数名的混乱。运行 M 文件时，需要先将 M 文件 sample.m 复制到当前目录文件夹下，否则运行时无法调用。
```
>> sample
```
在当前文件夹或 MATLAB 路径中未找到 'sample', 但它位于:
C:\Program Files\MATLAB\R2018a\bin\yuanwenjian
更改 MATLAB 当前文件夹或将其文件夹添加到 MATLAB 路径。

2. 利用文本创建

MATLAB 中的矩阵还可以由文本文件创建，即在文件夹（通常为 work 文件夹）中建立 txt 文件，在命令行窗口中直接调用此文件名即可。

实例——创建生活用品矩阵

源文件：yuanwenjian/ch05/goods.txt、yongpin.m

日用商品在三家商店中有不同的价格，其中，毛巾有三种 3.5 元、4 元、5 元；脸盆 10 元、15 元、20 元；单位量的售价（以某种货币单位计）用矩阵表示（行表示商店，列表示商品）。用文本文件创建矩阵 x。

操作步骤

解：MATLAB 程序如下。

（1）事先在记事本中建立文件。
```
3.5    4    5
10    15    20
```

（2）以 goods.txt 保存，在 MATLAB 命令行窗口中输入。
```
>> load goods.txt
>> goods
goods =
    3.5000    4.0000    5.0000
   10.0000   15.0000   20.0000
```
由此创建商品矩阵 x。

◁))) 注意：

运行 M 文件时，需要先将记事本 goods.txt 复制到当前目录文件夹下，否则运行时无法调用。

动手练一练——创建成绩单

将某班期末成绩单保存成文件演示。

思路点拨：

源文件：yuanwenjian/ch05/ qimo.txt、chengjidan.m

（1）创建文本文件"qimo.txt"，如图 5-1 所示，分别输入数学、语文、英语的成绩，并将该文件保存在系统默认目录下。

（2）使用函数 qimo 导入到命令行窗口中。

图 5-1　记事本文件

5.1.3　创建特殊矩阵

用户可以直接用函数来生成某些特定的矩阵，常用的函数如下。

- ➘ eye(n)：创建 n×n 单位矩阵。
- ➘ eye(m,n)：创建 m×n 的单位矩阵。
- ➘ eye(size(A))：创建与 A 维数相同的单位阵。
- ➘ ones(n)：创建 n×n 全 1 矩阵。
- ➘ ones(m,n)：创建 m×n 全 1 矩阵。
- ➘ ones(size(A))：创建与 A 维数相同的全 1 阵。
- ➘ zeros(m,n)：创建 m×n 全 0 矩阵。
- ➘ zeros(size(A))：创建与 A 维数相同的全 0 阵。
- ➘ rand(n)：在[0,1]区间内创建一个 n×n 均匀分布的随机矩阵。
- ➘ rand(m,n)：在[0,1]区间内创建一个 m×n 均匀分布的随机矩阵。
- ➘ rand(size(A))：在[0,1]区间内创建一个与 A 维数相同的均匀分布的随机矩阵。
- ➘ compan(P)：创建系数向量是 P 的多项式的伴随矩阵。
- ➘ diag(v)：创建一向量 v 中的元素为对角的对角阵。
- ➘ hilb(n)：创建 n×n 的 Hilbert 矩阵。
- ➘ magic(n)：生成 n 阶魔方矩阵。
- ➘ sparse(A)：将矩阵 A 转化为稀疏矩阵形式，即由 A 的非零元素和下标构成稀疏矩阵 S。若 A 本身为稀疏矩阵，则返回 A 本身。

实例——生成特殊矩阵

源文件：yuanwenjian/ch05/teshujuzhen.m

本实例演示特殊矩阵生成。

操作步骤

解：MATLAB 程序如下。

```
>> zeros(3)
ans =
     0     0     0
     0     0     0
     0     0     0
>> zeros(3,2)
ans =
     0     0
     0     0
     0     0
>> ones(3,2)
ans =
     1     1
     1     1
     1     1
>> ones(3)
ans =
     1     1     1
     1     1     1
     1     1     1
>> rand(3)
ans =
     0.8147    0.9134    0.2785
     0.9058    0.6324    0.5469
     0.1270    0.0975    0.9575
>> rand(3,2)
ans =
     0.9649    0.9572
     0.1576    0.4854
     0.9706    0.8003
>> magic(3)
ans =
     8     1     6
     3     5     7
     4     9     2
>> hilb(3)
ans =
     1.0000    0.5000    0.3333
     0.5000    0.3333    0.2500
     0.3333    0.2500    0.2000
>> invhilb(3)
```

```
ans =
     9   -36    30
   -36   192  -180
    30  -180   180
```

5.1.4　矩阵元素的运算

矩阵中的元素与向量中的元素一样，可以进行抽取引用、编辑修改等操作。

1. 矩阵元素的修改

矩阵建立起来之后，还需要对其元素进行修改。表 5-1 列出了常用的矩阵元素修改命令。

表 5-1　矩阵元素修改命令

命　令　名	说　明
D=[A;B C]	A 为原矩阵，B、C 中包含要扩充的元素，D 为扩充后的矩阵
A(m,:)=[]	删除 A 的第 m 行
A(:,n)=[]	删除 A 的第 n 列
A(m,n)=a; A(m,:)=[a b…]; A(:,n)=[a b…]	对 A 的第 m 行第 n 列的元素赋值；对 A 的第 m 行赋值；对 A 的第 n 列赋值

实例——新矩阵的生成

源文件：yuanwenjian/ch05/yuansu.m

本实例演示修改矩阵元素，创建新矩阵。

操作步骤

解：MATLAB 程序如下。

```
>> A=[1 2 3;4 5 6];
>> B=eye(2);
>> C=zeros(2,1);
>> D=[A;B C]
D =
     1     2     3
     4     5     6
     1     0     0
     0     1     0
```

2. 矩阵的变维

矩阵的变维可以用符号"："法和 reshape 函数法。reshape 函数的调用形式如下。

reshape(X,m,n)：将已知矩阵变维成 m 行 n 列的矩阵。

实例——矩阵维度修改

源文件：yuanwenjian/ch05/bianwei.m

本实例演示矩阵的维度变换。

扫一扫，看视频

操作步骤

解：MATLAB 程序如下。

```
>> A=1:12;
>> B=reshape(A,2,6)
B =
    1    3    5    7    9   11
    2    4    6    8   10   12
>> C=zeros(3,4);                    %用 "："法必须先设定修改后矩阵的形状
>> C(:)=A(:)
C =
    1    4    7   10
    2    5    8   11
    3    6    9   12
```

3. 矩阵的变向

常用的矩阵变向命令见表 5-2。

表 5-2　矩阵变向命令

命　令　名	说　　明
rot(90)	将 A 逆时针方向旋转 90°
rot(90,k)	将 A 逆时针方向旋转 90°*k，k 可为正整数或负整数
fliplr(X)	将 X 左右翻转
flipud(X)	将 X 上下翻转
flipdim(X,dim)	dim=1 时对行翻转，dim=2 时对列翻转

扫一扫，看视频

实例——矩阵的变向

源文件：yuanwenjian/ch05/bianxiang.m

本实例演示矩阵的变向操作。

操作步骤

解：MATLAB 程序如下。

```
>> A=1:12;
>> C=zeros(3,4);
>> C(:)=A(:)
C =
    1    4    7   10
    2    5    8   11
    3    6    9   12
>> flipdim(C,1)
ans =
    3    6    9   12
    2    5    8   11
    1    4    7   10
>> flipdim(C,2)
ans =
   10    7    4    1
```

| | 11 | 8 | 5 | 2 |
| | 12 | 9 | 6 | 3 |

4．矩阵的抽取

对矩阵元素的抽取主要是指对角元素和上（下）三角阵的抽取。对角矩阵和三角矩阵的抽取命令见表 5-3。

表 5-3　对角矩阵和三角矩阵的抽取命令

命 令 名	说 明
diag(X,k)	抽取矩阵 X 的第 k 条对角线上的元素向量。k 为 0 时抽取主对角线，k 为正整数时抽取上方第 k 条对角线上的元素，k 为负整数时抽取下方第 k 条对角线上的元素
diag(X)	抽取主对角线
diag(v,k)	使得 v 为所得矩阵第 k 条对角线上的元素向量
diag(v)	使得 v 为所得矩阵主对角线上的元素向量
tril(X)	提取矩阵 X 的主下三角部分
tril(X,k)	提取矩阵 X 的第 k 条对角线下面的部分（包括第 k 条对角线）
triu(X)	提取矩阵 X 的主上三角部分
triu(X,k)	提取矩阵 X 的第 k 条对角线上面的部分（包括第 k 条对角线）

实例——矩阵抽取

源文件：yuanwenjian/ch05/chouqu.m

本实例演示矩阵的抽取操作。

操作步骤

解：MATLAB 程序如下。

```
>> A=magic(4)
A =
    16     2     3    13
     5    11    10     8
     9     7     6    12
     4    14    15     1
>> v=diag(A,2)
v =
     3
     8
>> tril(A,-1)
ans =
     0     0     0     0
     5     0     0     0
     9     7     0     0
     4    14    15     0
>> triu(A)
ans =
    16     2     3    13
     0    11    10     8
     0     0     6    12
     0     0     0     1
```

扫一扫，看视频

动手练一练——创建新矩阵

通过修改矩阵元素，将一个旧矩阵 $A = \begin{pmatrix} 5 & 1 & 1 & 9 \\ 1 & 3 & 8 & 1 \\ 1 & 1 & 3 & 1 \\ 1 & 1 & 1 & 3 \end{pmatrix}$ 变成一个新矩阵 $D = \begin{pmatrix} 1 & 1 & 9 \\ 3 & 1 & 1 \\ 1 & 3 & 1 \\ 1 & 1 & -1 \end{pmatrix}$。

思路点拨：

源文件：yuanwenjian/ch05/xinjuzhen.m
（1）创建旧矩阵 D。
（2）删除矩阵多余的列元素。
（3）对矩阵元素进行重新赋值。

5.2 矩阵数学运算

本小节主要介绍矩阵的一些基本运算，如矩阵的四则运算、空矩阵，下面将分别介绍这些运算。

矩阵的基本运算包括加、减、乘、数乘、点乘、乘方、左除、右除、求逆等。其中加、减、乘与大家所学的线性代数中的定义是一样的，相应的运算符为"+"、"－"、"*"。

矩阵的除法运算是 MATLAB 所特有的，分为左除和右除，相应运算符为"\"和"/"。一般情况下，方程 A*X=B 的解是 X=A\B，而方程 X*A=B 的解是 X=A/B。

对于上述的四则运算，需要注意的是：矩阵的加、减、乘运算的维数要求与线性代数中的要求一致。

5.2.1 矩阵的加法运算

设 $A = (a_{ij})$，$B = (b_{ij})$ 都是 $m \times n$ 矩阵，矩阵 A 与 B 的和记成 $A + B$，规定为

$$A + B = \begin{pmatrix} a_{11} + b_{11} & a_{12} + b_{12} & \cdots & a_{1n} + b_{1n} \\ a_{21} + b_{21} & a_{22} + b_{22} & \cdots & a_{2n} + b_{2n} \\ \cdots & \cdots & \cdots & \cdots \\ a_{m1} + b_{m1} & a_{m2} + b_{m2} & \cdots & a_{mn} + b_{mn} \end{pmatrix}$$

（1）交换律　　$A + B = B + A$
（2）结合律　　$(A + B) + C = A + (B + C)$

实例——验证加法法则

源文件：yuanwenjian/ch05/jiafa.m

本实例验证矩阵加法的交换律与结合律。

操作步骤

解：MATLAB 程序如下。

```
>> A=[5,6,9,8;5,3,6,7]
A =
     5     6     9     8
     5     3     6     7
>> B=[3,6,7,9;5,8,9,6]
B =
     3     6     7     9
     5     8     9     6
>> C=[9,3,5,6;8,5,2,1]
C =
     9     3     5     6
     8     5     2     1
>> A+B
ans =
     8    12    16    17
    10    11    15    13
>> B+A
ans =
     8    12    16    17
    10    11    15    13
>> (A+B)+C
ans =
    17    15    21    23
    18    16    17    14
>> A+(B+C)
ans =
    17    15    21    23
    18    16    17    14
>> D=[1,5,6;2,5,6]
D =
     1     5     6
     2     5     6
>> A+D
错误使用  +
矩阵维度必须一致。                               %只有相同维度的矩形才能进行计算
```

计算减法运算 $A-B=A+(-B)$

实例——矩阵求和

源文件：yuanwenjian/ch05/qiuhe.m

本实例求解矩阵之和 $\begin{pmatrix} 1 & 2 & 3 \\ -1 & 5 & 6 \end{pmatrix} + \begin{pmatrix} 0 & 1 & -3 \\ 2 & 1 & -1 \end{pmatrix}$。

扫一扫，看视频

操作步骤

解：MATLAB 程序如下。

```
>> [1 2 3;-1 5 6]+[0 1 -3;2 1 -1]
ans =
     1     3     0
     1     6     5
```

实例——矩阵求差

源文件: yuanwenjian/ch05/qiucha.m

本实例求解矩阵的减法运算。

操作步骤

解: MATLAB 程序如下。

```
>> A=[5,6,9,8;5,3,6,7];
>> B=[3,6,7,9;5,8,9,6];
>> -B
ans =
    -3    -6    -7    -9
    -5    -8    -9    -6
>> A-B
ans =
     2     0     2    -1
     0    -5    -3     1
```

5.2.2 矩阵的乘法运算

1. 数乘运算

数 λ 与矩阵 $A=(a_{ii})_{m \times n}$ 的乘积记成 λA 或 $A\lambda$，规定为

$$\lambda A = \begin{pmatrix} \lambda a_{11} & \lambda a_{12} & \cdots & \lambda a_{1n} \\ \lambda a_{21} & \lambda a_{22} & \cdots & \lambda a_{2n} \\ \cdots & \cdots & \cdots & \cdots \\ \lambda a_{m1} & \lambda a_{m2} & \cdots & \lambda a_{mn} \end{pmatrix}$$

同时，矩阵还满足下面的规律:

$$\lambda(\mu A)=(\lambda \mu)A$$
$$(\lambda+\mu)A=\lambda A+\mu A$$
$$\lambda(A+B)=\lambda A+\lambda B$$

其中 λ, μ 为数，A, B 为矩阵。

```
>> A=[1 2 3;0 3 3;7 9 5];
>> A*5
ans =
     5    10    15
     0    15    15
    35    45    25
```

2. 乘运算

若 3 个矩阵有相乘关系，设 $A=(a_{ij})$ 是一个 $m \times s$ 矩阵，$B=(b_{ij})$ 是一个 $s \times n$ 矩阵，规定 A 与 B 的积为一个 $m \times n$ 矩阵 $C=(c_{ij})$，

$$c_{ij} = a_{i1}b_{1j} + a_{i2}b_{2j} + \cdots + a_{is}b_{sj}$$
$$i=1,2,\cdots,m \ ; \quad j=1,2,\cdots,n \ .$$

即 $C=A*B$，需要满足以下 3 种条件。

➥ 矩阵 A 的列数与矩阵 B 的行数相同；

➥ 矩阵 C 的行数等于矩阵 A 的行数，矩阵 C 的列数等于矩阵 B 的列数；

➥ 矩阵 C 的第 m 行 n 列元素值等于矩阵 A 的 m 行元素与矩阵 B 的 n 列元素对应值积的和。

$$i行 \rightarrow \begin{pmatrix} a_{i1} & a_{i2} & \cdots & \cdots & a_{is} \end{pmatrix} \begin{pmatrix} b_{1j} \\ b_{2j} \\ \vdots \\ \vdots \\ b_{sj} \end{pmatrix} = \begin{pmatrix} c_{ij} \end{pmatrix}$$
$$j列$$

```
>> A=[1 2 3;0 3 3;7 9 5];
>> B=[8 3 9;2 8 1;3 9 1];
>> A*B
ans =
    21    46    14
    15    51     6
    89   138    77
```

📢 注意：

$AB \neq BA$，即矩阵的乘法不满足交换律。

$$\begin{pmatrix} a_1 \\ a_2 \\ a_3 \end{pmatrix} \begin{pmatrix} b_1 & b_2 & b_3 \end{pmatrix} = \begin{pmatrix} a_1b_1 & a_1b_2 & a_1b_3 \\ a_2b_1 & a_2b_2 & a_2b_3 \\ a_3b_1 & a_3b_2 & a_3b_3 \end{pmatrix} \qquad \Leftrightarrow A_{3\times1}B_{1\times3}=C_{3\times3}$$

$$\begin{pmatrix} b_1 & b_2 & b_3 \end{pmatrix} \begin{pmatrix} a_1 \\ a_2 \\ a_3 \end{pmatrix} = b_1a_1 + b_2a_2 + b_3a_3 \qquad \Leftrightarrow A_{1\times3}B_{3\times1}=C_{1\times1}$$

若矩阵 A、B 满足 $AB=0$，未必有 $A=0$ 或 $B=0$ 的结论。

3．点乘运算

点乘运算指将两矩阵中相同位置的元素进行相乘运算，将积保存在原位置组成新矩阵。

```
>> A.*B
ans =
     8     6    27
     0    24     3
    21    81     5
```

实例——矩阵乘法运算

源文件：yuanwenjian/ch05/chengfa.m

操作步骤

解：MATLAB 程序如下。

扫一扫，看视频

```
>> A=[0 0;1 1]
A =
     0     0
     1     1
>> B=[1 0;2 0]
B =
     1     0
     2     0
>> 6*A - 5*B
ans =
    -5     0
    -4     6
>> A*B-A
ans =
     0     0
     2    -1
>> B*A-A
ans =
     0     0
    -1    -1
>> A.*B-A
ans =
     0     0
     1    -1
>> A*B./A-A
ans =
   NaN   NaN
     2    -1
```

5.2.3　矩阵的除法运算

计算左除 $A\backslash B$ 时，A 的行数要与 B 的行数一致，计算右除 A/B 时，A 的列数要与 B 的列数一致。

1. 左除运算

由于矩阵的特殊性，$A*B$ 通常不等于 $B*A$，除法也一样。因此除法要区分左右。

线性方程组 $D*X=B$，如果 D 非奇异，即它的逆矩阵 inv(D)存在，则其解用 MATLAB 表示为

$$X=inv(D)*B=D\backslash B$$

符号"\"称为左除，即分母放在左边。

左除的条件：B 的行数等于 D 的阶数（D 的行数和列数相同，简称阶数）。

```
>> A.\B
ans =
    8.0000    1.5000    3.0000
       Inf    2.6667    0.3333
    0.4286    1.0000    0.2000
```

扫一扫，看视频

实例——验证矩阵的除法

源文件：yuanwenjian/ch05/chufa1.m

操作步骤

解：MATLAB 程序如下。

计算除法结果与除数的乘积与被除数是否相同。

```
>> A=[1 2 3;5 8 6];
>> B=[8 6 9;4 3 7];
>> C=A./B
C =
    0.1250    0.3333    0.3333
    1.2500    2.6667    0.8571
>> D=B.*C
D =
    1    2    3
    5    8    6
```

2. 右除运算

若方程组表示为 $X*D1=B1$，$D1$ 非奇异，即它的逆阵 inv(D1) 存在，则其解为

$$X=B1*inv(D1)=B1/D1$$

符号"/"称为右除。

右除的条件：$B1$ 的列数等于 $D1$ 的阶数（$D1$ 的行数和列数相同，简称阶数）。

```
>> A./B
ans =
0.1250    0.6667    0.3333
     0    0.3750    3.0000
2.3333    1.0000    5.0000
```

实例——矩阵的除法

源文件：yuanwenjian/ch05/chufa2.m

求解矩阵左除与右除。

扫一扫，看视频

操作步骤

解：MATLAB 程序如下。

```
>> A=[1 2 3;5 8 6];
>> B=[8 6 9;4 3 7];
>> A.\B
ans =
    8.0000    3.0000    3.0000
    0.8000    0.3750    1.1667
>> A./B
ans =
    0.1250    0.3333    0.3333
    1.2500    2.6667    0.8571
```

扫一扫, 看视频

动手练一练——矩阵四则运算

若 $A = \begin{pmatrix} 6 & 3 \\ 8 & 2 \\ -1 & 8 \end{pmatrix}$，$B = \begin{pmatrix} 0 & 1 \\ 3 & 9 \\ 0 & -1 \end{pmatrix}$，求-B，A-B，5*A，A*6。

思路点拨:

源文件: yuanwenjian/ch05/sizeyunsuan.m
（1）输入矩阵。
（2）使用算数符号计算矩阵。

5.3 矩 阵 运 算

本小节主要介绍矩阵的一些基本运算，如矩阵的逆以及求矩阵的条件数与范数等。下面将分别介绍这些运算。

常用的矩阵函数见表5-4。

表 5-4 MATLAB 常用矩阵函数

函 数 名	说 明	函 数 名	说 明
cond	矩阵的条件数值	diag	对角变换
condest	1-范数矩阵条件数值	expm	矩阵的指数运算
det	矩阵的行列式值	logm	矩阵的对数运算
eig	矩阵的特征值	sqrtm	矩阵的开方运算
inv	矩阵的逆	cdf2rdf	复数对角矩阵转换成实数块对角矩阵
norm	矩阵的范数值	rref	转换成逐行递减的阶梯矩阵
normest	矩阵的 2-范数值	rsf2csf	实数块对角矩阵转换成复数对角矩阵
rank	矩阵的秩	rot90	矩阵逆时针方向旋转 90°
orth	矩阵的正交化运算	fliplr	左、右翻转矩阵
rcond	矩阵的逆条件数值	flipud	上、下翻转矩阵
trace	矩阵的迹	reshape	改变矩阵的维数
triu	上三角变换	funm	一般的矩阵函数
tril	下三角变换		

5.3.1 幂函数

A 是一个 n 阶矩阵，k 是一个正整数，规定

$$A^k = \underbrace{AA\cdots\cdots A}_{k\text{个}}$$

称为矩阵的幂。其中 k,l 为正整数。

矩阵的幂运算是将矩阵中的每个元素进行乘方运算，即

$$\begin{pmatrix} \lambda_1 & 0 & \cdots & 0 \\ 0 & \lambda_2 & \cdots & 0 \\ \cdots & \cdots & \cdots & \cdots \\ 0 & 0 & \cdots & \lambda_n \end{pmatrix}^k = \begin{pmatrix} \lambda_1^k & 0 & \cdots & 0 \\ 0 & \lambda_2^k & \cdots & 0 \\ \cdots & \cdots & \cdots & \cdots \\ 0 & 0 & \cdots & \lambda_n^k \end{pmatrix}$$

在 MATLAB 中，幂运算就是在乘方符号 ".^" 后面输入幂的次数。

对于单个 n 阶矩阵 A

$$A^k A^l = A^{k+l}, \quad \left(A^k\right)^l = A^{kl}.$$

```
>> A=[1 2 3;0 3 3;7 9 5];
>> A.^2
ans =
     1      4      9
     0      9      9
    49     81     25
```

对于两个 n 阶矩阵 A 与 B，

$$(AB)^k \neq A^k B^k$$

实例——矩阵的幂运算

源文件：yuanwenjian/ch05/miyunsuan.m

本实例演示矩阵的幂运算。

操作步骤

解：MATLAB 程序如下。

```
>> A=[1 2 3;0 3 3;7 9 5];
>> B=[5,6,8;6,0,5;4,5,6];
>> (A*B)^5
ans =
  1.0e+11 *
   0.3047    0.1891    0.3649
   0.2785    0.1728    0.3335
   1.0999    0.6825    1.3173
>> A^5*B^5
ans =
  1.0e+10 *
   2.5561    2.1096    3.3613
   2.5561    2.1095    3.3613
   6.8284    5.6354    8.9793
```

另外，常用的运算还有指数函数、对数函数、平方根函数等。用户可查看相应的帮助获得使用方法和相关信息。

5.3.2 矩阵的逆

对于 n 阶方阵 A，如果有 n 阶方阵 B 满足 $AB=BA=I$，则称矩阵 A 为可逆的，称方阵 B 为 A 的逆矩阵，记为 A^{-1}。

逆矩阵的性质：

- ➥ 若 A 可逆，则 A^{-1} 是唯一的。
- ➥ 若 A 可逆，则 A^{-1} 也可逆，并且 $(A^{-1})^{-1}=A$。
- ➥ 若 n 阶方阵 A 与 B 都可逆，则 AB 也可逆，且 $(AB)^{-1}=B^{-1}A^{-1}$。
- ➥ 若 A 可逆，则 $|A^{-1}|=|A|^{-1}$。

我们把满足 $|A| \neq 0$ 的方阵 A 称为非奇异的，否则就称为奇异的。

求解矩阵的逆使用函数 inv，调用格式如下。

$$Y=inv(X)$$

扫一扫，看视频

实例——随机矩阵求逆

源文件：yuanwenjian/ch05/qiuni.m

本实例求解随机矩阵的逆矩阵。

操作步骤

解：MATLAB 程序如下。

```
>> A=rand(3)
A =
    0.9649    0.9572    0.1419
    0.1576    0.4854    0.4218
    0.9706    0.8003    0.9157
>> B = inv(A)
B =
    0.3473   -2.4778    1.0874
    0.8607    2.4223   -1.2490
   -1.1203    0.5093    1.0310
```

📢 提示：

逆矩阵必须使用方阵，即 2×2、3×3，即 $n×n$ 格式的矩阵，否则弹出警告信息。

```
>> A=[1 -1;0 1;2 3];
>> B=inv(A)
错误使用 inv
矩阵必须为方阵。
```

求解矩阵的逆条件数值使用函数 rcond，调用格式如下。

```
C=rcond(A)
>> A=rand(3)
A =
    0.0540    0.9340    0.4694
    0.5308    0.1299    0.0119
    0.7792    0.5688    0.3371
>> C = rcond(A)
C =
    0.0349
```

扫一扫，看视频

实例——矩阵更新

源文件：yuanwenjian/ch05/gengxin.m

在编写算法或处理工程、优化等问题时，经常会碰到一些矩阵更新的情况，这时读者必须弄清楚矩阵的更新步骤，这样才能编写出相应的更新算法。下面来看一个关于矩阵逆的更新问题：对于一个非奇异矩阵 A，如果用某一列向量 b 替换其第 p 列，那么如何在 A^{-1} 的基础上更新出新矩阵的逆呢？

操作步骤

解：首先来分析一下上述问题：设 $A=\begin{bmatrix} a_1 & a_2 & \cdots & a_p \cdots & a_n \end{bmatrix}$，设其逆为 A^{-1}，则有 $A^{-1}A=\begin{bmatrix} A^{-1}a_1 & A^{-1}a_2 & \cdots & A^{-1}a_p \cdots & A^{-1}a_n \end{bmatrix}=I$。设 A 的第 p 列 a_p 被列向量 b 替换后的矩阵为 $\overline{A}$，即 $\overline{A}=\begin{bmatrix} a_1 & \cdots & a_{p-1} & b & a_{p+1} & \cdots & a_n \end{bmatrix}$。令 $d=A^{-1}b$，则有：

$$A^{-1}\overline{A}=\begin{bmatrix} A^{-1}a_1 & \cdots & A^{-1}a_{p-1} & A^{-1}b & A^{-1}a_{p+1} & \cdots & A^{-1}a_n \end{bmatrix}$$

$$=\begin{bmatrix} 1 & & & d_1 & & & & \\ & 1 & & d_2 & & & & \\ & & \ddots & \vdots & & & & \\ & & & d_p & & & & \\ & & & d_{p+1} & 1 & & & \\ & & & \vdots & & \ddots & & \\ & & & d_{n-1} & & & 1 & \\ & & & d_n & & & & 1 \end{bmatrix}$$

如果 $d_p \neq 0$，则我们可以通过初等行变换将上式的右端化为单位矩阵，然后将相应的变换作用到 A^{-1}，那么得到的矩阵即为 A^{-1} 的更新。事实上行变换矩阵即为

$$P=\begin{bmatrix} 1 & & -d_1/d_p & & \\ & \ddots & \vdots & & \\ & & d_p^{-1} & & \\ & & \vdots & \ddots & \\ & & -d_n/d_p & & 1 \end{bmatrix}$$

该问题具体的矩阵更新函数 updateinv.m 如下。

```
function invA=updateinv(invA,p,b)
%此函数用来计算 A 中的第 p 列被另一列 b 代替后，其逆的更新
[n,n]=size(invA);
d=invA*b;
if abs(d(p))<eps      %若 d(p)=0 则说明替换后的矩阵是奇异的
    warning('替换后的矩阵是奇异的！');
    newinvA=[];
    return;
else
    %对 A 的逆作相应的行变换
    invA(p,:)=invA(p,:)/d(p);
    if p>1
        for i=1:p-1
            invA(i,:)=invA(i,:)-d(i)*invA(p,:);
        end
```

```
    end
    if p<n
        for i=p+1:n
            invA(i,:)=invA(i,:)-d(i)*invA(p,:);
        end
    end
end
```

已知矩阵 $A = \begin{bmatrix} 1 & 2 & 3 & 4 \\ 5 & 6 & 1 & 0 \\ 0 & 1 & 1 & 0 \\ 1 & 1 & 2 & 3 \end{bmatrix}$, $b = \begin{bmatrix} 1 \\ 0 \\ 1 \\ 0 \end{bmatrix}$, 求 A^{-1}, 并在 A^{-1} 的基础上求矩阵 A 的第 2 列被 b 替换

后的逆矩阵。验证上面所编函数的正确性。

解: MATLAB 程序如下。

```
>> A=[1 2 3 4;5 6 1 0;0 1 1 0;1 1 2 3];
>> b=[1 0 1 0]';
>> invA=inv(A)
invA =
   -1.5000    0.1000    0.4000    2.0000
    1.5000    0.1000   -0.6000   -2.0000
   -1.5000   -0.1000    1.6000    2.0000
    1.0000         0   -1.0000   -1.0000
>> newinvA=updateinv(invA,2,b)
newinvA =
    0.3333    0.2222   -0.3333   -0.4444
    1.6667    0.1111   -0.6667   -2.2222
   -1.6667   -0.1111    1.6667    2.2222
    1.0000         0   -1.0000   -1.0000
>> A(:,2)=b                              %显示 A 的第 2 列被 b 替换后的矩阵
A =
    1    1    3    4
    5    0    1    0
    0    1    1    0
    1    1    2    3
>> inv(A)                                %求新矩阵的逆,与 newinvA 比较(结果是一样的)
ans =
    0.3333    0.2222   -0.3333   -0.4444
    1.6667    0.1111   -0.6667   -2.2222
   -1.6667   -0.1111    1.6667    2.2222
    1.0000         0   -1.0000   -1.0000
```

5.3.3 矩阵的条件数

矩阵的条件数在数值分析中是一个重要的概念,在工程计算中也是必不可少的,它用于刻画一个矩阵的"病态"程度。

对于非奇异矩阵 A, 其条件数的定义为

$$\text{cond}(A)_v = \| A^{-1} \|_v \| A \|_v, \quad \text{其中 } v = 1, 2, \cdots, F。$$

它是一个大于或等于 1 的实数，当 A 的条件数相对较大，即 $\text{cond}(A)_v \gg 1$ 时，矩阵 A 是"病态"的，反之是"良态"的。

5.3.4 矩阵的范数

范数是数值分析中的一个概念，它是向量或矩阵大小的一种度量，在工程计算中有着重要的作用。对于向量 $x \in R^n$，常用的向量范数有以下几种。

➤ x 的 ∞-范数：$\|x\|_\infty = \max\limits_{1 \le i \le n} |x_i|$

➤ x 的 1-范数：$\|x\|_1 = \sum\limits_{i=1}^{n} |x_i|$

➤ x 的 2-范数（欧氏范数）：$\|x\|_2 = (x^T x)^{\frac{1}{2}} = \left(\sum\limits_{i=1}^{n} x_i^2\right)^{\frac{1}{2}}$

➤ x 的 p-范数：$\|x\|_p = \left(\sum\limits_{i=1}^{n} |x_i|^p\right)^{\frac{1}{p}}$

对于矩阵 $A \in R^{m \times n}$，常用的矩阵范数有以下几种。

➤ A 的行范数（∞-范数）：$\|A\|_\infty = \max\limits_{1 \le i \le m} \sum\limits_{j=1}^{n} |a_{ij}|$

➤ A 的列范数（1-范数）：$\|A\|_1 = \max\limits_{1 \le j \le n} \sum\limits_{i=1}^{m} |a_{ij}|$

➤ A 的欧氏范数（2-范数）：$\|A\|_\infty = \sqrt{\lambda_{\max}(A^T A)}$ $\|A\|_\infty = \sqrt{\lambda_{\max}(A^T A)}$，其中 $\lambda_{\max}(A^T A)$ 表示 $A^T A$ 的最大特征值

➤ A 的 Forbenius 范数（F-范数）：$\|A\|_F = \left(\sum\limits_{i=1}^{m} \sum\limits_{j=1}^{n} a_{ij}^2\right)^{\frac{1}{2}} = \text{trace}\left(A^T A\right)^{\frac{1}{2}}$

实例——矩阵的范数与条件数

源文件：yuanwenjian/ch05/hanshuyunsuan.m

本实例演示矩阵函数示例。

扫一扫，看视频

操作步骤

解：MATLAB 程序如下。

```
>> A=[3 8 9;0 3 3;7 9 5];
>> B=[8 3 9;2 8 1;3 9 1];
>> norm(A)
ans =
   17.5341
>> normest(A)
ans =
   17.5341
>> det(A)
```

```
ans =
    -57
```

动手练一练——矩阵一般运算

扫一扫，看视频

求矩阵 $A = \begin{pmatrix} 1 & 5 & -3 & 4 \\ 9 & -1 & 2 & 1 \\ -2 & 6 & 8 & 5 \\ 7 & 1 & 0 & 1 \end{pmatrix}$ 的条件数、范数与逆矩阵。

思路点拨：

源文件：yuanwenjian/ch05/yibanyunsuan.m
（1）直接生成矩阵。
（2）利用 cond 求解矩阵条件数。
（3）利用 condest 求解矩阵范数。
（4）利用 inv 求解矩阵逆矩阵。

5.4 矩 阵 分 解

矩阵分解是矩阵分析的一个重要工具，例如求矩阵的特征值和特征向量、求矩阵的逆以及矩阵的秩等都要用到矩阵分解。在工程实际中，尤其是在电子信息理论和控制理论中，矩阵分析尤为重要。本节主要讲述如何利用 MATLAB 来实现矩阵分析中常用的一些矩阵分解。

5.4.1 楚列斯基（Cholesky）分解

楚列斯基分解是专门针对对称正定矩阵的分解。设 $A = (a_{ij}) \in R^{n \times n}$ 是对称正定矩阵，$A = R^{\mathrm{T}}R$ 称为矩阵 A 的楚列斯基分解，其中 $R \in R^{n \times n}$ 是一个具有正的对角元上三角矩阵，即

$$R = \begin{bmatrix} r_{11} & r_{12} & r_{13} & r_{14} \\ & r_{22} & r_{23} & r_{24} \\ & & r_{33} & r_{34} \\ & & & r_{44} \end{bmatrix}$$

这种分解是唯一存在的。

在 MATLAB 中，实现这种分解的命令是 chol，它的使用格式见表 5-5。

表 5-5　chol 命令的调用格式

调 用 格 式	说　　明
R= chol(A)	返回楚列斯基分解因子 R
[R,p] = chol(A)	该命令不产生任何错误信息，若 A 为正定阵，则 p=0，R 同上；　若 X 非正定，则 p 为正整数，R 是有序的上三角阵

扫一扫，看视频

实例——分解正定矩阵

源文件：yuanwenjian/ch05/zhengding.m

将正定矩阵 $A = \begin{bmatrix} 1 & 1 & 1 & 1 \\ 1 & 2 & 3 & 4 \\ 1 & 3 & 6 & 10 \\ 1 & 4 & 10 & 20 \end{bmatrix}$ 进行楚列斯基分解。

操作步骤

解：MATLAB 程序如下。

```
>> A=[1 1 1 1;1 2 3 4;1 3 6 10;1 4 10 20];
>> R=chol(A)
R =
     1     1     1     1
     0     1     2     3
     0     0     1     3
     0     0     0     1
>> R'*R
ans =
     1     1     1     1
     1     2     3     4
     1     3     6    10
     1     4    10    20
```

5.4.2 LU 分解

矩阵的 LU 分解又称矩阵的三角分解，它的目的是将一个矩阵分解成一个下三角矩阵 L 和一个上三角矩阵 U 的乘积，即 $A=LU$。这种分解在解线性方程组、求矩阵的逆等计算中有着重要的作用。

在 MATLAB 中，实现 LU 分解的命令是 lu，它的使用格式见表 5-6。

表 5-6 lu 命令的调用格式

调 用 格 式	说 明
[L,U] = lu(A)	对矩阵 A 进行 LU 分解，其中 L 为单位下三角阵或其变换形式，U 为上三角阵
[L,U,P] = lu(A)	对矩阵 A 进行 LU 分解，其中 L 为单位下三角阵，U 为上三角阵，P 为置换矩阵，满足 LU=PA

扫一扫，看视频

实例——矩阵的三角分解

源文件：yuanwenjian/ch05/sanjiaofenjie.m

对矩阵 $A = \begin{bmatrix} 1 & 2 & 3 & 4 \\ 5 & 6 & 7 & 8 \\ 2 & 3 & 4 & 1 \\ 7 & 8 & 5 & 6 \end{bmatrix}$ 进行 LU 分解，比较二者的不同。

操作步骤

解：MATLAB 程序如下。

```
>> A=[1 2 3 4;5 6 7 8;2 3 4 1;7 8 5 6];
>> [L,U]=lu(A)
L =
    0.1429    1.0000         0         0
    0.7143    0.3333    1.0000         0
    0.2857    0.8333    0.2500    1.0000
    1.0000         0         0         0
U =
    7.0000    8.0000    5.0000    6.0000
         0    0.8571    2.2857    3.1429
         0         0    2.6667    2.6667
         0         0         0   -4.0000
>> [L,U,P]=lu(A)
L =
    1.0000         0         0         0
    0.1429    1.0000         0         0
    0.7143    0.3333    1.0000         0
    0.2857    0.8333    0.2500    1.0000
U =
    7.0000    8.0000    5.0000    6.0000
         0    0.8571    2.2857    3.1429
         0         0    2.6667    2.6667
         0         0         0   -4.0000
P =
    0    0    0    1
    1    0    0    0
    0    1    0    0
    0    0    1    0
```

📢 注意:

在实际应用中，我们一般都使用第二种格式的 lu 分解命令，因为第一种调用格式输出的矩阵 L 并不一定是下三角矩阵（见上例），这对于分析和计算都是不利的。

5.4.3 LDM^T 与 LDL^T 分解

对于 n 阶方阵 A，所谓的 LDM^T 分解就是将 A 分解为 3 个矩阵的乘积——LDM^T。其中，L、M 是单位下三角矩阵，D 为对角矩阵。事实上，这种分解是 LU 分解的一种变形，因此这种分解可以将 LU 分解稍作修改得到，也可以根据三个矩阵的特殊结构直接计算出来（见《矩阵计算》P153-155，G.H. 戈卢布，C.F. 范洛恩著，袁亚湘等译，科学出版社）。

下面我们给出通过直接计算得到 L、D、M 的算法源程序 ldm.m。

```
function [L,D,M]=ldm(A)
%此函数用来求解矩阵 A 的 LDM' 分解
```

```
%其中L,M均为单位下三角矩阵，D为对角矩阵
[m,n]=size(A);
if m~=n
    error('输入矩阵不是方阵，请正确输入矩阵！');
    return;
end
D(1,1)=A(1,1);
for i=1:n
    L(i,i)=1;
    M(i,i)=1;
end
L(2:n,1)=A(2:n,1)/D(1,1);
M(2:n,1)=A(1,2:n)'/D(1,1);

for j=2:n
    v(1)=A(1,j);
    for i=2:j
        v(i)=A(i,j)-L(i,1:i-1)*v(1:i-1)';
    end
    for i=1:j-1
        M(j,i)=v(i)/D(i,i);
    end
    D(j,j)=v(j);
    L(j+1:n,j)=(A(j+1:n,j)-L(j+1:n,1:j-1)*v(1:j-1)')/v(j);
end
```

实例——矩阵的 LDM 分解

源文件：yuanwenjian/ch05/yufenjie.m

扫一扫，看视频

利用上面的函数对矩阵 $A = \begin{bmatrix} 1 & 2 & 3 & 4 \\ 4 & 6 & 10 & 2 \\ 1 & 1 & 0 & 1 \\ 0 & 0 & 2 & 3 \end{bmatrix}$ 进行 LDM^{T} 分解。

操作步骤

解：MATLAB 程序如下。

```
>> A=[1 2 3 4;4 6 10 2;1 1 0 1;0 0 2 3];
>> [L,D,M]=ldm(A)
L =
    1.0000         0         0         0
    4.0000    1.0000         0         0
    1.0000    0.5000    1.0000         0
         0         0   -1.0000    1.0000
D =
    1     0     0     0
    0    -2     0     0
    0     0    -2     0
    0     0     0     7
```

```
M =
     1     0     0     0
     2     1     0     0
     3     1     1     0
     4     7    -2     1
>> L*D*M'                                          %验证分解是否正确
ans =
     1     2     3     4
     4     6    10     2
     1     1     0     1
     0     0     2     3
```

如果 A 是非奇异对称矩阵,那么在 LDM^T 分解中有 $L=M$,此时 LDM^T 分解中的有些步骤是多余的,下面我们给出实对称矩阵 A 的 LDL^T 分解的算法源程序。

```
function [L,D]=ldl(A)
%此函数用来求解实对称矩阵 A 的 LDL'分解
%其中 L 为单位下三角矩阵,D 为对角矩阵

[m,n]=size(A);
if m~=n | ~isequal(A,A')
    error('请正确输入矩阵!');
    return;
end
D(1,1)=A(1,1);
for i=1:n
    L(i,i)=1;
end
L(2:n,1)=A(2:n,1)/D(1,1);
for j=2:n
    v(1)=A(1,j);
    for i=1:j-1
        v(i)=L(j,i)*D(i,i);
    end
    v(j)=A(j,j)-L(j,1:j-1)*v(1:j-1)';
    D(j,j)=v(j);
    L(j+1:n,j)=(A(j+1:n,j)-L(j+1:n,1:j-1)*v(1:j-1)')/v(j);
end
```

实例——矩阵的 LDL 分解

源文件:yuanwenjian/ch05/LDLfenjie.m

扫一扫,看视频

利用上面的函数将对称矩阵 $A = \begin{bmatrix} 1 & 2 & 3 & 4 \\ 2 & 5 & 7 & 8 \\ 3 & 7 & 6 & 9 \\ 4 & 8 & 9 & 1 \end{bmatrix}$ 进行 LDL^T 分解。

操作步骤

解:MATLAB 程序如下。

```
>> clear
>> A=[1 2 3 4;2 5 7 8;3 7 6 9;4 8 9 1];
>> [L,D]=ldl(A)              %调用的 ldl.m 函数文件必须保存在当前工作路径下，否则程序运行报错。
L =

    1.0000        0         0         0
    2.0000    1.0000        0         0
    3.0000    1.0000    1.0000        0
    4.0000        0     0.7500    1.0000
D =

    1.0000        0         0         0
        0     1.0000        0         0
        0         0    -4.0000        0
        0         0         0   -12.7500
>> L*D*L'            %验证分解是否正确
ans =

    1     2     3     4
    2     5     7     8
    3     7     6     9
    4     8     9     1
```

5.4.4　QR 分解

　　矩阵 A 的 QR 分解也叫正交三角分解，即将矩阵 A 表示成一个正交矩阵 Q 与一个上三角矩阵 R 的乘积形式。这种分解在工程中是应用最广泛的一种矩阵分解。

　　在 MATLAB 中，矩阵 A 的 QR 分解命令是 qr，其调用格式见表 5-7。

表 5-7　qr 命令的调用格式

调用格式	说明
[Q,R] = qr(A)	返回正交矩阵 Q 和上三角阵 R，Q 和 R 满足 A=QR；若 A 为 $m×n$ 矩阵，则 Q 为 $m×m$ 矩阵，R 为 $m×n$ 矩阵
[Q,R,E] = qr(A)	求得正交矩阵 Q 和上三角阵 R，E 为置换矩阵使得 R 的对角线元素按绝对值大小降序排列，满足 AE=QR
[Q,R] = qr(A,0)	产生矩阵 A 的"经济型"分解，即若 A 为 $m×n$ 矩阵，且 $m>n$，则返回 Q 的前 n 列，R 为 $n×n$ 矩阵；否则该命令等价于[Q,R] = qr(A)
[Q,R,E] = qr(A,0)	产生矩阵 A 的"经济型"分解，E 为置换矩阵使得 R 的对角线元素按绝对值大小降序排列，且 A(:,E)=QR
R = qr(A)	对稀疏矩阵 A 进行分解，只产生一个上三角阵 R，R 为 $A^{\mathrm{T}}A$ 的 Cholesky 分解因子，即满足 $R^{\mathrm{T}}R=A^{\mathrm{T}}A$
R = qr(A,0)	对稀疏矩阵 A 的"经济型"分解
[C,R]=qr(A,b)	此命令用来计算方程组 Ax=b 的最小二乘解

实例——随机矩阵的 QR 分解

源文件：yuanwenjian/ch05/QRfenjie.m

随机矩阵的 QR 分解示例。

扫一扫，看视频

操作步骤

解：MATLAB 程序如下。

```
>> A=rand(4)
A =
    0.7922    0.8491    0.7431    0.7060
    0.9595    0.9340    0.3922    0.0318
    0.6557    0.6787    0.6555    0.2769
    0.0357    0.7577    0.1712    0.0462
>> [Q,R] =qr(A)
Q =
   -0.5631    0.0446   -0.4625   -0.6834
   -0.6820   -0.0764    0.7243    0.0667
   -0.4661    0.0036   -0.5053    0.7262
   -0.0254    0.9961    0.0781    0.0331
R =
   -1.4069   -1.4506   -0.9958   -0.5495
        0    0.7238    0.1761    0.0761
        0         0   -0.3775   -0.4398
        0         0         0   -0.2777
```

下面我们介绍在实际的数值计算中经常要用到的两个命令：qrdelete 命令与 qrinsert 命令。前者用来求当矩阵 A 去掉一行或一列时，在其原有 QR 分解基础上更新出新矩阵的 QR 分解；后者用来求当 A 增加一行或一列时，在其原有 QR 分解基础上更新出新矩阵的 QR 分解。例如，在编写积极集法解二次规划的算法时就要用到这两个命令，利用它们来求增加或去掉某行（列）时 A 的 QR 分解要比直接应用 qr 命令节省时间（见 P.E. Gill, G.H. Golub, W. Murray, M.A. Saunders, *Methods for modifying matrix factorizations*, Math. Comp. 28:505-535, 1974.）。

qrdelete 命令与 qrinsert 命令的调用格式分别见表 5-8 和表 5-9。

表 5-8 qrdelete 命令的调用格式

调 用 格 式	说　明
[Q1,R1]=qrdelete(Q,R,j)	返回去掉 A 的第 j 列后，新矩阵的 QR 分解矩阵。其中 Q、R 为原来 A 的 QR 分解矩阵
[Q1,R1]=qrdelete(Q,R,j,'col')	同上
[Q1,R1]=qrdelete(Q,R,j,'row')	返回去掉 A 的第 j 行后，新矩阵的 QR 分解矩阵。其中 Q、R 为原来 A 的 QR 分解矩阵

表 5-9 qrinsert 命令的调用格式

调 用 格 式	说　明
[Q1,R1]=qrinsert(Q,R,j,x)	返回在 A 的第 j 列前插入向量 x 后，新矩阵的 QR 分解矩阵。其中 Q、R 为原来 A 的 QR 分解矩阵
[Q1,R1]=qrinsert(Q,R,j,x,'col')	同上
[Q1,R1]=qrinsert(Q,R,j,x,'row')	返回在 A 的第 j 行前插入向量 x 后，新矩阵的 QR 分解矩阵。其中 Q、R 为原来 A 的 QR 分解矩阵

扫一扫，看视频

动手练一练——矩阵变换分解

对矩阵 $A = \begin{bmatrix} 1 & 2 & 3 \\ 4 & 5 & 6 \\ 1 & 0 & 1 \\ 0 & 1 & 1 \end{bmatrix}$ 进行 QR 分解，去掉矩阵第 3 行，求新得矩阵的 QR 分解。

 思路点拨：

源文件：yuanwenjian/ch05/bianhuan.m
（1）生成矩阵 A。
（2）分解矩阵。
（3）抽取矩阵运算，生成新矩阵。
（4）分解新矩阵。
（5）去掉其第 3 行，求新得矩阵的 QR 分解。

5.4.5 SVD 分解

奇异值分解（SVD）是现代数值分析（尤其是数值计算）的最基本和最重要的工具之一，因此在实际工程中有着广泛的应用。

所谓的 SVD 分解指的是将 $m \times n$ 矩阵 A 表示为 3 个矩阵乘积形式：USV^T，其中 U 为 $m \times m$ 酉矩阵，V 为 $n \times n$ 酉矩阵，S 为对角矩阵，其对角线元素为矩阵 A 的奇异值且满足 $s_1 \geqslant s_2 \geqslant \cdots \geqslant s_r > s_{r+1} = \cdots = s_n = 0$，$r$ 为矩阵 A 的秩。在 MATLAB 中，这种分解是通过 svd 命令来实现的。

svd 命令的调用格式见表 5-10。

表 5-10　svd 命令的调用格式

调 用 格 式	说　明
s = svd (A)	返回矩阵 A 的奇异值向量 s
[U,S,V] = svd (A)	返回矩阵 A 的奇异值分解因子 U、S、V
[U,S,V] = svd (A,0)	返回 m×n 矩阵 A 的"经济型"奇异值分解，若 m>n 则只计算出矩阵 U 的前 n 列，矩阵 S 为 n×n 矩阵，否则同[U,S,V] = svd (A)

实例——随机矩阵的奇异值分解

扫一扫，看视频

源文件：yuanwenjian/ch05/qiyifenjie.m
矩阵的奇异值分解示例。

操作步骤

解：MATLAB 程序如下。

```
>> A=rand(4)
A =
    0.0971    0.9502    0.7655    0.4456
    0.8235    0.0344    0.7952    0.6463
    0.6948    0.4387    0.1869    0.7094
```

```
    0.3171       0.3816       0.4898       0.7547
>> [U,S,V] = svd (A)
U =
  -0.5110       0.7935      -0.1892       0.2709
  -0.5506      -0.5588      -0.5920       0.1847
  -0.4684      -0.2391       0.7724       0.3561
  -0.4651       0.0304       0.1308      -0.8750
S =
   2.1574            0            0            0
        0       0.8626            0            0
        0            0       0.4888            0
        0            0            0       0.2400
V =
  -0.4524      -0.6254       0.1481       0.6183
  -0.4114       0.7436       0.3861       0.3588
  -0.5304       0.1546      -0.8329      -0.0323
  -0.5872      -0.1788       0.3679      -0.6985
```

5.4.6 舒尔(Schur)分解

舒尔分解是 Schur 于 1909 年提出的矩阵分解,它是一种典型的酉相似变换,这种变换的最大好处是能够保持数值稳定,因此在工程计算中也是重要工具之一。

对于矩阵 $A \in C^{n \times n}$,所谓的舒尔分解是指找一个酉矩阵 $U \in C^{n \times n}$,使得 $U^H AU = T$,其中 T 为上三角矩阵,称为舒尔矩阵,其对角元素为矩阵 A 的特征值。在 MATLAB 中,这种分解是通过 schur 命令来实现的。

schur 命令的调用格式见表 5-11。

表 5-11 schur 命令的调用格式

调 用 格 式	说　明
T = schur(A)	返回舒尔矩阵 T,若 A 有复特征值,则相应的对角元以 2×2 的块矩阵形式给出
T = schur(A,flag)	若 A 有复特征值,则 flag='complex',否则 flag='real'
[U,T] = schur(A,…)	返回酉矩阵 U 和舒尔矩阵 T

实例——矩阵的舒尔分解

源文件:yuanwenjian/ch05/shuerfenjie.m

求矩阵 $A = \begin{bmatrix} 1 & 2 & 3 \\ 2 & 3 & 1 \\ 1 & 3 & 0 \end{bmatrix}$ 的舒尔分解。

操作步骤

解:MATLAB 程序如下。

```
>> clear
>> A=[1 2 3;2 3 1;1 3 0];
>> [U,T]=schur(A)
```

```
U =
    0.5965   -0.8005   -0.0582
    0.6552    0.4438    0.6113
    0.4635    0.4028   -0.7893
T =
    5.5281    1.1062    0.7134
         0   -0.7640    2.0905
         0   -0.4130   -0.7640
>> lambda=eig(A)                    %因为矩阵 A 有复特征值，所以对应上面的 T 有一个 2 阶块矩阵
lambda =
    5.5281 + 0.0000i
   -0.7640 + 0.9292i
   -0.7640 - 0.9292i
```

对于上面这种有复特征值的矩阵，我们可以利用[U,T] = schur(A,'copmlex')来求其舒尔分解，也可利用 rsf2csf 命令将上例中的 U，T 转化为复矩阵。下面我们再用这两种方法求上例中矩阵 A 的舒尔分解。

实例——矩阵的复舒尔分解

源文件：yuanwenjian/ch05/fushuerfenjie.m

求上例中的矩阵 A 的复舒尔分解。

操作步骤

解：MATLAB 程序如下。

（1）方法一：

```
>> A=[1 2 3;2 3 1;1 3 0];
>> [U,T]=schur(A,'complex')
U =
   0.5965 + 0.0000i   0.0236 - 0.7315i  -0.3251 + 0.0532i
   0.6552 + 0.0000i  -0.2483 + 0.4056i   0.1803 - 0.5586i
   0.4635 + 0.0000i   0.3206 + 0.3681i   0.1636 + 0.7212i
T =
   5.5281 + 0.0000i  -0.2897 + 1.0108i   0.4493 - 0.6519i
   0.0000 + 0.0000i  -0.7640 + 0.9292i  -1.6774 + 0.0000i
   0.0000 + 0.0000i   0.0000 + 0.0000i  -0.7640 - 0.9292i
```

（2）方法二：

```
>> [U,T]=schur(A);
>> [U,T]=rsf2csf(U,T)
U =
   0.5965 + 0.0000i   0.0236 - 0.7315i  -0.3251 + 0.0532i
   0.6552 + 0.0000i  -0.2483 + 0.4056i   0.1803 - 0.5586i
   0.4635 + 0.0000i   0.3206 + 0.3681i   0.1636 + 0.7212i
T =
   5.5281 + 0.0000i  -0.2897 + 1.0108i   0.4493 - 0.6519i
   0.0000 + 0.0000i  -0.7640 + 0.9292i  -1.6774 + 0.0000i
   0.0000 + 0.0000i   0.0000 + 0.0000i  -0.7640 - 0.9292i
```

5.4.7 海森伯格（Hessenberg）分解

如果矩阵 H 的第一子对角线下元素都是 0，则 H（或其转置形式）称为上（下）海森伯格矩阵。这种矩阵在零元素所占比例及分布上都接近三角矩阵，虽然它在特征值等性质方面不如三角矩阵那样简单，但在实际应用中，应用相似变换将一个矩阵化为海森伯格矩阵是可行的，而化为三角矩阵则不易实现；而且通过化为海森伯格矩阵来处理矩阵计算问题能够大大节省计算量，因此在工程计算中，海森伯格分解也是常用的工具之一。在 MATLAB 中，可以通过 hess 命令来得到这种形式。hess 命令的调用格式见表 5-12。

表 5-12　hess 命令的调用格式

调用格式	说明
H = hess(A)	返回矩阵 A 的上海森伯格形式
[P,H] = hess(A)	返回一个上海森伯格矩阵 H 以及一个矩阵 P，满足：A = PHP' 且 P'P =I
[H,T,Q,U] = hess(A,B)	对于方阵 A、B，返回上海森伯格矩阵 H，上三角矩阵 T 以及酉矩阵 Q、U，使得 QAU=H 且 QBU=T

扫一扫，看视频

实例——求解变换矩阵

源文件：yuanwenjian/ch05/bianhuanjuzhen.m

将矩阵 $A = \begin{bmatrix} -1 & 2 & 3 & 0 \\ 0 & -2 & 3 & 4 \\ 1 & 0 & 4 & 5 \\ 1 & 2 & 9 & -3 \end{bmatrix}$ 化为海森伯格形式，并求出变换矩阵 P。

操作步骤

解：MATLAB 程序如下。

```
>> clear
>> A=[-1 2 3 0;0 -2 3 4;1 0 4 5;1 2 9 -3];
>> [P,H]=hess(A)
P =
    1.0000         0         0         0
         0         0    0.9570    0.2900
         0   -0.7071    0.2051   -0.6767
         0   -0.7071   -0.2051    0.6767
H =
   -1.0000   -2.1213    2.5293   -1.4501
   -1.4142    7.5000   -2.9485    4.8535
         0   -5.1720   -2.9673    1.7777
         0         0    2.4848   -5.5327
```

5.5　综合实例——方程组的求解

扫一扫，看视频

源文件：yuanwenjian/ch05/fangchengzuqiujie.m

无论是在工程应用问题还是数学计算问题，方程都是问题转化的重要途径之一，通过将复杂的问题简单转化成矩阵的求解问题，最后在 MATLAB 中进行函数计算。本节通过对一个方程组的应用来介绍如何介绍方程组的求解问题。

对于四元一次线性方程组 $\begin{cases} 2x_1 + x_2 - 5x_3 + x_4 = 8 \\ x_1 - 3x_2 - 6x_4 = 9 \\ 2x_2 - x_3 + 2x_4 = -5 \\ x_1 + 4x_2 - 7x_3 + 6x_4 = 0 \end{cases}$，利用 MATLAB 中求解多元方程组的不同方法进行求解。

上面的方程符合 $Ax = b$，首先需要确定方程组解的信息。

操作步骤

（1）首先需要创建方程组系数矩阵 A,b。

```
>> A=[2 1 -5 1;1 -3 0 -6;0 2 -1 2;1 4 -7 6]
A =
    2     1    -5     1
    1    -3     0    -6
    0     2    -1     2
    1     4    -7     6
>> b=[8 9 -5 0]'
b =
    8
    9
   -5
    0
```

（2）判断方程是否有解，方法包括两种。

➥　方法一

① 编写函数 isexist.m 如下。

```
function y=isexist(A,b)
%该函数用来判断线性方程组 Ax=b 的解的存在性
%若方程组无解则返回 0,若有唯一解则返回 1,若有无穷多解则返回 Inf
 [m,n]=size(A);
 [mb,nb]=size(b);
if m~=mb
    error('输入有误！');
    return;
end
r=rank(A);
s=rank([A,b]);
if r==s &&r==n
    y=1;
elseif r==s&&r<n
    y=Inf;
else
    y=0;
end
```

② 调用函数。

```
>> y=isexist(A,b)
y =
     1
```

方程返回 1，则确定有唯一解

↘ 方法二

① 求方程组的秩。

```
>> r=rank(A)
r =
     4                                          %秩 r=n=4，A 为非奇异矩阵
```

② 创建增广矩阵[A b]。

```
>> B=[A,b]
B =
     2     1    -5     1     8
     1    -3     0    -6     9
     0     2    -1     2    -5
     1     4    -7     6     0
>> s=rank(B)                                      %求增广矩阵的秩
s =
     4
```

这里 r=s=n=4，则该非齐次线性方程组有唯一解。

5.5.1 利用矩阵的逆

```
>> x0=pinv(A)*b                                   %利用矩阵的逆求解
x0 =
     3.0000
    -4.0000
    -1.0000
     1.0000
>> b0=A*x0                                         %验证解的正确性
b0 =
     8.0000
     9.0000
    -5.0000
     0.0000
```

得出的结果 b0 与矩阵 b 相同，求解正确。

5.5.2 利用矩阵分解求解

利用矩阵分解来求解线性方程组，是在工程计算中最常用的技术。下面分别利用不同的分解法来求解四元一次方程。

1. LU 分解法

LU 分解法是先将系数矩阵 A 进行 LU 分解，得到 LU=PA，然后解 Ly=Pb，最后再解 Ux=y 得到原方程组的解。

（1）编写利用 *LU* 分解法求解线性方程组 *Ax=b* 的函数 solvebyLU.m。

```matlab
function x=solvebyLU(A,b)
%该函数利用 LU 分解法求线性方程组 Ax=b 的解
flag=isexist(A,b);                          %调用第一小节中的 isexist 函数判断方程组解的情况
if flag==0
    disp('该方程组无解！');
    x=[];
    return;
else
    r=rank(A);
    [m,n]=size(A);
    [L,U,P]=lu(A);
    b=P*b;
        %解 Ly=b
    y(1)=b(1);
    if m>1
        for i=2:m
            y(i)=b(i)-L(i,1:i-1)*y(1:i-1)';
        end
    end
    y=y';
        %解 Ux=y 得原方程组的一个特解
    x0(r)=y(r)/U(r,r);
    if r>1
        for i=r-1:-1:1
            x0(i)=(y(i)-U(i,i+1:r)*x0(i+1:r)')/U(i,i);
        end
    end
    x0=x0';
    if flag==1                              %若方程组有唯一解
        x=x0;
        return;
    else                                    %若方程组有无穷多解
        format rat;
        Z=null(A,'r');                      %求出对应齐次方程组的基础解系
        [mZ,nZ]=size(Z);
        x0(r+1:n)=0;
        for i=1:nZ
            t=sym(char([107 48+i]));
            k(i)=t;                         %取 k=[k1,k2...,];
        end
        x=x0;
        for i=1:nZ
            x=x+k(i)*Z(:,i);                %将方程组的通解表示为特解加对应齐次通解形式
        end
    end
end
end
```

（2）调用函数。

```
>> x2=solvebyLU(A,b)
x2 =
   3.0000
  -4.0000
  -1.0000
   1.0000
>> b2=A*x2                          %验证解的正确性
b2 =
   8.0000
   9.0000
  -5.0000
   0.0000
```

得出的结果 b2 与矩阵 b 相同，求解正确。

2. QR 分解法

利用 QR 分解法：先将系数矩阵 A 进行 QR 分解：$A=QR$，然后解 $Qy=b$，最后解 $Rx=y$ 得到原方程组的解。

（1）编写求解线性方程组 $Ax=b$ 的函数 solvebyQR.m。

```
function x=solvebyQR(A,b)
%该函数利用 QR 分解法求线性方程组 Ax=b 的解
flag=isexist(A,b);                  %调用第一小节中的 isexist 函数判断方程组解的情况
if flag==0
   disp('该方程组无解！');
   x=[];
   return;
else
   r=rank(A);
   [m,n]=size(A);
   [Q,R]=qr(A);
   b=Q'*b;
   %解 Rx=b 得原方程组的一个特解
   x0(r)=b(r)/R(r,r);
   if r>1
      for i=r-1:-1:1
         x0(i)=(b(i)-R(i,i+1:r)*x0(i+1:r)')/R(i,i);
      end
   end
   x0=x0';
      if flag==1                    %若方程组有唯一解
      x=x0;
      return;
   else                             %若方程组有无穷多解
      format rat;
      Z=null(A,'r');                %求出对应齐次方程组的基础解系
      [mZ,nZ]=size(Z);
      x0(r+1:n)=0;
      for i=1:nZ
         t=sym(char([107 48+i]));
```

```
        k(i)=t;                        %取 k=[k1,...,kr];
    end
    x=x0;
    for i=1:nZ
        x=x+k(i)*Z(:,i);              %将方程组的通解表示为特解加对应齐次通解形式
    end
    end
end
```

（2）调用函数。

```
>> x3=solvebyQR(A,b)
x3 =
    3.0000
   -4.0000
   -1.0000
    1.0000
>> b3=A*x3                            %验证解的正确性
b3 =
    8.0000
    9.0000
   -5.0000
    0.0000
```

得出的结果 b3 与矩阵 b 相同，求解正确。

📝 知识拓展：

楚列斯基分解法只适用于系数矩阵 A 是对称正定的情况，本节中的四元一次方程组系数 A 不是对称正定，运行结果显示如下。

```
>> x4=solvebyCHOL(A,b)
该方法只适用于对称正定的系数矩阵！
x4 =
    []
```

3. 选择分解法

本节介绍通过输入参数来选择用哪种矩阵分解法求解线性方程组。

（1）编写函数 solvelineq.m。

```
function x=solvelineq(A,b,flag)
%该函数是矩阵分解法汇总，通过 flag 的取值来调用不同的矩阵分解
%若 flag='LU',则调用 LU 分解法；
%若 flag='QR',则调用 QR 分解法；
%若 flag='CHOL',则调用 CHOL 分解法；
if strcmp(flag,'LU')
    x=solvebyLU(A,b);
elseif strcmp(flag,'QR')
    x=solvebyQR(A,b);
elseif strcmp(flag,'CHOL')
    x=solvebyCHOL(A,b);
else
    error('flag 的值只能为 LU,QR,CHOL!');
end
```

（2）调用函数。

```
>> solvelineq(A,b,'LU')
ans =
    3.0000
   -4.0000
   -1.0000
    1.0000
>> solvelineq(A,b,'QR')
ans =
    3.0000
   -4.0000
   -1.0000
    1.0000
>> solvelineq(A,b,'CHOL')
该方法只适用于对称正定的系数矩阵!
ans =
    []
```

第 6 章 二 维 绘 图

内容简介

二维曲线是将平面上的数据连接起来的平面图形，数据点可以用向量或矩阵来提供。MATLAB 大量数据计算给二维曲线提供了应用平台，这也是 MATLAB 有别于其他科学计算的地方，它实现了数据结果的可视化，具有强大的图形功能。

本章将介绍 MATLAB 的图形窗口和二维图形的绘制。希望通过本章的学习，读者能够进行 MATLAB 二维绘图。

内容要点

- ↘ 二维绘图
- ↘ 不同坐标系下的绘图命令
- ↘ 图形窗口

案例效果

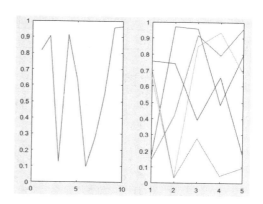

6.1 二 维 绘 图

本节内容是学习用 MATLAB 作图最重要的部分，也是学习后面内容的一个基础。在本节中我们将会详细介绍一些常用的绘图命令。

6.1.1 plot 绘图命令

plot 命令是最基本的绘图命令，也是最常用的一个绘图命令。当执行 plot 命令时，系统会自动创建一个新的图形窗口。若之前已经有图形窗口打开，那么系统会将图形画在最近打开过的图形窗口上，原有图形也将被覆盖。本节将详细讲述该命令的各种用法。

plot 命令主要有下面几种使用格式。

1. plot(x)

这个函数格式的功能如下。

- 当 x 是实向量时，则绘制出以该向量元素的下标（即向量的长度，可用 MATLAB 函数 length()求得）为横坐标，以该向量元素的值为纵坐标的一条连续曲线。
- 当 x 是实矩阵时，按列绘制出每列元素值相对其下标的曲线，曲线数等于 x 的列数。
- 当 x 是复数矩阵时，按列分别绘制出以元素实部为横坐标，以元素虚部为纵坐标的多条曲线。

实例——实验数据曲线

源文件：yuanwenjian/ch06/shiyanquxian.m、实验数据曲线.flg

从实验中得到 y 与 x 的一组数据，见表 6-1。

操作步骤

解：MATLAB 程序如下。

```
>> x=[5 10 20 30 40 50 60 70 90 120];
>> y=[6 10 13 16 17 19 23 25 29 460];
>> plot(x,y)
```

表 6-1　实验数据

x	5	10	20	30	40	50	60	70	90	120
y	6	10	13	16	17	19	23	25	29	460

运行后所得的图像如图 6-1。

图 6-1　实验数据图形

如果要在同一图形窗口中分割出所需要的几个窗口来，可以使用 subplot 命令，它的使用格式如下。

- subplot(m,n,p)：将当前窗口分割成 m×n 个视图区域，并指定第 p 个视图为当前视图。

↘ subplot('position',[left bottom width height])：产生的新子区域的位置由用户指定，后面的四元组为区域的具体参数控制，宽高的取值范围都是[0,1]。

实例——窗口分割

源文件：yuanwenjian/ch06/duochuangkou.m、窗口分割.fig

本实例显示 4×4 图形分割。

操作步骤

解：MATLAB 程序如下。

```
>> subplot(2,2,1)                %显示第一个图形，如图 6-2 所示
>> subplot(2,2,2)                %显示第二个图形，如图 6-3 所示
>> subplot(2,2,3)                %显示第三个图形，如图 6-4 所示
>> subplot(2,2,4)                %显示第四个图形，如图 6-5 所示
```

图 6-2 视图 1

图 6-3 视图 2

图 6-4 视图 3

图 6-5 视图 4

需要注意的是，这些子图的编号是按行来排列的，例如第 s 行第 t 个视图区域的编号为 (s−1)×n+t。如果在此命令之前并没有任何图形窗口被打开，那么系统将会自动创建一个图形窗口，并将其分割成 m×n 个视图区域。

实例——随机矩阵图形

源文件：yuanwenjian/ch06/suijituxing.m、随机矩阵图形.flg

随机生成一个行向量 a 以及一个实方阵 b，用 plot 画图命令作出 a、b 的图像。

操作步骤

解：MATLAB 程序如下。

```
>> a=rand(1,10);
>> b=rand(5,5);
>> subplot(1,2,1),plot(a)
>> subplot(1,2,2),plot(b)
```

运行后所得的图像如图 6-6 所示。

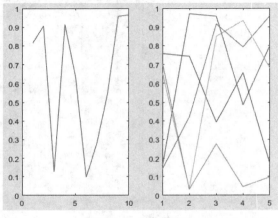

图 6-6 随机图形

2．plot(x,y)

这个函数格式的功能如下。

- 当 x、y 是同维向量时，绘制以 x 为横坐标、以 y 为纵坐标的曲线。
- 当 x 是向量，y 是有一维与 x 等维的矩阵时，绘制出多根不同颜色的曲线，曲线数等于 y 阵的另一维数，x 作为这些曲线的横坐标。
- 当 x 是矩阵，y 是向量时，同上，但以 y 为横坐标。
- 当 x、y 是同维矩阵时，以 x 对应的列元素为横坐标，以 y 对应的列元素为纵坐标分别绘制曲线，曲线数等于矩阵的列数。

实例——摩擦系数变化曲线

源文件：yuanwenjian/ch06/xishubianhua.m、摩擦系数变化曲线.fig

在某次物理实验中，测得摩擦系数不同情况下路程与时间的数据见表 6-2。在同一图中作出不同摩擦系数情况下路程随时间的变化曲线。

此问题可以将时间 t 写为一个列向量，相应测得的路程 s 的数据写为一个 6×4 的矩阵，然后利用 plot 命令即可。

操作步骤

解：MATLAB 程序如下。

```
>> x=0:0.2:1;
>> y=[0 0 0 0;0.58 0.31 0.18 0.08;0.83 0.56 0.36 0.19;1.14 0.89 0.62 0.30;1.56 1.23
0.78 0.36;2.08 1.52 0.99 0.49];
>> plot(x,y)
```

表 6-2 不同摩擦系数时路程和时间的关系

时间/s	路程 1/m	路程 2/m	路程 3/m	路程 4/m
0	0	0	0	0
0.2	0.58	0.31	0.18	0.08
0.4	0.83	0.56	0.36	0.19
0.6	1.14	0.89	0.62	0.30
0.8	1.56	1.23	0.78	0.36
1.0	2.08	1.52	0.99	0.49

运行结果如图 6-7 所示。

图 6-7 plot 作图

3. plot(x1,y1,x2,y2,…)

这个函数格式的功能是绘制多条曲线。在这种用法中，（xi,yi）必须是成对出现的，上面的命令等价于逐次执行 plot(xi,yi)命令，其中 i=1,2,…。

实例——正弦图形

源文件：yuanwenjian/ch06/zhengxian.m、正弦图形.fig

在同一个图上画出 $y = \sin x$、$y = \sin(x + \frac{\pi}{4})$、$y = \sin(x - \frac{\pi}{4})$ 的图像。

操作步骤

解：MATLAB 程序如下。

```
>> x=linspace(0,2*pi,100);
>> y1=sin(x);
```

扫一扫，看视频

```
>> y2=sin(x+pi/4);
>> y3=sin(x-pi/4);
>> plot(x,y1,x,y2,x,y3)
```
运行结果如图 6-8 所示。

图 6-8　正弦图形

扫一扫，看视频

实例——正弦余弦图形

源文件：yuanwenjian/ch06/zhengXianyuxian.m、正弦余弦图形.fig

在同一个图上画出 $y=\sin x$ 、 $y=5\cos(x-\dfrac{\pi}{4})$ 的图像。

操作步骤

解：MATLAB 程序如下。
```
>> x1=linspace(0,2*pi,100);
>> x2=x1-pi/4;
>> y1=sin(x1);
>> y2=5*cos(x2);
>> plot(x1,y1,x2,y2)
```
运行结果如图 6-9 所示。

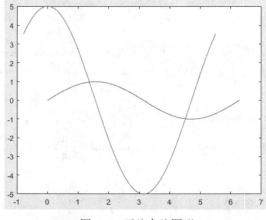

图 6-9　正弦余弦图形

📣 注意：

上面的 linspace 命令用来将已知的区间[0,2π]100 等分。这个命令的具体使用格式为 linspace(a,b,n)，作用是将已知区间[a,b]作 n 等分，返回值为各节点的坐标。

4. plot(x,y,s)

其中 x、y 为向量或矩阵，s 为用单引号标记的字符串，用来设置所画数据点的类型、大小、颜色以及数据点之间连线的类型、粗细、颜色等。实际应用中，s 是某些字母或符号的组合，这些字母和符号我们会在下一段介绍。s 可以省略，此时将由 MATLAB 系统默认设置，即曲线一律采用"实线"线型，不同曲线将按表 6-3 所给出的 8 种颜色（蓝、绿、红、青、品红、黄、黑、白）顺序着色。

s 的合法设置参见表 6-4 和表 6-5。

表 6-3　颜色控制字符表

字　符	色　彩	RGB 值
b（blue）	蓝色	001
g（green）	绿色	010
r（red）	红色	100
c（cyan）	青色	011
m（magenta）	品红	101
y（yellow）	黄色	110
k（black）	黑色	000
w（white）	白色	111

表 6-4　线型符号及说明

线 型 符 号	符 号 含 义	线 型 符 号	符 号 含 义
-	实线（默认值）	:	点线
--	虚线	-.	点画线

实例——数据点图形

源文件：yuanwenjian/ch06/shujudian.m、数据点图形.fig

任意描一些数据点，熟悉 plot 命令中参数的用法。

操作步骤

解：MATLAB 程序如下。

```
>> x=0:pi/10:2*pi;
>> y1=sin(x);
>> y2=cos(x);
>> y3=x;
>> y4=x.^2;
>> hold on
>> plot(x,y1,'r*')
>> plot(x,y2,'kp')
>> plot(x,y3,'bd')
>> plot(x,y4,'g:')
>> hold off
```

扫一扫，看视频

运行结果如图 6-10 所示。

图 6-10　数据点图形

表 6-5　线型控制字符表

字　　符	数　据　点	字　　符	数　据　点
+	加号	>	向右三角形
o	小圆圈	<	向左三角形
*	星号	s	正方形
.	实点	h	正六角星
x	交叉号	p	正五角星
d	棱形	v	向下三角形
^	向上三角形		

 说明：

hold on 命令用来使当前轴及图形保持不变，准备接受此后 plot 所绘制的新的曲线。hold off 使当前轴及图形不再保持上述性质。

实例——图形的重叠

源文件：yuanwenjian/ch06/chongdietuxing.m、图形的重叠.flg

本实例演示保持命令的应用。

操作步骤

解：MATLAB 程序如下。

```
>> N=9;
>> t=0:2*pi/N:2*pi;
>> x=sin(t);y=cos(t);
>> tt=reshape(t,2,(N+1)/2);
>> tt=flipud(tt);
>> tt=tt(:);
>> xx=sin(tt);yy=cos(tt);
>> plot(x,y)                    %在图 6-11 中显示图形 1
>> hold on                      %打开保持命令
```

```
>> plot(xx,y)                  %未输入关闭保持命令，在图 6-12 中叠加显示图形 2
>> hold off
>> plot(xx,y)                  %关闭保持命令，单独显示图形如图 6-13 所示
```

图 6-11　图形 1

图 6-12　图形 2

图 6-13　图形 3

实例——曲线属性的设置

源文件：yuanwenjian/ch06/quxianshuxing.m、曲线属性的设置.flg

设置曲线的显示属性

$$y1 = \sin t , \quad y2 = \sin t \sin(9t)$$

操作步骤

解：MATLAB 程序如下。

```
>> t=(0:pi/100:pi)';
>> y1=sin(t)*[1,-1];
>> y2=sin(t).*sin(9*t);
>> t3=pi*(0:9)/9;
>> y3=sin(t3).*sin(9*t3);
>> plot(t,y1,'r:',t,y2,'-bo')
```

```
>> hold on
>> plot(t3,y3,'s','MarkerSize',10,'MarkerEdgeColor',[0,1,0],'MarkerFaceColor',
[1,0.8,0])
>> axis([0,pi,-1,1])
>> hold off
>> plot(t,y1,'r:',t,y2,'-bo',t3,y3,'s','MarkerSize',10,'MarkerEdgeColor',[0,1,0],
'MarkerFaceColor',[1,0.8,0])
```

运行结果如图 6-14 所示。

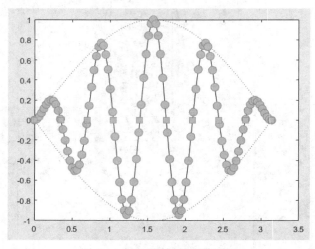

图 6-14 设置属性的函数图形

5. plot(x1,y1,s1,x2,y2,s2,…)

这种格式的用法与用法 3 相似，不同之处是此格式有参数的控制，运行此命令等价于依次执行 plot(xi,yi,si)，其中 i=1,2,…。

实例——函数图形

源文件： yuanwenjian/ch06/hanshutuxing.m、函数图形.fig

在同一坐标系下画出下面函数在 $[-\pi,\pi]$ 上的简图。

$$y1 = e^{\sin x}, y2 = e^{\cos x}, y3 = e^{\sin x + \cos x}, y4 = e^{\sin x - \cos x}, y5 = 0.2e^{\sin x \times \cos x}, y6 = 0.2e^{\cos x \div \sin x}.$$

操作步骤

解：MATLAB 程序如下。

```
x=-pi:pi/10:pi;
y1=exp(sin(x));
y2=exp(cos(x));
y3=exp(sin(x)+cos(x));
y4=exp(sin(x)-cos(x));
y5=0.2*exp(sin(x).*cos(x));
y6=0.2*exp(cos(x)./sin(x));
plot(x,y1,'b:',x,y2,'d-',x,y3,'m>:',x,y4,'rh-',x,y5,'gh-',x,y6,'bh-')
```

运行结果如图 6-15 所示。

图 6-15　plot 作图

✍ 小技巧：

如果读者不知道 hold on 命令及用法，但又想在当前坐标下画出后续图像时，便可以使用 plot 命令的此种用法。

6.1.2　fplot 绘图命令

　　fplot 命令也是 MATLAB 提供的一个画图命令，它是一个专门用于画一元函数图像的命令。有些读者可能会有这样的疑问：plot 命令也可以画一元函数图像，为什么还要引入 fplot 命令呢？

　　这是因为plot 命令是依据我们给定的数据点来作图的，而在实际情况中，一般并不清楚函数的具体情况，因此依据我们所选取的数据点作的图像可能会忽略真实函数的某些重要特性，给科研工作造成不可估计的损失。MATLAB 提供了专门绘制一元函数图像的 fplot 命令，它用来指导数据点的选取，通过其内部自适应算法，在函数变化比较平稳处，它所取的数据点就会相对稀疏一点，在函数变化明显处所取的数据点就会自动密一些，因此用 fplot 命令所作出的图像要比用 plot 命令作出的图像光滑准确。

　　fplot 命令的主要调用格式见表 6-6。

表 6-6　fplot 命令的调用格式

调 用 格 式	说　　明
fplot(f,lim)	在指定的范围 lim 内画出一元函数 f 的图形
fplot(f,lim,s)	用指定的线型 s 画出一元函数 f 的图形
fplot(f,lim,n)	画一元函数 f 的图形时，至少描出 n+1 个点
fplot(funx,funy)	在 t 的默认间隔[−5　5]上绘制由 x=funx(t)和 y=funy(t)定义的曲线
fplot(funx,funy,tinterval)	在指定的时间间隔内绘制。将间隔指定为[tmin tmax 形式的二元向量]
fplot(___,LineSpec)	指定线条样式、标记符号和线条颜色。例如，' - r'绘制一条红线。在前面语法中的任何输入参数组合之后使用此选项
fplot(___,Name,Value)	使用一个或多个名称-值对参数指定行属性
fplot(ax,___)	绘制到由 x 指定的轴中，而不是当前轴（GCA）。指定轴作为第一个输入参数
fp = fplot(___)	根据输入返回函数行对象或参数化函数行对象。使用 FP 查询和修改特定行的属性
[X,Y] = fplot(f,lim,···)	返回横坐标与纵坐标的值给变量 X 和 Y

对于上面的各种用法有下面几点需要说明。

（1）f 对字符向量输入的支持将在未来版本中删除，可以改用函数句柄，例如'sin(x)'，改为 @(x)sin(x)。

（2）lim 是一个指定 x 轴范围的向量[xmin,xmax]或者 y 轴范围的向量 [ymin,ymax]。

（3）[X,Y] = fplot(f,lim,...)不会画出图形，如用户想画出图形，可用命令 plot(X,Y)。这个语法将在将来的版本中删除。而是使用 line 对象 FP 的 XData 和 YData 属性。

（4）fplot 命令中的参数 n 至少把范围 limits 分成 n 个小区间，最大步长不超过(xmax − xmin)/n。

（5）fplot 不再支持用于指定误差容限或评估点数的输入参数。若要指定评估点数，请使用网格密度属性。

实例——绘制函数曲线

源文件：yuanwenjian/ch06/hanshuquxian.m、绘制函数曲线.flg

分别用 fplot 命令与 plot 命令作出函数 $y = \sin\dfrac{1}{x}, x \in [0.01, 0.02]$ 的图像。

操作步骤

解：MATLAB 程序如下。

```
>> x=linspace(0.01,0.02,50);
>> y=sin(1./x);
>> subplot(2,1,1),plot(x,y)
>> subplot(2,1,2),fplot(@(x)sin(1./x),[0.01,0.02])
```

运行结果如图 6-16 所示。

图 6-16　fplot 与 plot 的比较

还可以输入下面的程序得到图 6-16 的图像。

```
>> x=linspace(0.01,0.02,50);
>> y=sin(1./x);
>> y1=@(x)sin(1./x);
>> subplot(2,1,1),plot(x,y)
>> subplot(2,1,2),fplot(y1,[0.01,0.02])
```

从该图可以很明显地看出 fplot 命令所画的图要比用 plot 命令所作的图光滑精确。这主要是因为分点取的太少了，也就是说对区间的划分还不够细，读者往往会以为对长度为 0.01 的区间作 50

等分的划分已经够细了，事实上这远不能精确描述原函数。

6.1.3 ezplot 绘图命令

对于符号函数，MATLAB 也提供了一个专门的绘图命令——ezplot 命令。利用这个命令可以很容易地将一个符号函数图形化。

ezplot 命令的主要调用格式见表 6-7。

表 6-7 ezplot 命令的调用格式

调用格式	说明
ezplot(f)	绘制函数 f(x) 在默认区间 $x \in (-2\pi, 2\pi)$ 上的图像，若 f 为隐函数 f(x,y)，则在默认区域 $x \in (-2\pi, 2\pi), y \in (-2\pi, 2\pi)$ 上绘制 f(x,y)=0 的图像
ezplot(f,[a,b])	绘制函数 f(x) 在区间 $x \in (a, b)$ 上的图像，若 f 为隐函数 f(x,y)，则在区域 $x \in (a, b), y \in (a, b)$ 上绘制 f(x,y)=0 的图像
ezplot(f,[xa,xb,ya,yb])	对于隐函数 f(x,y)，在区域 $x \in (xa, xb), y \in (ya, yb)$ 上绘制 f(x,y)=0 的图像
ezplot(x,y)	在默认区间 $x \in (0, 2\pi)$ 上绘制参数曲线 x=x(t),y=y(t) 的图像
ezplot(x,y,[a,b])	在区间 $t \in (a, b)$ 上绘制参数曲线 x=x(t),y=y(t) 的图像
ezplot(…,figure)	在指定的图形窗口中绘制函数图像

实例——绘制隐函数图形

源文件： yuanwenjian/ch06/yinhanshu.m、绘制隐函数图形.flg

绘制隐函数 $f_1(x) = e^{2x} \sin 2x, x \in (-\pi, \pi)$ 的图像。

操作步骤

解：MATLAB 程序如下。

```
>> syms x
>> f1=exp(2*x)*sin(2*x);
>> subplot(2,2,1),ezplot(exp(2*x),[-pi,pi])
>> subplot(2,2,2),ezplot(sin(2*x))
>> subplot(2,2,3),ezplot(exp(2*x)+sin(2*x),[-pi,pi,0,2*pi])
>> subplot(2,2,4),ezplot(f1,[-4*pi,4*pi])
```

运行结果如图 6-17 所示。

图 6-17 隐函数图形

扫一扫，看视频

动手练一练——绘制指数函数与幂函数函数图形

在同一个图上画出 $y=\log x$ 、 $y=\dfrac{e^{0.1x}}{5000}$ 在 $[0,\dfrac{\pi}{2}]$ 上的图像。

思路点拨：

源文件：yuanwenjian/ch06/dishuzhishu.m、绘制指数函数与幂函数函数图形.flg
（1）定义变量区域。
（2）输入参数表达式。
（3）使用 ezplot 绘制函数曲线。

6.2　不同坐标系下的绘图命令

上面讲的绘图命令使用的都是笛卡儿坐标系，而在实际工程中，往往会涉及不同坐标系下的图像问题，例如常用的极坐标。下面我们简单介绍几个工程计算中常用的其他坐标系下的绘图命令。

6.2.1　极坐标系下绘图

在 MATLAB 中，polar 命令用来绘制极坐标系下的函数图像。polar 命令的调用格式见表 6-8。

表 6-8　polar 命令的调用格式

调 用 格 式	说 明
polar(theta,rho)	在极坐标中绘图，theta 的元素代表弧度，rho 代表极坐标矢径
polar(theta,rho,s)	在极坐标中绘图，参数 s 的内容与 plot 命令相似

扫一扫，看视频

实例——极坐标图形

源文件：yuanwenjian/ch06/zuobiao1.m、极坐标图形.flg

在直角坐标系与极坐标下画出下面函数的图像：

$$r=|\sin t\cos t|$$

操作步骤

解：MATLAB 程序如下。

```
>> t=0:0.01:4*pi;
>> r=abs(sin(t).*cos(t));
>> polar(t,r)
```

运行结果如图 6-18 所示。

实例——直角坐标与极坐标系图形

源文件：yuanwenjian/ch06/zuobiao2.m、直角坐标与极坐标系图形 1.flg/直角坐标与极坐标系图形 2.flg

扫一扫，看视频

在直角坐标系与极坐标下画出下面函数的图像：

$$r = e^{\sin t} - 2\sin 4t + (\cos\frac{t}{5})^6$$

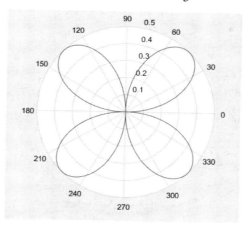

图 6-18　polar 作图 1

操作步骤

解：MATLAB 程序如下。

```
>> t=linspace(0,24*pi,1000);
>> r=exp(sin(t))-2*sin(4.*t)+(cos(t./5)).^6;
>> subplot(2,1,1),plot(t,r)
>> subplot(2,1,2),polar(t,r)
```

运行结果如图 6-19 所示。

图 6-19　polar 作图 2

如果我们还想看一下此图在直角坐标系下的图像，那么可借助 pol2cart 命令，它可以将相应的极坐标数据点转化成直角坐标系下的数据点，具体的步骤如下。

```
>> [x,y]=pol2cart(t,r);
>> figure
>> plot(x,y)
```

运行结果如图 6-20 所示。

图 6-20　运行结果

6.2.2　半对数坐标系下绘图

半对数坐标在工程中也是很常用的，MATLAB 提供的 semilogx 与 semilogy 命令可以很容易实现这种作图方式。semilogx 命令用来绘制 x 轴为半对数坐标的曲线，semilogy 命令用来绘制 y 轴为半对数坐标的曲线，它们的使用格式是一样的。以 semilogx 命令为例，其调用格式见表 6-9。

表 6-9　semilogx 命令的调用格式

调 用 格 式	说　　明
semilogx(X)	绘制以 10 为底对数刻度的 x 轴和线性刻度的 y 轴的半对数坐标曲线，若 X 是实矩阵，则按列绘制每列元素值相对其下标的曲线图，若为复矩阵，则等价于 semilogx(real(X),imag(X))命令
semilogx(X1,Y1,…)	对坐标对(Xi,Yi) (i=1,2,…)，绘制所有的曲线，如果(Xi,Yi)是矩阵，则以(Xi,Yi)对应的行或列元素为横纵坐标绘制曲线
semilogx(X1,Y1,s1,…)	对坐标对(Xi,Yi) (i=1,2,…)，绘制所有的曲线，其中 si 是控制曲线线型、标记以及色彩的参数
semilogx(… ,'PropertyName', PropertyValue,…)	对所有用 semilogx 命令生成的图形对象的属性进行设置
h = semilogx(…)	返回 line 图形句柄向量，每条线对应一个句柄

扫一扫，看视频

实例——半对数坐标系图形

源文件：yuanwenjian/ch06/zuobiao3.m

比较函数 $y=10^x$ 在半对数坐标系与直角坐标系下的图像。

操作步骤

解：MATLAB 程序如下。

```
>> close all
>> x=0:0.01:1;
>> y=10.^x;
>> subplot(1,2,1),semilogy(x,y)
>> subplot(1,2,2),plot(x,y)
```

运行结果如图 6-21 所示。

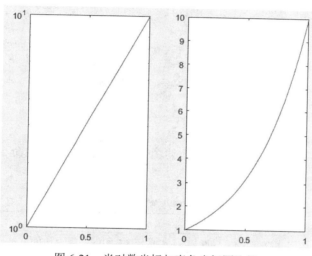

图 6-21　半对数坐标与直角坐标图比较

6.2.3　双对数坐标系下绘图

除了上面的半对数坐标绘图外，MATLAB还提供了双对数坐标系下的绘图命令loglog，它的使用格式与 semilogx 相同，这里就不再详细说明了，只给出一个例子。

扫一扫，看视频

实例——双对数坐标系绘图

源文件：yuanwenjian/ch06/zuobiao4.m、双对数坐标系绘图.flg

比较函数 $y=e^x+e^{-x}$ 在双对数坐标系与直角坐标系下的图像。

操作步骤

解：MATLAB 程序如下。

```
>> close all
>> x=0:0.01:1;
>> y=exp(x)+ exp(-x);
>> subplot(1,2,1),loglog(x,y)
>> subplot(1,2,2),plot(x,y)
```

运行结果如图 6-22 所示。

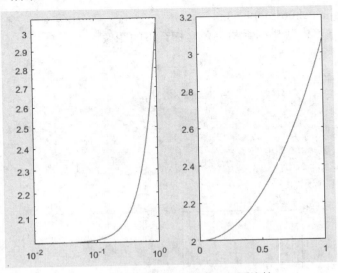

图 6-22　双对数坐标与直角坐标图比较

6.2.4　双 y 轴坐标

双 y 轴坐标在实际中常用来比较两个函数的图像，实现这一操作的命令是 plotyy，其使用格式见表 6-10。

表 6-10　plotyy 命令的调用格式

调用格式	说　明
plotyy(x1,y1,x2,y2)	用左边的 y 轴画出 x1 对应于 y1 的图，用右边的 y 轴画出 x2 对应于 y2 的图
plotyy(x1,y1,x2,y2, 'function')	使用字符串'function'指定的绘图函数产生每一个图形，'function'可以是 plot、semilogx、semilogy、stem 或任何满足 h=function(x,y)的 MATLAB 函数
plotyy(x1,y1,x2,y2, 'function1', 'function2')	使用 function1(x1,y1)为左轴画出图形，用 function2(x2,y2)为左轴画出图形

扫一扫，看视频

实例——双 Y 轴坐标绘图

源文件：yuanwenjian/ch06/zuobiao5.m、双 Y 轴坐标绘图.flg

用不同标度在同一坐标内绘制曲线 $y_1 = e^{-x} \cos 4\pi x$ 和 $y_2 = 2e^{-0.5x} \cos 2\pi x$。

操作步骤

解：MATLAB 程序如下。

```
>> close all
>> x=linspace(-2*pi,2*pi,200);
>> y1=exp(-x).*cos(4*pi*x);
>> y2=2*exp(-0.5*x).*cos(2*pi*x);
>> plotyy(x,y1,x,y2,'plot')
```

运行结果如图 6-23 所示。

图 6-23 plotyy 作图

动手练一练——绘制不同坐标系函数图形

在不同坐标系上画出 $y = \log x + \sin(x + \dfrac{\pi}{5})$ 在 $[0, \dfrac{\pi}{2}]$ 上的图像。

扫一扫，看视频

思路点拨：

> 源文件：yuanwenjian/ch06/zuobiao6.m、绘制不同坐标系函数图形.flg
> （1）定义变量区域。
> （2）输入参数表达式。
> （3）在极坐标、对数坐标系上绘图。

6.3 图 形 窗 口

MATLAB 不但擅长与矩阵相关的数值运算，同时它还具有强大的图形功能，这是其他用于科学计算的编程语言所无法比拟的。利用 MATLAB 可以很方便地实现大量数据计算结果的可视化，而且可以很方便地修改和编辑图形界面。

图形窗口是 MATLAB 数据可视化的平台，这个窗口和命令行窗口是相互独立的。如果能熟练掌握图形窗口的各种操作，读者便可以根据自己的需要来获得各种高质量的图形。

6.3.1 图形窗口的创建

在 MATLAB 的命令行窗口输入绘图命令（如 plot 命令）时，系统会自动建立一个图形窗口。有时，在输入绘图命令之前已经有图形窗口打开，这时绘图命令会自动将图形输出到当前窗口。当前窗口通常是最后一个使用的图形窗口，这个窗口的图形也将被覆盖掉，而用户往往不希望这样。学完本节内容，读者便能轻松解决这个问题。

在 MATLAB 中，使用函数 figure 来建立图形窗口。该函数主要有下面 3 种用法。

➥ figure：创建一个图形窗口。

➥ figure(n)：创建一个编号为 Figure(n)的图形窗口，其中 n 是一个正整数，表示图形窗口的句柄。

 figure('PropertyName',PropertyValue,…)：对指定的属性 PropertyName，用指定的属性值 PropertyValue（属性名与属性值成对出现）创建一个新的图形窗口；对于那些没有指定的属性，则用默认值。属性名与有效的属性值见表 6-11。

表 6-11 figure 属性

属 性 名	说 明	有 效 值	默 认 值
Position	图形窗口的位置与大小	四维向量[left,bottom,width,height]	取决于显示
Units	用于解释属性 Position 的单位	inches（英寸） centimeters（厘米） normalized（标准化单位认为窗口长宽是 1） points（点） pixels（像素） characters（字符）	pixels
Color	窗口的背景颜色	ColorSpec（有效的颜色参数）	取决于颜色表
Menubar	转换图形窗口菜单条的"开"与"关"	none、figure	figure
Name	显示图形窗口的标题	任意字符串	' '（空字符串）
NumberTitle	标题栏中是否显示'Figure No. n'，其中 n 为图形窗口的编号	on、off	on
Resize	指定图形窗口是否可以通过鼠标改变大小	on、off	on
SelectionHighlight	当图形窗口被选中时，是否突出显示	on、off	on
Visible	确定图形窗口是否可见	on、off	on
WindowStyle	指定窗口是标准窗口还是典型窗口	normal（标准窗口）、modal（典型窗口）	normal
Colormap	图形窗口的色图	m×3 的 RGB 颜色矩阵	jet 色图
Dithermap	用于真颜色数据以伪颜色显示的色图	m×3 的 RGB 颜色矩阵	有所有颜色的色图
DithermapMode	是否使用系统生成的抖动色图	auto、manual	manual
FixedColors	不是从色图中获得的颜色	m×3 的 RGB 颜色矩阵	无（只读模式）
MinColormap	系统颜色表中能使用的最少颜色数	任一标量	64
ShareColors	允许 MATLAB 共享系统颜色表中的颜色	on、off	on
Alphamap	图形窗口的 α 色图，用于设定透明度	m 维向量，每一分量在[0,1]之间	64 维向量
BackingStore	打开或关闭屏幕像素缓冲区	on、off	on
DoubleBuffer	对于简单的动画渲染是否使用快速缓冲	on、off	off
Renderer	用于屏幕和图片的渲染模式	painters、zbuffer、OpenGL	系统自动选择
Children	显示于图形窗口中的任意对象句柄	句柄向量	[]
FileName	命令 guide 使用的文件名	字符串	无
Parent	图形窗口的父对象：根屏幕	总是 0（即根屏幕）	0

续表

属 性 名	说 明	有 效 值	默 认 值
Selected	是否显示窗口的"选中"状态	on、off	on
Tag	用户指定的图形窗口标签	任意字符串	' '（空字符串）
Type	图形对象的类型（只读类型）	'figure'	figure
UserData	用户指定的数据	任一矩阵	[]（空矩阵）
RendererMode	默认的或用户指定的渲染程序	auto、manual	auto
CurrentAxes	在图形窗口中当前坐标轴的句柄	坐标轴句柄	[]
CurrentCharacter	在图形窗口中最后一个输入的字符	单个字符	无
CurrentObject	图形窗口中当前对象的句柄	图形对象句柄	[]
CurrentPoint	图形窗口中最后单击的按钮的位置	二维向量[x-coord，y-coord]	[0 0]
SelectionType	鼠标选取类型	normal、extended、alt、open	normal
BusyAction	指定如何处理中断调用程序	cancel、queue	queue
ButtonDownFcn	当在窗口中空闲处按下鼠标左键时，执行的回调程序	字符串	' '（空字符串）
CloseRequestFcn	当执行命令关闭时，定义一回调程序	字符串	closereq
CreateFcn	当打开一图形窗口时，定义一回调程序	字符串	' '（空字符串）
DeleteFcn	当删除一图形窗口时，定义一回调程序	字符串	' '（空字符串）
Interruptible	定义一回调程序是否可中断	on、off	on（可以中断）
KeyPressFcn	当在图形窗口中按下时，定义一回调程序	字符串	' '（空字符串）
ResizeFcn	当图形窗口改变大小时，定义一回调程序	字符串	' '（空字符串）
UIContextMenu	定义与图形窗口相关的菜单	属性 UIContextmenu 的句柄	无
WindowButtonDownFcn	当在图形窗口中按下鼠标时，定义一回调程序	字符串	' '（空字符串）
WindowButtonMotionFcn	当将鼠标移进图形窗口中时，定义一回调程序	字符串	' '（空字符串）
WindowButtonUpFcn	当图形窗口中松开按钮时，定义一回调程序	字符串	' '（空字符串）
IntegerHandle	指定使用整数或非整数图形句柄	on、off	on（整数句柄）
HandleVisiblity	指定图形窗口句柄是否可见	on、callback、off	on
HitTest	定义图形窗口是否能变成当前对象（参见图形窗口属性 CurrentObject）	on、off	on
NextPlot	在图形窗口中定义如何显示另外的图形	replacechildren、add、replace	add
Pointer	选取鼠标记号	crosshair、arrow、topr、watch、topl、botl、botr、circle、cross、fleur、left、right、top、fullcrosshair、bottom、ibeam、custom	arrow
PointerShapeCData	定义鼠标外形的数据	16×16 矩阵	将鼠标设置为 custom 且可见
PointerShapeHotSpot	设置鼠标活跃的点	二维向量[row,column]	[1,1]

MATLAB 提供了查阅上表中属性和属性值的函数 set 和 get，它们的使用格式如下。

- set(n)：返回关于图形窗口 Figure(n)的所有图像属性的名称和属性值所有可能取值。
- get(n)：返回关于图形窗口 Figure(n)的所有图像属性的名称和当前属性值。

需要注意的是，figure 命令产生的图形窗口的编号是在原有编号基础上加 1。有时，作图是为了进行不同数据的比较，我们需要在同一个视窗下来观察不同的图像，这时可用 MATLAB 提供的 subplot 来完成这项任务。

如果用户想关闭图形窗口，则可以使用命令 close。

如果用户不想关闭图形窗口，仅仅是想将该窗口的内容清除，则可以使用函数 clf 来实现。另外，命令 clf(rest)除了能够消除当前图形窗口的所有内容以外，还可以将该图形除了位置和单位属性外的所有属性都重新设置为默认状态。当然，也可以通过使用图形窗口中的菜单项来实现相应的功能，这里不再赘述。

6.3.2 工具条的使用

在 MATLAB 的命令行窗口中输入 figure，将打开一个如图 6-24 所示的图形窗口。

图 6-24 新建的图形窗口

工具条中包含多个工具图标，其功能分别介绍如下。

- ：单击此图标将新建一个图形窗口，该窗口不会覆盖当前的图形窗口，编号紧接着当前窗口最后一个。
- ：打开图形窗口文件（扩展名为.fig）。
- ：将当前的图形以.fig 文件的形式存到用户所希望的目录下。
- ：打印图形。
- ：单击此图标后，用鼠标双击图形对象，在图形的下面会出现图 6-25 所示的属性编辑窗口可以对图形进行相应的编辑。

图 6-25 图形编辑器

➤ 🔍 : 用鼠标单击或框选图形，可以放大图形窗口中的整个图形或图形的一部分。

➤ 🔍 : 缩小图形窗口中的图形。

➤ ✋ : 按住鼠标左键移动图形。

➤ 🔄 : 单击此图标后，按住鼠标左键进行拖动，可以将三维图形进行旋转操作，以便用户找到自己所需要的观察位置。例如在本例中，单击 🔄 图标后，按住鼠标左键向下移动，到一定位置会出现图 6-26 所示的螺旋线的俯视图。

➤ 🔖 : 单击此图标后，光标会变为十字架形状，将十字架的中心放在图形的某一点上，然后单击鼠标左键会在图上出现该点在所在坐标系中的坐标值，如图 6-27 所示。

图 6-26 螺旋线的俯视图

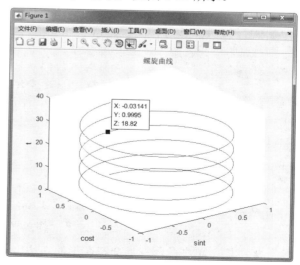

图 6-27 取点

➘ 　 ： 选中此工具后，在图形上按住鼠标左键拖动，所选区域将以工具图标下方显示的颜色显示，默认为红色，如图 6-28 所示。单击该图标右侧的下三角形，在打开的颜色表中可以选择标记颜色。

图 6-28　选择数据

➘ 　 ： 单击该图标，将在图形上方显示链接的变量或表达式，如图 6-29 左图所示。单击右侧的编辑按钮，则弹出一个如图 6-29 右图所示的对话框，用于指定数据源属性。一旦在变量和图形之间建立了实时链接，对变量的修改将即时反映到图形上。

图 6-29　指定数据源

➘ 　 ： 单击此图标后会在图形的右边出现一个色轴（见图 6-30），这会给用户在编辑图形色彩时带来很大的方便。

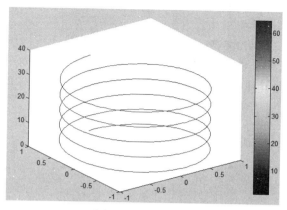

图 6-30　指定色轴

↘ ⊞：此图标用来给图形添加标注。单击此图标后，会在图形的右上方出现 ⎯⎯1，双击框内数据名称所在的区域，可以将 t 改为读者所需要的数据。

↘ ▤：此图标用来隐藏绘图工具栏。

↘ ▢：此图标用来显示绘图工具栏，单击此图标后图形窗口将变为如图 6-31 所示带有绘图工具的窗口。单击窗口右上角的一组图标，可以指定图形窗口的显示方式，读者可以自行尝试查看效果，在此不再赘述。

图 6-31　显示绘图工具栏

6.4　综合实例——绘制函数曲线

源文件：yuanwenjian/ch06/hanshuzuquxian.m、绘制函数曲线.flg

扫一扫，看视频

按要求画出下面函数的图像:

(1)绘制 $f_1(x) = e^{2x\sin 2x}$, $x \in (-\pi, \pi)$ 的图像。

(2)绘制隐函数 $f_2(x, y) = x^2 - y^4 = 0$ 在 $x \in (-2\pi, 2\pi)$, $y \in (-2\pi, 2\pi)$ 上的图像。

(3)绘制隐函数 $f_3(x, y) = \log(|\sin x + \cos y|)$ 在 $x \in (-\pi, \pi)$, $y \in (0, 2\pi)$ 上的图像。

(4)绘制下面参数曲线的图像。

$$\begin{cases} x = e^t \cos t \\ y = e^t \sin t \end{cases} \quad t \in (-4\pi, 4\pi)$$

操作步骤

(1)定义变量。

```
>> clear
>> syms x y t
```

(2)定义表达式。

```
>> f1=exp(2*x*sin(2*x));
>> f2=x^2-y^4;
>> f3=log(abs(sin(x)+cos(y)));
>> X=exp(t)*cos(t);
>> Y=exp(t)*sin(t);
```

(3)绘制函数曲线。

```
>> subplot(2,3,1),ezplot(f1,[-pi,pi])
>> subplot(2,3,2),ezplot(f2)
>> subplot(2,3,3),ezplot(f3,[-pi,pi,0,2*pi])
>> subplot(2,3,4),ezplot(X,Y,[-4*pi,4*pi])
```

运行结果如图 6-32 所示。

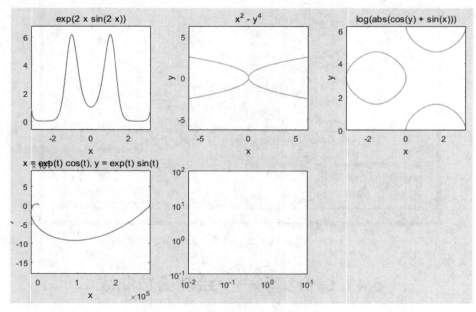

图 6-32　ezplot 作图

(4)显示对数坐标系。

```
>> x=(-pi:pi);
>> subplot(2,3,5),loglog(x,exp(2*x),'-.r')
```

在图形窗口中显示对数坐标系中的函数，如图 6-33 所示。

图 6-33　对数坐标系中的函数曲线

（5）显示双 Y 坐标系。

```
>> x=linspace(-pi, pi,200);
>> subplot(2,3,6),plotyy(x,exp(2*x),x,x,'plot')
```

在图形窗口中显示函数，如图 6-34 所示。

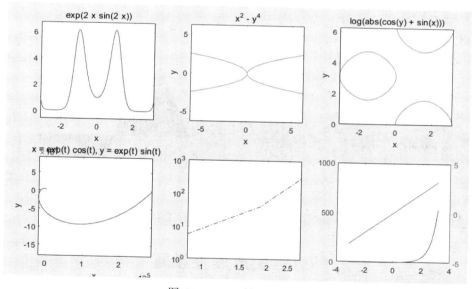

图 6-34　双 Y 轴函数曲线

第7章 图形标注

内容简介

图形可以更好地帮助人们理解庞大的数字数据，直接转换成直观结果，数值计算与符号计算无论多么正确，都无法直接从大量的数值与符号中感受分析结果的内在本质。MATLAB 提供了大量的绘图函数、命令，可以很好地将各种数据表现出来，供用户解决问题。本章将介绍二维图形的修饰及特殊图形的绘制。

内容要点

- ➥ 图形属性设置
- ➥ 特殊图形
- ➥ 部门工资统计图分析

案例效果

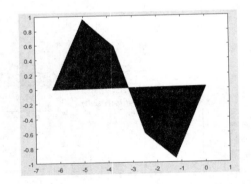

7.1 图形属性设置

本节内容是学习用 MATLAB 绘图最重要的部分，也是学习后面内容的一个基础。在本节中我们将会详细介绍图形标注的相关内容。

7.1.1 坐标系与坐标轴

在工程实际中，往往会涉及不同坐标系或坐标轴下的图像问题，一般情况下绘图命令使用的都是笛卡儿（直角）坐标系，下面我们简单介绍几个工程计算中常用的其他坐标系下的绘图命令。

1. 坐标系的调整

MATLAB 的绘图函数可根据要绘制的曲线数据的范围自动选择合适的坐标系，使得曲线尽可能清晰的显示出来。所以，一般情况下用户不必自己选择绘图坐标。但是有些图形，如果用户感觉自动选择的坐标不合适，则可以利用函数 axis() 选择新的坐标系。

函数 axis() 的调用格式为：

```
axis(xmin,xmax,ymin,ymax,zmin,zmax)
```

这个函数格式的功能是设置 x，y，z 坐标的最小值和最大值。函数输入参数可以是 4 个，也可以是 6 个，分别对应于二维或三维坐标系的最大和最小值。

📢 注意：

相应的最小值必须小于最大值。

2. 坐标轴控制

axis 命令用于控制坐标轴的显示、刻度、长度等特征，它有很多种使用方式，表 7-1 列出了一些常用的调用格式。

表 7-1　axis 命令的调用格式

调 用 格 式	说　　明
axis([xmin xmax ymin ymax])	设置当前坐标轴的 x 轴与 y 轴的范围
axis([xmin xmax ymin ymax zmin zmax])	设置当前坐标轴的 x 轴、y 轴与 z 轴的范围
axis([xmin xmax ymin ymax zmin zmax cmin cmax])	设置当前坐标轴的 x 轴、y 轴与 z 轴的范围，以及当前颜色刻度范围
v = axis	返回一包含 x 轴、y 轴与 z 轴的刻度因子的行向量，其中 v 为一个四维或六维向量，这取决于当前坐标为二维还是三维的
axis auto	自动计算当前轴的范围，该命令也可针对某一个具体坐标轴使用，例如，auto x：自动计算 x 轴的范围；auto yz：自动计算 y 轴与 z 轴的范围
axis manual	把坐标固定在当前的范围，这样，若保持状态（hold）为 on，后面的图形仍用相同界限
axis tight	把坐标轴的范围定为数据的范围，即将三个方向上的纵高比设为同一个值
axis fill	该命令用于将坐标轴的取值范围分别设置为绘图所用数据在相应方向上的最大、最小值
axis ij	将二维图形的坐标原点设置在图形窗口的左上角，坐标轴 i 垂直向下，坐标轴 j 水平向右
axis xy	使用笛卡儿坐标系
axis equal	设置坐标轴的纵横比，使在每个方向的数据单位都相同，其中 x 轴、y 轴与 z 轴将根据所给数据在各个方向的数据单位自动调整其纵横比
axis image	效果与命令 axis equal 相同，只是图形区域刚好紧紧包围图像数据
axis square	设置当前图形为正方形（或立方体形），系统将调整 x 轴、y 轴与 z 轴，使它们有相同的长度，同时相应地自动调整数据单位之间的增加量
axis normal	自动调整坐标轴的纵横比，还有用于填充图形区域的、显示于坐标轴上的数据单位的纵横比
axis vis3d	该命令将冻结坐标系此时的状态，以便进行旋转
axis off	关闭所用坐标轴上的标记、格栅和单位标记，但保留由 text 和 gtext 设置的对象

续表

调 用 格 式	说　　明
axis on	显示坐标轴上的标记、单位和格栅
[mode,visibility,direction] = axis('state')	返回表明当前坐标轴的设置属性的 3 个参数 mode、visibility、dirextion，它们的可能取值见表 7-2

表 7-2　参数

参　　　数	可 能 取 值
mode	'auto'或'manual'
visibility	'on'或'off'
dirextion	'xy'或'ij'

扫一扫，看视频

实例——坐标系与坐标轴转换

源文件：yuanwenjian/ch07/zuobiaozhuanhan.m、坐标系与坐标轴转换.flg

本实例演示坐标系与坐标轴转换。

操作步骤

解：MATLAB 程序如下。

```
>> t=0:2*pi/99:2*pi;
>> x=1.15*cos(t);y=3.25*sin(t);
>> subplot(2,3,1),plot(x,y),axis normal,grid on,
>> title('Normal and Grid on')
>> subplot(2,3,2),plot(x,y),axis equal,grid on,title('Equal')
>> subplot(2,3,3),plot(x,y),axis square,grid on,title('Square')
>> subplot(2,3,4),plot(x,y),axis image,box off,title('Image and Box off')
>> subplot(2,3,5),plot(x,y),axis image fill,box off
>> title('Image and Fill')
>> subplot(2,3,6),plot(x,y),axis tight,box off,title('Tight')
```

运行结果如图 7-1 所示。

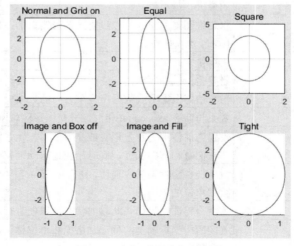

图 7-1　坐标系与坐标轴转换

7.1.2　图形注释

MATLAB 中提供了一些常用的图形标注函数，利用这些函数可以为图形添加标题，为图形的坐标轴加标注，为图形加图例，也可以把说明、注释等文本放到图形的任何位置。

1. 填充图形

fill 函数用于填充二维封闭多边形。其函数格式如下所示。

⬎　函数：fill（x,y,'color'）。

⬎　说明：在由数据所构成的多边形内，用所指定的颜色填充。如果该多边形不是封闭的，可以用初始点和终点的连线封闭。

实例——正弦波填充图形

源文件：yuanwenjian/ch07/zhengxianbo.m、正弦波填充图形.flg

本实例演示绘制正弦图形。

扫一扫，看视频

操作步骤

解：MATLAB 程序如下。

```
>> x=linspace(-2*pi,0.01*pi, 2*pi);
>> y=sin(x);
>> fill(x,y,'k')
```

运行结果如图 7-2 所示。

图 7-2　图形标注

2. 注释图形标题及轴名称

在 MATLAB 绘图命令中，title 命令用于给图形对象加标题，它的调用格式也非常简单，见表 7-3。

表 7-3　title 命令的调用格式

调 用 格 式	说　　明
title('string')	在当前坐标轴上方正中央放置字符串 string 作为图形标题
title(fname)	先执行能返回字符串的函数 fname，然后在当前轴上方正中央放置返回的字符串作为标题
title('text','PropertyName',PropertyValue,…)	对由命令 title 生成的图形对象的属性进行设置，输入参数"text"为要添加的标注文本
h = title(…)	返回作为标题的 text 对象句柄

✍ **说明：**

可以利用 gcf 与 gca 来获取当前图形窗口与当前坐标轴的句柄。

对坐标轴进行标注，相应的命令为 xlabel、ylabel、zlabel，作用分别是对 x 轴、y 轴、z 轴进行标注，它们的调用格式都是一样的，我们以 xlabel 为例进行说明，见表 7-4。

表 7-4　xlabel 命令的调用格式

调 用 格 式	说　　明
xlabel('string')	在当前轴对象中的 x 轴上标注说明语句 string
xlabel(fname)	先执行函数 fname，返回一个字符串，然后在 x 轴旁边显示出来
xlabel('text','PropertyName',PropertyValue,…)	指定轴对象中要控制的属性名和要改变的属性值，参数"text"为要添加的标注名称

扫一扫，看视频

实例——余弦波图形

源文件：yuanwenjian/ch07/yuxianbo.m、余弦波图形.flg

绘制"余弦波"图形。

操作步骤

解：MATLAB 程序如下。

```
>> x=linspace(0,10*pi,100);
>> plot(x,cos(x))
>> title('余弦波')
>> xlabel('x坐标')
>> ylabel('y坐标')
>> fill(x,cos(x),'r')
```

运行结果如图 7-3 所示。

3. 图形标注

在给所绘得的图形进行详细的标注时，最常用的两个命令是 text 与 gtext，它们均可以在图形的具体部位进行标注。

4. text 命令

调用格式见表 7-5。

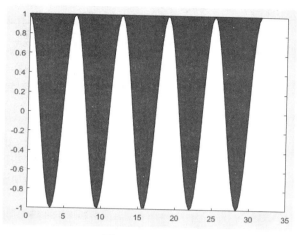

图 7-3　图形标注

表 7-5　text 命令的调用格式

调 用 格 式	说 明
text(x,y,'string')	在图形中指定的位置(x,y)上显示字符串 string
text(x,y,z,'string')	在三维图形空间中的指定位置(x,y,z)上显示字符串 string
text(x,y,z,'string','PropertyName', PropertyValue,…)	在三维图形空间中的指定位置(x,y,z)上显示字符串 string，且对指定的属性进行设置，表 7-6 给出了文字属性名、含义及属性值的有效值与默认值

表 7-6　text 命令属性列表

属 性 名	含 义	有 效 值	默 认 值
Editing	能否对文字进行编辑	on、off	off
Interpretation	tex 字符是否可用	tex、none	tex
Extent	text 对象的范围（位置与大小）	[left,bottom, width, height]	随机
HorizontalAlignment	文字水平方向的对齐方式	left、center、right	left
Position	文字范围的位置	[x,y,z]直角坐标系	[]（空矩阵）
Rotation	文字对象的方位角度	标量［单位为度（°）］	0
Units	文字范围与位置的单位	Pixels(屏幕上的像素点)、normalized（把屏幕看成一个长、宽为 1 的矩形）、inches、centimeters、points、data	data
VerticalAlignment	文字垂直方向的对齐方式	normal（正常字体）、italic（斜体字）、oblique（斜角字） top （文本外框顶上对齐）、cap （文本字符顶上对齐）、middle（文本外框中间对齐）、baseline（文本字符底线对齐）、bottom（文本外框底线对齐）	middle
FontAngle	设置斜体文字模式	normal（正常字体）、italic（斜体字）、oblique（斜角字）	normal
FontName	设置文字字体名称	用户系统支持的字体名或者字符串 FixedWidth	Helvetica
FontSize	文字字体大小	结合字体单位的数值	10 points

属 性 名	含 义	有 效 值	默 认 值
FontUnits	设置属性 FontSize 的单位	points（1 points =1/72inches）、normalized（把父对象坐标轴作为单位长的一个整体；当改变坐标轴的尺寸时，系统会自动改变字体的大小）、 inches、centimeters、pixels	points
FontWeight	设置文字字体的粗细	light（细字体）、normal（正常字体）、demi（黑体字）、bold（粗体字）	normal
Clipping	设置坐标轴中矩形的剪辑模式	on：当文本超出坐标轴的矩形时，超出的部分不显示 off：当文本超出坐标轴的矩形时，超出的部分显示	off
EraseMode	设置显示与擦除文字的模式	normal、none、xor、background	normal
SelectionHighlight	设置选中文字是否突出显示	on、off	on
Visible	设置文字是否可见	on、off	on
Color	设置文字颜色	有效的颜色值：ColorSpec	
HandleVisibility	设置文字对象句柄对其他函数是否可见	on、callback、off	on
HitTest	设置文字对象能否成为当前对象	on、off	on
Seleted	设置文字是否显示出"选中"状态	on、off	off
Tag	设置用户指定的标签	任何字符串	' '（即空字符串）
Type	设置图形对象的类型	字符串'text'	
UserData	设置用户指定数据	任何矩阵	[]（即空矩阵）
BusyAction	设置如何处理对文字回调过程中断的句柄	cancel、queue	queue
ButtonDownFcn	设置当鼠标在文字上单击时，程序做出的反应	字符串	' '（即空字符串）
CreateFcn	设置当文字被创建时，程序做出的反应	字符串	' '（即空字符串）
DeleteFcn	设置当文字被删除（通过关闭或删除操作）时，程序做出的反应	字符串	' '（即空字符串）

上表中的这些属性及相应的值都可以通过 get 命令来查看，以及用 set 命令来修改。

text 命令中的'\rightarrow'是 TeX 字符串。在 MATLAB 中，TeX 中的一些希腊字母、常用数学符号、二元运算符号、关系符号以及箭头符号都可以直接使用。

实例——正弦函数图形

源文件：yuanwenjian/ch07/zhengxianhanshu.m、正弦函数图形.flg

画出正弦函数在 $[0,2\pi]$ 上的图像，标出 $\sin\dfrac{3\pi}{4}$、 $\sin\dfrac{5\pi}{4}$ 在图像上的位置，并在曲线上标出函数名。

操作步骤

解：MATLAB 程序如下。

```
>> x=0:pi/50:2*pi;
```

```
>> plot(x,sin(x))
>> title('正弦函数图形')
>> xlabel('x Value'),ylabel('sin(x)')
>> text(3*pi/4,sin(3*pi/4),'<---sin(3pi/4)')
>>
text(5*pi/4,sin(5*pi/4),'sin(5pi/4)\rightarrow','HorizontalAlignment','right')
```
运行结果如图 7-4 所示。

图 7-4　图形标注

5. gtext 命令

gtext 命令可以让鼠标在图形的任意位置进行标注。当光标进入图形窗口时，会变成一个大十字架形，等待用户的操作。它的调用格式如下。

```
gtext('string','property','propertyvalue',…)
```

调用这个函数后，图形窗口中的鼠标指针会成为十字光标，通过移动鼠标来进行定位，即光标移到预定位置后按下鼠标左键或键盘上的任意键都会在光标位置显示指定文本"string"。由于要用鼠标操作，该函数只能在 MATLAB 命令行窗口中进行。

实例——倒数函数图形

源文件： yuanwenjian/ch07/daoshu.m、倒数函数图形.flg

绘制倒数函数 $y = \dfrac{1}{x}$ 在[0, 2]上，标出 $\dfrac{1}{4}$、$\dfrac{1}{2}$、$\dfrac{5}{4}$、$\dfrac{7}{4}$ 在图像上的位置，并在曲线上标出函数名。

操作步骤

解： MATLAB 程序如下。

```
>> x=0:0.1:2;
>> plot(x,1./x)
>> title('倒数函数')
>> xlabel('x'),ylabel('1./x')
>> text(0.25, 1./0.25,'<---1./0.25')
>> text(0.5, 1./0.5,'1./0.5\rightarrow','HorizontalAlignment','right')
>> gtext('y=1./x')
```

运行结果如图 7-5 所示。

图 7-5　图形标注

6. 图例标注

当在一幅图中出现多种曲线时，用户可以根据自己的需要，利用 legend 命令对不同的图例进行说明。它的调用格式见表 7-7。

表 7-7　legend 命令的调用格式

调 用 格 式	说　　明
legend('string1','string2',…,Pos)	用指定的文字 string1，string2，…在当前坐标轴中对所给数据的每一部分显示一个图例
legend(h,'string1','string2',…)	用指定的文字 string 在一个包含于句柄向量 h 中的图形中显示图例
legend(string_matrix)	用字符矩阵参量 string_matrix 的每一行字符串作为标签
legend(h,string_matrix)	用字符矩阵参量 string_matrix 的每一行字符串作为标签给包含于句柄向量 h 中的相应的图形对象加标签
legend(axes_handle,…)	给由句柄 axes_handle 指定的坐标轴显示图例
legend_handle = legend	返回当前坐标轴中的图例句柄，若坐标轴中没有图例存在，则返回空向量
legend('off')	从当前的坐标轴中除掉图例
legend	对当前图形中所有的图例进行刷新
legend(legend_handle)	对由句柄 legend_handle 指定的图例进行刷新
legend(…,pos)	在指定的位置 pos 放置图，pos 的取值及相应的图例位置见表 7-8
h = legend(…)	返回图例的句柄向量

表 7-8　pos 取值

pos 取值	图 例 位 置
−1	坐标轴之外的右边
0	自动把图例置于最佳位置，使其与图中曲线的重复最少
1	坐标轴的右上角（默认位置）
2	坐标轴的左上角
3	坐标轴的左下角
4	坐标轴的右下角

实例——图例标注函数

源文件：yuanwenjian/ch07/tulibiaozhu.m、图例标注函数.flg

在同一个图形窗口内画出函数 $y_1 = \sin x$，$y_2 = \dfrac{x}{2}$，$y_3 = \cos x$ 的图像，并作出相应的图例标注。

操作步骤

解：MATLAB 程序如下。

```
>> x=linspace(0,2*pi,100);
>> y1=sin(x);
>> y2=x/2;
>> y3=cos(x);
>> plot(x,y1,'-r',x,y2,'+b',x,y3,'*g')
>> title('图例标注函数')
>> xlabel('xValue'),ylabel('yValue')
>> axis([0,7,-2,3])
>> legend('sin(x)','x/2','cos(x)')
```

运行结果如图 7-6 所示。

图 7-6　图形标注

7. 分隔线控制

为了使图像的可读性更强，我们可以利用 grid 命令给二维或三维图形的坐标面增加分隔线。grid 命令的调用格式见表 7-9。

表 7-9　grid 命令的调用格式

调 用 格 式	说　　　明
grid on	给当前的坐标轴增加分隔线
grid off	从当前的坐标轴中去掉分隔线
grid	转换分隔线的显示与否的状态
grid(axes_handle,on|off)	对指定的坐标轴 axes_handle 是否显示分隔线

实例——分隔线显示函数

源文件：yuanwenjian/ch07/fegehanshu.m、分隔线显示函数.flg

在同一个图形窗口内画出正弦和余弦函数的图像，并加入分隔线。

操作步骤

解：MATLAB 程序如下。

```
>> x=linspace(0,2*pi,100);
>> y1=sin(x);
>> y2=cos(x);
>> h=plot(x,y1,'-r',x,y2,'.k');
>> title('格线控制')
>> legend(h,'sin(x)','cos(x)')
>> grid on
```

运行结果如图 7-7 所示。

图 7-7 图形标注

动手练一练——幂函数图形显示

本实例演示函数 $y=x$、$y=x^2$、$y=x^3$、$y=x^4$ 的图形并标注图形。

📋 **思路点拨：**

源文件：yuanwenjian/ch07/duotuxingxianshi.m、幂函数图形显示.flg

（1）输入表达式。

（2）添加标题注释。

（3）添加函数图例显示。

7.2 特 殊 图 形

为了满足用户的各种需求，MATLAB 还提供了绘制条形图、面积图、饼图、阶梯图、火柴图等特殊图形的命令。本节将介绍这些命令的具体用法。

7.2.1 统计图形

MATLAB 提供了很多在统计中经常用到的图形绘制命令，本小节主要介绍几个常用命令。

1. 条形图

绘制条形图时可分为二维情况和三维情况，其中绘制二维条形图的命令为 bar（竖直条形图）与 barh（水平条形图）；绘制三维条形图的命令为 bar3（竖直条形图）与 bar3h（水平条形图）。它们的调用格式都是一样的，因此我们只介绍 bar 的调用格式，见表 7-10。

表 7-10　bar 命令的调用格式

调 用 格 式	说　　明
bar(Y)	若 Y 为向量，则分别显示每个分量的高度，横坐标为 1 到 length（Y）；若 Y 为矩阵，则 bar 把 Y 分解成行向量，再分别画出，横坐标为 1 到 size（Y，1），即矩阵的行数
bar(x,Y)	在指定的横坐标 X 上画出 Y，其中 X 为严格单增的向量。若 Y 为矩阵，则 bar 把矩阵分解成几个行向量，在指定的横坐标处分别画出
bar(…,width)	设置条形的相对宽度和控制在一组内条形的间距，默认值为 0.8，所以，如果用户没有指定 x，则同一组内的条形有很小的间距，若设置 width 为 1，则同一组内的条形相互接触
bar(…,'style')	指定条形的排列类型，类型有"group"和"stack"，其中"group"为默认的显示模式，它们的含义如下所示。 group：若 Y 为 n×m 矩阵，则 bar 显示 n 组，每组有 m 个垂直条形图。 stack：对矩阵 Y 的每一个行向量显示在一个条形中，条形的高度为该行向量中的分量和，其中同一条形中的每个分量用不同的颜色显示出来，从而可以显示每个分量在向量中的分布
bar(…,LineSpec)	用指定的颜色 LineSpec 显示所有的条形
[xb,yb] = bar(…)	返回用户可用命令 plot 或命令 patch 画出条形图的参量 xb、yb
h = bar(…)	返回一个 patch 图形对象句柄的向量，每一条形对应一个句柄

2. 面积图

面积图在实际中可以表现不同部分对整体的影响。在 MATLAB 中，绘制面积图的命令是 area，它的调用格式见表 7-11。

表 7-11　area 命令的调用格式

调 用 格 式	说　　明
area(x)	与 plot(x)命令一样，但是将所得曲线下方的区域填充颜色
area(x,y)	其中 y 为向量，与 plot(x,y)一样，但将所得曲线下方的区域填充颜色
area(x,A)	矩阵 A 的第一行对向量 x 绘图，然后依次是下一行与前面所有行值的和对向量 x 绘图，每个区域有各自的颜色
area(…,leval)	将填色部分改为由连线图到 y=leval 的水平线之间的部分

3. 饼图

饼图用来显示向量或矩阵中各元素所占的比例，它可以用在一些统计数据可视化中。在二维情况下，创建饼图的命令是 pie，三维情况下创建饼图的命令是 pie3，二者的调用格式也非常相似，因此我们只介绍 pie 的调用格式，见表 7-12。

表 7-12　pie 命令的调用格式

调用格式	说明
pie(X)	用 X 中的数据画一饼形图，X 中的每一元素代表饼形图中的一部分，X 中元素 X(i)所代表的扇形大小通过 X(i)/sum(X)的大小来决定。若 sum(X)=1，则 X 中元素就直接指定了所在部分的大小；若 sum(X)<1，则画出一不完整的饼形图
pie(X,explode)	从饼形图中分离出一部分，explode 为一与 X 同维的矩阵，当所有元素为零时，饼图的各个部分将连在一起组成一个圆，而其中存在非零元素时，X 中相对应的元素在饼图中对应的扇形将向外移出一些来加以突出
h = pie(…)	返回一 patch 与 text 的图形对象句柄向量 h

扫一扫，看视频

实例——绘制矩阵图形

源文件：yuanwenjian/ch07/juzhentuxing.m、矩阵图形 1.flg、矩阵图形 2.flg

对于矩阵

$$Y = \begin{pmatrix} 45 & 6 & 8 \\ 7 & 4 & 7 \\ 6 & 25 & 4 \\ 7 & 5 & 8 \\ 9 & 9 & 4 \\ 2 & 6 & 8 \end{pmatrix}$$

绘制四种不同的条形图与饼形图。

操作步骤

解：MATLAB 程序如下。

（1）绘制条形图。

```
>> Y=[45 6 8;7 4 7;6 25 4;7 5 8;9 9 4;2 6 8];
>> subplot(2,2,1)
>> bar(Y)
>> title('图 1')
>> subplot(2,2,2)
>> bar3(Y),title('图 2')
>> subplot(2,2,3)
>> bar(Y,2.5)
>> title('图 3')
>> subplot(2,2,4)
>> bar(Y,'stack'),title('图 4')
```

运行结果见图 7-8。

（2）绘制面积图。

```
>> area(Y)
>> grid on
>> colormap summer
>> set(gca,'layer','top')
>> title('面积图')
```

运行结果如图 7-9 所示。

图 7-8 条形图

图 7-9 面积图

4．柱状图

柱状图是数据分析中用得较多的一种图形，例如在一些预测彩票结果的网站，把各期中奖数字记录下来，然后作成柱状图，这可以让彩民清楚地了解到各个数字在中奖号码中出现的机率。在 MATLAB 中，绘制柱状图的命令有两个。

➥ hist 命令：它用来绘制直角坐标系下的柱状图。

➥ rose 命令：它用来绘制极坐标系下的柱状图。

（1）hist 命令的调用格式见表 7-13。

表 7-13　hist 命令的调用格式

调 用 格 式	说　　　明
n = hist(Y)	把向量 Y 中的数据分放到等距的 10 个柱状图中，且返回每一个柱状图中的元素个数。若 Y 为矩阵，则该命令按列对 Y 进行处理
n = hist(Y,X)	参量 X 为向量，把 Y 中元素放到 m（m=length(x)）个由 X 中元素指定的位置为中心的柱状图中
n = hist(Y,n)	参量 n 为标量，用于指定柱状图的数目
[n,xout] = hist(…)	返回向量 n 与包含频率计数与柱状图的位置向量 xout，用户可以用命令 bar(xout,n)画出条形直方图
hist(…)	直接绘出柱状图

（2）rose 命令的调用格式与 hist 命令非常相似，具体见表 7-14。

表 7-14　rose 命令的调用格式

调 用 格 式	说　　　明
rose(theta)	显示参数 theta 的数据在 20 个区间或更少的区间内的分布，向量 theta 中的角度单位为 rad，用于确定每一区间与原点的角度，每一区间的长度反映出输入参量的元素落入该区间的个数
rose(theta,x)	用参量 x 指定每一区间内的元素与区间的位置，length(x)等于每一区间内元素的个数与每一区间位置角度的中间角度
rose(theta,n)	在区间[0,2π]内画出 n 个等距的小扇形，默认值为 20
[tout,rout] = rose(…)	返回向量 tout 与 rout，可以用 polar(tout,rout)画出图形，但此命令不画任何的图形

实例——各个季度所占营利总额的比例统计图

源文件：yuanwenjian/ch07/yinglizonge.m、营利总额的比例统计图.flg

某企业四个季度的营利额分别为 528 万元、701 万元、658 万元和 780 万元，试用条形图、饼图绘出各个季度所占营利总额的比例。

操作步骤

解：MATLAB 程序如下。

```
>> X=[528 701 658 780];
>> subplot(2,2,1)
>> bar(X)
>> title('营利总额二维条形图')
>> subplot(2,2,2)
>> bar3(X),title('营利总额三维条形图')
>> subplot(2,2,3)
>> pie(X)
>> title('营利总额二维饼图')
>> subplot(2,2,4)
>> explode=[0 0 0 1];
>> pie3(X,explode)
>> title('营利总额三维分离饼图')
```

运行结果如图 7-10 所示。

图 7-10   营利总额的比例统计图

注意：

饼图的标注比较特别，其标签是作为文本图形对象来处理的，如果要修改标注文本字符串或位置，则首先要获取相应对象的字符串及其范围，然后再加以修改。

实例——绘制柱状图

源文件：yuanwenjian/ch07/zhuzhuangtu.m、柱状图 1.flg、柱状图 2.flg

创建服从高斯分布的数据柱状图，再将这些数据分到范围为指定的若干个相同的柱状图中和极坐标下的柱状图。

操作步骤

解：MATLAB 程序如下。

（1）指定的若干个相同的柱状图。

```
>> close all
>> Y=randn(10000,1);
>> subplot(1,2,1)
>> hist(Y)
>> title('高斯分布柱状图')
>> x=-3:0.1:3;
>> subplot(1,2,2)
>> hist(Y,x)
>> h=findobj(gca,'Type','patch');
>> set(h,'FaceColor','r')                    %改变柱状图的颜色为红色
>> title('指定范围的高斯分布柱状图')
```

运行结果如图 7-11 所示。

（2）极坐标下的柱状图。

```
>> theta=Y*pi;
>> rose(theta);
>> title('极坐标系下的柱状图')
```

运行结果如图 7-12 所示。

图 7-11　直角坐标系下的柱状图

图 7-12　极坐标系下的柱状图

7.2.2　离散数据图形

除了上面提到的统计图形外，MATLAB 还提供了一些在工程计算中常用的离散数据图形，例如误差棒图、火柴杆图与阶梯图等。下面来看一下它们的用法。

1. 误差棒图

MATLAB 中绘制误差棒图的命令为 errorbar，它的调用格式见表 7-15。

表 7-15　errorbar 命令的调用格式

调用格式	说　明
errorbar(Y,E)	画出向量 Y，同时显示在向量 Y 的每一元素之上的误差棒，其中误差棒为 E(i)在曲线 Y 上面与下面的距离线段，故误差棒的长度为 2E(i)
errorbar(X,Y,E)	X、Y、E 必须为同型参量。若同为向量，则画出曲线上点(X(i),Y(i))处长度为 2E(i)的误差棒图；若同为矩阵，则画出曲面上点 (X(i,j),Y(i,j))处长度为 E(i,j)的误差棒图
errorbar(X,Y,L,U)	X、Y、L、U 必须为同型参量。若同为向量，则在点(X(i),Y(i))处画出向下长为 L(i)、向上长为 U(i)的误差棒图；若同为矩阵，则在点(X(i,j),Y(i,j))处画出向下长为 L(i,j)、向上长为 U(i,j)的误差棒图
errorbar(⋯,LineSpec)	画出用 LineSpec 指定线型、标记符、颜色等的误差棒图
h = errorbar(⋯)	返回线图形对象的句柄向量给 h

扫一扫，看视频

实例——绘制铸件尺寸误差棒图

源文件：yuanwenjian/ch07/zhujianwuchabang.m、铸件尺寸误差棒图.flg

甲乙两个铸造厂生产同种铸件，相同型号的铸件尺寸，测量如下，绘出表 7-16 数据的误差棒图。

表 7-16　铸件尺寸给定数据

甲	93.3	92.1	94.7	90.1	95.6	90.0	94.7
乙	95.6	94.9	96.2	95.1	95.8	96.3	94.1

操作步骤

解：MATLAB 程序如下。

```
>> close all
>> x=[93.3 92.1 94.7 90.1 95.6 90.0 94.7];
>> y=[95.6 94.9 96.2 95.1 95.8 96.3 94.1];
>> e=abs(x-y);
>> errorbar(y,e)
>> title('铸件误差棒图')
```

运行结果如图 7-13 所示。

图 7-13　误差棒图

2. 火柴杆图

用线条显示数据点与 x 轴的距离，用一小圆圈（默认标记）或用指定的其他标记符号与线条相连，并在 y 轴上标记数据点的值，这样的图形称为火柴杆图。在二维情况下，实现这种操作的命令是 stem，它的调用格式见表 7-17。

表 7-17　stem 命令的调用格式

调用格式	说明
stem(Y)	按 Y 元素的顺序画出火柴杆图，在 x 轴上，火柴杆之间的距离相等；若 Y 为矩阵，则把 Y 分成几个行向量，在同一横坐标的位置上画出一个行向量的火柴杆图
stem(X,Y)	在横坐标 x 上画出列向量 Y 的火柴杆图，其中 X 与 Y 为同型的向量或矩阵
stem(…,'fill')	指定是否对火柴杆末端的"火柴头"填充颜色
stem(…,LineSpec)	用参数 LineSpec 指定线型，标记符号和火柴头的颜色画火柴杆图
h = stem(…)	返回火柴杆图的 line 图形对象句柄向量

在三维情况下，也有相应的画火柴杆图的命令 stem3，它的调用格式见表 7-18。

表 7-18　stem3 命令的调用格式

调用格式	说明
stem3(Z)	用火柴杆图显示 Z 中数据与 xy 平面的高度。若 Z 为一行向量，则 x 与 y 将自动生成，stem3 将在与 x 轴平行的方向上等距的位置上画出 Z 的元素；若 Z 为列向量，stem3 将在与 y 轴平行的方向上等距的位置上画出 Z 的元素
stem3(X,Y,Z)	在参数 X 与 Y 指定的位置上画出 Z 的元素，其中 X、Y、Z 必须为同型的向量或矩阵
stem3(…,'fill')	指定是否要填充火柴杆图末端的火柴头颜色
stem3(…,LineSpec)	用指定的线型，标记符号和火柴头的颜色
h = stem3(…)	返回火柴杆图的 line 图形对象句柄

实例——绘制火柴杆图

源文件：yuanwenjian/ch07/huochagan.m、火柴杆图.flg

绘制下面函数的火柴杆图。

$$\begin{cases} x = e^{\cos t} \\ y = e^{\sin t} \\ z = e^{-t} \end{cases} \qquad t \in (-2\pi, 2\pi)$$

操作步骤

解：MATLAB 程序如下。

```
>> close all
>> t=-2*pi:pi/20:2*pi;
>> x=exp(cos(t));
>> y=exp(sin(t));
>> z=exp(-t);
>> stem3(x,y,z,'fill','r')
>> title('三维火柴杆图')
```

运行结果如图 7-14 所示。

图 7-14　三维火柴杆图

3. 阶梯图

阶梯图在电子信息工程以及控制理论中用得非常多，在 MATLAB 中，实现这种作图的命令是 stairs，它的调用格式见表 7-19。

表 7-19　stairs 命令的调用格式

调 用 格 式	说　明
stairs(Y)	用参量 Y 的元素画一阶梯图，若 Y 为向量，则横坐标 x 的范围从 1 到 m=length(Y)，若 Y 为 m×n 矩阵，则对 Y 的每一行画一阶梯图，其中 x 的范围从 1 到 n
stairs(X,Y)	结合 X 与 Y 画阶梯图，其中要求 X 与 Y 为同型的向量或矩阵。此外，X 可以为行向量或为列向量，且 Y 为有 length(X)行的矩阵
stairs(…,LineSpec)	用参数 LineSpec 指定的线型、标记符号和颜色画阶梯图
[xb,yb] = stairs(Y)	该命令没有画图，而是返回可以用命令 plot 画出参量 Y 的阶梯图上的坐标向量 xb 与 yb
[xb,yb] = stairs(X,Y)	该命令没有画图，而是返回可以用命令 plot 画出参量 X、Y 的阶梯图上的坐标向量 xb 与 yb

实例——绘制阶梯图

源文件：yuanwenjian/ch07/jietitu.m、绘制阶梯图.flg

画出指数波的阶梯图。

操作步骤

解：MATLAB 程序如下。

```
>> close all
>> x=-2:0.1:2;
>> y=exp(x);
>> stairs(x,y)
>> hold on
>> plot(x,y,'--*')
>> hold off
>> text(-1.8,1.8,'指数波的阶梯图','FontSize',14)
```

运行结果如图 7-15 所示。

图 7-15 阶梯图

7.2.3 向量图形

由于物理等学科的需要，在实际中有时需要绘制一些带方向的图形，即向量图。对于这种图形的绘制，MATLAB 中也有相关的命令，本小节就来学一下几个常用的命令。

1. 罗盘图

罗盘图即起点为坐标原点的二维或三维向量，同时还在坐标系中显示圆形的分隔线。实现这种作图的命令是 compass，它的调用格式见表 7-20。

表 7-20 compass 命令的调用格式

调 用 格 式	说 明
compass(X,Y)	参量 X 与 Y 为 n 维向量，显示 n 个箭头，箭头的起点为原点，箭头的位置为[X(i),Y(i)]
compass(Z)	参量 Z 为 n 维复数向量，命令显示 n 个箭头，箭头起点为原点，箭头的位置为[real(Z), imag(Z)]
compass(…,LineSpec)	用参量 LineSpec 指定箭头图的线型、标记符号、颜色等属性
h = compass(…)	返回 line 对象的句柄给 h

2. 羽毛图

羽毛图是在横坐标上等距地显示向量的图形，看起来就像鸟的羽毛一样。它的绘制命令是 feather，该命令的调用格式见表 7-21。

表 7-21 feather 命令的调用格式

调 用 格 式	说 明
feather(U,V)	显示由参量向量 U 与 V 确定的向量，其中 U 包含作为相对坐标系中的 x 成分，Y 包含作为相对坐标系中的 y 成分
feather(Z)	显示复数参量向量 Z 确定的向量，等价于 feather(real(Z),imag(Z))
feather(…,LineSpec)	用参量 LineSpec 报指定的线型、标记符号、颜色等属性画出羽毛图

实例——罗盘图与羽毛图

源文件:yuanwenjian/ch07/luopanyumaotu.m、罗盘图与羽毛图.flg

绘制正弦函数的罗盘图与羽毛图。

操作步骤

解:MATLAB 程序如下。

```
>> close all
>> x=-pi:pi/10:pi;
>> y=sin(x);
>> subplot(1,2,1)
>> compass(x,y)
>> title('罗盘图')
>> subplot(1,2,2)
>> feather(x,y)
>> title('羽毛图')
```

运行结果如图 7-16 所示。

3. 箭头图

上面两个命令绘制的图也可以叫做箭头图,但即将要讲的箭头图比上面两个箭头图更像数学中的向量,即它的箭头方向为向量方向,箭头的长短表示向量的大小。这种图的绘制命令是 quiver 与 quiver3,前者绘制的是二维图形,后者绘制是三维图形。它们的调用格式也十分相似,只是后者比前者多一个坐标参数,因此我们只介绍一下 quiver 的调用格式,见表 7-22。

表 7-22   quiver 命令的调用格式

调 用 格 式	说 明
quiver(U,V)	其中 U、V 为 $m \times n$ 矩阵,绘出在范围为 x =1:n 和 y =1:m 的坐标系中由 U 和 V 定义的向量
quiver(X,Y,U,V)	若 X 为 n 维向量,Y 为 m 维向量,U、V 为 $m \times n$ 矩阵,则画出由 X、Y 确定的每一个点处由 U 和 V 定义的向量
quiver(⋯,scale)	自动对向量的长度进行处理,使之不会重叠。可以对 scale 进行取值,若 scale=2,则向量长度伸长 2 倍,若 scale=0,则如实画出向量图
quiver(⋯,LineSpec)	用 LineSpec 指定的线型、符号、颜色等画向量图
quiver(⋯,LineSpec,'filled')	对用 LineSpec 指定的记号进行填充
h = quiver(⋯)	返回每个向量图的句柄

quiver 与 quiver3 这两个命令经常与其他的绘图命令配合使用,见下例。

实例——绘制箭头图形

源文件:yuanwenjian/ch07/jiantoutuxing.m、箭头图形.flg

绘制函数 $z = xe^{(-x^2-y^2)}$ 上的法线方向向量。

操作步骤

解:MATLAB 程序如下。

```
>> close all
>> x=-2:0.25:2;
```

```
>> y=x;
>> [X,Y]=meshgrid(x,y);
>> Z=X.*exp(-X.^2-Y.^2);
>> [U,V]=gradient(Z,2,2);
>> contour(X,Y,Z)
>> hold on
>> quiver(X,Y,U,V)
>> hold off
>> axis image
```

运行结果如图 7-17 所示。

图 7-16　罗盘图与羽毛图

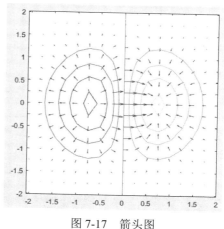

图 7-17　箭头图

动手练一练——绘制函数罗盘与羽毛图形

绘制下面的函数罗盘与羽毛图形。

$$Z = \frac{\sin\sqrt{x^2+y^3}}{\sqrt{x^2+y}} \qquad -7.5 \leqslant x, y \leqslant 7.5$$

 思路点拨：

源文件：yuanwenjian/ch07/hanshuxiangliangtu.m、坐标系与坐标轴转换.flg
（1）输入变量范围。
（2）输入表达式。
（3）绘制罗盘图与羽毛图。
（4）添加标题。

7.3　综合实例——部门工资统计图分析

源文件：yuanwenjian/ch07/bumengongzitongjitu.m、部门工资统计图.flg

表 7-23 为某部门工资情况进行分类汇总，利用统计功能的图形功能便于分析各部门工资的平均水平，包括基本工资和实发工资，如图 7-18 所示。

表 7-23 某单位各部门工资统计表

部 门	姓 名	基 本 工 资	奖 金	住 房 基 金	保 险 费	实 发 工 资	级 别
办公室	陈鹏	800.00	700.00	130.00	100.00	1270.00	8
办公室	王卫平	685.00	700.00	100.00	100.00	1185.00	7
办公室	张晓寰	685.00	600.00	100.00	100.00	1085.00	7
办公室	杨宝春	613.00	600.00	100.00	100.00	1013.00	6
人事处	许东东	800.00	700.00	130.00	130.00	1270.00	8
人事处	王川	613.00	700.00	100.00	100.00	1113.00	6
财务处	连威	800.00	700.00	130.00	130.00	1270.00	8
人事处	艾芳	685.00	700.00	100.00	100.00	1185.00	7
人事处	王小明	613.00	600.00	100.00	100.00	1013.00	6
人事处	胡海涛	613.00	600.00	100.00	100.00	1013.00	6
统计处	庄凤仪	800.00	700.00	130.00	130.00	1270.00	8
统计处	沈奇峰	685.00	600.00	100.00	100.00	1085.00	7
统计处	沈克	613.00	600.00	100.00	100.00	1013.00	6
统计处	岳晋生	613.00	600.00	100.00	100.00	1013.00	6
后勤处	林海	685.00	700.00	130.00	130.00	1155.00	7
后勤处	刘学燕	613.00	600.00	100.00	100.00	1013.00	6

图 7-18 图形显示

操作步骤

(1)创建统计工资对应的矩形。

```
>> jb=[800;685;685;613;800;613;800;685;613;613;800;685;613;613;685;613]
                                                                    %基本工资统计
jb =
```

```
         800
         685
         685
         613
         800
         613
         800
         685
         613
         613
         800
         685
         613
         613
         685
         613
>> jj=[700;700;600;600;700;700;700;700;600;600;700;600;600;600;700;600];%奖金统计
>> zf=[130;100;100;100;130;100;130;100;100;100;130;100;100;100;130;100];%住房基金统计
>> bx=100*ones(16);
>> bx=bx(:,1)                                              %保险统计
bx =
       100
       100
       100
       100
       100
       100
       100
       100
       100
       100
       100
       100
       100
       100
       100
       100
>> SF=jb+jj+zf+bx                                         %实发工资结果
SF =
        1730
        1585
        1485
        1413
        1730
        1513
        1730
        1585
        1413
```

```
         1413
         1730
         1485
         1413
         1413
         1615
         1413
>> Z=[jb jj zf bx SF]                                              %工资清单统计结果
Z =
         800         700         130         100        1730
         685         700         100         100        1585
         685         600         100         100        1485
         613         600         100         100        1413
         800         700         130         100        1730
         613         700         100         100        1513
         800         700         130         100        1730
         685         700         100         100        1585
         613         600         100         100        1413
         613         600         100         100        1413
         800         700         130         100        1730
         685         600         100         100        1485
         613         600         100         100        1413
         613         600         100         100        1413
         685         700         130         100        1615
         613         600         100         100        1413
```

（2）绘制条形图。

```
>> subplot(2,3,1)
>> bar(Z)
>> title('二维条形图')
>> subplot(2,3,2)
>> bar3(Z),title('三维条形图')
```

运行结果如图 7-19 所示。

图 7-19　条形图

（3）绘制饼形图。

```
>> subplot(2,3,3)
>> area(Z)
```

```
>> grid on
>> colormap summer
>> set(gca,'layer','top')
>> title('面积图')
```

运行结果如图 7-20 所示。

图 7-20　面积图

（4）对工资多少进行排序。

```
>> max(Z)                                                    %求最大值
ans =
       800        700        130        100       1730
>> sort(Z)                                                   %从小到大排列工资单
ans =
       613        600        100        100       1413
       613        600        100        100       1413
       613        600        100        100       1413
       613        600        100        100       1413
       613        600        100        100       1413
       613        600        100        100       1413
       613        600        100        100       1485
       685        600        100        100       1485
       685        700        100        100       1513
       685        700        100        100       1585
       685        700        100        100       1585
       685        700        130        100       1615
       800        700        130        100       1730
       800        700        130        100       1730
       800        700        130        100       1730
       800        700        130        100       1730
>> mad(Z)                                                    %求绝对差分平均值
ans =
   60.5938    50.0000    14.8906         0  114.2031
>> M=range(Z)                                                %求工资差
M =
   187    100     30      0    317
```

（5）绘制饼形图。

```
>> subplot(2,3,4)
>> pie(M)
```

```
>> title('二维饼图')
>> subplot(2,3,5)
>> explode=[0 0 0 1 1];
>> pie3(M,explode)
>> title('三维分离饼图')
```

运行结果如图 7-21 所示。

图 7-21　饼形图

（6）绘制柱状图。

```
>> subplot(2,3,6)
>> hist(M)
>> title('高斯分布柱状图')
```

运行结果如图 7-22 所示。

图 7-22　柱状图

第8章　三　维　绘　图

内容简介

MATLAB 三维绘图涉及的问题比二维绘图多，比如：是三维曲线绘图还是三维曲面绘图；三维曲面绘图中，是曲面网线绘图还是曲面色图；绘图坐标数据是如何构造的；什么是三维曲面的观察角度等。本章详细讲解了三维绘图、三维图形修饰处理及动画演示功能。

内容要点

➦ 三维绘图
➦ 三维图形修饰处理
➦ 图像处理及动画演示

案例效果

8.1　三　维　绘　图

在实际的工程设计中，二维绘图功能在某些场合往往无法更直观地表达数据的分析结果，常常需要将结果表示成三维图形。MATLAB 为此提供了相应的三维绘图功能，三维绘图与二维绘图功能有异曲同工之效。用于三维绘图的 MATLAB 高级绘图函数中，对于上述许多问题都设置了默认值，应尽量使用默认值，必要时认真阅读联机帮助。

为了显示三维图形，MATLAB 提供了各种各样的函数。有一些函数可在三维空间中画线，而另一些可以画曲面与线格框架。另外，颜色可以用来代表第四维。当颜色以这种方式使用时，不但它不再具有像照片中那样显示色彩的自然属性，而且也不具有基本数据的内在属性，所以把它称作为彩色。本章主要介绍三维图形的作图方法和效果。

8.1.1 三维曲线绘图命令

1．plot3 命令

plot3 命令是二维绘图 plot 命令的扩展，因此它们的使用格式也基本相同，只是在参数中多加了一个第三维的信息。例如 plot(x,y,s)与 plot3(x,y,z,s)的意义是一样的，前者绘的是二维图，后者绘的是三维图，后面的参数 s 也是用来控制曲线的类型、粗细、颜色等。因此，这里我们就不给出它的具体使用格式了，读者可以按照 plot 命令的格式来学习。

实例——绘制空间直线

源文件：yuanwenjian/ch08/kongjianzhixian.m、二维图形.flg、空间直线.flg

本实例演示绘制二维曲线与三维曲线。

操作步骤

解：MATLAB 程序如下。

```
>> x=1:0.1:10;              %定义 x
>> y=sin(x);               %定义 y
>> z=cos(x);               %定义 z
>> plot(y,z)               %绘制二维图形，如图 8-1 所示
>> plot3(x,y,z)            %绘制三维图形，如图 8-2 所示
```

图 8-1　二维图形　　　　　　　　　　图 8-2　三维图形

实例——绘制三维曲线

源文件：yuanwenjian/ch08/sanweiquxian.m、绘制三维曲线.flg

本实例绘制方程

$$\begin{cases} x=t \\ y=\sin(t) \\ z=\cos(t) \end{cases} 在 t=\begin{bmatrix} 0 & 2\pi \end{bmatrix} 区间的三维曲线。$$

操作步骤

解：MATLAB 程序如下。

```
>> close all
```

```
>> x=0:pi/10:2*pi;
>> y1=sin(x);
>> y2=cos(x);
>> plot3(y1,y2,x,'m:p')
>> grid on
```

运行结果如图 8-3 所示。

图 8-3 三维曲线

扫一扫，看视频

动手练一练——圆锥螺线

画出下面的圆锥螺线的图像

$$\begin{cases} x = t\cos t \\ y = t\sin t \qquad t \in [0,10\pi] \\ z = t \end{cases}$$

📖 **思路点拨：**

源文件：yuanwenjian/ch08/yuanzhuiluoxian.m、圆锥螺线.flg

（1）输入表达式。
（2）绘制三维图形。
（3）添加图形标注。

2．ezplot3 命令

同二维情况一样，三维绘图里也有一个专门绘制符号函数的命令 ezplot3，该命令的调用格式见表 8-1。

表 8-1 ezplot3 命令的调用格式

调 用 格 式	说 明
ezplot3(x,y,z)	在系统默认的区域 $x \in (-2\pi, 2\pi), y \in (-2\pi, 2\pi)$ 上画出空间曲线 $x = x(t)$，$y = y(t)$，$z = z(t)$ 的图形
ezplot3 (x,y,z,[a,b])	绘制上述参数曲线在区域 $x \in (a,b), y \in (a,b)$ 上的三维网格图
ezplot3 (···,'animate')	产生空间曲线的一个动画轨迹

8.1.2 三维网格命令

1. mesh 命令

该命令生成的是由 X、Y 和 Z 指定的网线面,而不是单根曲线,它的主要使用格式见表 8-2。

表 8-2   mesh 命令的调用格式

调 用 格 式	说　　明
mesh(X,Y,Z)	绘制三维网格图,颜色和曲面的高度相匹配。若 X 与 Y 均为向量,且 length(X)=n,length(Y)=m,而[m,n]=size(Z),空间中的点 (X(j),Y(i),Z(i,j)) 为所画曲面网线的交点;若 X 与 Y 均为矩阵,则空间中的点 (X(i,j),Y(i,j),Z(i,j)) 为所画曲面的网线的交点
mesh(X,Y,Z,c)	同 mesh(X,Y,Z),只不过颜色由 c 指定
mesh(Z)	生成的网格图满足 X =1: n 与 Y=1: m,[n,m] = size(Z),其中 Z 为定义在矩形区域上的单值函数
mesh(⋯, 'PropertyName', PropertyValue, ⋯)	对指定的属性 PropertyName 设置属性值 PropertyValue,可以在同一语句中对多个属性进行设置
h = mesh(⋯)	返回图形对象句柄

在给出例题之前,我们先来学一个常用的命令 meshgrid,它用来生成二元函数 z = f(x,y)中 xy 平面上的矩形定义域中数据点矩阵 X 和 Y,或者是三元函数 u = f(x,y,z)中立方体定义域中的数据点矩阵 X、Y 和 Z。它的使用格式也非常简单,见表 8-3。

表 8-3   meshgrid 命令的调用格式

调 用 格 式	说　　明
[X,Y] = meshgrid(x,y)	向量 X 为 xy 平面上矩形定义域的矩形分割线在 x 轴的值,向量 Y 为 xy 平面上矩形定义域的矩形分割线在 y 轴的值。输出向量 X 为 xy 平面上矩形定义域的矩形分割点的横坐标值矩阵,输出向量 Y 为 xy 平面上矩形定义域的矩形分割点的纵坐标值矩阵
[X,Y] = meshgrid(x)	等价于形式 [X,Y] = meshgrid(x,x)
[X,Y,Z] = meshgrid(x,y,z)	向量 X 为立方体定义域在 x 轴上的值,向量 Y 为立方体定义域在 y 轴上的值,向量 Z 为立方体定义域在 z 轴上的值。输出向量 X 为立方体定义域中分割点的 x 轴坐标值,Y 为立方体定义域中分割点的 y 轴坐标值,Z 为立方体定义域中分割点的 z 轴坐标值

扫一扫,看视频

实例——绘制网格面

源文件:yuanwenjian/ch08/wanggemian.m、绘制网格面.flg

本实例演示绘制网格面 $z = x^4 + y^5$。

操作步骤

解:MATLAB 程序如下。

```
>> close all
>> x=-4:0.25:4;
```

```
>> y=x;
>> [X,Y]=meshgrid(x,y);
>> Z=X.^4+Y.^5;
>> mesh(Z)
>> title('网格面')
>> xlabel('x'),ylabel('y'),zlabel('z')
```

运行结果如图 8-4 所示。

图 8-4　网格面

对于一个三维网格图，有时用户不想显示背后的网格，这时可以利用 hidden 命令来实现这种要求。它的使用格式也非常简单，见表 8-4。

表 8-4　hidden 命令的调用格式

调 用 格 式	说　　明
hidden on	将网格设为不透明状态
hidden off	将网格设为透明状态
hidden	在 on 与 off 之间切换

实例——绘制山峰曲面

源文件：yuanwenjian/ch08/shanfengqumian.m、绘制山峰曲面.flg

本实例演示函数 peaks 产生一个山峰曲面的函数，利用它画两个图，一个不显示其背后的网格，一个显示其背后的网格。

操作步骤

解：MATLAB 程序如下。

```
>> close all
>> t=-4:0.1:4;
>> [X,Y]=meshgrid(t);
>> Z=peaks(X,Y);
>> subplot(1,2,1)
>> mesh(X,Y,Z),hidden on
>> title('不显示网格')
```

扫一扫，看视频

```
>> subplot(1,2,2)
>> mesh(X,Y,Z),hidden off
>> title('显示网格')
```

运行结果如图 8-5 所示。

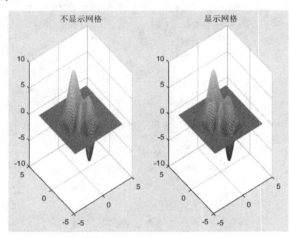

图 8-5　peaks 图像

MATLAB 还有两个同类的函数：meshc 与 meshz。meshc 用来画图形的网格图加基本的等高线图，meshz 用来画图形的网格图与零平面的网格图。

实例——绘制函数曲面

源文件：yuanwenjian/ch08/hanshuqumian.m、绘制函数曲面.flg

本实例演示分别用 plot3、mesh、meshc 和 meshz 画出下面函数的曲面图形。

$$z = \frac{\cos\sqrt{x^2+y^2}}{\sqrt{x^2+y^2}} \qquad -5 \leqslant x, y \leqslant :$$

操作步骤

解：MATLAB 程序如下。

```
>> close all
>> x=-5:0.1:5;
>> [X,Y]=meshgrid(x);
>> Z=cos(sqrt(X.^2+Y.^2))./sqrt(X.^2+Y.^2);
>> subplot(2,2,1)
>> plot3(X,Y,Z)
>> title('plot3 作图')
>> subplot(2,2,2)
>> mesh(X,Y,Z)
>> title('mesh 作图')
>> subplot(2,2,3)
>> meshc(X,Y,Z)
>> title('meshc 作图')
>> subplot(2,2,4)
>> meshz(X,Y,Z)
>> title('meshz 作图')
```

扫一扫，看视频

运行结果如图 8-6 所示。

图 8-6 图像比较

2. ezmesh 命令

该命令专门用来绘制符号函数 f(x,y)（即 f 是关于 x、y 的数学函数的字符串表示）的网格图形，它的使用格式见表 8-5。

表 8-5 ezmesh 命令的调用格式

调 用 格 式	说 明
ezmesh(f)	绘制 f 在系统默认区域 $x \in (-2\pi, 2\pi), y \in (-2\pi, 2\pi)$ 内的三维网格图
ezmesh (f,[a,b])	绘制 f 在区域 $x \in (a, b), y \in (a, b)$ 内的三维网格图
ezmesh (f,[a,b,c,d])	绘制 f 在区域 $x \in (a, b), y \in (c, d)$ 内的三维网格图
ezmesh (x,y,z)	绘制参数曲面 $x = x(s, t), y = y(s, t), z = z(s, t)$ 在系统默认的区域 $s \in (-2\pi, 2\pi)$, $t \in (-2\pi, 2\pi)$ 内的三维网格图
ezmesh (x,y,z,[a,b])	绘制上述参数曲面在 $s \in (a, b), t \in (a, b)$ 内的三维网格图
ezmesh (x,y,z,[a,b,c,d])	绘制上述参数曲面在 $s \in (a, b), t \in (c, d)$ 内的三维网格图
ezmesh(···,n)	绘制 f 在系统默认的区域 $x \in (-2\pi, 2\pi), y \in (-2\pi, 2\pi)$ 内的三维网格图，其中网格数为 n×n, n 的默认值为 60
ezmesh (···,'circ')	在区域的中心圆盘上绘制 f 的三维网格图

实例——绘制符号函数曲面

源文件：yuanwenjian/ch08/fuhaohanshuqumian.m、绘制符号函数曲面.flg

扫一扫，看视频

本实例演示画出下面函数的三维网格表面图。

$$f(x, y) = e^y \sin x - e^x \cos y + e^x + e^y \qquad (-\pi < x, y < \pi)$$

操作步骤

解：MATLAB 程序如下。

```
>> close all
>> syms x y
>> f=sin(x)*exp(y)-cos(y)*exp(x)+ exp(x)+ exp(y);
```

```
>> ezmesh(f,[-pi,pi],30)
>> title('带网格线的三维表面图')
```

运行结果如图 8-7 所示。

图 8-7　ezmesh 作图

扫一扫，看视频

动手练一练——函数网格面的绘制

画出下面函数的图像。

$$z = x^2 + y^2 + \sin(x+y) + e^{x+y}, x \in (-1,1)$$

　思路点拨：

源文件：yuanwenjian/ch08/hanshuwanggemian.m、函数网格面的绘制.flg
（1）定义变量取值范围，输入参数方程。
（2）使用 plot3 绘制三维曲线。
（3）定义变量，输入参数方程。
（4）使用 ezmesh 绘制三维曲线。

8.1.3　三维曲面命令

曲面图是在网格图的基础上，在小网格之间用颜色填充。它的一些特性正好和网格图相反，它的线条是黑色的，线条之间有颜色；而在网格图里，线条之间是黑色的，而线条有颜色。在曲面图里，人们不必考虑像网格图一样隐蔽线条，但要考虑用不同的方法对表面加色彩。

1. surf 命令

surf 命令的调用格式与 mesh 命令完全一样，这里就不再详细说明了，读者可以参考 mesh 命令的调用格式。下面给出几个例子。

扫一扫，看视频

实例——绘制山峰表面

源文件：yuanwenjian/ch08/shanfengbiaomian.m、绘制山峰表面.flg
本实例演示利用 MATLAB 内部函数 peaks 绘制山峰表面图。

操作步骤

解：MATLAB 程序如下。

```
>> close all
>> [X,Y,Z]=peaks(30);
>> surf(X,Y,Z)
>> title('山峰表面')
>> xlabel('x-axis'),ylabel('y-axis'),zlabel('z-axis')
>> grid off
```

运行结果如图 8-8 所示。

图 8-8　surf 作图

如果想查看曲面背后图形的情况，可以在曲面的相应位置打个洞孔，即将数据设置为 NaN，所有的 MATLAB 作图函数都忽略 NaN 的数据点，在该点出现的地方留下一个洞孔。

实例——绘制带洞孔的山峰表面

源文件： yuanwenjian/ch08/daikongshanfeng.m、带洞孔的山峰表面.flg

本实例演示观察山峰曲面在 $x \in (-0.6, 0.5), y \in (0.8, 1.2)$ 时曲面背后的情况。

扫一扫，看视频

操作步骤

解：MATLAB 程序如下。

```
>> close all
>> [X,Y,Z]=peaks(30);
>> x=X(1,:);
>> y=Y(:,1);
>> i=find(y>0.8 & y<1.2);
>> j=find(x>-.6 & x<.5);
>> Z(i,j)=nan*Z(i,j);
>> surf(X,Y,Z);
>> title('带洞孔的山峰表面');
>> xlabel('x-axis'),ylabel('y-axis'),zlabel('z-axis')
```

运行结果如图 8-9 所示。

图 8-9　带洞孔的山峰表面图

与上面的 mesh 命令一样，surf 也有两个同类的命令：surfc 与 surfl。surfc 用来画出有基本等值线的曲面图；surfl 用来画出一个有亮度的曲面图。它的用法我们会在后面讲到。

2. ezsurf 命令

该命令专门用来绘制符号函数 f(x,y)（即 f 是关于 x、y 的数学函数的字符串表示）的表面图形，它的使用格式见表 8-6。

表 8-6　ezsurf 命令的调用格式

调用格式	说　　明
ezsurf(f)	绘制 f 在系统默认区域 $x \in (-2\pi, 2\pi)$ $y \in (-2\pi, 2\pi)$ 内的三维表面图
ezsurf(f,[a,b])	绘制 f 在区域 $x \in (a, b)$, $y \in (a, b)$ 内的三维表面图
ezsurf(f,[a,b,c,d])	绘制 f 在区域 $x \in (a, b)$, $y \in (c, d)$ 内的三维表面图
ezsurf(x,y,z)	绘制参数曲面 $x = x(s, t), y = y(s, t), z = z(s, t)$ 在系统默认的区域 $s \in (-2\pi, 2\pi), t \in (-2\pi, 2\pi)$ 内的三维表面图
ezsurf(x,y,z,[a,b])	绘制上述参数曲面在 $s \in (a, b), t \in (a, b)$ 内的三维表面图
ezsurf(x,y,z,[a,b,c,d])	绘制上述参数曲面在 $s \in (a, b), t \in (c, d)$ 内的三维表面图
ezsurf(…,n)	绘制 f 在系统默认的区域 $x \in (-2\pi, 2\pi)$, $y \in (-2\pi, 2\pi)$ 内的三维表面图，其中网格数为 n×n，n 的默认值为 60
ezsurf(…,'circ')	在区域的中心圆盘上绘制 f 的三维表面图

实例——绘制参数曲面

源文件：yuanwenjian/ch08/canshuqumian.m、绘制参数曲面.flg

本实例演示画出下面参数曲面的图像

$$\begin{cases} x = \cos(s+t) \\ y = \sin(s+t) \qquad -\pi < s, t < \pi \\ z = \sin s * \cos t \end{cases}$$

扫一扫，看视频

操作步骤

解：MATLAB 程序如下。

```
>> close all
>> syms s t
>> x=cos(s+t);
>> y=sin(s+t);
>> z=sin(s)*cos(t);
>> ezsurf(x,y,z,[-pi,pi],30)
>> title('符号函数曲面图')
```

运行结果如图 8-10 所示。

图 8-10　ezsurf 作图

8.1.4　柱面与球面

在 MATLAB 中，有专门绘制柱面与球面的命令 cylinder 与 sphere，它们的使用格式也非常简单。首先来看 cylinder 命令，它的使用格式见表 8-7。

表 8-7　cylinder 命令的调用格式

调 用 格 式	说　　明
[X,Y,Z] = cylinder	返回一个半径为 1、高度为 1 的圆柱体的 x 轴、y 轴、z 轴的坐标值，圆柱体的圆周有 20 个距离相同的点
[X,Y,Z] = cylinder(r,n)	返回一个半径为 r、高度为 1 的圆柱体的 x 轴、y 轴、z 轴的坐标值，圆柱体的圆周有指定 n 个距离相同点
[X,Y,Z] = cylinder(r)	与[X,Y,Z] = cylinder(r,20)等价
cylinder(…)	没有任何的输出参量，直接画出圆柱体

实例——绘制柱面

源文件：yuanwenjian/ch08/zhumian.m、绘制柱面.flg

本实例演示画出一个半径变化的柱面。

操作步骤

解：MATLAB 程序如下。

```
>> close all
>> t=0:pi/10:2*pi;
>> [X,Y,Z]=cylinder(2+sin(t)-cos(t),30);
>> surf(X,Y,Z)
>> axis square
>> xlabel('x-axis'),ylabel('y-axis'),zlabel('z-axis')
```

运行结果如图 8-11 所示。

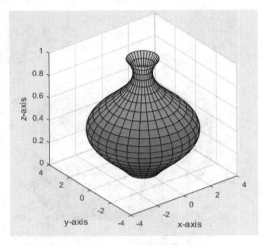

图 8-11　cylinder 作图

✎ **小技巧：**

用 cylinder 可以作棱柱的图像，例如运行 cylinder(2,6)将绘出底面为正六边形、半径为 2 的棱柱。

sphere 命令用来生成三维直角坐标系中的球面，它的使用格式见表 8-8。

表 8-8　sphere 命令的调用格式

调 用 格 式	说 明
sphere	绘制单位球面，该单位球面由 20×20 个面组成
sphere(n)	在当前坐标系中画出由 n×n 个面组成的球面
[X,Y,Z]=sphere(n)	返回三个 $(n+1) \times (n+1)$ 的直角坐标系中的球面坐标矩阵

实例——绘制球面

源文件：yuanwenjian/ch08/qiumian.m、绘制球面.flg

本实例演示绘制棱柱、由 84 个面组成的球面与由 400 个面组成的球面。

操作步骤

解：MATLAB 程序如下。

```
>> close all
>> [X1,Y1,Z1]=sphere(8);
```

```
>> [X2,Y2,Z2]=sphere(20);
>> subplot(1,3,1)
>> cylinder(2,8)
>> title('底面为正八边形的棱柱')
>> subplot(1,3,2)
>> surf(X1,Y1,Z1)
>> title('84 个面组成的球面')
>> subplot(1,3,3)
>> surf(X2,Y2,Z2)
>> title('400 个面组成的球面')
```

运行结果如图 8-12 所示。

图 8-12　sphere 作图

8.1.5　三维图形等值线

在军事、地理等学科中经常会用到等值线。在 MATLAB 中有许多绘制等值线的命令，我们主要介绍以下几个。

1. contour3 命令

contour3 是三维绘图中最常用的绘制等值线的命令，该命令生成一个定义在矩形格栅上曲面的三维等值线图，它的使用格式见表 8-9。

表 8-9　contour3 命令的调用格式

调 用 格 式	说　　明
contour3(Z)	画出三维空间角度观看矩阵 Z 的等值线图，其中 Z 的元素被认为是距离 xy 平面的高度，矩阵 Z 至少为 2 阶的。等值线的条数与高度是自动选择的。若[m,n]=size(Z)，则 x 轴的范围为[1,n]，y 轴的范围为[1,m]
contour3(Z,n)	画出由矩阵 Z 确定的 n 条等值线的三维图
contour3(Z,v)	在参量 v 指定的高度上画出三维等值线，当然等值线条数与向量 v 的维数相同。若想只画一条高度为 h 的等值线，则输入 contour3(Z,[h,h])

续表

调 用 格 式	说　　明
contour3(X,Y,Z) contour3(X,Y,Z,n) contour3(X,Y,Z,v) contour3(…,s)	用 X 与 Y 定义 x 轴与 y 轴的范围。若 X 为矩阵，则 X(1,:)定义 x 轴的范围；若 Y 为矩阵，则 Y(:,1)定义 y 轴的范围；若 X 与 Y 同时为矩阵，则它们必须同型；若 X 或 Y 有不规则的间距，contour3 还是使用规则的间距计算等值线，然后将数据转变给 X 或 Y 用参量 s 指定的线型与颜色画等值线
[C,h] = contour3(…)	画出图形，同时返回与命令 contourc 中相同的等值线矩阵 C，包含所有图形对象的句柄向量 h

扫一扫，看视频

实例——三维等值线图

源文件：yuanwenjian/ch08/sanweidengzhixian.m、三维等值线图.flg

本实例演示绘制山峰函数 peaks 的等值线图。

操作步骤

解：MATLAB 程序如下。

```
>> close all
>> [x,y,z]=peaks(30);
>> contour3(x,y,z);
>> title('山峰函数等值线图');
>> xlabel('x-axis'),ylabel('y-axis'),zlabel('z-axis')
```

运行结果如图 8-13 所示。

图 8-13　contour3 作图

2. contour 命令

contour3 用于绘制二维图时就等价于 contour，后者用来绘制二维等值线，可以看作是一个三维曲面向 xy 平面上的投影，它的使用格式见表 8-10。

表 8-10 contour 命令的调用格式

调 用 格 式	说 明
contour(Z)	把矩阵 Z 中的值作为一个二维函数的值, 等值线是一个平面的曲线, 平面的高度 v 是 MATLAB 自动选取的
contour(X,Y,Z)	(X,Y)是平面 Z=0 上点的坐标矩阵, Z 为相应点的高度值矩阵
contour(Z,n)	画出 n 条等值线
contour(X,Y,Z,n)	画出 n 条等值线
contour(Z,v)	在指定的高度 v 上画出等值线
contour(X,Y,Z,v)	等价于 contour(Z,v)命令
[C,h] = contour(⋯)	返回等值矩阵 C 和线句柄或块句柄列向量 h, 每条线对应一个句柄, 句柄中的 userdata 属性包含每条等值线的高度值
contour(⋯, 'linespec')	用指定的颜色或者线型画等值线

实例——绘制二维等值线图

源文件: yuanwenjian/ch08/erweidengzhixian.m、绘制二维等值线图.flg

本实例演示画出曲面 $z = xe^{x-\cos x+\sin y}$ 在 $x \in [-2\pi, 2\pi]$ $y \in [-2\pi, 2\pi]$ 的图像及其在 xy 面的等值线图。

操作步骤

解: MATLAB 程序如下。

```
>> close all
>> x=linspace(-2*pi,2*pi,100);
>> y=x;
>> [X,Y]=meshgrid(x,y);
>> Z=X.*exp(X-cos(X)+sin(Y));
>> subplot(1,2,1);
>> surf(X,Y,Z);
>> title('曲面图像');
>> subplot(1,2,2);
>> contour(X,Y,Z);
>> title('二维等值线图')
```

运行结果如图 8-14 所示。

图 8-14 contour 作图

3．contourf 命令

此命令用来填充二维等值线图，即先画出不同等值线，然后将相邻的等值线之间用同一颜色进行填充，填充用的颜色决定于当前的色图颜色。

contourf 命令的调用格式见表 8-11。

表 8-11　contourf 命令的调用格式

调 用 格 式	说　　明
contourf(Z)	矩阵 Z 的等值线图，其中 Z 理解成距平面 xy 的高度矩阵。Z 至少为 2 阶的，等值线的条数与高度是自动选择的
contourf(Z,n)	画出矩阵 Z 的 n 条高度不同的等值线
contourf(Z,v)	画出矩阵 Z 的由 v 指定的高度的等值线图
contourf(X,Y,Z)	画出矩阵 Z 的等值线图，其中 X 与 Y 用于指定 x 轴与 y 轴的范围。若 X 与 Y 为矩阵，则必须与 Z 同型；若 X 或 Y 有不规则的间距，contour3 还是使用规则的间距计算等高线，然后将数据转变给 X 或 Y
contourf(X,Y,Z,n)	画出矩阵 Z 的 n 条高度不同的等值线，其中 X、Y 参数同上
contourf(X,Y,Z,v)	画出矩阵 Z 的由 v 指定高度的等值线图，其中 X、Y 参数同上
[C,h,CF] = contourf(…)	画出图形，同时返回与命令 contourc 中相同的等高线矩阵 C，C 也可被命令 clabel 使用，返回包含 patch 图形对象的句柄向量 h，返回一用于填充的矩阵 CF

扫一扫，看视频

实例——绘制二维等值线图及颜色填充

源文件：yuanwenjian/ch08/erweidengzhixiantianchong.m、绘制二维等值线图及颜色填充.flg

本实例演示画出山峰函数 peaks 的二维等值线图。

操作步骤

解：MATLAB 程序如下。

```
>> close all
>> Z=peaks;
>> [C,h]=contourf(Z,10);
>> colormap gray;
>> title('二维等值线图及颜色填充')
```

运行结果如图 8-15 所示。

图 8-15　contourf 作图

4. contourc 命令

该命令计算等值线矩阵 C，该矩阵可用于命令 contour、contour3 和 contourf 等。矩阵 Z 中的数值确定平面上的等值线高度值，等值线的计算结果用由矩阵 Z 维数决定的间隔的宽度。

contourc 命令的调用格式见表 8-12。

表 8-12 contourc 命令的调用格式

调 用 格 式	说 明
C = contourc(Z)	从矩阵 Z 中计算等值矩阵，其中 Z 的维数至少为 2 阶，等值线为矩阵 Z 中数值相等的单元，等值线的数目和相应的高度值是自动选择的
C = contourc(Z,n)	在矩阵 Z 中计算出 n 个高度的等值线
C = contourc(Z,v)	在矩阵 Z 中计算出给定高度向量 v 上的等值线，向量 v 的维数决定了等值线的数目。若只要计算一条高度为 a 的等值线，输入：contourc(Z,[a,a])
C = contourc(X,Y,Z)	在矩阵 Z 中，参量 X、Y 确定的坐标轴范围内计算等值线
C = contourc(X,Y,Z,n)	在矩阵 Z 中，参量 X、Y 确定的坐标范围内画出 n 条等值线
C = contourc(X,Y,Z,v)	在矩阵 Z 中，参量 X、Y 确定的坐标范围内，画在 v 指定的高度上的等值线

5. clabel 命令

clabel 命令用来在二维等值线图中添加高度标签，它的使用格式见表 8-13。

表 8-13 clabel 命令的调用格式

调 用 格 式	说 明
clabel(C,h)	把标签旋转到恰当的角度，再插入到等值线中，只有等值线之间有足够的空间时才加入，这决定于等值线的尺度，其中 C 为等高矩阵
clabel(C,h,v)	在指定的高度 v 上显示标签 h
clabel(C,h,'manual')	手动设置标签。用户用鼠标左键或空格键在最接近指定的位置上放置标签，用键盘上的回车键结束该操作
clabel(C)	在从命令 contour 生成的等高矩阵 C 的位置上添加标签。此时标签的放置位置是随机的
clabel(C,v)	在给定的位置 v 上显示标签
clabel(C,'manual')	允许用户通过鼠标来给等高线贴标签

对上面的使用格式，需要说明的一点是，若命令中有 h，则会对标签进行恰当的旋转，否则标签会竖直放置，且在恰当的位置显示一个 "+" 号。

实例——绘制等值线

源文件：yuanwenjian/ch08/dengzhixian.m、绘制等值线.flg

本实例演示绘制具有 5 个等值线的山峰函数 peaks，然后对各个等值线进行标注，并给所画的图加上标题。

操作步骤

解：MATLAB 程序如下。

```
>> close all
>> Z=peaks;
>> [C,h]=contour(Z,5);
```

扫一扫，看视频

```
>> clabel(C,h);
>> title('等值线的标注')
```

运行结果如图 8-16 所示。

图 8-16　等值线的标注

6. ezcontour 命令

该命令专门用来绘制符号函数 f(x,y)(即 f 是关于 x、y 的数学函数的字符串表示)的等值线图，它的使用格式见表 8-14。

表 8-14　ezcontour 命令的调用格式

调用格式	说　明
ezcontour (f)	绘制 f 在系统默认的区域 $x \in (-2\pi, 2\pi), y \in (-2\pi, 2\pi)$ 上的等值线图
ezcontour (f,[a,b])	绘制 f 在区域 $x \in (a,b), y \in (a,b)$ 上的等值线图
ezcontour (f,[a,b,c,d])	绘制 f 在区域 $x \in (a,b), y \in (c,d)$ 上的等值线图
ezcontour (…,n)	绘制 f 在系统默认的区域 $x \in (-2\pi, 2\pi), y \in (-2\pi, 2\pi)$ 上的三等值线图，其中网格数为 n×n，n 的默认值为 60

扫一扫，看视频

实例——绘制符号函数等值线图

源文件： yuanwenjian/ch08/hanshudengzhixian.m、绘制符号函数等值线图.flg

本实例演示画出下面函数的等值线图。

$$f(x,y) = \frac{\cos(x^2 + y^2)}{x^2 + y^2} \quad -\pi < x, y < \pi$$

操作步骤

解：MATLAB 程序如下。

```
>> close all
>> syms x y
>> f=cos(x^2+y^2)/(x^2+y^2);
```

```
>> ezcontour(f,[-pi,pi],30)
>> title('符号函数等值线图')
```

运行结果如图 8-17 所示。

图 8-17 ezcontour 作图

7. ezsurfc 命令

该命令用来绘制函数 f(x,y) 的带等值线的三维表面图，其中函数 f 是一个以字符串形式给出的二元函数。

ezsurfc 命令的调用格式见表 8-15。

表 8-15 ezsurfc 命令的调用格式

调 用 格 式	说 明
ezsurfc(f)	绘制 f 在系统默认的区域 $x \in (-2\pi, 2\pi)$, $y \in (-2\pi, 2\pi)$ 上带等值线的三维表面图
ezsurfc(f,[a,b])	绘制 f 在区域 $x \in (a, b)$, $y \in (a, b)$ 上带等值线的三维表面图
ezsurfc(f,[a,b,c,d])	绘制 f 在区域 $x \in (a, b)$, $y \in (c, d)$ 上带等值线的三维表面图
ezsurfc(x,y,z)	绘制参数曲面 $x = x(s,t)$, $y = y(s,t)$, $z = z(s,t)$ 在系统默认的区域 $s \in (-2\pi, 2\pi)$, $t \in (-2\pi, 2\pi)$ 上带等值线的三维表面图
ezsurfc(x,y,z,[a,b])	绘制上述参数曲面在 $x \in (a, b)$, $y \in (a, b)$ 上的带等值线的三维表面图
ezsurfc(x,y,z,[a,b,c,d])	绘制上述参数曲面在 $x \in (a, b)$, $y \in (c, d)$ 上的带等值线的三维表面图
ezsurfc(…,n)	绘制 f 在系统默认的区域 $x \in (-2\pi, 2\pi)$, $y \in (-2\pi, 2\pi)$ 上带等值线的三维表面图，其中网格数为 n×n，n 的默认值为 60
ezsurfc(…,'circ')	在区域的中心圆盘上绘制 f 的带等值线的三维表面图

实例——绘制带等值线的三维表面图

源文件：yuanwenjian/ch08/dengzhixianbianmiantu.m、绘制带等值线的三维表面图.flg

本实例演示在区域 $x \in [-\pi, \pi]$, $y \in [-\pi, \pi]$ 上绘制下面函数的带等值线的三维表面图。

$$f(x, y) = \frac{\cos(x^2 + y^2)}{x^2 + y^2}$$

操作步骤

解:MATLAB 程序如下。

```
>> close all
>> syms x y
>> f=cos(x^2+y^2)/(x^2+y^2);
>> subplot(1,2,1);
>> ezsurfc(f,[-pi,pi]);
>> title('网格数为60*60的表面图');
>> subplot(1,2,2);
>> ezsurfc(f,[-pi,pi],20);
>> title('网格数为20*20的表面图')
```

运行结果如图 8-18 所示。

图 8-18 带等值线的三维表面图

动手练一练——多项式的不同网格数的表面图

本实例演示在区域 $x \in [-\pi, \pi], y \in [-\pi, \pi]$ 上绘制下面函数的带等值线的三维表面图。

$$f(x, y) = \frac{e^{(x+y)}}{x^2 + y^2}$$

📋 **思路点拨:**

源文件:yuanwenjian/ch08/butongwanggeshudebiaomiantu.m、多项式的不同网格数的表面图.flg

(1)定义变量。

(2)输入表达式。

(3)绘制不同网格数的表面图。

8.2 三维图形修饰处理

本节主要讲一些常用的三维图形修饰处理命令,前面我们已经讲了一些二维图形修饰处理命令，这些命令在三维图形里同样适用。下面来看一下在三维图形里特有的图形修饰处理命令。

8.2.1 视角处理

在现实空间中，从不同角度或位置观察某一事物就会有不同的效果，即会有"横看成岭侧成峰"的感觉。三维图形表现的正是一个空间内的图形，因此在不同视角及位置都会有不同的效果，这在工程实际中也是经常遇到的。MATLAB 提供的 view 命令能够很好地满足这种需要。

view 命令用来控制三维图形的观察点和视角，它的使用格式见表 8-16。

表 8-16 view 命令的调用格式

调 用 格 式	说　　　明
view(az,el)	给三维空间图形设置观察点的方位角 az 与仰角 el
view([az,el])	同上
view([x,y,z])	将点（x,y,z）设置为视点
view(2)	设置默认的二维形式视点，其中 az=0，el=90°，即从 z 轴上方观看
view(3)	设置默认的三维形式视点，其中 az=−37.5°，el=30°
[az,el] = view	返回当前的方位角 az 与仰角 el
T = view	返回当前的 4×4 的转换矩阵 T

对于这个命令需要说明的是，方位角 az 与仰角 el 为两个旋转角度。做一通过视点和 z 轴平行的平面，与 xy 平面有一交线，该交线与 y 轴的反方向的、按逆时针方向（从 z 轴的方向观察）计算的夹角，就是观察点的方位角 az；若角度为负值，则按顺时针方向计算。在通过视点与 z 轴的平面上，用一直线连接视点与坐标原点，该直线与 xy 平面的夹角就是观察点的仰角 el；若仰角为负值，则观察点转移到曲面下面。

实例——绘制网格面视图

源文件：yuanwenjian/ch08/maanmianshitu.m、绘制网格面视图.flg

本实例演示在同一窗口中绘制马鞍面 $z = -x^4 + y^5$ 函数的各种视图。

操作步骤

解：MATLAB 程序如下。

```
>> [X,Y]=meshgrid(-5:0.25:5);
>> Z=-X.^4+Y.^5;
>> subplot(2,2,1)
>> surf(X,Y,Z),title('三维视图')
>> subplot(2,2,2)
>> surf(X,Y,Z),view(90,0)
>> title('侧视图')
>> subplot(2,2,3)
>> surf(X,Y,Z),view(0,0)
>> title('正视图')
>> subplot(2,2,4)
```

扫一扫，看视频

```
>> surf(X,Y,Z),view(0,90)
>> title('俯视图')
```

运行结果如图 8-19 所示。

图 8-19　视图转换

扫一扫，看视频

实例——绘制函数转换视角的三维图

源文件：yuanwenjian/ch08/hanshusanweitu.m、绘制函数转换视角的三维图.flg

本实例演示在区域 $x \in [-\pi, \pi]$，$y \in [-\pi, \pi]$ 上绘制下面函数转换视角的三维表面图。

$$f(x,y) = \frac{e^{\sin(x+y)}}{x^2 + y^2}$$

操作步骤

解：MATLAB 程序如下。

```
>> close all
>> [X,Y]= meshgrid(-pi:0.01*pi:pi);
>> Z=exp(sin(X+Y))./(X.^2+Y.^2);
>> subplot(2,2,1)
>> surf(X,Y,Z),title('三维视图')
>> subplot(2,2,2)
>> surf(X,Y,Z),view(90,0)
>> title('侧视图')
>> subplot(2,2,3)
>> surf(X,Y,Z),view(0,0)
>> title('正视图')
>> subplot(2,2,4)
>> surf(X,Y,Z),view(0,90)
>> title('俯视图')
```

运行结果如图 8-20 所示。

图 8-20　三维表面图

8.2.2　颜色处理

前面介绍了 colormap 命令的主要用法，这里针对三维图形再讲几个处理颜色的命令。

1. 色图明暗控制命令

MATLAB 中，控制色图明暗的命令是 brighten 命令，它的使用格式见表 8-17。

表 8-17　brighten 命令的调用格式

调 用 格 式	说　　明
brighten(beta)	增强或减小色图的色彩强度，若 0<beta<1，则增强色图强度；若 -1<beta<0，则减小色图强度
brighten(h,beta)	增强或减小句柄 h 指向的对象的色彩强度
newmap=brighten(beta)	返回一个比当前色图增强或减弱的新的色图
newmap = brighten(cmap,beta)	该命令没有改变指定色图 cmap 的亮度，而是返回变化后的色图给 newmap

2. 色轴刻度

caxis 命令控制着对应色图的数据值的映射图。它通过将被变址的颜色数据（CData）与颜色数据映射（CDataMapping）设置为 scaled，影响着任何的表面、块、图像；该命令还改变坐标轴图形对象的属性 Clim 与 ClimMode。

caxis 命令的调用格式见表 8-18。

表 8-18　caxis 命令的调用格式

调 用 格 式	说　　明
caxis([cmin cmax])	将颜色的刻度范围设置为[cmin cmax]。数据中小于 cmin 或大于 cmax 的，将分别映射于 cmin 与 cmax；处于 cmin 与 cmax 之间的数据将线性地映射于当前色图
caxis auto	让系统自动地计算数据的最大值与最小值对应的颜色范围，这是系统的默认状态。数据中的 Inf 对应于最大颜色值；−Inf 对应于最小颜色值；带颜色值设置为 NaN 的面或边界将不显示

续表

调 用 格 式	说　明
caxis manual	冻结当前颜色坐标轴的刻度范围。这样，当 hold 设置为 on 时，可使后面的图形命令使用相同的颜色范围
caxis(caxis)	同上
v = caxis	返回一包含当前正在使用的颜色范围的二维向量 v=[cmin cmax]
caxis(axes_handle,…)	使用由参量 axis_handle 指定的坐标轴，而非当前坐标轴

实例——映射球面表里颜色

源文件：yuanwenjian/ch08/yongsheqiumianyanse.m、映射球面表里颜色.flg

本实例演示创建一个球面，并映射表里颜色。

操作步骤

解：MATLAB 程序如下。

```
>> close all
>> [X,Y,Z]=sphere;
>> C=cos(X)+sin(Y).^3;
>> subplot(1,2,1);
>> surf(X,Y,Z,C);
>> title('图1');
>> subplot(1,2,2);
>> surf(X,Y,Z,C),caxis([-1 0]);
>> title('图2')
```

运行结果如图 8-21 所示。

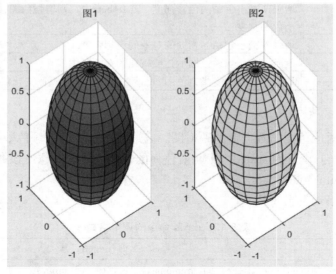

图 8-21　色轴控制图

在 MATLAB 中，还有一个画色轴的命令 colorbar，这个命令在图形窗口的工具条中有相应的图标。它在命令窗口的调用格式见表 8-19。

表 8-19 colorbar 命令的调用格式

调 用 格 式	说 明
colorbar	在当前图形窗口中显示当前色轴
colorbar('vert')	增加一个垂直色轴
colorbar('horiz')	增加一个水平色轴
colorbar(h)	在 h 指定的位置放置一个色轴，若图形宽度大于高度，则将色轴水平放置
h=colorbar(…)	返回一个指向色轴的句柄

3. 颜色渲染设置

shading 命令用来控制曲面与补片等的图形对象的颜色渲染，同时设置当前坐标轴中的所有曲面与补片图形对象的属性 EdgeColor 与 FaceColor。

shading 命令的调用格式见表 8-20。

表 8-20 shading 命令的调用格式

调 用 格 式	说 明
shading flat	使网格图上的每一线段与每一小面有一相同颜色，该颜色由线段末端的颜色确定；或由小面的、有小型的下标或索引的四个角的颜色确定
shading faceted	用重叠的黑色网格线来达到渲染效果。这是默认的渲染模式
shading interp	在每一线段与曲面上显示不同的颜色，该颜色为通过在每一线段两边或为不同小曲面之间的色图的索引或真颜色进行内插值得到的颜色

实例——渲染图形

源文件：yuanwenjian/ch08/xuanrantuxing.m、渲染图形.flg

本实例演示针对下面的函数比较上面 3 种使用格式得出图形的不同。

$$z = x^2 + e^{\sin y} \quad -10 \leqslant x, \ y \leqslant 10$$

操作步骤

解：MATLAB 程序如下。

```
>> [X,Y]=meshgrid(-10:0.5:10);
>> Z=X.^2+exp(sin(Y));
>> subplot(2,2,1);
>> surf(X,Y,Z);
>> title('三维视图');
>> subplot(2,2,2), surf(X,Y,Z),shading flat;
>> title('shading flat');
>> subplot(2,2,3), surf(X,Y,Z),shading faceted;
>> title('shading faceted');
>> subplot(2,2,4), surf(X,Y,Z),shading interp;
>> title('shading interp')
```

运行结果如图 8-22 所示。

图 8-22   颜色渲染控制图

4. 颜色映像使用

语句 colormap（M）将矩阵 M 作为当前图形窗口所用的颜色映像。例如，colormap(cool)装入了一个有 64 个输入项的 cool 颜色映像。colormap default 装入了默认的颜色映像（hsv）。

函数 plot、plot3、contour 和 contour3 不使用颜色映像，它们使用列在 plot 颜色和线形表中的颜色。而大多数其他绘图函数，比如 mesh、surf、fill、pcolor 和它们的各种变形函数，使用当前的颜色映像。

接受颜色参量的绘图函数中的颜色参量通常采用以下 3 种形式之一。

（1）字符串，代表 plot 颜色或线型表中的一种颜色，比如 'r' 代表红色。

（2）3 个输入的行向量，它代表一个单独的 RGB 值，比如[.25   .50   .75]。

（3）矩阵，如果颜色参量是一个矩阵，其元素做了调整，并把它们用作当前颜色映像的下标。

实例——颜色映像

源文件：yuanwenjian/ch08/yanseyingxiang.m、颜色映像.flg

本实例演示创建一个矩形，并显示颜色映像。

操作步骤

解：MATLAB 程序如下。

```
>> close all
>> pcolor(hadamard(20))
>> colormap(gray(2))
>> axis ij
>> axis square
```

运行结果如图 8-23 所示。

扫一扫，看视频

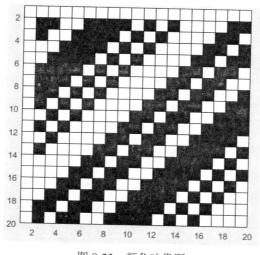

图 8-23　颜色映像图

8.2.3　光照处理

在 MATLAB 中绘制三维图形时，我们不仅可以画出带光照模式的曲面，还能在绘图时指定光线的来源。

1．带光照模式的三维曲面

surfl 命令用来画一个带光照模式的三维曲面图，该命令显示一个带阴影的曲面，结合了周围的、散射的和镜面反射的光照模式。想获得较平滑的颜色过渡，则需要使用有线性强度变化的色图（如 gray、copper、bone、pink 等）。

surfl 命令的调用格式见表 8-21。

表 8-21　surfl 命令的调用格式

调用格式	说　明
surfl(Z)	以向量 Z 的元素生成一个三维的带阴影的曲面，其中阴影模式中的默认光源方位为从当前视角开始，逆时针转 45°
surfl(X,Y,Z)	以矩阵 X，Y，Z 生成的一个三维的带阴影的曲面，其中阴影模式中的默认光源方位为从当前视角开始，逆时针转 45°
surfl(…,'light')	用一个 matlab 光照对象（light object）生成一个带颜色、带光照的曲面，这与用默认光照模式产生的效果不同
sur fl(…, 'cdata')	改变曲面颜色数据（color data），使曲面成为可反光的曲面
surfl(…,s)	指定光源与曲面之间的方位 s，其中 s 为一个二维向量[azimuth，elevation]，或者三维向量[sx，sy，sz]，默认光源方位为从当前视角开始，逆时针转 45°
surfl(X,Y,Z,s,k)	指定反射常系数 k，其中 k 为一个定义环境光（ambient light）系数（0≤ka≤1）、漫反射（diffuse reflection）系数（0≤kb≤1）、镜面反射(specular reflection)系数（0≤ks≤1）与镜面反射亮度（以相素为单位）等的四维向量[ka，kd，ks，shine]，默认值为 k=[0.55 0.6 0.4 10]
h = surfl(…)	返回一个曲面图形句柄向量 h

扫一扫，看视频

对于这个命令的调用格式需要说明的一点是，参数 X，Y，Z 确定的点定义了参数曲面的"里面"和"外面"，若用户想曲面的"里面"有光照模式，只要使用 surfl(X',Y',Z')即可。

实例——三维图形添加光照

源文件：yuanwenjian/ch08/guangzhao.m、三维图形添加光照.flg

本实例演示绘出山峰函数在有光照情况下的三维图形。

操作步骤

解：MATLAB 程序如下。

```
>> close all
>> [X,Y]=meshgrid(-5:0.25:5);
>> Z=peaks(X,Y);
>> subplot(1,2,1)
>> surfl(X,Y,Z)
>> title('外面有光照')
>> subplot(1,2,2)
>> surfl(X',Y',Z')
>> title('里面有光照')
```

运行结果如图 8-24 所示。

图 8-24　光照控制图比较

2. 光源位置及照明模式

在绘制带光照的三维图像时，可以利用 light 命令与 lightangle 命令来确定光源位置，其中 light 命令使用格式非常简单，即为：

light('color',s1,'style',s2,'position',s3)，其中 color、style 与 position 的位置可以互换，s1、s2、s3 为相应的可选值。例如，light('position',[1 0 0])表示光源从无穷远处沿 x 轴向原点照射过来。

lightangle 命令的调用格式见表 8-22。

表 8-22　lightangle 命令的调用格式

调 用 格 式	说　明
lightangle(az,el)	在由方位角 az 和仰角 el 确定的位置放置光源
light_handle=lightangle(az,el)	创建一个光源位置并在 light_handle 里返回 light 的句柄
lightangle(light_handle,az,el)	设置由 light_handle 确定的光源位置
[az,el]=lightangle(light_handle)	返回由 light_handle 确定的光源位置的方位角和仰角

　　在确定了光源位置后，用户可能还会用到一些照明模式，这一点可以利用 lighting 命令来实现，它主要用四种使用格式，即有四种照明模式，见表 8-23。

表 8-23　lighting 命令的调用格式

调 用 格 式	说　明
lighting flat	选择顶光
lighting gouraud	选择 gouraud 照明
lighting phong	选择 phong 照明
lighting none	关闭光源

实例——色彩变幻

源文件：yuanwenjian/ch08/secaibianhuan.m、色彩变幻.flg
本实例演示球体的色彩变换。

操作步骤

解：MATLAB 程序如下。

```
>> close all
>> [x,y,z]=sphere;
>> subplot(1,2,1);
>> surf(x,y,z),shading interp
>> light('position',[2,-2,2],'style','local')
>> lighting phong
>> subplot(1,2,2)
>> surf(x,y,z,-z),shading flat
>> light,lighting flat
>> light('position',[-1 -1 -2],'color','y')
>> light('position',[-1,0.5,1],'style','local','color','w')
```

运行结果如图 8-25 所示。

实例——函数光照对比图

源文件：yuanwenjian/ch08/hanshuguangzhaotu.m、函数光照对比图.flg
本实例演示针对下面的函数比较上面 3 种使用格式得出图形的不同。

$$z = \frac{\cos\sqrt{x^2+y^2}}{\sqrt{x^2+y^2}} \qquad -7.5 \leqslant x, y \leqslant 7.5$$

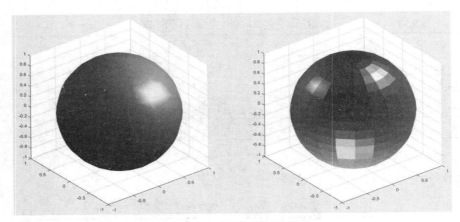

图 8-25　光源控制图比较

操作步骤

解：MATLAB 程序如下。

```
>> [X,Y]=meshgrid(-7.5:0.5:7.5);
>> Z=cos(sqrt(X.^2+Y.^2))./sqrt(X.^2+Y.^2);
>> subplot(1,2,1);
>> surf(X,Y,Z),shading interp
>> light('position',[2,-2,2],'style','local')
>> lighting phong
>> title('三维视图');
>> subplot(1,2,2), surf(X,Y,Z), shading flat
>> light,lighting flat
>> light('position',[-1 -1 -2],'color','y')
>> light('position',[-1,0.5,1],'style','local','color','w')
>> title('shading flat');
```

运行结果如图 8-26 所示。

图 8-26　光照控制图

8.3 图像处理及动画演示

MATLAB 还可以进行一些简单的图像处理与动画制作，本节将为读者介绍这些方面的基本操作，关于这些功能的详细介绍，感兴趣的读者可以参考其他相关书籍。

8.3.1 图像的读写

MATLAB 支持的图像格式有 *.bmp、*.cur、*.gif、*.hdf、*.ico、*.jpg、*.pbm、*.pcx、*.pgm、*.png、*.ppm、*.ras、*.tiff 以及 *.xwd。对于这些格式的图像文件，MATLAB 提供了相应的读写命令，下面简单介绍这些命令的基本用法。

1. 图像读入命令

在 MATLAB 中，imread 命令用来读入各种图像文件，它的使用格式见表 8-24。

表 8-24　imread 命令的调用格式

命 令 格 式	说　　明
A=imread(filename)	从 filename 指定的文件中读取图像，从其内容推断文件的格式。
A=imread(filename, fmt)	其中参数 fmt 用来指定图像的格式，图像格式可以与文件名写在一起，默认的文件目录为当前工作目录
A=imread(…, idx)	读取多帧 TIFF 文件中的一帧，idx 为帧号
A=imread(…, 'BackgroundColor', BG)	使用一个或多个名称-值对参数以及前面语法中的任何输入参数指定特定于格式的选项。
[X, map]=imread(…)	其中 map 为颜色映像矩阵读取多帧 TIFF 文件中的一帧
[A, map, alpha]=imread(…)	仅适用于 PNG、CUR 和 ICO 文件。对于 PNG 文件，透明度是 alpha 通道（如果存在）。
A=imread(filename)	从 filename 指定的文件中读取图像，从其内容推断文件的格式。

2. 图像写入命令

在 MATLAB 中，imwrite 命令用来写入各种图像文件，它的使用格式见表 8-25。

表 8-25　imwrite 命令的调用格式

命 令 格 式	说　　明
imwrite(A, filename, fmt)	将图像的数据 A 以 fmt 的格式写入到文件 filename 中
imwrite(X, map, filename, fmt)	将图像矩阵以及颜色映像矩阵以 fmt 的格式写入到文件 filename 中
imwrite(…, Parameter, Value, …)	可以让用户控制 HDF、JPEG、TIFF 3 种图像文件的输出，其中参数的说明读者可以参考 MATLAB 的帮助文档

实例——转换电路图片信息

源文件：yuanwenjian/ch08/tupianxinxi.m、cengcidianlu.png、cengcidianlu_grayscale.bmp

本实例演示读取图 8-27 所示的图片信息并保存转换图片格式。

扫一扫，看视频

图 8-27　图片信息

操作步骤

解：MATLAB 程序如下。

```
>> A=imread('cengcidianlu.png');                          %读取一个 24 位 PNG 图像
>> imwrite(A,'cengcidianlu.bmp','bmp');                   %将图像.png 格式保存成.bmp 格式
>> B=rgbzgray(A);                                         %将图像 A 转化为灰度图像
>> imwrite(B,'cengcidianlu_grayscale.bmp','bmp');         %将灰度图像保存为.bmp 格式
```

注意：

当利用 imwrite 命令保存图像时，MATLAB 默认的保存方式为 unit8 的数据类型，如果图像矩阵是 double 型的，则 imwrite 在将矩阵写入文件之前，先对其进行偏置，即写入的是 unit8(X－1)。

8.3.2　图像的显示及信息查询

通过 MATLAB 窗口可以将图像显示出来，并可以对图像的一些基本信息进行查询，下面将具体介绍这些命令及相应用法。

1. 图像显示命令

MATLAB 中常用的图像显示命令有 image 命令、imagesc 命令以及 imshow 命令。image 命令有两种调用格式：一种是通过调用 newplot 命令来确定在什么位置绘制图像，并设置相应轴对象的属性；另一种是不调用任何命令，直接在当前窗口中绘制图像，这种用法的参数列表只能包括属性名称及值对。该命令的调用格式见表 8-26。

表 8-26　image 命令的调用格式

命 令 格 式	说　　明
image(C)	将矩阵 C 中的值以图像形式显示出来
image(x,y,C)	其中 x、y 为二维向量，分别定义了 x 轴与 y 轴的范围

续表

命 令 格 式	说　明
image(…, 'PropertyName', PropertyValue)	在绘制图像前需要调用 newplot 命令，后面的参数定义了属性名称及相应的值
image('PropertyName', PropertyValue, …)	输入参数只有属性名称及相应的值
handle = image(…)	返回所生成的图像对象的柄

实例——设置电路图图片颜色显示

源文件： yuanwenjian/ch08/tupianyanse.m、设置电路图图片颜色显示.flg

本实例演示设置电路图图片颜色显示。

操作步骤

解：MATLAB 程序如下。

```
>> figure
>> ax(1)=subplot(1,2,1);
>> rgb=imread('E:\dianluban.bmp');
>> image(rgb);
>> title('RGB image')
>> ax(2)=subplot(1,2,2);
>> im=mean(rgb,3);
>> image(im);
>> title('Intensity Heat Map')
>> colormap(hot(256))
>> linkaxes(ax,'xy')
>> axis(ax,'image')
```

运行结果如图 8-28 所示。

图 8-28　图片设置

imagesc 命令与 image 命令非常相似，主要的不同是前者可以自动调整值域范围。它的使用格式见表 8-27。

表 8-27　imagesc 命令的调用格式

命令格式	说　　明
imagesc(C)	将矩阵 C 中的值以图像形式显示出来
imagesc(x,y,C)	其中 x、y 为二维向量,分别定义了 x 轴与 y 轴的范围
imagesc(⋯, clims)	其中 clims 为二维向量,它限制了 C 中元素的取值范围
h = imagesc(⋯)	返回所生成的图像对象的柄

实例——转换灰度图

源文件:yuanwenjian/ch08/huidutu.m、原色图.flg、灰度图.flg

本实例演示 imagesc 命令应用举例。

操作步骤

解:MATLAB 程序如下。

```
>> imagesc              %显示图 8-29 左侧图形
>> colormap(gray)       %显示图 8-29 右侧图形
```

运行结果如图 8-29 所示。

图 8-29　imagesc 命令应用举例

在实际当中,另一个经常用到的图像显示命令是 imshow 命令,其常用的使用格式见表 8-28。

表 8-28　imshow 命令的调用格式

命令格式	说　　明
imshow(I)	显示灰度图像 I
imshow(I, [low high])	显示灰度图像 I,其值域为[low　high]
imshow(RGB)	显示真彩色图像
imshow(BW)	显示二进制图像
imshow(X,map)	显示索引色图像,X 为图像矩阵,map 为调色板
imshow(filename)	显示 filename 文件中的图像
himage = imshow(⋯)	返回所生成的图像对象的柄
imshow(⋯,param1, val1, param2, val2,⋯)	根据参数及相应的值来显示图像,对于其中参数及相应的取值,读者可以参考 MATLAB 的帮助文档

实例——显示图形

源文件：yuanwenjian/ch08/xianshituxing.m、显示图形.flg

本实例演示 imshow 命令应用举例。

操作步骤

解：MATLAB 程序如下。

```
>> subplot(1,2,1)
>> I=imread('E:\tu\bird.jpg');
>> imshow(I,[0 80])
>> subplot(1,2,2)
>> imshow('E:\tu\bird.jpg')
```

运行结果如图 8-30 所示。

图 8-30 imshow 命令应用举例

2. 图像信息查询

在利用 MATLAB 进行图像处理时，可以利用 imfinfo 命令查询图像文件的相关信息。这些信息包括文件名、文件最后一次修改的时间、文件大小、文件格式、文件格式的版本号、图像的宽度与高度、每个像素的位数以及图像类型等等。该命令具体的使用格式见表 8-29。

表 8-29 imfinfo 命令的调用格式

命 令 格 式	说 明
info=imfinfo(filename,fmt)	查询图像文件 filename 的信息，fmt 为文件格式
info=imfinfo(filename)	查询图像文件 filename 的信息
info=imfinfo(URL,…)	查询网络上的图像信息

实例——显示图片信息

源文件：yuanwenjian/ch08/xianshixinxi.m

本实例演示查询例如图 8-30 中的图像信息。

操作步骤

解：MATLAB 程序如下。

```
>> info=imfinfo('E:\tu\bird.jpg')
info =
  包含以下字段的 struct:
```

```
        Filename: 'E:\tu\bird.jpg'
     FileModDate: '02-Aug-2017 14:12:47'
        FileSize: 12965
          Format: 'jpg'
   FormatVersion: ''
           Width: 260
          Height: 202
        BitDepth: 24
       ColorType: 'truecolor'
 FormatSignature: ''
 NumberOfSamples: 3
    CodingMethod: 'Huffman'
   CodingProcess: 'Sequential'
         Comment: {'LEAD Technologies Inc. V1.01'}
```

动手练一练——办公中心图像的处理

读取图 8-31 所示的图片信息并保存转换图片格式。

图 8-31　办公中心图像

思路点拨：

源文件：yuanwenjian/ch08/bangongzhongxin.m、办公中心图像彩色.flg、办公中心图像灰度.flg

（1）查看图像文件信息。
（2）读取彩色图像。
（3）将图像转换为灰度图像格式。
（4）读取灰度图像。
（5）将灰度图像保存到图像文件。

8.3.3　动画演示

MATLAB 还可以进行一些简单的动画演示，实现这种操作的主要命令为 moviein 命令、

getframe 命令以及 movie 命令。动画演示的步骤如下。

（1）利用 moviein 命令对内存进行初始化，创建一个足够大的矩阵，使其能够容纳基于当前坐标轴大小的一系列指定的图形（帧）；moviein(n)可以创建一个足够大的 n 列矩阵。

（2）利用 getframe 命令生成每个帧。

（3）利用 movie 命令按照指定的速度和次数运行该动画，movie(M, n)可以播放由矩阵 M 所定义的画面 n 次，默认 n 时只播放一次。

实例——球体旋转动画

源文件：yuanwenjian/ch08/qiutixuanzhuan.m、球体旋转动画.flg

本实例演示椭球体绕 z 轴旋转的动画。

操作步骤

解：MATLAB 程序如下。

```
>> [X,Y,Z]= sphere;
>> surf(X,Y,Z)
>> axis([-3,3,-3,3,-1,1])
>> axis off
>> shading interp
>> colormap(hot)
>> M=moviein(20);                    %建立一个 20 列的大矩阵
>> for i=1:20
view(-37.5+24*(i-1),30)              %改变视点
M(:,i)=getframe;                     %将图形保存到 M 矩阵
end
>> movie(M,3)                         %播放画面 3 次
```

图 8-32 所示为动画的一帧。

图 8-32　动画演示

动手练一练——正弦波传递动画

本实例演示图 8-33 所示的正弦波的传递动画。

扫一扫，看视频

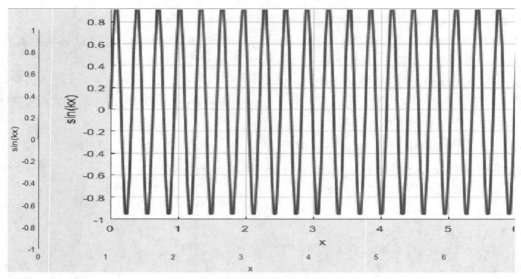

图 8-33　动画演示

思路点拨：

源文件：*yuanwenjian/ch08/zhengxianbochuandi.m*、正弦波传递动画.flg
（1）定义变量范围。
（2）绘制正弦波图形。
（3）固定 x，y 范围，显示曲线变化。
（4）保存当前绘制。
（5）播放画面，图 8-33 所示为动画的一帧。

扫一扫，看视频

8.4　综合实例——绘制函数的三维视图

源文件：*yuanwenjian/ch08/hanshusanweishitu.m*、函数的三维视图.flg

函数方程为 $z = \dfrac{e^{|x+y|}}{x+y}, -4 \leqslant x, y \leqslant 4$，绘制该函数方程的三维视图。

操作步骤

（1）绘制三维图形。

```
>> [X,Y]=meshgrid(-4:0.1:4);
>> Z=exp(abs(X+Y))./(X+Y);
>> subplot(2,3,1)
>> surf(X,Y,Z),title('主视图')
```

运行结果如图 8-34 所示。

（2）转换视图。

```
>> subplot(2,3,2)
>> surf(X,Y,Z),view(20,15),title('三维视图')
```

运行结果如图 8-35 所示。

图 8-34　主视图

图 8-35　转换视角

（3）填充图形。

```
>> subplot(2,3,3)
>> colormap(hot)
>> hold on
>> stem3(X,Y,Z,'bo'),view(20,15),title('填充图')
```

运行结果如图 8-36 所示。

图 8-36　填充结果

（4）半透明视图。

```
>> subplot(2,3,4)
>> surf(X,Y,Z),view(20,15)
>> shading interp
>> alpha(0.5)
>> colormap(summer)
>> title('半透明图')
```

运行结果如图 8-37 所示。

（5）透视图。

```
>> subplot(2,3,5)
>> surf(X,Y,Z),view(5,10)
>> shading interp
>> hold on,mesh(X,Y,Z),colormap(hot)
>> hold off
>> title('透视图')
```

转换坐标系后运行结果如图 8-38 所示。

图 8-37　半透明图

图 8-38　透视图结果

（6）裁剪处理。

```
>> subplot(2,3,6)
>> surf(X,Y,Z), view(20,15)
>> ii=find(abs(X)>6|abs(Y)>6);
>> Z(ii)=zeros(size(ii));
>> surf(X,Y,Z),shading interp;colormap(copper)
>> light('position',[0,-15,1]);lighting phong
>> material([0.8,0.8,0.5,10,0.5])
>> title('裁剪图')
```

运行结果如图 8-39 所示。

图 8-39　裁剪图

第9章 程序设计

内容简介

MATLAB 提供特有的函数功能，可以解决许多复杂的科学计算，工程设计问题，但在很多情况下利用函数无法解决复杂问题，或者解决方法过于繁琐，因此需要编写专门的程序。本节以 M 文件为基础，详细介绍程序的基本编写流程。

内容要点

- ❯ M 文件
- ❯ MATLAB 程序设计
- ❯ 函数句柄
- ❯ 综合实例——比较函数曲线

案例效果

9.1 M 文件

在实际应用中，直接在命令行窗口中输入简单的命令无法满足用户的所有需求，因此 MATLAB 提供了另一种工作方式，即利用 M 文件编程。本节就主要介绍这种工作方式。

M 文件因其扩展名为.m 而得名，它是一个标准的文本文件，因此可以在任何文本编辑器中进行编辑、存储、修改和读取。M 文件的语法类似于一般的高级语言，是一种程序化的编程语言，但它又比一般的高级语言简单，且程序容易调试、交互性强。MATLAB 在初次运行 M 文件时会将其代码装入内存，再次运行该文件时会直接从内存中取出代码运行，因此会大大加快程序的运行速度。

M 文件有两种形式：一种是命令文件（有的书中也叫脚本文件（Script）），另一种是函数文件（Function）。下面分别来了解一下两种形式。

9.1.1 命令文件

在实际应用中，如果要输入较多的命令，且需要经常重复输入时，就可以利用 M 文件来实现。需要运行这些命令时，只需在命令行窗口中输入 M 文件的文件名，系统会自动逐行地运行 M 文件中的命令。命令文件中的语句可以直接访问 MATLAB 工作区（Workspace）中的所有变量，且在运行过程中所产生的变量均是全局变量。这些变量一旦生成，就一直保存在内存中，用 clear 命令可以将它们清除。

M 文件可以在任何文本编辑器中进行编辑，MATLAB 也提供了相应的 M 文件编辑器。可以在命令行窗口中输入 edit，直接进入 M 文件编辑器；也可依次选择 File→New→M-File 命令，或直接单击工具栏上的 图标，进入 M 文件编辑器。

实例——矩阵的加法运算

源文件：yuanwenjian/ch09/jiafa.m、juzhenjiafa.m

编写矩阵的加法文件。

操作步骤

解：MATLAB 程序如下。

（1）在命令行窗口中输入 edit 直接进入 M 文件编辑器，并将其保存为"jiafa.m"。

（2）在 M 文件编辑器中输入程序，创建简单矩阵及加法运算。

```
A=[1 5 6;34 -45 7;8 7 90];                          %输入矩阵 A
B=[1 -2 6;2 8 74;9 3 60];
C=A+B
```

结果如图 9-1 所示。

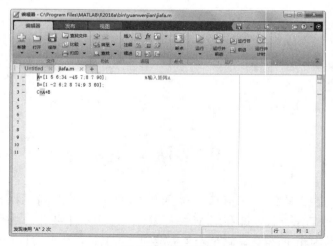

图 9-1　输入程序

（3）在 MATLAB 命令行窗口中输入文件名，得到下面的结果。

```
>> jiafa
C =
    2    3   12
```

```
36    -37    81
17     10   150
```

在工作区显示变量值，如图 9-2 所示。

工作区	
名称 ▲	值
A	[1,5,6;34,-45,7;8,7,90]
B	[1,-2,6;2,8,74;9,3,60]
C	[2,3,12;36,-37,81;17...

图 9-2　工作区变量

✍ 说明：

M 文件中的符号"%"用来对程序进行注释，而在实际运行时并不执行，这相当于 Basic 语言中的"\"或 C 语言中的"/*"和"*/"。编辑完文件后，一定要将其保存在当前工作路径下。

9.1.2　函数文件

函数文件的第一行一般都以 function 开始，它是函数文件的标志。函数文件是为了实现某种特定功能而编写的，例如 MATLAB 工具箱中的各种命令实际上都是函数文件，由此可见函数文件在实际应用中的作用。

函数文件与命令文件的主要区别在于：函数文件一般都要带有参数，都要有返回值（有一些函数文件不带参数和返回值），而且函数文件要定义函数名；命令文件一般不需要带参数和返回值（有的命令文件也带参数和返回值），且其中的变量在执行后仍会保存在内存中，直到被 clear 命令清除，而函数文件的变量仅在函数的运行期间有效，一旦函数运行完毕，其所定义的一切变量都会被系统自动清除。

实例——分段函数

源文件：yuanwenjian/ch09/fenduanhanshu.m、f.m

扫一扫，看视频

编写一个求分段函数 $f(x)=\begin{cases} 3x+2 & x<-1 \\ x & -1\leqslant x\leqslant 1 \\ 2x+3 & x>1 \end{cases}$ 的程序，并用它来求 $f(0)$ 的值。

操作步骤

解：MATLAB 程序如下。

（1）创建函数文件 f.m。

```
function y=f(x)
%此函数用来求分段函数 f(x)的值
%当 x<1 时,f(x)=3x+2;
%当-1<=x<=1 时，f(x)=x;
%当 x>1 时，f(x)=2x+3;
   if x<-1
   y=3*x+2;
elseif (x>=-1)&(x<=1)
   y=x;
else
```

```
    y=2*x+3;
end
```

（2）求 $f(0)$。

```
>> y=f(0)
y =
    0
```

实例——10 的阶乘

源文件：yuanwenjian/ch09/jiecheng.m、jiecheng10.m

编写一个求任意非负整数阶乘的函数，并用它来求 10 的阶乘。

扫一扫，看视频

操作步骤

解：MATLAB 程序如下。

创建函数文件 jiecheng.m（必须与函数名相同），输入下面的程序。

```
function s=jiecheng(n)
%此函数用来求非负整数 n 的阶乘
%参数 n 可以为任意的非负整数
if n<0
%若用户将输入参数误写成负值，则报错
    error('输入参数不能为负值！');
    return;
else
    if n==0    %若 n 为 0,则其阶乘为 1
        s=1;
    else
        s=1;
        for i=1:n
            s=s*i;
        end
    end
end
```

将上面的函数文件保存在当前文件夹目录下，然后在命令行窗口中求 10 的阶乘，操作如下。

```
>> s=jiecheng(10)
s =
    3628800
```

在编写函数文件时要养成写注释的习惯，这样可以使程序更加清晰，别人更容易看明白，同时也对后面的维护起到向导作用。利用 help 命令可以查到关于函数的一些注释信息。例如：

```
>> help jiecheng
 此函数用来求非负整数 n 的阶乘
 参数 n 可以为任意的非负整数
```

📢 **注意：**

在应用 help 命令时需要注意，它只能显示 M 文件注释语句中的第一个连续块，而与第一个连续块被空行或其他语句所隔离的注释语句将不会显示出来。lookfor 命令同样可以显示一些注释信息，不过它显示的只是文件的第一行注释。因此在编写 M 文件时，应养成在第一行注释中尽可能多地包含函数特征信息的习惯。

在编辑函数文件时，MATLAB 也允许对函数进行嵌套调用和递归调用。被调用的函数必须为已经存在的函数，这包括 MATLAB 的内部函数以及用户自己编写的函数。下面分别来看一下两种调用格式。

➘ 函数的嵌套调用

所谓函数的嵌套调用，即指一个函数文件可以调用任意其他函数，被调用的函数还可以继续调用其他函数，这样一来可以大大降低函数的复杂性。

实例——阶乘求和运算

源文件：yuanwenjian/ch09/sum_jiecheng.m、sum_jiecheng10.m

编写一个求 $1+\dfrac{1}{2!}+\dfrac{1}{3!}+\cdots+\dfrac{1}{n!}$ 的函数，其中 n 由用户输入。

扫一扫，看视频

操作步骤

解：MATLAB 程序如下。

创建函数文件 sum_jiecheng.m（必须与函数名相同），输入下面的程序。

```
function s=sum_jiecheng(n)
%此函数用来求 1+1/2!+...+1/n!的值
%参数 n 为任意非负整数
if n<0
%若用户将输入参数误写成负值，则报错
    disp('输入参数不能为负值！');
    return;
else
    s=0;
    for i=1:n
        s=s+1/jiecheng(i);        %调用求 n 的阶乘的函数 jiecheng
    end
end
```

将上面的函数文件保存在当前文件夹目录下，在命令行窗口中求 $1+\dfrac{1}{2!}+\dfrac{1}{3!}+\cdots+\dfrac{1}{10!}$ 的值。

```
>> s=sum_jiecheng(10)
s =
  1.7183
```

➘ 函数的递归调用

所谓函数的递归调用，即指在调用一个函数的过程中直接或间接地调用函数本身。这种用法在解决很多实际问题时是非常有效的，但用不好的话，容易导致死循环。因此，一定要掌握跳出递归的语句，这需要读者平时多多练习并注意积累经验。

实例——阶乘函数

源文件：yuanwenjian/ch09/factorial.m、factorial10.m

利用函数的递归调用编写求阶乘的函数。

扫一扫，看视频

操作步骤

解：MATLAB 程序如下。

```
function s=factorial(n)
%此函数利用递归来求阶乘
%参数 n 为任意非负整数
if n<0
```

```
%若用户将输入参数误写成负值，则报错
    disp('输入参数不能为负值！');
    return;
end
if n==0|n==1
    s=1;
else
    s=n*factorial(n-1);                    %对函数本身进行递归调用
end
```

利用这个函数求 10! 如下。

```
>> s=factorial(10)
s =
    3628800
```

📢 **注意：**

M 文件的文件名或 M 函数的函数名应尽量避免与 MATLAB 的内置函数和工具箱中的函数重名，否则可能会在程序执行中出现错误；M 函数的文件名必须与函数名一致。

9.2　MATLAB 程序设计

本节着重讲解 MATLAB 中的程序结构及相应的流程控制。在上一节中，我们已经强调了 M 文件的重要性，要想编好 M 文件，就必须要学好 MATLAB 程序设计。

9.2.1　程序结构

对于一般的程序设计语言来说，程序结构大致可以分为顺序结构、循环结构与分支结构 3 种。MATLAB 程序设计语言也不例外，但是要比其他程序设计语言好学得多，因为其语法不像 C 语言那样复杂，并且具有功能强大的工具箱，使得它成为科研工作者及学生最易掌握的软件之一。下面将分别就上述 3 种程序结构进行介绍。

1．顺序结构

顺序结构是最简单、最易学的一种程序结构，它由多个 MATLAB 语句顺序构成，各语句之间用分号 "；" 隔开（若不加分号，则必须分行编写），程序执行时也是按照由上至下的顺序进行的。下面来看一个顺序结构的例子。

实例——矩阵求差运算

源文件： yuanwenjian/ch09/dif.m

本实例求解矩阵的差值。

操作步骤

解：MATLAB 程序如下。

（1）创建 M 函数文件 dif.m。

```
disp('求解矩阵的差值');
disp('矩阵 A、B 分别为');
```

扫一扫，看视频

```
A=[1 2;3 4];
B=[5 6;7 8];
A,B
disp('A 与 B 的差为: ');
C=A-B
```

（2）运行结果如下。

```
>> dif
求解矩阵的差值
矩阵 A、B 分别为
A =

     1     2
     3     4
B =

     5     6
     7     8
A 与 B 的差为:
C =

    -4    -4
    -4    -4
```

2. 循环结构

在利用 MATLAB 进行数值实验或工程计算时，用得最多的便是循环结构了。在循环结构中，被重复执行的语句组称为循环体。常用的循环结构有两种：for-end 循环与 while-end 循环。下面分别简要介绍相应的用法。

↘　for-end 循环

在 for-end 循环中，循环次数一般情况下是已知的，除非用其他语句提前终止循环。这种循环以 for 开头，以 end 结束，其一般形式如下。

```
for  变量=表达式
     可执行语句 1
     ...
     可执行语句 n
end
```

其中，"表达式"通常为形如 m:s:n（s 的默认值为 1）的向量，即变量的取值从 m 开始，以间隔 s 递增一直到 n，变量每取一次值，循环便执行一次。事实上，这种循环在上一节就已经用到了。下面来看一个特别的 for-end 循环示例。

实例——魔方矩阵

源文件：yuanwenjian/ch09/ magverifier.m

本实例验证魔方矩阵的奇妙特性。

操作步骤

解：MATLAB 程序如下。

（1）将设计的函数命名为 magverifier.m。

```
function f=magverifier(n)
%此文件用于验证魔术矩阵的特性
%使用 MATLAB 中的魔术函数达到验证目的
```

扫一扫，看视频

```
if n>2
    x=magic(n)
    for j=1:n
        rowval=0;
        for i=1:n
            rowval=rowval+x(j,i);
        end
        rowval
    end
    for i=1:n
        colval=0;
        for j=1:n
            colval=colval+x(i,j);
        end
        colval
    end
    diagval=sum((diag(x)))
else
end
```

（2）在命令行窗口中输入函数名之后的结果如下。

```
>> magverifier(4)
x =
    16     2     3    13
     5    11    10     8
     9     7     6    12
     4    14    15     1
colval =
    34
colval =
    34
colval =
    34
colval =
    34
rowval =
    34
rowval =
    34
rowval =
    34
rowval =
    34
diagval =
34
```

说明各行元素的和、各列元素的和还有对角线上元素的和全为 34。

➡ while-end 循环

如果不知道所需要的循环到底要执行多少次，那么就可以选择 while-end 循环。这种循环以 while 开头，以 end 结束，其一般形式如下。

```
while  表达式
    可执行语句 1
    …
    可执行语句 n
end
```

其中，"表达式"即循环控制语句，一般是由逻辑运算或关系运算及一般运算组成的表达式。若表达式的值非零，则执行一次循环，否则停止循环。这种循环方式在编写某一数值算法时用得非常多。一般来说，能用 for-end 循环实现的程序也能用 while-end 循环实现，如下例所示。

实例——由小到大排列

源文件：yuanwenjian/ch09/mm3.m

利用 while-end 循环实现数值由小到大排列。

操作步骤

解：MATLAB 程序如下。

（1）编写名为 mm3 的 M 文件。

扫一扫，看视频

```
function f=mm3(a,b)
%This file is devoted to demonstrate the use of 'if'
%the function of this file is to convert the value of a and b
if a>b
    t=a;
    a=b;
    b=t;
end
a
b
```

（2）在命令行窗口中运行，结果如下。

```
>> mm3(2,3)
a =
    2
b =
    3
>> mm3(7,3)
a =
    3
b =
    7
```

3．分支结构

这种程序结构也叫选择结构，即根据表达式值的情况来选择执行哪些语句。在编写较复杂的算法时一般都会用到此结构。MATLAB 编程语言提供了 3 种分支结构：if-else-end 结构、switch-case-end 结构和 try-catch-end 结构。其中较常用的是前两种。下面分别介绍这 3 种结构的用法。

↘ **if-else-end 结构**

这种结构也是复杂结构中最常用的一种分支结构，具有以下 3 种形式。

（1）形式 1。

```
if        表达式
          语句组

end
```

✍ 说明：

若表达式的值非零，则执行 if 与 end 之间的语句组，否则直接执行 end 后面的语句。

（2）形式 2。

```
if        表达式
          语句组 1
else
          语句组 2

end
```

✍ 说明：

若表达式的值非零，则执行语句组 1，否则执行语句组 2。

扫一扫，看视频

实例——数组排列

源文件：yuanwenjian/ch09/mm4.m

本实例编写对数组进行特殊排列的程序。

操作步骤

解：MATLAB 程序如下。

① 编写名为 mm4 的 M 文件。

```
function f=mm4
%This file is devoted to demonstrate the use of 'if else'
%the function of this file is to get a special arrangement
for i=1:9
    if i<=5
        a(i)=i;
    else
        a(i)=10-i;
    end
end
a
```

② 在命令行窗口中运行，结果如下。

```
>> mm4
a =
1   2   3   4   5   4   3   2   1
```

（3）形式 3。

```
if          表达式 1
            语句组 1
elseif      表达式 2
            语句组 2
elseif      表达式 3
            语句组 3
```

```
...
else
        语句组 n
end
```

✍ 说明：

程序执行时先判断表达式 1 的值，若非零则执行语句组 1，然后执行 end 后面的语句，否则判断表达式 2 的值，若非零则执行语句组 2，然后执行 end 后面的语句，否则继续上面的过程。如果所有的表达式都不成立，则执行 else 与 end 之间的语句组 n。

实例——矩阵变换

源文件：yuanwenjian/ch09/mm5.m

本实例编写一个根据要求处理矩阵的程序。

操作步骤

解：MATLAB 程序如下。

① 编写名为 mm5 的 M 文件。

扫一扫，看视频

```
function f=mm5
%This file is devoted to demonstrate the use of 'if elseif'
%the function of this file is to get a special goal
A=[1 2 4;8 9 3;2 4 7];
i=3;j=3;
if i==j
    A(i,j)=0;
elseif abs(i-j)==2
    A((i-1),(j-1))=-1;
else
    A(i,j)=-10;
end
A
```

② 在命令行窗口中运行，结果如下。

```
>> mm5
A =

    1    2    4
    8    9    3
    2    4    0
```

实例——判断数值正负

源文件：yuanwenjian/ch09/ifo.m

本实例编写一个判断数值正负的程序。

扫一扫，看视频

操作步骤

解：MATLAB 程序如下。

① 编写 ifo.m 函数文件。

```
function ifo(x)
    if x>0
```

```
        fprintf('%f is a positive number\n',x);
    else
fprintf('%f is not a positive number\n',x);
    end
```

② 输入数值验证程序。

```
>> ifo(5)
5.000000 is a positive number
>> ifo(-5)
-5.000000 is not a positive number
```

➦   switch-case-end 结构

一般来说，这种分支结构也可以由 if-else-end 结构实现，但那样会使程序变得更加复杂且不易维护。switch-case-end 分支结构一目了然，而且更便于后期维护。这种结构的形式如下：

```
switch    变量或表达式
case      常量表达式 1
          语句组 1
case      常量表达式 2
          语句组 2
...
case      常量表达式 n
          语句组 n
          otherwise
          语句组 n+1
end
```

其中，switch 后面的"变量或表达式"可以是任何类型的变量或表达式。如果变量或表达式的值与其后某个 case 后的常量表达式的值相等，就执行这个 case 和下一个 case 之间的语句组，否则就执行 otherwise 后面的语句组 n+1；执行完一个语句组，程序便退出该分支结构，执行 end 后面的语句。下面来看一个这种结构的例子。

实例——方法判断

源文件：yuanwenjian/ch09/mm6.m
本实例编写一个使用方法判断的程序。

操作步骤

解：MATLAB 程序如下。
（1）编写名为 mm6 的 M 文件。

```
function f=mm6(METHOD)
%This file is devoted to demonstrate the use of 'switch'
%the function of this file is to get the method which is used
switch METHOD
    case {'linear','bilinear'},disp('we use the linear method')
    case 'quadratic',disp('we use the quadratic method')
    case 'interior point',disp('we use the interior point method')
    otherwise, disp('unknown')
end
```

扫一扫，看视频

（2）在命令行窗口中运行，结果如下。

```
>> mm6('quadratic')
we use the quadratic method
```

实例——成绩评定

源文件：yuanwenjian/ch09/grade_assess.m

编写一个学生成绩评定函数，要求若该生考试成绩在 85～100 之间，则评定为"优秀"；若在 70～84 之间，则评定为"良好"；若在 60～69 之间，则评定为"及格"；若在 60 分以下，则评定为"不及格"。

操作步骤

解：MATLAB 程序如下。

（1）首先建立名为 grade_assess.m 的函数文件。

```
function grade_assess(Name,Score)
%此函数用来评定学生的成绩
%Name,Score 为参数，需要用户输入
%Name 中的元素为学生姓名
%Score 中的元素为学分数

%统计学生人数
n=length(Name);

%将分数区间划开：优（85～100），良（70～84），及格（60～69），不及格（60 以下）
for i=0:15
    A_level{i+1}=85+i;
    if i<=14
        B_level{i+1}=70+i;
        if i<=9
            C_level{i+1}=60+i;
        end
    end
end

%创建存储成绩等级的数组
Level=cell(1,n);

%创建结构体 S
S=struct('Name',Name,'Score',Score,'Level',Level);

%根据学生成绩，给出相应的等级
for i=1:n
    switch S(i).Score
        case A_level
            S(i).Level='优';                          %分数在 85～100 之间为"优"
        case B_level
            S(i).Level='良';                          %分数在 70～84 之间为"良"
        case C_level
```

```
        S(i).Level='及格';                      %分数在 60～69 之间为"及格"
    otherwise
        S(i).Level='不及格';                    %分数在 60 以下为"不及格"
    end
end

%显示所有学生的成绩等级评定
disp(['学生姓名',blanks(4),'得分',blanks(4),'等级']);
for i=1:n
    disp([S(i).Name,blanks(8),num2str(S(i).Score),blanks(6),S(i).Level]);
end
```

（2）构造一个姓名名单以及相应的分数，来看一下程序的运行结果。

```
>> Name={'赵一','王二','张三','李四','孙五','钱六'};
>> Score={90,46,84,71,62,100};
>> grade_assess(Name,Score)
学生姓名     得分     等级
赵一         90      优
王二         46      不及格
张三         84      良
李四         71      良
孙五         62      及格
钱六         100     优
```

➤   try-catch-end 结构

有些 MATLAB 参考书中没有提到这种结构，因为上述两种分支结构足以处理实际中的各种情况了。但是这种结构在程序调试时很有用，因此在这里简单介绍一下这种分支结构。其一般形式如下：

```
try
    语句组 1
catch
    语句组 2
end
```

在程序不出错的情况下，这种结构只有语句组 1 被执行；若程序出现错误，那么错误信息将被捕获，并存放在 lasterr 变量中，然后执行语句组 2；若在执行语句组 2 的时候，程序又出现错误，那么程序将自动终止，除非相应的错误信息被另一个 try-catch-end 结构所捕获。下面来看一个例子。

实例——矩阵的乘积

扫一扫，看视频

源文件：yuanwenjian/ch09/xiangcheng.m

利用 try-catch-end 结构调试 M 文件，验证两矩阵的乘积。

操作步骤

解：MATLAB 程序如下。

（1）在命令行窗口中输入下面的程序。

```
X=magic(4);
Y=ones(3,3);
try
```

```
    Z=X*Y;
catch
    Z=nan;
    disp('X and Y is not conformable');
end
```

显示程序运行结果：

```
X and Y is not conformable
```

（2）在命令行窗口中输入下面的程序。

```
X=magic(3);
Y=ones(3,3);
try
    Z=X*Y
catch
    Z=nan;
    disp('X and Y is not conformable');
end
```

显示程序运行结果：

```
Z =
    15    15    15
    15    15    15
    15    15    15
```

9.2.2　程序的流程控制

在利用 MATLAB 编程解决实际问题时，可能会需要提前终止 for 与 while 等循环结构，有时可能需要显示必要的出错或警告信息、显示批处理文件的执行过程等，而这些特殊要求的实现就需要用到本节所要讲述的程序流程控制命令，如 break 命令、pause 命令、continue 命令、return 命令、echo 命令、error 命令与 warning 命令等。下面就介绍一下这些命令的用法。

1．break 命令

该命令一般用来终止 for 或 while 循环，通常与 if 条件语句结合在一起使用，如果条件满足则利用 break 命令将循环终止。在多层循环嵌套中，break 只终止最内层的循环。

实例——数值最大值循环

源文件：yuanwenjian/ch09/xunhuan.m

break 命令应用举例。

扫一扫，看视频

操作步骤

解：MATLAB 程序如下。

（1）编写 M 文件 xunhuan.m。

```
%此程序段用来演示break命令
s=1;
for i=1:100
    i=s+i;
    if i>50
```

```
        disp('i 已经大于 50,终止循环！');
        break;
    end
end
i
```

（2）运行结果如下。

```
>> xunhuan
i 已经大于 50,终止循环！
i =
    51
```

2. pause 命令

该命令用来使程序暂停运行，然后根据用户的设定来选择何时继续运行。该命令大多数用在程序的调试中，其调用格式如表 9-1 所示。

表 9-1　pause 调用格式

调 用 格 式	说 明
pause	暂停执行 M 文件，当用户按下任意键后继续执行
pause(n)	暂停执行 M 文件，n 秒后继续
pause on	允许其后的暂停命令起作用
pause off	不允许其后的暂停命令起作用

扫一扫，看视频

实例——绘制平方曲线

源文件：yuanwenjian/ch09/pingfang.m、绘制平方曲线.flg

pause 命令应用举例。

操作步骤

解：MATLAB 程序如下。

（1）建立名为 pingfang.m 的 M 文件。

```
%此程序段用来演示 pause 命令
x=0:0.05:6;
y=x.^2;
z=-x.^2;
r=y+z+5;
plot(x,y)
pause
plot(x,z)
pause(10)
plot(x,r)
```

从上述程序中可以看出，这个程序主要是为了绘制曲线。开始绘制平方函数，然后进入 pause 状态；当用户按下 Enter 键时，绘制负平方函数；然后进入 pause(n)状态，等待 N 秒后，系统进入函数和的曲线绘制。

（2）具体运行结果如下。

```
>> pingfang
```
%显示如图 9-3 所示的图形；此时按任意键，显示如图 9-4 所示的图形；等待 10s 后，显示如图 9-5 所示的图形

图 9-3　平方曲线 1

图 9-4　平方曲线 2

图 9-5　函数和的曲线

3. continue 命令

该命令通常用在 for 或 while 循环结构中，并与 if 一起使用，其作用是结束本次循环，即跳过其后的循环语句而直接进行下一次是否执行循环的判断。

实例——阶乘循环

源文件：yuanwenjian/ch09/jiechengxunhuan.m

continue 命令应用举例。

操作步骤

解：MATLAB 程序如下。

（1）编写 jiechengxunhuan.m。

```
%此 M 文件用来说明 continue 的作用
s=1;
for i=1:4
```

扫一扫，看视频

```
    if i==4
        continue;                    %若没有该语句则该程序求的是 4!，加上就变成了求 3!
    end
    s=s*i;                           %当 i=4 时该语句得不到执行
end
s                                    %显示 s 的值，应当为 3!
i
```

（2）运行结果如下。

```
>> jiechengxunhuan
s =
    6
i =
    4
```

4．return 命令

该命令使正在运行的函数正常结束并返回调用它的函数或命令行窗口。

扫一扫，看视频

实例——矩阵之和

源文件：yuanwenjian/ch09/sumAB.m、sumABjz.m

编写一个求两矩阵之和的程序。

操作步骤

解：MATLAB 程序如下。

（1）编写 sumAB.m 文件。

```
function C=sumAB(A,B)
%此函数用来求矩阵 A、B 之和
[m1,n1]=size(A);
[m2,n2]=size(B);
%若 A、B 中有一个为空矩阵或两者维数不一致则返回空矩阵，并给出警告信息
if isempty(A)
    warning('A 为空矩阵！');
    C=[];
    return;
elseif isempty(B)
    warning('A 为空矩阵！');
    C=[];
    return;
elseif m1~=m2|n1~=n2
    warning('两个矩阵维数不一致！');
    C=[];
    return;
else
    for i=1:m1
        for j=1:n1
            C(i,j)=A(i,j)+B(i,j);
        end
    end
end
end
```

（2）选取两个矩阵 A、B，运行结果如下。

```
>> A=[];
>> B=[3 4];
>> C=sumAB(A,B)
Warning: A 为空矩阵!
> In sumAB at 9
C =
    []
```

5．echo 命令

该命令用来控制 M 文件在执行过程中显示与否，通常应用在对程序的调试与演示中。echo 命令的调用格式如表 9-2 所示。

表 9-2　echo 调用格式

调 用 格 式	说　明
echo on	显示 M 文件执行过程
echo off	不显示 M 文件执行过程
echo	在上面两个命令间切换
echo FileName on	显示名为 FileName 的函数文件的执行过程
echo FileName off	关闭名为 FileName 的函数文件的执行过程
echo FileName	在上面两个命令间切换
echo on all	显示所有函数文件的执行过程
echo off all	关闭所有函数文件的执行过程

📣 注意：

上面命令中涉及的函数文件必须是当前内存中的函数文件，对于那些不在内存中的函数文件，上述命令将不起作用。实际操作时，可以利用 inmem 命令来查看当前内存中有哪些函数文件。

实例——查看内存

源文件：yuanwenjian/ch09/inmem.m

显示函数的执行过程。

扫一扫，看视频

操作步骤

解：MATLAB 程序如下。

```
>> inmem                    %查看当前内存中的函数
ans =
    'matlabrc'
    'hgrc'
    'sumAB'                 %发现有上例中的函数文件，若没有发现则运行一次 sumAB 函数即可
    'imformats'
>> A=[];
>> B=[3 4];
>> C=sumAB(A,B);
%此函数用来求矩阵 A、B 之和
>> [m1,n1]=size(A);
>> [m2,n2]=size(B);
```

```
%若 A、B 中有一个为空矩阵或两者维数不一致则返回空矩阵，并给出警告信息
if isempty(A)
    warning('A 为空矩阵！');
Warning: A 为空矩阵！
> In sumAB at 9
    C=[];
    return;
C =
    []
```

6. warning 命令

该命令用于在程序运行时给出必要的警告信息，这在实际中是非常有必要的。在实际中，因为一些人为因素或其他不可预知的因素可能会使某些数据输入有误，如果编程者在编程时能够考虑到这些因素，并设置相应的警告信息，那么就可以大大降低由数据输入有误而导致程序运行失败的可能性。

warning 命令的调用格式如表 9-3 所示。

表 9-3　warning 调用格式

调 用 格 式	说 　　明
warning('message')	显示警告信息"message"，其中"message"为文本信息
warning('message',a1,a2,…)	显示警告信息"message"，其中"message"包含转义字符，且每个转义字符的值将被转化为 a1，a2，…的值
warning on	显示其后所有 warning 命令的警告信息
warning off	不显示其后所有 warning 命令的警告信息
warning debug	当遇到一个警告时，启动调试程序

实例——底数函数

源文件：yuanwenjian/ch09/log_3.m

编写一个求 $y = \log_3 x$ 的函数。

操作步骤

解：MATLAB 程序如下。

（1）编写名为 log_3 的函数文件。

```
function y=log_3(x)
%该函数用来求以 3 为底的 x 的对数
a1='负数';
a2=0;
if x<0
    y=[];
    warning('x 的值不能为%s！',a1);
    return;
elseif x==0
    y=[];
    warning('x 的值不能为%d！',a2);
```

```
    return;
else
    y=log(x)\log(3);
end
```

（2）函数的运行结果如下。

```
>> y=log_3(-1)
Warning: x 的值不能为负数!
> In log_3 at 9
y =
    []
>> y=log_3(0)
Warning: x 的值不能为0!
> In log_3 at 13
y =
    []
>> y=log_3(4)
y =
    1.2619
```

7．error 命令

该命令用来显示错误信息，同时返回键盘控制。其调用格式如表 9-4 所示。

表 9-4　error 调用格式

调 用 格 式	说　　　明
error('message')	终止程序并显示错误信息"message"
error('message',a1,a2,…)	终止程序并显示错误信息"message"，其中"message"包含转义字符，且每个转义字符的值将被转化为 a1，a2，…的值

该命令的用法与 warning 命令非常相似，读者可以试着将上例中函数中的"warning"改为"error"，并运行对比一下两者的不同。

初学者可能会对 break、continue、return、warning、error 几个命令产生混淆，为此在表 9-5 中列举了它们各自的特点来帮助读者理解它们的区别。

表 9-5　5 种命令的区别

命　　令	特　　点
break	执行此命令后，程序立即退出最内层的循环，进入外层循环
continue	执行此命令后，程序立即结束本次循环，即跳过其后的循环语句而直接进行下一次是否执行循环的判断
return	该命令可用在任意位置，执行后使正常运行的函数正常结束并返回调用它的函数或命令行窗口
warning	该命令可用在任意位置，但不影响程序的正常运行
error	该命令可用在任意位置，执行后立即终止程序的运行

9.2.3　交互式输入

在利用 MATLAB 编写程序时，我们可以通过交互的方式来协调程序的运行。常用的交互命令有 input 命令、keyboard 命令以及 menu 命令等。下面主要介绍一下它们的用法及作用。

1. input 命令

该命令用来提示用户从键盘输入数值、字符串或表达式，并将相应的值赋给指定的变量。其调用格式如表 9-6 所示。

表 9-6　input 调用格式

调 用 格 式	说　明
s=input('message')	在屏幕上显示提示信息"message"，待用户输入信息后，将相应的值赋给变量 s，若无输入则返回空矩阵
s=input('message', 's')	在屏幕上显示提示信息"message"，并将用户输入的信息以字符串的形式赋给变量 s，若无输入则返回空矩阵

扫一扫，看视频

实例——赋值输入

源文件：yuanwenjian/ch09/apple.m

本实例编写一个输入信息的程序。

操作步骤

解：MATLAB 程序如下。

（1）编写没有输入参数的函数 apple.m。

```
R=input('How many apples do you have? \n')
```

（2）运行结果如下。

```
>> apple
How many apples do you have?
45    %用户输入
R =
    45
```

✍ **小技巧：**

在"message"中可以出现一个或若干个"\n"，表示在输入的提示信息后有一个或若干个换行。若想在提示信息中出现"\"，输入"\\"即可。

2. keyboard 命令

该命令是一个键盘调用命令，即在一个 M 文件中运行该命令后，该文件将停止执行并将"控制权"交给键盘，产生一个以 K 开头的提示符（K>>），用户可以通过键盘输入各种 MATLAB 的合法命令。

扫一扫，看视频

实例——修改矩阵数值

源文件：yuanwenjian/ch09/key.m

keyboard 命令应用举例。

操作步骤

解：MATLAB 程序如下。

```
>> a=[2 3]
a =
```

```
      2     3
>> keyboard
K>> a=[3 4];                              %在 K 提示符下修改 a
K>> return                               %返回原命令行窗口
>> a                                     %查看 a 的值是否被修改
a =
      3     4
```

3. menu 命令

该命令用来产生一个菜单供用户选择，其调用格式如下。

```
k=menu('mtitle','opt1','opt2',…,'optn')
```

产生一个标题为 mtitle 的菜单，菜单选项为 opt1～optn。若用户选择第 i 个选项 opti，则 k 的值取 i。

实例——选择颜色

源文件：yuanwenjian/ch09/color.m

menu 命令应用举例。

操作步骤

解：MATLAB 程序如下。

（1）编写名为 color.m 的 M 文件。

```
>> k = menu('Choose a color','Red','Green','Blue')
```

得到如图 9-6 所示的菜单。

图 9-6　menu 演示

（2）单击其中的 Red 按钮，在命令行窗口中得到如下结果。

```
k =
1
```

9.2.4　程序调试

如果 MATLAB 程序出现运行错误或者输入结果与预期结果不一致，那么就需要对所编的程序进行调试。最常用的调试方式有两种：一种是根据程序运行时系统给出的错误信息或警告信息进行相应的修改；另一种是通过用户设置断点来对程序进行调试。

1. 根据系统提示来调试

根据系统提示来调试程序是最容易的。例如，要调试下面的 M 文件。

```
%M 文件名为 test.m，功能为求 A'*B 以及 C+D
```

```
A=[1 2 4;3 4 6];
B=[1 2;3 4];
E=A*B;
C=[4 5 6 7;3 4 5 1];
D=[1 2 3 4;6 7 8 9];
F=C+D;
```

在 MATLAB 命令行窗口运行该 M 文件时，系统会给出如下提示。

```
>> test
??? Error using ==> mtimes
Inner matrix dimensions must agree.
Error in ==> test at 4
E=A*B;
```

通过上面的提示可知，在所写程序的第 4 行出现错误，且错误为两个矩阵相乘时不符合维数要求。这时，只需将 A 改为 A'即可。

2. 通过设置断点来调试

若程序在运行时没有出现警告或错误提示，但输出结果与我们所预期的相差甚远，这时就需要用设置断点的方式来调试了。所谓的断点，是指用来临时中断 M 文件执行的一个标志。通过中断程序运行，我们可以观察一些变量在程序运行到断点时的值，并与所预期的值进行比较，以此来找出程序的错误。

（1）设置断点。

设置断点有 3 种方法：最简单的方法是在 M 文件编辑器中，将光标放在某一行，然后按 F12 键，便在这一行设置了一个断点；第二种方法是在 M 文件编辑器中选择 Debug→Set/Clear Breakpoint 命令，便会在光标所在行设置一个断点；第三种方法是利用 dbstop 命令设置断点，其调用格式如表 9-7 所示。

表 9-7　dbstop 调用格式

调 用 格 式	说　　明
dbstop at LineNo in mfile	在 M 文件 mfile.m 的第 LineNo 行设置断点
dbstop in mfile at LineNo	在 M 文件 mfile.m 的第 LineNo 行设置断点
dbstop in mfile	在 M 文件 mfile.m 的第一个可执行处设置断点
dbstop if error	当运行 M 文件出错时产生中断
dbstop if naninf	当出现 Inf 或 NaN 值时产生中断
dbstop if infnan	当出现 Inf 或 NaN 值时产生中断
dbstop if warning	当运行 M 文件出现警告时产生中断

对于上述命令的后面几个功能，也可通过Debug菜单中的相应命令来实现，读者可以自己上机练习。

（2）清除断点。

与设置断点一样，清除断点同样有 3 种实现方法：最简单的就是将光标放在断点所在行，然后按 F12 键，便可清除断点；第二种方法同样是选择 Debug→Set/Clear Breakpoint 命令；第三种方法是利用 dbclear 命令来清除断点，其调用格式如表 9-8 所示。

表 9-8 dbclear 调用格式

调 用 格 式	说 明
dbclear at LineNo in mfile	清除 M 文件 mfile.m 在 LineNo 行的断点
dbclear in mfile at LineNo	清除 M 文件 mfile.m 在 LineNo 行的断点
dbclear all in mfile	清除 M 文件 mfile.m 中的所有断点
dbclear in mfile	清除 M 文件 mfile.m 中第一个可执行处的断点
dbclear all	清除所有 M 文件的所有断点
dbclear if error	清除由 dbstop if error 命令设置的断点
dbclear if naninf	清除由 dbstop if naninf 命令设置的断点
dbclear if infnan	清除由 dbstop if naninf 命令设置的断点
dbclear if warning	清除由 dbstop if warning 命令设置的断点

（3）列出全部断点。

在调试 M 文件（尤其是一些大的程序）时，有时需要列出用户所设置的全部断点。这可以通过 dbstatus 命令来实现，其调用格式如表 9-9 所示。

表 9-9 dbstatus 调用格式

调 用 格 式	说 明
dbstatus	列出包括错误、警告以及 naninf 在内的所有断点
dbstatus mfile	列出 M 文件 mfile.m 中的所有断点

（4）从断点处执行程序。

若调试中发现当前断点以前的程序没有任何错误，那么就需要从当前断点处继续执行该文件。dbstep 命令可以实现这种操作，其调用格式如表 9-10 所示。

表 9-10 dbstep 调用格式

调 用 格 式	说 明
dbstep	执行当前 M 文件断点处的下一行
dbstep N	执行当前 M 文件断点处后面的第 N 行
dbstep in	执行当前 M 文件断点处的下一行，若该行包含对另一个 M 文件的调用，则从被调用的 M 文件的第一个可执行行继续执行；若没有调用其他 M 文件，则其功能与 dbstep 相同

dbcont 命令也可实现此功能，它可以执行所有行程序直至遇到下一个断点或到达 M 文件的末尾。

（5）断点的调用关系。

在调试程序时，MATLAB 还提供了查看导致断点产生的调用函数及具体行号的命令，即 dbstack 命令，其调用格式如表 9-11 所示。

表 9-11 dbstack 调用格式

调 用 格 式	说 明
dbstack	显示导致当前断点产生的调用函数的名称及行号，并按它们的执行次序将其列出
[ST,I]=dbstack	使用 ST 来返回调用信息，并用 I 来返回当前的工作空间索引

（6）进入与退出调试模式。

在设置好断点后，按 F5 键便开始进入调试模式了。在调试模式下提示符变为"K>>"，此时可以访问函数的局部变量，但不能访问 MATLAB 工作区中的变量。当程序出现错误时，系统会自动退出调试模式；若要强行退出调试模式，则需要输入 dbquit 命令。

实例——程序测试

源文件：yuanwenjian/ch09/test1.m

利用上面所讲的知识调试 test1.m 文件。

操作步骤

解：MATLAB 程序如下。

利用上面所讲的 3 种方法之一在第 3 行设置断点，此时第 3 行将出现一个红点（如下）作为断点标志，并按 F5 键进入调试模式。

```
>> test
3 ⬤  B=[1 2:3 4]:              %设置断点后的第 3 行
3 ⬤➤ B=[1 2:3 4]:             %按 F5 键后第 3 行出现一个绿色箭头
K>> dbstep                     %继续执行下一行
4   E=A*B;
K>> dbstop 5                   %在第 5 行设置断点
K>> dbcont                     %继续执行到下一个断点
错误使用  *                    %在执行当前断点到下一个断点之间的行时出现错误
用于矩阵乘法的维度不正确。请检查并确保第一个矩阵中的列数与第二个矩阵中的行数匹配。要执行按元素
相乘，请使用 '.*'。

出错 test (line 4)
E=A*B;
>>                             %系统自动返回 MATLAB 命令行窗口
```

9.3 函数句柄

函数句柄是 MATLAB 中用来间接调用函数的一种语言结构，可以在函数使用过程中保存函数的相关信息，尤其是关于函数执行的信息。

9.3.1 函数句柄的创建与显示

函数句柄的创建可以通过特殊符号@引导函数名来实现。函数句柄实际上就是一个结构数组。

实例——创建保存函数

源文件：yuanwenjian/ch09/save.m

函数句柄创建示例。

操作步骤

解：MATLAB 程序如下。

```
>> fun_handle=@save          %创建了函数 save 的函数句柄
```

```
fun_handle =
包含以下值的 function_handle:
    @save
```

函数句柄的内容可以通过函数 functions 来显示，将会返回函数句柄所对应的函数名、类型、文件类型以及加载方式。其中函数类型如表 9-12 所示。

表 9-12　函数类型

函 数 类 型	说 明
simple	未加载的 MATLAB 内部函数、M 文件，或只在执行过程中才能用 type 函数显示内容的函数
subfunction	MATLAB 子函数
private	MATLAB 局部函数
constructor	MATLAB 类的创建函数
overloaded	加载的 MATLAB 内部函数或 M 文件

函数的文件类型是指该函数句柄所对应的函数是否为 MATLAB 的内部函数。

函数的加载方式只有当函数类型为 overloaded 时才存在。

实例——显示保存函数

源文件：yuanwenjian/ch09/fun.m

函数句柄显示示例。

扫一扫，看视频

操作步骤

解：MATLAB 程序如下。

```
>> functions(fun_handle)
ans =
  包含以下字段的 struct:
    function: 'save'
        type: 'simple'
        file: 'MATLAB built-in function'
```

9.3.2　函数句柄的调用与操作

函数句柄的操作可以通过 feval 进行，格式如下。

```
[y1,y2,…] = feval(fhandle,x1,…,xn)
```

其中，fhandle 为函数句柄的名称，x1,...,xn 为参数列表。

这种调用相当于执行以参数列表为输入变量的函数句柄所对应的函数。

实例——差值计算

源文件：yuanwenjian/ch09/test2.m、chazhijisuan.m

调用函数句柄示例。

扫一扫，看视频

操作步骤

解：MATLAB 程序如下。

（1）创建一个函数文件 test2.m，实现差的计算功能。

```
function f=test2(x,y)
```

```
f=x-y;
```

（2）创建 test 函数的函数句柄。

```
>> fhandle=@test2
fhandle =

           @test2
>> functions(fhandle)
ans =
      function: 'test2'
      type: 'simple'
      file: ''
```

（3）调用该句柄。

```
>> feval(fhandle,4,3)
ans =
    1
```

这种操作相当于以函数名作为输入变量的 feval 操作。

```
>> feval('test2',4,3)
ans =
    1
```

扫一扫，看视频

9.4　综合实例——比较函数曲线

源文件：yuanwenjian/ch09/bijiaoquxian.m

按要求分别画出下面函数的图形：

（1）$f_1(x) = \dfrac{\sin x}{x^2 - x + 0.5} + \dfrac{\cos x}{x^2 + 2x - 0.5}, x \in [0,1]$，在直角坐标系中，曲线为红色，点线。

（2）$f_2(x) = \ln(\sin^2 x + 2\sin x + 8), x \in [-2\pi, 2\pi]$，在直角坐标系中，蓝色，菱形。

（3）画出 $f3(x) = e^{4\sin x - 2\cos x}, x \in [-4\pi, 4\pi]$，在对数坐标系中，曲线为绿色，曲线线宽为 2。

（4）$\begin{cases} y1 = \sin x \\ y2 = x \end{cases}$ $x \in [0, \dfrac{\pi}{2}], y \in [0,2]$，使用双 Y 轴坐标系。

并在最后的视图中叠加显示所有曲线。

操作步骤

1. 编写函数

```
>> syms x                                                          %定义变量 x
```

（1）创建函数 f1。

```
f1=sin(x)/(x^2-x+0.5)+cos(x)/(x^2+2*x-0.5);
```

（2）创建函数 f2。

```
f2=log(sin(x)^2+2*sin(x)+8);
```

（3）创建函数 f3。

```
f3=exp(4*sin(x)-2*cos(x));
```

2. 绘制函数曲线 f1

```
>> subplot(2,3,1),fplot(x,sin(x)/(x^2-x+0.5)+cos(x)/(x^2+2*x-0.5),[0,1],': r')
```

```
>> title('函数 f1')                                          %添加标题
>> xlabel('x')                                              %添加坐标轴注释
>> ylabel('y')
>> grid on                                                  %添加网格线
>> gtext('y=f1(x)')                                         %添加曲线名称
```

在图像窗口中显示函数 f1，如图 9-7 所示。

图 9-7 函数 f1 曲线

3．绘制函数曲线 f2

```
>> subplot(2,3,2),fplot(x,log(sin(x)^2+2*sin(x)+8),[-2*pi,2*pi],'bd')
>> title('函数 f2')                                         %添加标题
>> xlabel('x')                                              %添加坐标轴注释
>> ylabel('y')
>> hold on                                                  %打开保持命令
>> subplot(2,3,2),fplot(x,log(sin(x)^2+2*sin(x)+8),[-2*pi,2*pi],'--b')
                                                           %叠加显示不同线型曲线
>> gtext('y=f2(x)')                                         %添加曲线名称
>> hold off                                                 %关闭保持命令
```

在图像窗口中显示函数 f2，如图 9-8 所示。

（a）叠加前

（b）叠加后

图 9-8 函数 f2 曲线

4．绘制函数曲线 f3

（1）直角坐标系。

```
>> subplot(2,3,3),fplot(x,exp(4*sin(x)-2*cos(x)),[-4*pi,4*pi],'g','Linewidth',2)
>> title('函数 f3')                                         %添加标题
```

```
>> xlabel('x')                                    %添加坐标轴注释
>> ylabel('y')
>> gtext('y=f3(x)')                               %添加曲线名称
```

在图像窗口中显示函数 f3，如图 9-9 所示。

图 9-9　函数 f3 曲线

（2）对数坐标系。

```
>> x=(-4*pi:4*pi);
>> subplot(2,3,4),loglog(x,exp(4*sin(x)-2*cos(x)),'-.r')
>> title('对数坐标系函数 f3')                      %添加标题
>> xlabel('x')                                    %添加坐标轴注释
>> ylabel('y')
>> gtext('y=f3(x)')                               %添加曲线名称
```

在图像窗口中显示对数坐标系中的函数 f3，如图 9-10 所示。

5．绘制函数曲线 f4

（1）显示两曲线。

```
>> x=linspace(0,pi/2,100);
>> subplot(2,3,5),plot(x,sin(x),'co',x,x,'rv')
>> axis([0 pi/2 0 2])
>> title('函数 f4')                               %添加标题
>> xlabel('x')                                    %添加坐标轴注释
>> ylabel('y')
>> text(1, sin(1),'<---sin1');
>> text(1, 1,'<---1');                            %添加曲线注释
>> legend('sin(x)','x')                           %添加图例
```

在图像窗口中显示函数 f4，如图 9-11 所示。

图 9-10　对数坐标系中的函数 f3 曲线

图 9-11　函数 f4 曲线

（2）显示双 Y 坐标系。

```
>> x=linspace(-2*pi,2*pi,200);
>> subplot(2,3,6),plotyy(x,sin(x),x,x,'plot')
>> title('双 Y 坐标系函数 f4')                        %添加标题
>> xlabel('x')                                       %添加坐标轴注释
>> ylabel('y')
>> gtext('y=sin(x)')                                 %添加曲线名称
>> gtext('y=x')                                      %添加曲线名称
```

在图像窗口中显示函数 f4，如图 9-12 所示。

图 9-12　双 Y 轴函数 f4 曲线

第10章 矩 阵 分 析

内容简介

矩阵分析是线性代数中极其重要的部分。通过之前第 5 章的学习，我们已经知道了如何利用 MATLAB 对矩阵进行一些基本的运算，本章主要学习如何使用 MATLAB 来求解矩阵的特征值与特征向量、对角化、反射与旋转变换。

内容要点

- ➥ 特征值与特征向量
- ➥ 矩阵对角化
- ➥ 若尔当（Jordan）标准形介绍
- ➥ 矩阵的反射与旋转变换
- ➥ 综合实例——帕斯卡矩阵

案例效果

10.1　特征值与特征向量

物理、力学和工程技术中的很多问题在数学上都归结为求矩阵的特征值问题，如振动问题（桥梁的振动、机械的振动、电磁振荡、地震引起的建筑物的振动等）、物理学中某些临界值的确定等。

10.1.1　标准特征值与特征向量问题

对于方阵 $A \in R^{n \times n}$，多项式

$$f(\lambda) = \det(\lambda I - A)$$

称为 A 的特征多项式，它是关于 λ 的 n 次多项式。方程 $f(\lambda)=0$ 的根称为矩阵 A 的特征值。设 λ 为 A 的一个特征值，方程组

$$(\lambda I - A)x = 0$$

的非零解（也即 $Ax = \lambda x$ 的非零解）x 称为矩阵 A 对应于特征值 λ 的特征向量。

在 MATLAB 中求矩阵特征值与特征向量的命令是 eig，其调用格式如表 10-1 所示。

表 10-1　eig 命令的调用格式

调 用 格 式	说　　明
lambda=eig(A)	返回由矩阵 A 的所有特征值组成的列向量 lambda
[V,D]=eig(A)	求矩阵 A 的特征值与特征向量，其中 D 为对角矩阵，其对角元素为 A 的特征值，相应的特征向量为 V 的相应列向量
[V,D]=eig(A,'nobalance')	在求解矩阵特征值与特征向量之前，不进行平衡处理（见下面解释）

对于上面的调用格式，需要说明的是最后一个。所谓平衡处理是指先求矩阵 A 的一个相似矩阵 B，然后通过求 B 的特征值来得到 A 的特征值（因为相似矩阵的特征值相等）。这种处理可以提高特征值与特征向量的计算精度，但有时这种处理会破坏某些矩阵的特性，这时就可用上面的命令来取消平衡处理。如用了平衡处理，那么其中的相似矩阵以及平衡矩阵可以通过 balance 命令来得到。该命令的具体调用格式如表 10-2 所示。

表 10-2　balance 命令的调用格式

调 用 格 式	说　　明
[T,B]=balance(A)	求相似变换矩阵 T 和平衡矩阵 B，满足 $B = T^{-1}AT$
B = balance(A)	求平衡矩阵 B

实例——矩阵特征值与特征向量

源文件：yuanwenjian/ch10/tzz1.m

求矩阵 $A = \begin{bmatrix} 5 & 6 & 4 & 2 \\ 3 & -5 & 8 & 9 \\ 7 & 2 & 8 & -1 \\ 3 & 0 & 8 & 8 \end{bmatrix}$ 的特征值与特征向量，并求出相似矩阵 T 及平衡矩阵 B。

扫一扫，看视频

操作步骤

解：MATLAB 程序如下。

```
>> A=[5 6 4 2;3 -5 8 9;7 2 8 -1;3 0 8 8];
>> [V,D]=eig(A)                              %求矩阵 A 的特征值与特征向量
V =
  1 至 3 列
   0.4946 + 0.0000i  -0.4990 + 0.2553i  -0.4990 - 0.2553i
   0.4728 + 0.0000i  -0.1457 - 0.2412i  -0.1457 + 0.2412i
   0.4421 + 0.0000i   0.5864 + 0.0000i   0.5864 + 0.0000i
   0.5799 + 0.0000i  -0.3974 - 0.3236i  -0.3974 + 0.3236i
  4 列
   0.5557 + 0.0000i
  -0.8127 + 0.0000i
```

```
  -0.1744 + 0.0000i
  -0.0208 + 0.0000i
D =
  1 至 3 列
  16.6574 + 0.0000i    0.0000 + 0.0000i    0.0000 + 0.0000i
   0.0000 + 0.0000i    2.2237 + 2.7765i    0.0000 + 0.0000i
   0.0000 + 0.0000i    0.0000 + 0.0000i    2.2237 - 2.7765i
   0.0000 + 0.0000i    0.0000 + 0.0000i    0.0000 + 0.0000i

  4 列
   0.0000 + 0.0000i
   0.0000 + 0.0000i
   0.0000 + 0.0000i
  -5.1049 + 0.0000i
>> [T,B]=balance(A)                                      %求相似矩阵 T 及平衡矩阵 B
T =
     1     0     0     0
     0     2     0     0
     0     0     1     0
     0     0     0     1

B =
    5.0000   12.0000    4.0000    2.0000
    1.5000   -5.0000    4.0000    4.5000
    7.0000    4.0000    8.0000   -1.0000
    3.0000        0     8.0000    8.0000
```

因为矩阵的特征值即为其特征多项式的根,从而我们可以用求多项式根的方法来求特征值。具体的做法是先用 poly 命令求出矩阵 **A** 的特征多项式,再利用多项式的求根命令 roots 求出该多项式的根。

poly 命令的调用格式如表 10-3 所示。

表 10-3　poly 命令的调用格式

调 用 格 式	说　　明
c=poly(A)	返回由 A 的特征多项式系数组成的行向量
c=poly(r)	返回由以 r 中元素为根的特征多项式系数组成的行向量

roots 命令的调用格式为:

```
roots(c)
```

功能:返回由多项式 c 的根组成的列向量。若 c 有 $n+1$ 个元素,则与 c 对应的多项式为:
$c_1 x^n + \cdots + c_n x + c_{n+1}$。

实例——矩阵特征值

源文件:yuanwenjian/ch10/tzz2.m

用求特征多项式之根的方法来求矩阵 $A = \begin{bmatrix} 5 & 6 & 4 & 2 \\ 3 & -5 & 8 & 9 \\ 7 & 2 & 8 & -1 \\ 3 & 0 & 8 & 8 \end{bmatrix}$ 的特征值。

操作步骤

解：MATLAB 程序如下。

```
>> A=[5 6 4 2;3 -5 8 9;7 2 8 -1;3 0 8 8];
>> c=poly(A)                              %A 的特征多项式系数组成的行向量
 c =
  1.0e+03 *
  0.0010   -0.0160   -0.0210   0.2320   -1.0760
>> lambda=roots(c)                        %求 c 对应的多项式的根
lambda =
 16.6574 + 0.0000i
 -5.1049 + 0.0000i
  2.2237 + 2.7765i
  2.2237 - 2.7765i
```

注意：

在实际应用中，如果要求计算精度比较高，那么最好不要用上面的方法求特征值。相同情况下，eig 命令求得的特征值更准确、精度更高。

10.1.2　广义特征值与特征向量问题

上面的特征值与特征向量问题都是《线性代数》中所学的，在《矩阵论》中，还有广义特征值与特征向量的概念。求方程组

$$Ax = \lambda Bx$$

的非零解（其中 A、B 为同阶方阵），其中的 λ 值和向量 x 分别称为广义特征值和广义特征向量。在 MATLAB 中，这种特征值与特征向量同样可以利用 eig 命令求得，只是格式有所不同。

用 eig 命令求广义特征值和广义特征向量的格式如表 10-4 所示。

表 10-4　eig 命令求广义特征值（广义特征向量）的调用格式

调 用 格 式	说　　　明
lambda = eig(A,B)	返回由广义特征值组成的向量 lambda
[V,D] = eig(A,B)	返回由广义特征值组成的对角矩阵 D 以及相应的广义特征向量矩阵 V
[V,D] = eig(A,B,flag)	用 flag 指定的算法计算特征值矩阵 D 和特征向量矩阵 V。flag 的可能值为：'chol'，表示对 B 使用楚列斯基（Cholesky）分解算法，其中 A 为对称埃尔米特（Hermite）矩阵，B 为正定阵；'qz' 表示使用 QZ 算法，其中 A、B 为非对称或非埃尔米特矩阵

实例——广义特征值和广义特征向量

源文件：yuanwenjian/ch10/tzz3.m

矩阵 $A = \begin{bmatrix} 1 & -8 & 4 & 2 \\ 3 & -5 & 7 & 9 \\ 0 & 2 & 8 & -1 \\ 3 & 0 & -4 & 8 \end{bmatrix}$ 以及矩阵 $B = \begin{bmatrix} 1 & 0 & 2 & 3 \\ 0 & 3 & 5 & 2 \\ 1 & 1 & 0 & 6 \\ 5 & 7 & 8 & 2 \end{bmatrix}$，求广义特征值和广义特征向量。

扫一扫，看视频

操作步骤

解：MATLAB 程序如下。

```
>> A=[1 -8 4 2;3 -5 7 9;0 2 8 -1;3 0 -4 8];
>> B=[1 0 2 3;0 3 5 2;1 1 0 6;5 7 8 2];
>> [V,D]=eig(A,B)                              %广义特征值和广义特征向量
V =
   0.5936   -1.0000   -1.0000   -0.7083
   0.0379   -0.0205   -0.0579   -0.8560
   0.7317    0.0624    0.4825    1.0000
  -1.0000    0.2940    0.5103    0.5030
D =
  -1.2907        0        0        0
        0   0.2213        0        0
        0        0   1.6137        0
        0        0        0   3.9798
```

10.1.3 部分特征值问题

在一些工程及物理问题中，通常我们只需要求出矩阵 A 的按模最大的特征值（称为 A 的主特征值）和相应的特征向量，这些求部分特征值问题可以利用 eigs 命令来实现。

eigs 命令的调用格式如表 10-5 所示。

表 10-5 eigs 命令的调用格式

调 用 格 式	说　　明
lambda=eigs(A)	求矩阵 A 的 6 个最大特征值，并以向量 lambda 形式存放
lambda = eigs(A,k)	返回矩阵 A 的 k 个最大特征值
lambda = eigs(A,k,sigma)	根据 sigma 的取值来求 A 的部分特征值，其中 sigma 的取值及相关说明见表 10-6
lambda = eigs(Afun,k)	求用 M 文件 Afun.m 生成的矩阵 A 的 k 个最大模特征值
lambda = eigs(Afun,k,sigma)	根据 sigma 的取值来求由 M 文件 Afun.m 生成的矩阵 A 的 k 个最大模特征值，其中 sigma 的取值见表 10-6

表 10-6 sigma 取值及说明

sigma 取值	说　　明
'lm'	求按模最大的 k 个特征值
'sm'	求按模最小的 k 个特征值
'a'	对实对称问题求 k 个最大特征值
'sa'	对实对称问题求 k 个最小特征值
'lr'	对非实对称和复数问题求 k 个最大实部特征值
'sr'	对非实对称和复数问题求 k 个最小实部特征值
'li'	对非实对称和复数问题求 k 个最大虚部特征值
'si'	对非实对称和复数问题求 k 个最小虚部特征值

实例——按模最大与最小特征值

源文件：yuanwenjian/ch10/tzz4.m

求矩阵 $A = \begin{bmatrix} 1 & 2 & -3 & 4 \\ 0 & -1 & 2 & 1 \\ -2 & 0 & 3 & 5 \\ 1 & 1 & 0 & 1 \end{bmatrix}$ 的按模最大与最小特征值。

操作步骤

解：MATLAB 程序如下。

```
>> A=[1 2 -3 4;0 -1 2 1;-2 0 3 5;1 1 0 1];
>> d_max=eigs(A,1)                          %求按模最大特征值
d_max =
    3.9402
>> d_min=eigs(A,1,'sm')                      %求按模最小特征值
d_min =
   -1.2260
```

同 eig 命令一样，eigs 命令也可用于求部分广义特征值，其调用格式如表 10-7 所示。

表 10-7　eigs 命令求部分广义特征值的调用格式

调 用 格 式	说　　明
lambda = eigs(A,B)	求矩阵的广义特征值问题，满足 AV=BVD，其中 D 为特征值对角阵，V 为特征向量矩阵，B 必须是对称正定或埃尔米特矩阵
lambda = eigs(A,B,k)	求 A、B 对应的 k 个最大广义特征值
lambda = eigs(A,B,k,sigma)	根据 sigma 的取值来求 k 个广义特征值，其中 sigma 的取值见表 10-6
lambda = eigs(Afun,k,B)	求 k 个最大广义特征值，其中矩阵 A 由 Afun.m 生成

实例——最大与最小的两个广义特征值

源文件：yuanwenjian/ch10/tzz5.m

扫一扫，看视频

矩阵 $A = \begin{bmatrix} 1 & 2 & -3 & 4 \\ 0 & -1 & 2 & 1 \\ -2 & 0 & 3 & 5 \\ 1 & 1 & 0 & 1 \end{bmatrix}$ 以及 $B = \begin{bmatrix} 3 & 1 & 4 & 2 \\ 1 & 14 & -3 & 3 \\ 4 & -3 & 19 & 1 \\ 2 & 3 & 1 & 2 \end{bmatrix}$，求最大与最小的两个广义特征值。

操作步骤

解：MATLAB 程序如下。

```
>> A=[1 2 -3 4;0 -1 2 1;-2 0 3 5;1 1 0 1];
>> B=[3 1 4 2;1 14 -3 3;4 -3 19 1;2 3 1 2];
>> d1=eigs(A,B,2)
d =
  -8.1022
   1.2643
>> d2=eigs(A,B,2,'sm')
d =
  -0.0965
   0.3744
```

10.2　矩阵对角化

矩阵对角化是《线性代数》中较为重要的内容，因为它在实际中可以大大简化矩阵的各种运算，在解线性常微分方程组时，一个重要的方法就是矩阵对角化。为了表述更加清晰，我们将本节分为两部分：第一部分简单介绍一下矩阵对角化方面的理论知识；第二部分主要讲解如何利用 MATLAB 将一个矩阵对角化。

10.2.1　预备知识

对于矩阵 $A \in C^{n \times n}$，所谓的矩阵对角化就是找一个非奇异矩阵 P，使得

$$P^{-1}AP = \begin{bmatrix} \lambda_1 & & \\ & \ddots & \\ & & \lambda_n \end{bmatrix}$$

其中，$\lambda_1, \cdots, \lambda_n$ 为 A 的 n 个特征值。并非每个矩阵都是可以对角化的，下面的 3 个定理给出了矩阵对角化的条件。

定理 1：n 阶矩阵 A 可对角化的充要条件是 A 有 n 个线性无关的特征向量。

定理 2：矩阵 A 可对角化的充要条件是 A 的每一个特征值的几何重复度等于代数重复度。

定理 3：实对称矩阵 A 总可以对角化，且存在正交矩阵 P，使得

$$P^{T}AP = \begin{bmatrix} \lambda_1 & & \\ & \ddots & \\ & & \lambda_n \end{bmatrix}$$

其中，$\lambda_1, \cdots, \lambda_n$ 为 A 的 n 个特征值。

在矩阵对角化之前，必须要判断这个矩阵是否可以对角化。MATLAB 中没有判断一个矩阵是否可以对角化的程序，我们可以根据上面的定理 1 来编写一个判断矩阵对角化的函数 isdiag1.m。

代码如下：

```
function y=isdiag1(A)
%该函数用来判断矩阵 A 是否可以对角化
%若返回值为 1，则说明 A 可以对角化；若返回值为 0，则说明 A 不可以对角化

[m,n]=size(A);            %求矩阵 A 的阶数
if m~=n                   %若 A 不是方阵则肯定不能对角化
    y=0;
    return;
else
    [V,D]=eig(A);
    if rank(V)==n         %判断 A 的特征向量是否线性无关
        y=1;
        return;
    else
```

```
        y=0;
    end
end
```

扫一扫，看视频

实例——矩阵对角化

源文件：yuanwenjian/ch10/dj1.m

利用上面的函数判断矩阵 $A = \begin{bmatrix} 9 & 8 & 0 & -4 \\ 2 & 0 & 7 & 0 \\ 2 & 9 & 1 & 0 \\ 0 & 1 & 3 & -1 \end{bmatrix}$ 是否可以对角化。

操作步骤

解：MATLAB 程序如下。

```
>> A=[9 8 0 -4;2 0 7 0;2 9 1 0;0 1 3 -1];
>> y=isdiag1(A)
y =
        1
```

由此可知此例中的矩阵可以对角化。

动手练一练——判断矩阵对角化

扫一扫，看视频

判断矩阵 $A = \begin{bmatrix} 5 & 6 & 4 & 2 \\ 3 & -5 & 8 & 9 \\ 7 & 2 & 8 & -1 \\ 3 & 0 & 8 & 8 \end{bmatrix}$ 是否可以对角化。

思路点拨：

源文件：yuanwenjian/ch10/dj2.m
（1）直接生成矩阵。
（2）利用 isdiag1 判断矩阵是否可以对角化。

10.2.2　具体操作

上一小节我们主要讲了对角化理论中的一些基本知识，并给出了判断一个矩阵是否可对角化的函数源程序，本小节主要讲一下对角化的具体操作。

事实上，这种对角化可以通过 eig 命令来实现。对于一个方阵 A，注意到用[**V,D**]=eig(**A**)求出的特征值矩阵 D 以及特征向量矩阵 V 满足下面的关系：

$$AV = DV = VD$$

若 A 可对角化，那么矩阵 V 一定是可逆的，因此可以在上式的两边分别左乘 V^{-1}，即有

$$V^{-1}AV = D$$

也就是说若 A 可对角化，那么利用 eig 求出的 V 即为上一小节中的 P。这种方法需要注意的是，

求出的 **P** 的列向量长度均为 1,读者可以根据实际情况来相应地给这些列乘以一个非零数。下面给出将一个矩阵对角化的函数源代码文件 reduce_diag.m。

```
function [P,D]=reduce_diag(A)
%该函数用来将一个矩阵 A 对角化
%输出变量为矩阵 P,满足 inv(P)*A*P=diag(lambda_1,...,l.lambda_n)
if ~isdiag(A)                              %判断矩阵 A 是否可化为对角矩阵
    error('该矩阵不能对角化!');
else
    disp('注意:将下面的矩阵 P 的任意列乘以任意非零数所得矩阵仍满足 inv(P)*P*A=D');
    [P,D]=eig(A);
end
```

10.3 若尔当(Jordan)标准形

若尔当标准形在工程计算,尤其是在控制理论中有着重要的作用,因此求一个矩阵的若尔当标准形就显得尤为重要了。强大的 MATLAB 提供了求若尔当标准形的命令。

10.3.1 若尔当(Jordan)标准形介绍

称 n_i 阶矩阵

$$J_i = \begin{bmatrix} \lambda_i & 1 & & \\ & \lambda_i & \ddots & \\ & & \ddots & 1 \\ & & & \lambda_i \end{bmatrix}$$

为若尔当块。设 $J_1, J_2, \cdots, J_s$ 为若尔当块,称准对角矩阵

$$J = \begin{bmatrix} J_1 & & & \\ & J_2 & & \\ & & \ddots & \\ & & & J_s \end{bmatrix}$$

为若尔当标准形。所谓求矩阵 **A** 的若尔当标准形,即找非奇异矩阵 **P**(不唯一),使得 $\boldsymbol{P}^{-1}\boldsymbol{A}\boldsymbol{P} = \boldsymbol{J}$。例如对于矩阵 $\boldsymbol{A} = \begin{bmatrix} 17 & 0 & -25 \\ 0 & 1 & 0 \\ 9 & 0 & -13 \end{bmatrix}$,可以找到矩阵 $\boldsymbol{P} = \begin{bmatrix} 0 & 5 & 2 \\ 1 & 0 & 0 \\ 0 & 3 & 1 \end{bmatrix}$,使得

$$\boldsymbol{P}^{-1}\boldsymbol{A}\boldsymbol{P} = \begin{bmatrix} 1 & 0 & 0 \\ 0 & 2 & 1 \\ 0 & 0 & 2 \end{bmatrix}$$

若尔当标准形之所以在实际中有着重要的应用,是因为它具有下面几个特点。

➤ 其对角元即为矩阵 A 的特征值。

➤ 对于给定特征值 λ_i，其对应若尔当块的个数等于 λ_i 的几何重复度。

➤ 对于给定特征值 λ_i，其所对应全体若尔当块的阶数之和等于 λ_i 的代数重复度。

10.3.2 jordan 命令

在 MATLAB 中可利用 jordan 命令将一个矩阵化为若尔当标准形，其调用格式如表 10-8 所示。

表 10-8　jordan 命令的调用格式

调 用 格 式	说　　明
J = jordan(A)	求矩阵 A 的若尔当标准形，其中 A 为一已知的符号或数值矩阵
[P,J] = jordan(A)	返回若尔当标准形矩阵 J 与相似变换矩阵 P，其中 P 的列向量为矩阵 A 的广义特征向量，它们满足：P\A*P=J

实例——若尔当标准形及变换矩阵

源文件：yuanwenjian/ch10/bh3.m

求矩阵 $A = \begin{bmatrix} 1 & 2 & 3 \\ 4 & 5 & 6 \\ 7 & 8 & 9 \end{bmatrix}$ 的若尔当标准形及变换矩阵 P。

操作步骤

解：MATLAB 程序如下。

```
>> A=[1 2 3;4 5 6;7 8 9];
>> [P,J]=jordan(A)
P =
    1.0000   -1.2833    0.2833
   -2.0000   -0.1417    0.6417
    1.0000    1.0000    1.0000
J =
        0         0         0
        0   -1.1168         0
        0         0   16.1168
>> inv(P)*A*P                              %验证变换矩阵 P
ans =
   -0.0000   -0.0000    0.0000
    0.0000   -1.1168    0.0000
        0    0.0000   16.1168
```

实例——若尔当标准形

源文件：yuanwenjian/ch10/bh4.m

将 λ-矩阵 $\boldsymbol{A}(\boldsymbol{\lambda}) = \begin{bmatrix} 1-\lambda & \lambda^2 & \lambda \\ \lambda & \lambda & -\lambda \\ 1+\lambda^2 & \lambda^2 & -\lambda^2 \end{bmatrix}$ 化为若尔当标准形。

操作步骤

解：MATLAB 程序如下。

```
>> syms lambda
>> A=[1-lambda lambda^2 lambda;lambda lambda -lambda;1+lambda^2 lambda^2
-lambda^2];
>> [P,J]=jordan(A);
>> J
J =
[ 1,      0,                     0]
[ 0, lambda,                     0]
[ 0,      0, - lambda^2 - lambda]
```

10.4 矩阵的反射与旋转变换

无论是在矩阵分析中，还是在各种工程实际中，矩阵变换都是重要的工具之一。本节将讲述如何利用 MATLAB 来实现最常用的两种矩阵变换：豪斯霍尔德（Householder）反射变换与吉文斯（Givens）旋转变换。

10.4.1 两种变换介绍

为了使读者学习后两小节更轻松，我们先以二维情况介绍一下两种变换。一个二维正交矩阵 $\boldsymbol{Q}$ 如有形式

$$\boldsymbol{Q} = \begin{bmatrix} \cos\theta & \sin\theta \\ -\sin\theta & \cos\theta \end{bmatrix}$$

则称之为旋转变换。如果 $y = \boldsymbol{Q}^{\mathrm{T}} x$，则 y 是通过将向量 x 顺时针旋转 θ 度得到的。

一个二维矩阵 $\boldsymbol{Q}$ 如有形式

$$\boldsymbol{Q} = \begin{bmatrix} \cos\theta & \sin\theta \\ \sin\theta & -\cos\theta \end{bmatrix}$$

则称之为反射变换。如果 $y = \boldsymbol{Q}^{\mathrm{T}} x$，则 y 是将向量 x 针对由

$$S = \mathrm{span}\left\{ \begin{bmatrix} \cos(\theta/2) \\ \sin(\theta/2) \end{bmatrix} \right\}$$

所定义的直线进行反射得到的。

若 $x = \begin{bmatrix} 1 & \sqrt{3} \end{bmatrix}^{\mathrm{T}}$，令

$$Q = \begin{bmatrix} \cos 60° & \sin 60° \\ -\sin 60° & \cos 60° \end{bmatrix} = \begin{bmatrix} 1/2 & \sqrt{3}/2 \\ -\sqrt{3}/2 & 1/2 \end{bmatrix}$$

则 $Qx = \begin{bmatrix} 2 & 0 \end{bmatrix}^{\mathrm{T}}$，因此顺时针 60° 的旋转使 x 的第二个分量化为 0；如果

$$Q = \begin{bmatrix} \cos 60° & \sin 60° \\ \sin 60° & -\cos 60° \end{bmatrix} = \begin{bmatrix} 1/2 & \sqrt{3}/2 \\ \sqrt{3}/2 & -1/2 \end{bmatrix}$$

则 $Qx = \begin{bmatrix} 2 & 0 \end{bmatrix}^{\mathrm{T}}$，于是将向量 x 针对 30° 的直线进行反射，也使得其第二个分量化为 0。

10.4.2　豪斯霍尔德（Householder）反射变换

豪斯霍尔德变换也称初等反射（elementary reflection），最初是由 Turnbull 与 Aitken 于 1932 年作为一种规范矩阵提出来的。但这种变换成为数值代数的一种标准工具，还要归功于豪斯霍尔德于 1958 年发表的一篇关于非对称矩阵的对角化论文。

设 $v \in R^n$ 是非零向量，形如

$$P = I - \frac{2}{v^{\mathrm{T}} v} v v^{\mathrm{T}}$$

的 n 维方阵 P 称为豪斯霍尔德矩阵，向量 v 称为豪斯霍尔德向量。如果用 P 去乘向量 x 就得到向量 x 关于超平面 $\mathrm{span}\{v\}^{\perp}$ 的反射。可见豪斯霍尔德矩阵是对称正交的。

不难验证要使 $Px = \pm \|x\|_2 e_1$，应当选取 $v = x \mp \|x\|_2 e_1$。下面我们给出一个可以避免上溢的求豪斯霍尔德向量的函数源程序。

```
function [v,beta]=house(x)
%此函数用来计算满足 v(1)=1 的 v 和 beta 使得 P=I-beta*v*v'
%是正交矩阵且 P*x=norm(x)*e1

n=length(x);
if n==1
    error('请正确输入向量!');
else
    sigma=x(2:n)'*x(2:n);
    v=[1;x(2:n)];
    if sigma==0
        beta=0;
    else
        mu=sqrt(x(1)^2+sigma);
        if x(1)<=0
            v(1)=x(1)-mu;
        else
            v(1)=-sigma/(x(1)+mu);
        end
```

```
        beta=2*v(1)^2/(sigma+v(1)^2);
        v=v/v(1);
    end
end
```

扫一扫，看视频

实例——豪斯霍尔德矩阵

源文件：yuanwenjian/ch10/bh5.m

求一个可以将向量 $x = \begin{bmatrix} 2 & 3 & 4 \end{bmatrix}^T$ 化为 $\|x\|_2\, e_1$ 的豪斯霍尔德向量，要求该向量第一个元素为 1，并求出相应的豪斯霍尔德矩阵进行验证。

操作步骤

解：MATLAB 程序如下。

```
>> x=[2 3 4]';
>> [v,beta]=house(x)                    %求豪斯霍尔德向量
v =
    1.0000
   -0.8862
   -1.1816
beta =
    0.6286
>> P=eye(3)-beta*v*v'                    %求豪斯霍尔德矩阵
P =
    0.3714    0.5571    0.7428
    0.5571    0.5063   -0.6583
    0.7428   -0.6583    0.1223
>> a=norm(x)                            %求出 x 的 2-范数以便下面验证
a =
    5.3852
>> P*x                                  %验证 P*x=norm(x)*e1
ans =
    5.3852
    0.0000
         0
```

10.4.3 吉文斯（Givens）旋转变换

豪斯霍尔德反射对于大量引进零元是非常有用的，然而在许多工程计算中，我们要有选择地消去矩阵或向量的一些元素，而吉文斯旋转变换就是解决这种问题的工具。利用这种变换可以很容易地将一个向量的某个指定分量化为 0。因为在 MATLAB 中有相应的命令来实现这种操作，因此我们不再详述其具体变换过程。

MATLAB 中实现吉文斯变换的命令是 planerot，其调用格式如下。

```
[G,y]=planerot(x)
```

功能：返回吉文斯变换矩阵 G，以及列向量 y=Gx 且 y(2)=0，其中 x 为二维列向量。

实例——吉文斯变换

源文件：yuanwenjian/ch10/Givens.m、bh6.m

利用吉文斯变换编写一个将任意列向量 x 化为 $\|x\|_2\, e_1$ 形式的函数，并利用这个函数将向量 $x = [1\ \ 2\ \ 3\ \ 4\ \ 5\ \ 6]^T$ 化为 $\|x\|_2\, e_1$ 的形式，以此验证所编函数正确与否。

操作步骤

解：

创建函数文件 Givens.m，MATLAB 程序如下。

```
function [P,y]=Givens(x)
%此函数用来将一个 n 维列向量化为:y=[norm(x) 0 ... 0]'
%输出参数 P 为变换矩阵，即 y=P*x


n=length(x);
P=eye(n);
for i=n:-1:2
    [G,x(i-1:i)]=planerot(x(i-1:i));
    P(i-1:i,:)=G*P(i-1:i,:);
end
y=x;
```

下面利用这个函数将题中的 x 化为 $\|x\|_2\, e_1$ 的形式。

```
>> x=[1 2 3 4 5 6]';
>> a=norm(x)                              %求出 x 的 2-范数
a =
    9.5394
>> [P,y]=Givens(x)
P =
    0.1048    0.2097    0.3145    0.4193    0.5241    0.6290
   -0.9945    0.0221    0.0331    0.0442    0.0552    0.0663
         0   -0.9775    0.0682    0.0909    0.1137    0.1364
         0         0   -0.9462    0.1475    0.1843    0.2212
         0         0         0   -0.8901    0.2918    0.3502
         0         0         0         0   -0.7682    0.6402
y =
    9.5394
         0
         0
         0
         0
         0
>> P*x                                    %验证所编函数是否正确
ans =
    9.5394
   -0.0000
   -0.0000
   -0.0000
   -0.0000
   -0.0000
```

因为吉文斯变换可以将指定的向量元素化为 0，因此在实际应用中非常有用。下面来看一个吉文斯变换的应用示例。

实例——下海森伯格矩阵下三角矩阵变换

源文件：yuanwenjian/ch10/reduce_hess_tril.m、bh7.m

利用吉文斯变换编写一个将下海森伯格（Hessenberg）矩阵化为下三角矩阵的函数，并利用该

函数将 $H = \begin{bmatrix} 1 & 2 & 0 & 0 \\ 3 & 4 & 5 & 0 \\ 2 & 5 & 8 & 7 \\ 1 & 2 & 8 & 4 \end{bmatrix}$ 化为下三角矩阵。

操作步骤

对于一个下海森伯格矩阵，可以按下面的步骤将其化为下三角矩阵。

$$\begin{bmatrix} \times & \times & & \\ \times & \times & \times & \\ \times & \times & \times & \times \\ \times & \times & \times & \times \end{bmatrix} \xrightarrow[\text{素利用Givens变换}]{\text{对第一行前两个元}} \begin{bmatrix} \times & 0 & & \\ \times & \times & \times & \\ \times & \times & \times & \times \\ \times & \times & \times & \times \end{bmatrix} \xrightarrow[\text{素利用Givens变换}]{\text{对第二行后两个元}} \begin{bmatrix} \times & & & \\ \times & \times & 0 & \\ \times & \times & \times & \times \\ \times & \times & \times & \times \end{bmatrix}$$

$$\xrightarrow[\text{素利用Givens变换}]{\text{对第三行后两个元}} \begin{bmatrix} \times & & & \\ \times & \times & 0 & \\ \times & \times & \times & 0 \\ \times & \times & \times & \times \end{bmatrix}$$

解：创建函数文件 reduce_hess_tril.m，MATLAB 程序如下。

```
function [L,P]=reduce_hess_tril(H)
%此函数用来将下海森伯格矩阵化为下三角矩阵 L
%输出参数 P 为变换矩阵，即:H=L*P
[m,n]=size(H);
if m~=n
    error('输入的矩阵不是方阵！');
else
    P=eye(n);
    for i=1:n-1
        x=H(i,i:i+1);
        [G,y]=planerot(x');
        H(i,i:i+1)=y';
        H(i+1:n,i:i+1)=H(i+1:n,i:i+1)*G';
        P(:,i:i+1)=P(:,i:i+1)*G';
    end
    L=H;
end
```

利用上面的函数将题中的海森伯格矩阵化为下三角矩阵。

```
>> H=[1 2 0 0;3 4 5 0;2 5 8 7;1 2 8 4];
```

```
>> [L,P]=reduce_hess_tril(H)
L =
    2.2361          0          0          0
    4.9193     5.0794          0          0
    5.3666     7.7962     7.2401          0
    2.2361     7.8750     4.2271     0.3405


P =
    0.4472     0.1575    -0.2248    -0.8513
    0.8944    -0.0787     0.1124     0.4256
         0     0.9844     0.0450     0.1703
         0          0     0.9668    -0.2554
>> H*P                                        %验证所编函数的正确性
ans =
    2.2361          0          0          0
    4.9193     5.0794          0          0
    5.3666     7.7962     7.2401    -0.0000
    2.2361     7.8750     4.2271     0.3405
```

扫一扫，看视频

10.5　综合实例——帕斯卡矩阵

源文件：yuanwenjian/ch10/pscjz.m、帕斯卡矩阵.flg

帕斯卡矩阵的第一行元素和第一列元素都为 1，其余位置处的元素是该元素的左边元素与上一行对应位置元素相加的结果。

元素 $A_{i,j} = A_{i,j-1} + A_{i-1,j}$，其中 $A_{i,j}$ 表示第 i 行第 j 列上的元素。

在 MATLAB 中，帕斯卡矩阵的生成函数为 pascal，其调用格式如表 10-9 所示。

表 10-9　pascal 调用格式

命　　令	说　　明
pascal(n)	创建 n 阶帕斯卡矩阵
pascal(n,1)	返回下三角的楚列斯基分解的帕斯卡矩阵
pascal(n,2)	返回帕斯卡的转置和变更

操作步骤

（1）创建帕斯卡矩阵。

```
>> A=pascal(5)
A =
     1     1     1     1     1
     1     2     3     4     5
     1     3     6    10    15
     1     4    10    20    35
```

```
        1       5       15      35      70
>> plot(A)
```

在图像窗口中显示了绘制的矩阵，如图 10-1 所示。

图 10-1　显示矩阵数据

（2）求逆。

```
>> inv(A)
ans =
    5.0000   -10.0000    10.0000    -5.0000     1.0000
  -10.0000    30.0000   -35.0000    19.0000    -4.0000
   10.0000   -35.0000    46.0000   -27.0000     6.0000
   -5.0000    19.0000   -27.0000    17.0000    -4.0000
    1.0000    -4.0000     6.0000    -4.0000     1.0000
```

（3）求转置。

```
>> A'
ans =
     1     1     1     1     1
     1     2     3     4     5
     1     3     6    10    15
     1     4    10    20    35
     1     5    15    35    70
>> inv(A)
ans =
    5.0000   -10.0000    10.0000    -5.0000     1.0000
  -10.0000    30.0000   -35.0000    19.0000    -4.0000
   10.0000   -35.0000    46.0000   -27.0000     6.0000
   -5.0000    19.0000   -27.0000    17.0000    -4.0000
    1.0000    -4.0000     6.0000    -4.0000     1.0000
```

（4）求秩。

```
>> rank(A)
ans =
     5
```

（5）提取矩阵 **X** 的主上三角部分。

```
>> triu(A)
ans =
    1    1    1    1    1
    0    2    3    4    5
    0    0    6   10   15
    0    0    0   20   35
    0    0    0    0   70
```

（6）提取矩阵 **X** 的第 2 条对角线上面的部分。

```
>> triu(A,3)
ans =
    0    0    0    1    1
    0    0    0    0    5
    0    0    0    0    0
    0    0    0    0    0
    0    0    0    0    0
```

（7）提取矩阵 **X** 的主下三角部分。

```
>> tril(A)
ans =
    1    0    0    0    0
    1    2    0    0    0
    1    3    6    0    0
    1    4   10   20    0
    1    5   15   35   70
```

（8）提取矩阵 **A** 的第 3 条对角线下面的部分。

```
>> tril(A,3)
ans =
    1    1    1    1    0
    1    2    3    4    5
    1    3    6   10   15
    1    4   10   20   35
    1    5   15   35   70
```

（9）进行楚列斯基分解同样可以抽取对角线上的元素。

```
>> R=chol(A)
R =
    1    1    1    1    1
    0    1    2    3    4
    0    0    1    3    6
    0    0    0    1    4
    0    0    0    0    1
>> R'*R
ans =
    1    1    1    1    1
    1    2    3    4    5
    1    3    6   10   15
    1    4   10   20   35
    1    5   15   35   70
```

（10）奇异值分解。

```
>> s = svd (A)
s =
  92.2904
   5.5175
   1.0000
   0.1812
   0.0108
```

（11）三角分解。

进行 LU 分解，满足 **LU=PA**。其中 **L** 为单位下三角阵，**U** 为上三角阵，**P** 为置换矩阵。

```
>> [L,U,P] = lu(A)
L =
   1.0000        0        0        0        0
   1.0000   1.0000        0        0        0
   1.0000   0.5000   1.0000        0        0
   1.0000   0.7500   0.7500   1.0000        0
   1.0000   0.2500   0.7500  -1.0000   1.0000
U =
   1.0000   1.0000   1.0000   1.0000   1.0000
        0   4.0000  14.0000  34.0000  69.0000
        0        0  -2.0000  -8.0000 -20.5000
        0        0        0  -0.5000  -2.3750
        0        0        0        0  -0.2500
P =
   1   0   0   0   0
   0   0   0   0   1
   0   0   1   0   0
   0   0   0   1   0
   0   1   0   0   0
```

（12）QR 分解。

若 **A** 为 *m×n* 矩阵，**Q** 和 **R** 满足 **A=QR**，则 **Q** 为 *m×m* 矩阵，**R** 为 *m×n* 矩阵。**Q** 为正交矩阵，**R** 为上三角阵。

```
> [Q,R] = qr(A)
Q =
  -0.4472  -0.6325   0.5345  -0.3162  -0.1195
  -0.4472  -0.3162  -0.2673   0.6325   0.4781
  -0.4472   0.0000  -0.5345   0.0000  -0.7171
  -0.4472   0.3162  -0.2673  -0.6325   0.4781
  -0.4472   0.6325   0.5345   0.3162  -0.1195
R =
  -2.2361  -6.7082 -15.6525 -31.3050 -56.3489
        0   3.1623  11.0680  26.5631  53.1263
        0        0   1.8708   7.4833  19.2428
        0        0        0   0.6325   2.8460
        0        0        0        0  -0.1195
```

（13）矩阵的特征值、特征向量运算。

```
>> eig(A)
ans =

    0.0108
    0.1812
    1.0000
    5.5175
   92.2904
```

（14）符号矩阵的奇异值运算。

```
>> svd(A)
ans =
   92.2904
    5.5175
    1.0000
    0.1812
    0.0108
```

（15）符号矩阵的若尔当（Jordan）标准形运算。

```
>> jordan(A)
ans =

    1.0000         0         0         0         0
         0    0.1812         0         0         0
         0         0    5.5175         0         0
         0         0         0    0.0108         0
         0         0         0         0   92.2904
```

第 11 章　符　号　运　算

内容简介

在数学、物理学及力学等各种学科和工程应用中，经常还会遇到符号运算的问题。在 MATLAB 中，符号运算是为了得到更高精度的数值解，但数值的运算更容易让读者理解，因此在特定的情况下，分别使用符号或数值表达式进行不同的运算。

内容要点

- ↘ 符号与数值
- ↘ 符号矩阵
- ↘ 综合实例——符号矩阵

案例效果

11.1　符号与数值

符号运算是 MATLAB 数值计算的扩展，在运算过程中以符号表达式或符号矩阵为运算对象，实现了符号计算和数值计算的相互结合，使应用更灵活。

11.1.1　符号与数值间的转换

符号表达式与数值表达式的相互转换主要是通过函数 eval 和 sym 实现的。其中，eval 函数用于将符号表达式转换成数值表达式，而函数 sym 用于将数值表达式转换成符号表达式。其调用格式如表 11-1 所示。

表 11-1 符号与数值间的转换函数

调 用 格 式	说 明
eval(expression) [output1,...,outputN] = eval(expression)	expression 是指含有有效的 MATLAB 表达式的字符串，如果需要在表达式中包含数值，则需要使用函数 int2str、num2str 或者 sprintf 进行转换。output1,...,outputN 是表达式的输出
sym(p)	p 是指数值表达式
subs(S,old,new)	将 old 变量替换为 new 变量，直接计算符号表达式与数值表达式的结果

实例——数值与符号转换

源文件: yuanwenjian\ch11\szfh.m

数值表达式与符号表达式的相互转换。

操作步骤

解: MATLAB 程序如下。

```
>> p=3.4;
>> q=sym(p)
q =
17/5
>> m=eval(q)
m =
3.4000
```

扫一扫, 看视频

11.1.2 符号表示式与数值表达式的精度设置

符号表达式与数值表达式分别使用函数 digits 和函数 vpa 来进行精度设置。其调用格式如表 11-2 所示。

表 11-2 精度设置函数

调 用 格 式	说 明
digits(D)	设置有效数字个数为 D 的近似解精度
vpa(S)	符号表达式 S 在 digits 函数设置的精度下的数值解
vpa(S,D)	符号表达式 S 在 digits 函数设置的有效数字个数为 D 的近似解精度下的数值解

实例——魔方矩阵的数值解

源文件: yuanwenjian\ch11\szj1.m

本实例求解魔方矩阵的数值解。

操作步骤

解: MATLAB 程序如下。

```
>> A=magic(4)
A =
   16    2    3   13
    5   11   10    8
```

```
      9      7      6     12
      4     14     15      1
>> B=vpa(A)
 B =
 [ 16.0,   2.0,   3.0, 13.0]
 [  5.0,  11.0,  10.0,  8.0]
 [  9.0,   7.0,   6.0, 12.0]
 [  4.0,  14.0,  15.0,  1.0]
```

扫一扫，看视频

实例——稀疏矩阵的数值解

源文件：yuanwenjian\ch11\szj2.m

本实例求解稀疏矩阵的数值解。

操作步骤

解：MATLAB 程序如下。

```
>> A = eye(3)
A =
     1     0     0
     0     1     0
     0     0     1
>> B=sparse(A)
B =
   (1,1)        1
   (2,2)        1
   (3,3)        1
>> C=vpa(B)
C =
[ 1.0,   0,   0]
[   0, 1.0,   0]
[   0,   0, 1.0]
```

扫一扫，看视频

实例——伴随矩阵的数值解

源文件：yuanwenjian\ch11\szj3.m

本实例求解伴随矩阵的数值解。

操作步骤

解：MATLAB 程序如下。

```
>> A=magic(3)
A =
     8     1     6
     3     5     7
     4     9     2
>> B=compan(A(1,:))
B =
```

```
    -0.1250    -0.7500
     1.0000         0
>> C=vpa(A)
C =
[ 8.0, 1.0, 6.0]
[ 3.0, 5.0, 7.0]
[ 4.0, 9.0, 2.0]
```

实例——托普利兹矩阵的数值解

扫一扫，看视频

源文件：yuanwenjian\ch11\szj4.m

本实例求解托普利兹矩阵的数值解。

操作步骤

解：MATLAB 程序如下。

```
>> T=toeplitz(1:5)
T =
     1     2     3     4     5
     2     1     2     3     4
     3     2     1     2     3
     4     3     2     1     2
     5     4     3     2     1
>> B=vpa(T)
B =
[ 1.0, 2.0, 3.0, 4.0, 5.0]
[ 2.0, 1.0, 2.0, 3.0, 4.0]
[ 3.0, 2.0, 1.0, 2.0, 3.0]
[ 4.0, 3.0, 2.0, 1.0, 2.0]
[ 5.0, 4.0, 3.0, 2.0, 1.0]
```

11.2 符 号 矩 阵

符号矩阵和符号向量中的元素都是符号表达式，符号表达式是由符号变量与数值组成的。

11.2.1 符号矩阵的创建

符号矩阵中的元素是任何不带等号的符号表达式，各符号表达式的长度可以不同。符号矩阵中以空格或逗号分隔的元素指定的是不同列的元素，而以分号分隔的元素指定的是不同行的元素。

生成符号矩阵有以下 3 种方法。

1. 直接输入

直接输入符号矩阵时，符号矩阵的每一行都要用方括号括起来，而且要保证同一列的各行元素字符串的长度相同，因此在较短的字符串中要插入空格来补齐长度，否则程序将会报错。

2．用 sym 函数创建符号矩阵

用这种方法创建符号矩阵，矩阵元素可以是任何不带等号的符号表达式，各矩阵元素之间用逗号或空格分隔，各行之间用分号分隔，各元素字符串的长度可以不相等。常用的调用格式如表 11-3 所示。

表 11-3　sym 命令调用格式

调 用 格 式	说　　明
sym('x')	创建变量符号 x
sym('a', [n1 ... nM]	创建一个 n1-by -...-by-nM 符号数组，充满自动生成的元素
sym('A', n)	创建一个 n×n 符号矩阵，充满自动生成的元素
sym('a', n)	创建一个由 n 个自动生成的元素组成的符号数组
sym(___, set)	通过 set 设置符号表达式的格式

扫一扫，看视频

实例——创建符号矩阵

源文件：yuanwenjian\ch11\cjfhjz.m

本实例创建符号矩阵。

操作步骤

解：MATLAB 程序如下。

```
>> x = sym('x');                    %创建变量 x、y
>> y = sym('y');
>> a=[x+y,x;y,y+5]                   %创建符号矩阵
a =
[ x + y,     x]
[     y, y + 5]
>> a = sym('a', [1 4])              %用自动生成的元素创建符号向量
a =
[ a1, a2, a3, a4]
>> a = sym('x_%d', [1 4])           %用自动生成的元素创建符号向量，生成的元素的名称使用
                                     格式字符串作为第一个参数

a =
[ x_1, x_2, x_3, x_4]
>> a(1)                             %使用标准访问元素的索引方法
>> a(2:3)
ans =
x_1
ans =
[ x_2, x_3]
```

创建符号表达式，首先创建符号变量，然后使用变量进行操作。在表 11-4 中列出了符号表达式的常见格式与易错写法。

表 11-4　符号表达式的常见格式与易错写法

正 确 格 式	错 误 格 式
syms x; x + 1	sym('x + 1')
exp(sym(pi))	sym('exp(pi)')
syms f(var1,...varN)	f(var1,...varN) = sym('f(var1,...varN)')

实例——显示精度

源文件：yuanwenjian\ch11\jd.m

计算不同精度的 π 值。

操作步骤

解：MATLAB 程序如下。

```
>> pi
ans =
    3.1416
>> vpa(pi)
ans =
3.1415926535897932384626433832795
>> digits(10)
>> vpa(pi)
ans =
3.141592654
>>r = sym(pi)
>>f = sym(pi,'f')
>>d = sym(pi,'d')
>>e = sym(pi,'e')
r =
pi
 f =
884279719003555/281474976710656
 d =
3.1415926535897931159979634685442
 e =
pi - (198*eps)/359
```

实例——函数符号矩阵

源文件：yuanwenjian\ch11\hsfh.m

本实例根据不同的函数表达式创建符号矩阵。

操作步骤

解：MATLAB 程序如下。

```
>> sm=['[1/(a+b),x^3   ,cos(x)]';'[log(y) ,abs(x),c   ]']
sm =
2×23 char 数组
   '[1/(a+b),x^3   ,cos(x)]'
```

```
   '[log(y) ,abs(x),c     ]'
>> a=['[ sin(x),      cos(x)]';'[exp(x^2),log(tanh(y))]']
 a =
2×23 char 数组
   '[ sin(x),      cos(x)]'
   '[exp(x^2),log(tanh(y))]'
>> A=[sin(pi/3),cos(pi/4);log(3),tanh(6)]
A =
0.8660    0.7071
1.0986    1.0000
>> B=sym(A)
B =
[                            3^(1/2)/2,                            2^(1/2)/2]
[ 2473854946935173/2251799813685248, 2251772142782799/2251799813685248]
```

3. 数值矩阵转化为符号矩阵

在 MATLAB 中，数值矩阵不能直接参与符号运算，所以必须先转化为符号矩阵。

实例——符号矩阵赋值

源文件：yuanwenjian\ch11\fhjzfz.m

本实例为自定义的符号矩阵赋值。

操作步骤

解：MATLAB 程序如下。

```
>> syms x
>> f=x+sin(x)
f =
 x + sin(x)
>> subs(f,x,6)
ans =
sin(6) + 6
```

动手练一练——符号矩阵运算

创建 $y^2 - x^3 - 2x^2 + \sin x$ 符号矩阵并赋值。

📋 **思路点拨：**

源文件：yuanwenjian\ch11\fhjuys.m

（1）直接生成表达式。

（2）为表达式赋值。

11.2.2 符号矩阵的其他运算

与数值矩阵一样，符号矩阵可以进行转置、求逆等运算，但符号矩阵的函数与数值矩阵的函数不同。本节将一一进行介绍。

1. 符号矩阵的转置运算

符号矩阵的转置运算可以通过符号 "'" 或函数 transpose 来实现，其调用格式如下。

```
B = A.'
B = transpose(A)
```

实例——符号矩阵的转置

源文件：yuanwenjian\ch11\zz.m

本实例求解符号矩阵的转置。

操作步骤

解：MATLAB 程序如下。

```
>> A = sym('A',[3 4])
A =
[ A1_1, A1_2, A1_3, A1_4]
[ A2_1, A2_2, A2_3, A2_4]
[ A3_1, A3_2, A3_3, A3_4]
>> A.'
ans =
[ A1_1, A2_1, A3_1]
[ A1_2, A2_2, A3_2]
[ A1_3, A2_3, A3_3]
[ A1_4, A2_4, A3_4]
>> transpose(A)
ans =
[ A1_1, A2_1, A3_1]
[ A1_2, A2_2, A3_2]
[ A1_3, A2_3, A3_3]
[ A1_4, A2_4, A3_4]
```

2. 符号矩阵的行列式运算

符号矩阵的行列式运算可以通过函数 determ 或 det 来实现，其中矩阵必须使用方阵，调用格式如下。

```
d = det(A)
```

实例——符号矩阵的行列式

源文件：yuanwenjian\ch11\hls.m

本实例进行符号矩阵的行列式运算。

操作步骤

解：MATLAB 程序如下。

```
>> B = sym('x_%d_%d',4)
B =
[ x_1_1, x_1_2, x_1_3, x_1_4]
[ x_2_1, x_2_2, x_2_3, x_2_4]
[ x_3_1, x_3_2, x_3_3, x_3_4]
[ x_4_1, x_4_2, x_4_3, x_4_4]
>> det(B)
ans =
```

```
x_1_1*x_2_2*x_3_3*x_4_4 - x_1_1*x_2_2*x_3_4*x_4_3 - x_1_1*x_2_3*x_3_2*x_4_4 +
x_1_1*x_2_3*x_3_4*x_4_2 + x_1_1*x_2_4*x_3_2*x_4_3 - x_1_1*x_2_4*x_3_3*x_4_2 -
x_1_2*x_2_1*x_3_3*x_4_4 + x_1_2*x_2_1*x_3_4*x_4_3 + x_1_2*x_2_3*x_3_1*x_4_4 -
x_1_2*x_2_3*x_3_4*x_4_1 - x_1_2*x_2_4*x_3_1*x_4_3 + x_1_2*x_2_4*x_3_3*x_4_1 +
x_1_3*x_2_1*x_3_2*x_4_4 - x_1_3*x_2_1*x_3_4*x_4_2 - x_1_3*x_2_2*x_3_1*x_4_4 +
x_1_3*x_2_2*x_3_4*x_4_1 - x_1_3*x_2_4*x_3_1*x_4_2 - x_1_3*x_2_4*x_3_2*x_4_1 -
x_1_4*x_2_1*x_3_2*x_4_3 + x_1_4*x_2_1*x_3_3*x_4_2 + x_1_4*x_2_2*x_3_1*x_4_3 -
x_1_4*x_2_2*x_3_3*x_4_1 - x_1_4*x_2_3*x_3_1*x_4_2 + x_1_4*x_2_3*x_3_2*x_4_1
>> syms a b c d
>> det([a b;c d])
ans =
a*d - b*c
```

3. 符号矩阵的逆运算

符号矩阵的逆运算可以通过函数 inv 来实现，其中矩阵必须使用方阵，调用格式如下。

```
inv(A)
```

实例——符号矩阵的逆运算

源文件：yuanwenjian\ch11\nys.m

本实例进行符号矩阵的逆运算。

操作步骤

解：MATLAB 程序如下。

```
>> B = sym('x_%d_%d',4);
>> inv(B)
ans =
[ (x_2_2*x_3_3*x_4_4 - x_2_2*x_3_4*x_4_3 - x_2_3*x_3_2*x_4_4 + x_2_3*x_3_4*x_4_2
+ x_2_4*x_3_2*x_4_3 - x_2_4*x_3_3*x_4_2)/(x_1_1*x_2_2*x_3_3*x_4_4 -
x_1_1*x_2_2*x_3_4*x_4_3 - x_1_1*x_2_3*x_3_2*x_4_4 + x_1_1*x_2_3*x_3_4*x_4_2 +
x_1_1*x_2_4*x_3_2*x_4_3 - x_1_1*x_2_4*x_3_3*x_4_2 - x_1_2*x_2_1*x_3_3*x_4_4 +
x_1_2*x_2_1*x_3_4*x_4_3 + x_1_2*x_2_3*x_3_1*x_4_4 - x_1_2*x_2_3*x_3_4*x_4_1 -
x_1_2*x_2_4*x_3_1*x_4_3 + x_1_2*x_2_4*x_3_3*x_4_1 + x_1_3*x_2_1*x_3_2*x_4_4 -
x_1_3*x_2_1*x_3_4*x_4_2 - x_1_3*x_2_2*x_3_1*x_4_4 + x_1_3*x_2_2*x_3_4*x_4_1 +
x_1_3*x_2_4*x_3_1*x_4_2 - x_1_3*x_2_4*x_3_2*x_4_1 - x_1_4*x_2_1*x_3_2*x_4_3 +
x_1_4*x_2_1*x_3_3*x_4_2 + x_1_4*x_2_2*x_3_1*x_4_3 - x_1_4*x_2_2*x_3_3*x_4_1 -
x_1_4*x_2_3*x_3_1*x_4_2 + x_1_4*x_2_3*x_3_2*x_4_1), -(x_1_2*x_3_3*x_4_4 -
...
```

在此省略了在 MATLAB 程序中显示的很多内容，这里由于版面限制省略，完整程序请看源文件。

4. 符号矩阵的求秩运算

符号矩阵的求秩运算可以通过函数 rank 来实现，调用格式如下。

```
rank(A)
```

实例——符号矩阵的求秩

源文件：yuanwenjian\ch11\qz.m

本实例进行符号矩阵的求秩运算。

操作步骤

解：MATLAB 程序如下。

```
>> A = sym('A',[4 4])
A =
[ A1_1, A1_2, A1_3, A1_4]
[ A2_1, A2_2, A2_3, A2_4]
[ A3_1, A3_2, A3_3, A3_4]
[ A4_1, A4_2, A4_3, A4_4]
>> rank(A)
ans =
    4
```

5. 符号矩阵的常用函数运算

➜ 符号矩阵的特征值、特征向量运算：可以通过函数 eig、eigensys 来实现。

➜ 符号矩阵的奇异值运算：可以通过函数 svd、singavals 来实现。

➜ 符号矩阵的若尔当（Jordan）标准形运算：可以通过函数 jordan 来实现。

11.2.3 符号多项式的简化

符号工具箱中还提供了符号矩阵因式分解、展开、合并、简化及通分等符号操作函数。

1. 因式分解

符号矩阵因式分解通过函数 factor 来实现，其调用格式如下。

```
factor(S)
```

输入变量 S 为一符号矩阵，此函数将因式分解此矩阵的各个元素。

实例——表达式因式分解

源文件：yuanwenjian\ch11\ysfj1.m

本实例求解 $f = x^3 - 1$ 因式分解。

操作步骤

解：MATLAB 程序如下。

```
>> syms x
>> f=factor(x^3-1)
 f=
[ x - 1, x^2 + x + 1]
```

实例——符号矩阵因式分解

源文件：yuanwenjian\ch11\ysfj2.m

本实例求解 $x^9 - 1 + x^8$ 因式分解。

操作步骤

解：MATLAB 程序如下。

```
>> syms x
>> factor(x^9-1+x^8)
```

```
 ans =
x^9 + x^8 - 1
```

如果 S 包含的所有元素为整数，则计算最佳因式分解式。为了分解大于 2^{25} 的整数，可使用 factor(sym('N'))。

```
>> factor(sym('12345678901234567890'))
 ans =
(2)*(3)^2*(5)*(101)*(3803)*(3607)*(27961)*(3541)
```

2. 符号矩阵的展开

符号多项式的展开可以通过函数 expand 来实现，其调用格式如下。

```
expand(S)
```

对符号矩阵的各元素的符号表达式进行展开。此函数经常用在多项式的表达式中，也常用在三角函数、指数函数、对数函数的展开中。

扫一扫，看视频

实例——幂函数的展开

源文件：yuanwenjian\ch11\zk.m

本实例练习幂函数多项式 $y = (x+3)^4$ 的展开。

操作步骤

解：MATLAB 程序如下。

```
>> syms x y
>> expand((x+3)^4)
 ans =
  x^4+12*x^3+54*x^2+108*x+81
>> expand(cos(x+y))
ans =
cos(x)*cos(y)-sin(x)*sin(y)
```

3. 符号简化

符号简化可以通过函数 simple 和 simplify 来实现，其调用格式如表 11-5 所示。

表 11-5　符号简化

调 用 格 式	说　明
simple (S)	对表达式 S 尝试多种不同算法进行简化，以显示 S 表达式的长度最短的简化形式。若 S 为一矩阵，则结果是全矩阵的最短型，而非每个元素的最短型
[r how]=simple(S)	返回的 r 为简化型，how 为简化过程中使用的方法
simplify	简化符号矩阵的每一个元素

```
>> simplify(sin(x)^2+cos(x)^2)
ans =
1
```

4. 分式通分

求解符号表达式的分子和分母可以通过函数 numden 来实现，其调用格式如下。

```
[n, d]=numden(A)
```
把 A 的各元素转换为分子和分母都是整系数的最佳多项式型。

实例——提取表达式的分子和分母

源文件：yuanwenjian\ch11\tq.m

求解符号表达式 $y = \dfrac{x}{y} - \dfrac{y}{x} + x^2$ 的分子和分母。

操作步骤

解：MATLAB 程序如下。

```
>> syms x y
>> [n,d]=numden(x/y-y/x+x.^2)
n =
x^3*y + x^2 - y^2
d =
x*y
```

5. 符号表达式的"秦九韶型"重写

符号表达式的"秦九韶型"重写可以通过函数 horner(P) 来实现，其调用格式如下。
```
horner(P)
```
将符号多项式转换成嵌套形式表达式。

实例——秦九韶型

源文件：yuanwenjian\ch11\qjsx.m
本实例求解符号表达式 $y = x^4 - 3x^2 + 1$ 的"秦九韶型"。

操作步骤

解：MATLAB 程序如下。

```
>> syms x
>> horner(x^4-3*x^2+1)
 ans =
x^2*(x^2 - 3) + 1
```

动手练一练——多项式运算

求多项式 $y^2 - x^3 - 2x^2 + \sin x$ 的分子、分母，以及展开与因式分解。

思路点拨：

源文件：yuanwenjian\ch11\dxsys.m
（1）直接生成表达式。
（2）求解展开式。
（3）求解分子、分母。
（4）求解因式分解。

11.3 综合实例——符号矩阵

源文件：yuanwenjian\ch11\fhjz.m

矩阵的应用不单单是数值的计算，还包括转换成符号矩阵，进行符号运算，这样可以解决更多的工程应用问题。

操作步骤

1. 生成符号矩阵

符号矩阵中的元素都是符号表达式，符号表达式是由符号变量与数值组成的。本节通过将表达式 cos(x) + sin(x) 与帕斯卡矩阵进行转换，生成符号矩阵。

```
>> A=pascal(5)
A =
    1    1    1    1    1
    1    2    3    4    5
    1    3    6   10   15
    1    4   10   20   35
    1    5   15   35   70
>> syms x
>> a= @(x)(sin(x) + cos(x));
>> f= sym(a);
>> f =cos(x) + sin(x);
>> h= @(x)(x*A);
>> C= sym(h)
C =
[ x,   x,    x,    x,    x]
[ x, 2*x,  3*x,  4*x,  5*x]
[ x, 3*x,  6*x, 10*x, 15*x]
[ x, 4*x, 10*x, 20*x, 35*x]
[ x, 5*x, 15*x, 35*x, 70*x]
```

2. 符号矩阵的基本运算

将帕斯卡矩阵转换成符号矩阵后，进行基本运算。

（1）求逆运算。

```
>> inv(C)
ans =
[   5/x, -10/x,  10/x,  -5/x,  1/x]
[ -10/x,  30/x, -35/x,  19/x, -4/x]
[  10/x, -35/x,  46/x, -27/x,  6/x]
[  -5/x,  19/x, -27/x,  17/x, -4/x]
[   1/x,  -4/x,   6/x,  -4/x,  1/x]
```

（2）求转置。

```
>> transpose(C)
ans =
[ x,   x,    x,    x,    x]
```

```
[ x, 2*x,  3*x,  4*x,  5*x]
[ x, 3*x,  6*x, 10*x, 15*x]
[ x, 4*x, 10*x, 20*x, 35*x]
[ x, 5*x, 15*x, 35*x, 70*x]
```

（3）求秩运算。

```
>> rank(C)
ans =
     5
```

（4）求行列式。

```
>>  det(C)
ans =
x^5
```

（5）提取分子、分母。

```
>> [n,d]=numden(C)
n =
[ x,   x,    x,    x,     x]
[ x, 2*x,  3*x,  4*x,  5*x]
[ x, 3*x,  6*x, 10*x, 15*x]
[ x, 4*x, 10*x, 20*x, 35*x]
[ x, 5*x, 15*x, 35*x, 70*x]
d =
[ 1, 1, 1, 1, 1]
[ 1, 1, 1, 1, 1]
[ 1, 1, 1, 1, 1]
[ 1, 1, 1, 1, 1]
[ 1, 1, 1, 1, 1]
```

（6）矩阵的赋值。

```
>> subs(C,x,6)
ans =
[ 6,  6,  6,  6,   6]
[ 6, 12, 18, 24,  30]
[ 6, 18, 36, 60,  90]
[ 6, 24, 60, 120, 210]
[ 6, 30, 90, 210, 420]
```

3．符号矩阵的其他运算

（1）符号矩阵的特征值、特征向量运算。

```
>> eig(C)
ans =
x
  (49*x)/2 - (2^(1/2)*((1225*3^(1/2)*x + 2136*(x^2)^(1/2))*(x^2)^(1/2))^(1/2))/2 +
(25*3^(1/2)*(x^2)^(1/2))/2
  (49*x)/2 + (2^(1/2)*((1225*3^(1/2)*x + 2136*(x^2)^(1/2))*(x^2)^(1/2))^(1/2))/2 +
(25*3^(1/2)*(x^2)^(1/2))/2
  (49*x)/2 - (2^(1/2)*(-(1225*3^(1/2)*x - 2136*(x^2)^(1/2))*(x^2)^(1/2))^(1/2))/2
- (25*3^(1/2)*(x^2)^(1/2))/2
  (49*x)/2 + (2^(1/2)*(-(1225*3^(1/2)*x - 2136*(x^2)^(1/2))*(x^2)^(1/2))^(1/2))/2
- (25*3^(1/2)*(x^2)^(1/2))/2
```

（2）符号矩阵的奇异值运算。

```
>> svd(C)
ans =
                                    (x*conj(x))^(1/2)
  (1225*3^(1/2)*(x^2*conj(x)^2)^(1/2) + 2137*x*conj(x) +
(x*conj(x)*(5235650*3^(1/2)*(x^2*conj(x)^2)^(1/2) +
9068643*x*conj(x)))^(1/2))^(1/2)
  (2137*x*conj(x) - 1225*3^(1/2)*(x^2*conj(x)^2)^(1/2) +
(-x*conj(x)*(5235650*3^(1/2)*(x^2*conj(x)^2)^(1/2) -
9068643*x*conj(x)))^(1/2))^(1/2)
  (1225*3^(1/2)*(x^2*conj(x)^2)^(1/2) + 2137*x*conj(x) -
(x*conj(x)*(5235650*3^(1/2)*(x^2*conj(x)^2)^(1/2) +
9068643*x*conj(x)))^(1/2))^(1/2)
  (2137*x*conj(x) - 1225*3^(1/2)*(x^2*conj(x)^2)^(1/2) -
(-x*conj(x)*(5235650*3^(1/2)*(x^2*conj(x)^2)^(1/2) -
9068643*x*conj(x)))^(1/2))^(1/2)
```

（3）符号矩阵的若尔当（Jordan）标准形运算。

```
>> jordan(C)
ans =
[ x,0, 0, 0, 0]
[ 0, (49*x)/2 - (2^(1/2)*((1225*3^(1/2)*x + 2136*(x^2)^(1/2))*(x^2)^(1/2))^(1/2))/2
+ (25*3^(1/2)*(x^2)^(1/2))/2, 0, 0,  0]
[ 0, 0, (49*x)/2 + (2^(1/2)*((1225*3^(1/2)*x +
2136*(x^2)^(1/2))*(x^2)^(1/2))^(1/2))/2 + (25*3^(1/2)*(x^2)^(1/2))/2, 0, 0]
[ 0, 0, 0, (49*x)/2 - (2^(1/2)*(-(1225*3^(1/2)*x -
2136*(x^2)^(1/2))*(x^2)^(1/2))^(1/2))/2 - (25*3^(1/2)*(x^2)^(1/2))/2, 0]
[ 0, 0, 0, 0, (49*x)/2 + (2^(1/2)*(-(1225*3^(1/2)*x -
2136*(x^2)^(1/2))*(x^2)^(1/2))^(1/2))/2 - (25*3^(1/2)*(x^2)^(1/2))/2]
```

第 12 章　数列与极限

内容简介

数列、级数与极限是数学的基本概念，是数学对象与计算方法较为简单的数学计算。高等数学是以此为基础，由微积分学，较深入的代数学、几何学及交叉内容所形成的一门科学。本章主要讲解其中的数列、极限、级数等相关知识。

内容要点

❯ 数列求和

❯ 极限、导数

❯ 级数求和

案例效果

12.1　数　　列

数列是指按一定次序排列的一列数，数列的一般形式可以写为 $a_1, a_2, a_3, \cdots, a_n, a_{n+1}, \cdots$。

简记为 $\{an\}$，数列中的每一个数都叫做这个数列的项，数列中的项必须是数，它可以是实数，也可以是复数。

🔊 注意：

> $\{an\}$本身是几何的表示方法，但两者有本质的区别。集合中的元素是无序的，而数列中的项必须按一定顺序排列。

排在第一位的数称为这个数列的第 1 项（通常也叫做首项），记作 a_1，排在第二位的数称为这个数列的第 2 项，记作 a_2，排在第 n 位的数称为这个数列的第 n 项，记作 a_n。

数列是按照一定顺序排列的，通过不同学者的研究，根据不同的排列顺序，数列有很多分类。

1．根据数列的个数分类

- ➥ 项数有限的数列为"有穷数列"。
- ➥ 项数无限的数列为"无穷数列"。

2．根据数列的每一项值符号分类

- ➥ 数列的各项都是正数的为正项数列。
- ➥ 数列的各项都是负数的为负项数列。

3．根据数列的每一项值变化分类

- ➥ 各项相等的数列叫做常数列，如 1,1,1,1,1,1,1,1,1,1。
- ➥ 从第 2 项起，每一项都大于它的前一项的数列叫做递增数列，如 1,2,3,4,5,6,7。
- ➥ 从第 2 项起，每一项都小于它的前一项的数列叫做递减数列，如 8,7,6,5,4,3,2,1。
- ➥ 从第 2 项起，有些项大于它的前一项，有些项小于它的前一项的数列叫做摆动数列。
- ➥ 各项呈周期性变化的数列叫做周期数列（如三角函数）。

有些数列的变化不能简单的叙述，需要通过一些复杂的公式来表达项值之间的关系，有些则不能。可以表达的通过通项公式来表达具体的规律，不能表达的则通过名称来表示其中的规律。下面介绍几种特殊的数据列。

- ➥ 三角形点阵数列：1,3,6,10,15,21,28,36,45,55,66,78,91……
- ➥ 正方形数数列：1,4,9,16,25,36,49,64,81,100,121,144,169……
- ➥ an=1/n：1,1/2,1/3,1/4,1/5,1/6,1/7,1/8……
- ➥ an=(-1)^n：-1,1,-1,1,-1,1,-1,1……
- ➥ an=(10^n)-1：9,99,999,9999,99999……

12.1.1 数列求和

在实际工程问题中，难免需要求解类似一些数据的和，根据其中的规律，将这些数据转换成一个个的数列，再进行计算求解。

对于数列 $\{Sn\}$，数列累和 S 可以表示为 $\sum Si$，其中 i 为当前项，n 为数列中元素的个数，即项数。$\sum Si=S1+S2+S3+\ldots+Sn$ 对于数列 1,2,3,4,5，$S=1+2+3+4+5=15$。

在 MATLAB 中，直接提供了求数列中所有元素和的函数 sum，下面根据需要计算的元素不同分为以下 4 种调用方法。

1．累和函数 sum 的调用方法

- ➥ S = sum(A)。

（1）若 A 是向量，则 S 返回所有元素的和，是一个数值。

```
>> A=[1:10]
A =
     1     2     3     4     5     6     7     8     9    10
```

```
>> S=sum(A)
S =
    55
```

（2）若 A 是矩阵，则 S 返回每一列所有元素之和，结果组成行向量，数值的个数等于列数。

```
>> A = [1 3 2; 9 2 6; 5 1 7]
A =
    1    3    2
    9    2    6
    5    1    7
>> S = sum(A)
S =
   15    6   15
```

（3）若 A 是 n 维阵列，相当于 n 个矩阵，则 S 返回 n 个矩阵累和。

```
>> A = ones(4,2,5)
A(:,:,1) =
    1    1
    1    1
    1    1
    1    1
A(:,:,2) =
    1    1
    1    1
    1    1
    1    1
A(:,:,3) =
    1    1
    1    1
    1    1
    1    1
A(:,:,4) =
    1    1
    1    1
    1    1
    1    1
A(:,:,5) =
    1    1
    1    1
    1    1
    1    1
>> S=sum(A)
S(:,:,1) =
    4    4
S(:,:,2) =
    4    4
S(:,:,3) =
    4    4
S(:,:,4) =
```

```
        4    4
S(:,:,5) =
        4    4
```

➥ S = sum(A,dim)：返回不同情况矩阵和。

（1）对于向量的求和运算，只能有两种情况，求和，不求和。这里，若 dim=1，则不求和，求和结果等于原数列；若 dim=2，则求和，求和结果等于数列所有元素之和。

```
>> a=[2:6]
a =
    2    3    4    5    6
>> s = sum(a,1)
s =
    2    3    4    5    6
>> s = sum(a,2)
s =
   20
```

（2）对于矩阵的求和运算，也有两种情况：对行求和，对列求和。这里，若 dim=1，则对列求和，结果组成行向量；若 dim=2，则对行求和，结果显示为列向量。

```
>> A = [1 3 2; 9 2 6; 5 1 7]
A =
    1    3    2
    9    2    6
    5    1    7
>> S = sum(A,1)
S =
   15    6   15
>> S = sum(A,2)
S =
    6
   17
   13
```

➥ S = sum(___,outtype)：此格式下可以设置特殊格式的累计和值，输出类型"outtype"包括
'default'、'double'和'native' 3 种。

➥ S = sum(___,nanflag)：若向量或矩阵中包含 NaN，在此格式下'nanflag'可以设置是否计算
NaN，'nanflag'参数中，'includenan'表示计算，'omitnan'表示忽略。

```
>> A = [2 -0.5 3 -2.95 NaN 34 NaN 10];
S = sum(A,'omitnan')
S =
   45.5500
>> S = sum(A,'includenan')
S =
   NaN
```

2. 忽略 NaN 求累和函数 nansum 的调用格式

➥ S = nansum(A)：累积和中不包括 NaN。

```
>> A = [2 -0.5 3 -2.95 NaN 34 NaN 10];
```

```
>> y = nansum(A)
y =
   45.5500
```

➴ S = nansum(A,dim)：忽略 NaN 后是否累计和。

对于包含 NaN 的数列忽略 NaN 后进行求和运算，只能有两种情况：求和，不求和。这里，若 dim=1，则显示忽略 NaN 后的数列；若 dim=2，则显示忽略 NaN 后的数列求和结果。

```
>> A = [2 -0.5 3 -2.95 NaN 34 NaN 10]
A =
  1 至 6 列
    2.0000   -0.5000    3.0000   -2.9500       NaN   34.0000
  7 至 8 列
       NaN   10.0000
>> S = nansum(A,1)
S =
  1 至 6 列
    2.0000   -0.5000    3.0000   -2.9500        0   34.0000
  7 至 8 列
        0   10.0000
>> S = nansum(A,2)
S =
   45.5500
```

📢 注意：

Nansum（A）函数与 sum(___,omitnan) 函数可以通用，前者步骤更为简洁。

3. 求此元素位置以前的元素和函数 cumsum

一般的求和函数 sum 求解的是当前项及该项之前的元素和，cumsum 函数求解的是累计和的新定义，即每个位置的新元素值为不包括当前项的元素和。

函数 cumsum 的调用格式如下。

➴ B = cumsum(A)：返回不包括当前项的元素和。

➴ B = cumsum(A,dim)：返回不同情况的元素和。元素和的求取包括两种情况：求元素和，不求元素和，即当 dim=1，不求和，结果为原数列；当 dim=2，求和。

```
>> A=cumsum(1:5,1)
A =
    1    2    3    4    5
>> A=cumsum(1:5,2)
A =
    1    3    6    10   15
```

➴ B = cumsum(___,direction)：返回翻转方向后的元素和，翻转的方向包括两种：'forward'或'reverse'.

```
>> A=cumsum(1:5,'forward')
A =
    1    3    6    10   15
>> B=cumsum(1:5,'reverse')
B =
```

```
   15    14    12    9    5
```

4. 求梯形累和函数 cumtrapz 的 3 种调用方法

➥ Z = cumtrapz(Y)。

```
>> A=[1:5]
A =
    1    2    3    4    5
>> Z = cumtrapz(A)
Z =
        0    1.5000    4.0000    7.5000   12.0000
>> Z = cumtrapz(A,B)
Z =
        0   14.5000   27.5000   38.0000   45.0000
```

➥ Z = cumtrapz(X,Y)。

```
>> A=int64(1:10)
A =
  1 至 3 列
                    1                    2                    3
  4 至 6 列
                    4                    5                    6
  7 至 9 列
                    7                    8                    9
  10 列
                   10
>> Z = cumtrapz(A,1./A)
Z =
  1 至 3 列
                    0                    2                    3
  4 至 6 列
                    3                    3                    3
  7 至 9 列
                    3                    3                    3
  10 列
                    3
```

➥ Z = cumtrapz(___,dim)。

```
>> A=magic(4)
A =
    16     2     3    13
     5    11    10     8
     9     7     6    12
     4    14    15     1
>> B= cumtrapz(A,1)
B =
        0         0         0         0
  10.5000    6.5000    6.5000   10.5000
  17.5000   15.5000   14.5000   20.5000
  24.0000   26.0000   25.0000   27.0000
```

```
>> B= cumtrapz(A,2)
B =
        0    9.0000   11.5000   19.5000
        0    8.0000   18.5000   27.5000
        0    8.0000   14.5000   23.5000
        0    9.0000   23.5000   31.5000
>> B= cumtrapz(A,3)
B =
     0     0     0     0
     0     0     0     0
     0     0     0     0
     0     0     0     0
```

实例——三角形点阵数列求和

源文件：yuanwenjian/ch12/slqh1.m

本实例求解三角形点阵数列不同情况的求和运算。

三角形点阵数列如下：1,3,6,10,15,21,28,36,45,55,66,78…，将该数列 4 组为 1 行排列，进行计算。

操作步骤

解：MATLAB 程序如下。

```
>> A = [1,3,6,10;15,21,28,36;45,55,66,78]
A =
     1     3     6    10
    15    21    28    36
    45    55    66    78
>> S=sum(A,1)                               %求矩阵列和
S =
    61    79   100   124
>> S=sum(A,2)                               %求矩阵行和
S =
    20
   100
   244
>> S=sum(A,3)                               %不求矩阵和
S =
     1     3     6    10
    15    21    28    36
    45    55    66    78
>> S=sum(A,4)
S =
     1     3     6    10
    15    21    28    36
    45    55    66    78
>> S=sum(A,5)
S =
     1     3     6    10
```

| 15 | 21 | 28 | 36 |
| 45 | 55 | 66 | 78 |

实例——数列类型转换

源文件：yuanwenjian/ch12/lxzh.m

本实例练习矩阵求和的类型转换运算。

操作步骤

解：MATLAB 程序如下。

```
>> A=int32(1:5)
A =
1×5 int32 行向量
1        2        3        4        5
>> B = sum(A,'native')
B =
int32

      15
>> S = sum(A,'default')
S =
   15
>> S = sum(A,'double')
S =
   15
```

实例——数列其余项求和

源文件：yuanwenjian/ch12/slqh2.m

本实例练习不包括当前项的求和运算。

操作步骤

解：MATLAB 程序如下。

```
>>  A = 1:5
A =
    1     2     3     4     5
>> B=sum(A)
B =
   15
>> C=cumsum(A)
C =
    1     3     6    10    15
>> D=cumsum(A,1)
D =
    1     2     3     4     5
>> D=cumsum(A,2)
D =
    1     3     6    10    15
>> D=cumsum(A,3)
D =
```

```
       1      2      3      4      5
>> E=cumsum(A,'reverse')
E =
    15     14     12      9      5
```

12.1.2 数列求积

1. 元素连续相乘函数

➤ B = prod(A)：将矩阵 A 不同维的元素的乘积返回到矩阵 B。

（1）若 A 为向量，返回的是其所有元素的积。

```
>> prod(1:4)
ans =
    24
```

（2）若 A 为矩阵，返回的是按列向量的所有元素的积，然后组成一行向量。

```
>> [1 2 3;4 5 6]
ans =
     1     2     3
     4     5     6
>> prod([1 2 3;4 5 6])
ans =
     4    10    18
```

➤ B = prod(A,dim)：该函数中包括 2 种情况：求积和不求积。dim=1，不求元素积，返回输入值；dim=2，求元素积。

```
>> prod(1:4,1)
ans =
     1     2     3     4
>> prod(1:4,2)
ans =
    24
```

➤ B = prod(___,type)：设置输出的积类型，一般包括 3 种，即'double'、'native'和'default'。

```
>> A = single([12 15 16; 13 16 19; 14 17 20])
A =
    12    15    16
    13    16    19
    14    17    20
>> B = prod(A,2,'double')
B =
      2880
      3952
      4760
```

2. 求累计积函数

求当前元素与所有前面元素的积函数 cumprod 的调用方法如下。

➤ B = cumprod(A)：结果值中的当前元素的值是前一个元素与当前元素的积，后面的元素依此类推，对于第一个元素，默认与 1 相乘，对于矩阵，每一行的第一个元素均与 1 相乘，即保持原值。

➥ B = cumprod(A,dim)：积函数中包括 3 种情况：求积、求特殊积和不求积。其中求特殊积是指矩阵中的第一行元素中后一个元素与第一个元素相乘，默认情况下，第一行中每个元素均乘以 1，即保持原值。

➥ B = cumprod(___,direction)：矩阵的方向包括'forward'或'reverse'。

```
>> B = cumprod(1:5)
B =
     1     2     6    24   120
```

3. 阶乘函数

若数列是递增数列，同时递增量为 1，如数列 1,2,3,4,5,6,7…n，则求该特殊数列中元素积的方法称之为阶乘。可以说，阶乘是累计积的特例。

在表达阶乘时，就使用"!"来表示。如 n 的阶乘，就表示为"n!"。例如 6 的阶乘记作 6!，即 1×2×3×4×5×6＝720。

MATLAB 中阶乘函数是 factorial，调用方法介绍如下。

```
f = factorial(n)
>> factorial(6)
ans =
   720
```

阶乘函数不但可以计算整数，还可以计算向量、矩阵等。

```
>> factorial(magic(3))
ans =
      40320           1         720
          6         120        5040
         24      362880           2
>> factorial(1:10)
ans =
 1 至 5 列
          1           2           6          24         120
 6 至 10 列
        720        5040       40320      362880     3628800
B = cumprod(1:10)
B =
 1 至 5 列
          1           2           6          24         120
 6 至 10 列
        720        5040       40320      362880     3628800
```

📢 注意：

对比相同的向量与矩阵的累计积与阶乘结果，发现，向量运算结果相同，矩阵结果不同。

4. 伽玛函数

伽玛函数（gamma 函数），也叫欧拉第二积分，是阶乘函数在实数与复数上扩展的一类函数。一般定义的阶乘是定义在正整数和零（大于等于零）范围里的，小数没有阶乘，这里将 gamma 函数定义为非整数的阶乘，即 0.5!。

伽玛函数（Gamma Function）作为阶乘的延拓，是定义在复数范围内的亚纯函数，通常写成

$\Gamma(x)$。

在实数域上伽玛函数定义为：$\Gamma(x)=\int_0^{+\infty}t^{x-1}\mathrm{e}^{-t}\mathrm{d}t$

在复数域上伽玛函数定义为：$\Gamma(z)=\int_0^{+\infty}t^{z-1}\mathrm{e}^{-t}\mathrm{d}t$

同时，gamma 函数也适用于正整数，即当 x 是正整数 n 的时候，gamma 函数的值是 $n-1$ 的阶乘。即当输入变量 n 为正整数时，存在下面的关系。

```
factorial(n)=n* gamma(n)
>> factorial(6)
ans =
   720
>> gamma(6)
ans =
   120
>> 6*gamma(6)
ans =
   720
```

📢 注意：

这里介绍与伽玛相似的不完全伽玛函数 gammainc，其中，

$$\mathrm{gammainc}(x,a)=\frac{1}{\Gamma(a)}\int_0^x t^{a-1}\mathrm{e}^{-t}\mathrm{d}t$$

具体调用方法读者自行练习，这里不再赘述。

实例——累计积运算

源文件：yuanwenjian/ch12/ljys.m

练习魔方矩阵的累计积运算。

操作步骤

解：MATLAB 程序如下。

扫一扫，看视频

```
>> magic(3)
ans =
     8     1     6
     3     5     7
     4     9     2
>> B= cumprod(magic(3))          %求累计积
B =
     8     1     6
    24     5    42
    96    45    84
>> C= cumprod(magic(3),1)        %第一种情况，求累计积
C =
     8     1     6
    24     5    42
    96    45    84
>> C= cumprod(magic(3),2)        %第二种情况，求每一行的累计积
C =
     8     8    48
```

```
     3     15    105
     4     36     72
>> C= cumprod(magic(3),3)                                %第三种情况，不求累计积，
                                                          保持原矩阵
C =
     8     1      6
     3     5      7
     4     9      2
```

扫一扫，看视频

实例——随机矩阵的和与积

源文件：yuanwenjian/ch12/hyj.m

练习矩阵的和与积运算。

操作步骤

解：MATLAB 程序如下。

```
>> A = floor(rand(6,7) * 100)                            %创建矩阵
A =
    76    70    11    75    54    81    61
    79    75    49    25    13    24    47
    18    27    95    50    14    92    35
    48    67    34    69    25    34    83
    44    65    58    89    84    19    58
    64    16    22    95    25    25    54
>> A(1:4,1)=95;  A(5:6,1)=76;  A(2:4,2)=7;  A(3,3)=73    %替换矩阵元素组成新矩阵
A =
    95    70    11    75    54    81    61
    95     7    49    25    13    24    47
    95     7    73    50    14    92    35
    95     7    34    69    25    34    83
    76    65    58    89    84    19    58
    76    16    22    95    25    25    54
>> sum(A)                                                 %求矩阵列向和
ans =
   532   172   247   403   215   275   338
>> sum(A,2)
ans =
   447
   260
   366
   347
   449
   313
>> cumtrapz(A)
ans =
         0         0         0         0         0         0         0
   95.0000   38.5000   30.0000   50.0000   33.5000   52.5000   54.0000
  190.0000   45.5000   91.0000   87.5000   47.0000  110.5000   95.0000
  285.0000   52.5000  144.5000  147.0000   66.5000  173.5000  154.0000
  370.5000   88.5000  190.5000  226.0000  121.0000  200.0000  224.5000
```

```
   446.5000  129.0000  230.5000  318.0000  175.5000  222.0000  280.5000
>> cumprod(A)
ans =
  1.0e+11 *
  1 至 6 列
   0.0000    0.0000    0.0000    0.0000    0.0000    0.0000
   0.0000    0.0000    0.0000    0.0000    0.0000    0.0000
   0.0000    0.0000    0.0000    0.0000    0.0000    0.0000
   0.0008    0.0000    0.0001    0.0000    0.0000    0.0001
   0.0619    0.0000    0.0010    0.0004    0.0004    0.0005
   4.7046    0.0000    0.0784    0.0262    0.0363    0.0199
  7 列
   0.0000
   0.0000
        0
        0
        0
        0
```

实例——随机矩阵阶乘

源文件： yuanwenjian/ch12/jzjc.m

练习随机矩阵阶乘运算。

操作步骤

解：MATLAB 程序如下。

扫一扫，看视频

```
>> A=randn(3,2)
A =
   -0.5336    0.5201
   -2.0026   -0.0200
    0.9642   -0.0348
>> B=gamma(A)
B =
   -3.5585    1.7057
 -189.2414  -50.5279
    1.0220  -29.3723
>> C=gammainc(A,B)
C =
     NaN +    NaNi    0.1536 + 0.0000i
     NaN +    NaNi      NaN +    NaNi
  0.6091 + 0.0000i      NaN +    NaNi
```

12.2 极限和导数

在工程计算中，经常会研究某一函数随自变量的变化趋势与相应的变化率，也就是要研究函数的极限与导数问题。本节主要讲述如何用 MATLAB 来解决这些问题。

12.2.1 极限

极限是数学分析最基本的概念与出发点,在工程实际中,其计算往往比较繁琐,而运用 MATLAB 提供的 limit 命令则可以很轻松地解决这些问题。

limit 命令的调用格式如表 12-1 所示。

表 12-1　limit 调用格式

命　令	说　明
limit (f,x,a) 或 limit (f,a)	求解 $\lim\limits_{x \to a} f(x)$
limit (f)	求解 $\lim\limits_{x \to 0} f(x)$
limit (f,x,a,'right')	求解 $\lim\limits_{x \to a+} f(x)$
limit (f,x,a,'left')	求解 $\lim\limits_{x \to a-} f(x)$

实例——函数 1 求极限

源文件:yuanwenjian/ch12/hsjx1.m

计算 $\lim\limits_{x \to 0} \dfrac{\sin x}{x}$。

操作步骤

解:MATLAB 程序如下。

```
>> clear
>> syms x;
>> f=sin(x)/x;
>> limit(f)
 ans =
     1
```

实例——函数 2 求极限

源文件:yuanwenjian/ch12/hsjx2.m

计算 $\lim\limits_{n \to \infty}(1+\dfrac{1}{n})^n$。

操作步骤

解:MATLAB 程序如下。

```
>> clear
>> syms n
>> limit((1+1/n)^n,inf)
 ans =
     exp(1)
```

实例——函数 3 求极限

源文件:yuanwenjian/ch12/hsjx3.m

计算 $\lim\limits_{x \to 0+} \dfrac{\ln(1+x)}{x}$。

操作步骤

解：MATLAB 程序如下。

```
>> clear
>> syms x
>> limit(log(1+x)/x,x,0,'right')
ans =
 1
```

实例——函数 4 求极限

源文件：yuanwenjian/ch12/hsjx4.m

计算 $\lim\limits_{x \to 0} \dfrac{1-\cos x}{3x^2}$。

扫一扫，看视频

操作步骤

解：MATLAB 程序如下。

```
>> clear
>> syms x;
>> f=(1-cos(x))/(3*x^2);
>> limit(f)
ans =
 1/6
```

实例——函数 5 求极限

源文件：yuanwenjian/ch12/hsjx5.m

计算 $\lim\limits_{x \to 0} \dfrac{\sin\left(\dfrac{\pi}{2}+x\right)-1}{x}$。

扫一扫，看视频

操作步骤

解：MATLAB 程序如下。

```
>> clear
>> syms x;
>> f=sin((pi/2+x)-1)/x;
>> limit(f)
 ans =
      NaN
```

实例——函数 6 求极限

源文件：yuanwenjian/ch12/hsjx6.m

计算 $\lim\limits_{x \to 0} \dfrac{\sqrt{x^2+1}-3x}{x+\sin x}$。

扫一扫，看视频

操作步骤

解：MATLAB 程序如下。

```
>> clear
>> syms x
>> limit((sqrt(1+x^2)-3*x)/(x+sin(x)),inf)
 ans =
```

−2

扫一扫,看视频

实例——函数 7 求极限

源文件:yuanwenjian/ch12/hsjx7.m

计算 $\displaystyle\lim_{(x,y)\to(0,0)} \frac{e^x + e^y}{\cos x - \sin y}$。

操作步骤

解:MATLAB 程序如下。

扫一扫,看视频

```
>> syms x y
>> f=(exp(x)+exp(y))/(cos(x)-sin(y));
>> limit(limit(f,x,0),y,0)
ans =
2
```

动手练一练——计算极限值

计算下面表达式中的极限。

(1) $\displaystyle\lim_{x\to 0+} \frac{\ln(1+x)}{x(1+x)}$。

(2) $\displaystyle\lim_{x\to 1} \frac{\sqrt{3x+1}-2}{x-1}$。

(3) $\displaystyle\lim_{n\to\infty} \sqrt{n}\left(\sqrt{n+2}-\sqrt{n-1}\right)$。

(4) $\displaystyle\lim_{(x,y)\to(0,0)} \frac{e^x + e^y}{x^2 - y^2}$。

 思路点拨:

源文件:yuanwenjian/ch12/jxz.m
(1) 利用 syms 定义变量。
(2) 编写极限函数。
(3) 调用极限函数 limit。

12.2.2 导数

导数是数学分析的基础内容之一,在工程应用中用来描述各种各样的变化率。可以根据导数的定义,利用上一节的 limit 命令来求解已知函数的导数,事实上,MATLAB 提供了专门的函数求导命令 diff。

diff 命令的调用格式如表 12-2 所示。

表 12-2　diff 调用格式

命　　令	说　　明
diff (f)	求函数 f(x)的导数
diff (f,n)	求函数 f(x)的 n 阶导数
diff (f,x,n)	求多元函数 f(x,y,…) 对 x 的 n 阶导数

实例——求函数 1 阶导数

源文件：yuanwenjian/ch12/hsds1.m

计算 $y = 2^x + \sqrt{x}\ln x$ 的导数。

操作步骤

解：MATLAB 程序如下。

```
>> clear
>> syms x
>> f=2^x+x^(1/2)*log(x);
>> diff(f)
ans =
log(x)/(2*x^(1/2)) + 2^x*log(2) + 1/x^(1/2)
```

实例——求函数 2 阶导数

源文件：yuanwenjian/ch12/hsds2.m

计算 $y = \sin(2x+3)$ 的 2 阶导数。

操作步骤

解：MATLAB 程序如下。

```
>> clear
>> syms x
>> f=sin(2*x+3);
>> diff(f,2)
ans =
-4*sin(2*x + 3)
```

实例——求函数 3 阶导数

源文件：yuanwenjian/ch12/hsds3.m

计算 $y = \dfrac{1-\cos x}{3x^2}$ 的 1 阶、2 阶和 3 阶导数。

操作步骤

解：MATLAB 程序如下。

```
>> clear
>> syms x;
>> f=(1-cos(x))/(3*x^2);
>> diff(f,1)
ans =
sin(x)/(3*x^2) + (2*(cos(x) - 1))/(3*x^3)
>> diff(f,2)
ans =
cos(x)/(3*x^2) - (4*sin(x))/(3*x^3) - (2*(cos(x) - 1))/x^4
>> diff(f,3)
ans =
 (6*sin(x))/x^4 - sin(x)/(3*x^2) - (2*cos(x))/x^3 + (8*(cos(x) - 1))/x^5
```

实例——求函数 5 阶导数

源文件：yuanwenjian/ch12/hsds4.m

计算 $y = \dfrac{\sin\left(\dfrac{\pi}{2}+x\right)-1}{x}$ 对 x 的 5 阶导数。

操作步骤

解：MATLAB 程序如下。

```
>> clear
>> syms x;
>> f=sin((pi/2+x)-1)/x;
>> diff(f,5)
 ans =
cos(x + pi/2 - 1)/x - (20*cos(x + pi/2 - 1))/x^3 + (120*cos(x + pi/2 - 1))/x^5 -
(5*sin(x + pi/2 - 1))/x^2 + (60*sin(x + pi/2 - 1))/x^4 - (120*sin(x + pi/2 - 1))/x^6
```

实例——求函数导数

源文件：yuanwenjian/ch12/hsds5.m

扫一扫，看视频

计算 $f = \ln[e^{2(x+y^2)} + (x^2+y) + \sin(1+x^2)]$ 对 x、y 的 1 阶、2 阶偏导数。

操作步骤

解：MATLAB 程序如下。

```
>> clear
>> syms x y
>> f=log(exp(2*(x+y^2))+(x^2+y)+sin(1+x^2));
>> fx=diff(f,x)

fx =
 (2*exp(2*x+2*y^2)+2*x+2*cos(1+x^2)*x)/(exp(2*x+2*y^2)+x^2+y+sin(1+x^2))
>> fy=diff(f,y)

fy =
 (4*y*exp(2*x+2*y^2)+1)/(exp(2*x+2*y^2)+x^2+y+sin(1+x^2))
>> fxy=diff(fx,y)

fxy =
8*y*exp(2*x+2*y^2)/(exp(2*x+2*y^2)+x^2+y+sin(1+x^2))-(2*exp(2*x+2*y^2)+2*x+2*co
s(1+x^2)*x)/(exp(2*x+2*y^2)+x^2+y+sin(1+x^2))^2*(4*y*exp(2*x+2*y^2)+1)
>> fyx=diff(fy,x)

fyx =
8*y*exp(2*x+2*y^2)/(exp(2*x+2*y^2)+x^2+y+sin(1+x^2))-(2*exp(2*x+2*y^2)+2*x+2*co
s(1+x^2)*x)/(exp(2*x+2*y^2)+x^2+y+sin(1+x^2))^2*(4*y*exp(2*x+2*y^2)+1)
>> fxx=diff(fx,x)

fxx =
 (4*exp(2*x+2*y^2)+2-4*sin(1+x^2)*x^2+2*cos(1+x^2))/(exp(2*x+2*y^2)+x^2+y+sin(1+
x^2))-(2*exp(2*x+2*y^2)+2*x+2*cos(1+x^2)*x)^2/(exp(2*x+2*y^2)+x^2+y+sin(1+x^2))^2
>> fyy=diff(fy,y)

fyy =
(4*exp(2*x+2*y^2)+16*y^2*exp(2*x+2*y^2))/(exp(2*x+2*y^2)+x^2+y+sin(1+x^2))-(4*y
```

```
*exp(2*x+2*y^2)+1)^2/(exp(2*x+2*y^2)+x^2+y+sin(1+x^2))^2
>> fxx=diff(f,x,2)
fxx =
(4*exp(2*x+2*y^2)+2-4*sin(1+x^2)*x^2+2*cos(1+x^2))/(exp(2*x+2*y^2)+x^2+y+sin(1+
x^2))-(2*exp(2*x+2*y^2)+2*x+2*cos(1+x^2)*x)^2/(exp(2*x+2*y^2)+x^2+y+sin(1+x^2))^2
>> fyy=diff(f,y,2)
fyy =
(4*exp(2*x+2*y^2)+16*y^2*exp(2*x+2*y^2))/(exp(2*x+2*y^2)+x^2+y+sin(1+x^2))-(4*y
*exp(2*x+2*y^2)+1)^2/(exp(2*x+2*y^2)+x^2+y+sin(1+x^2))^2
```

动手练一练——求多阶偏导数

计算 $f = \ln[e^{x(x+y^2)} + (\sqrt{x^2+4} + y^2) + \tan(1+x+x^2)]$ 对 x、y 的 1 阶、2 阶偏导数。

扫一扫，看视频

 思路点拨：

源文件：yuanwenjian/ch12/djpd.m
（1）利用 sym 或 syms 定义变量。
（2）输入表达式。
（3）调用 diff 函数分别对 x、y 求解 1 阶导数。
（4）使用两种方法求 2 阶偏导数。
（5）直接对 f 求 2 阶。

12.3 级 数 求 和

级数是数学分析的重要内容，无论在数学理论本身还是在科学技术的应用中都是一个有力工具。MATLAB 具有强大的级数求和命令，在本节中，将详细介绍如何用它来处理工程计算中遇到的各种级数求和问题。

将数列 $\{a_n\}$ 的各项依次以 "+" 连接起来所组成的式子称为级数。其中：

➡ 2,8,125,79,−16 是数列。

➡ 2+8+125+79+(−16)是级数。

12.3.1 有限项级数求和

MATLAB 提供的主要的求级数命令为 symsum，其主要调用格式如表 12-3 所示。

表 12-3 symsum 调用格式

命 令	说 明
symsum (s,a,b)	求级数 s 关于系统默认的变量从 a 到 b 的有限项和
symsum (s,v,a,b)	求级数 s 关于变量 v 从 a 到 b 的有限项和

实例——等比数列与等差数列求和

源文件：yuanwenjian/ch12/slqh3.m

求级数 $s = a^n + bn$ 的前 $n+1$ 项（n 从 0 开始）。

操作步骤

解：MATLAB 程序如下。

```
>> syms a b n
>> s=a^n+b*n;
>> symsum(s)
ans =
piecewise ([a == 1, n - (b*n)/2 + (b*n^2)/2],[a ~= 1,(b*n^2)/2 - (b*n)/2 + a^n/
(a - 1)])
```

✍ **说明：**

这是我们最熟悉的级数之一，即一个等比数列与等差数列相加构成的数列，它的前 $n-1$ 项和我们也不难求得为

$$\frac{1-a^n}{1-a} + \frac{n(n-1)b}{2}。$$

实例——三角函数列求和

源文件：yuanwenjian/ch12/slqh4.m

求级数 $s = \sin nx$ 的前 $n+1$ 项（n 从 0 开始）。

操作步骤

解：MATLAB 程序如下。

```
>> syms n x
>> s=sin(n*x);
>> symsum(s,n)
ans =
piecewise(in(x/(2*pi), 'integer'), 0, ~in(x/(2*pi), 'integer'), (exp(-x*1i)^n*1i)/
(2*(exp(-x*1i) - 1)) - (exp(x*1i)^n*1i)/(2*(exp(x*1i) - 1)))
```

✍ **说明：**

这是一个三角函数列，是数学分析中傅里叶级数部分常见的一个级数，在工程中具有重要的地位。

实例——幂数列求和运算

源文件：yuanwenjian/ch12/slqh5.m

求级数 $s = 2\sin 2n + 4\cos 4n + 2^n$ 的前 $n+1$ 项（n 从 0 开始），并求其前 10 项的和。

操作步骤

解：MATLAB 程序如下。

```
>> syms n
>> s=2*sin(2*n)+4*cos(4*n)+2^n;
>> sum_n=symsum(s)
sum_n =
(exp(-2*i)^n*i)/(exp(-2*i) - 1) - (exp(2*i)^n*i)/(exp(2*i) - 1) + (2*exp(-4*i)^n)/
(exp(-4*i) - 1) + (2*exp(4*i)^n)/(exp(4*i) - 1) + 2^n
```

```
>> sum10=symsum(s,0,10)
sum10 =
2051+4*cos(4)+2*sin(4)+2*sin(2)+4*cos(8)+2*sin(6)+4*cos(12)+2*sin(8)+4*cos(16)+
2*sin(10)+4*cos(20)+2*sin(12)+4*cos(24)+2*sin(14)+4*cos(28)+2*sin(16)+4*cos(32)
+2*sin(18)+4*cos(36)+2*sin(20)+4*cos(40)
>> vpa(sum10)
ans =
2048.27712
```

 小技巧：

如果不知道级数 s 中的变量是什么该怎么办呢？很简单，只需用 MATLAB 的 findsym 命令即可解决，其具体的格式为：findsym(s)。

12.3.2　无穷级数求和

MATLAB 提供的 symsum 命令还可以求无穷级数，这时只需将命令参数中的求和区间端点改成无穷即可，具体做法可参见下面的例子。

实例——无穷数列 1 求和

源文件： yuanwenjian/ch12/slqh6.m

求级数 $\sum_{n=1}^{+\infty}\dfrac{1}{n}$ 与 $\sum_{n=1}^{+\infty}\dfrac{1}{n^3}$。

扫一扫，看视频

操作步骤

解：MATLAB 程序如下。

```
>> syms n
>> s1=1/n;
>> v1=symsum(s1,1,inf)
v1 =
Inf
>> s2=1/n^3;
>> v2=symsum(s2,1,inf)
v2 =
zeta(3)
>> vpa(v2)
ans =
1.202056903
```

📢 注意：

（1）从数学分析的级数理论，我们知道第一个级数是发散的，因此用 MATLAB 求出的值为 Inf。

（2）zeta(3)表示 zeta 函数在 3 处的值，其中 zeta 函数的定义为

$$\zeta(w) = \sum_{k=1}^{\infty} \frac{1}{k^w}$$

zeta(3)的值为 1.2021。

✍ **小技巧：**

在工程上，有时我们还需要判断某个级数是否绝对收敛，那该怎么办呢？这时可以借助 abs 来实现。

在本节的最后，我们需要说明的一点是，并不是对所有的级数 MATLAB 都能够计算出结果，当它求不出级数和时会给出求和形式。

实例——无穷数列 2 求和

源文件：yuanwenjian/ch12/slqh7.m

扫一扫，看视频

求级数 $\sum\limits_{n=1}^{+\infty}(-1)^n\dfrac{\sin n}{n^2+1}$。

操作步骤

解：MATLAB 程序如下。

```
>> syms n
>> s1=(-1)^n*sin(n)/(n^2+1);
>> v1=symsum(s1,1,inf)
ans =
symsum(((-1)^n*sin(n))/(n^2 + 1), n, 1, Inf)
```

动手练一练——级数求和

对于 $x>0$，求 $\sum\limits_{k=0}^{+\infty}\dfrac{2}{2k+1}\left(\dfrac{x-1}{x+1}\right)^{2k+1}$。

📋 **思路点拨：**

源文件：yuanwenjian/ch12/jsqh.m
（1）定义变量。
（2）输入级数表达式。
（3）使用 symsum 求和。

扫一扫，看视频

12.4　综合实例——极限函数图形

源文件：yuanwenjian/ch12/jxhstx.m、极限函数图形.flg

本节通过采用近似极限的方法显示 $\lim\limits_{x\to 0}\dfrac{\sin x}{x}$ 函数在 $x=0$ 处的图形，连续链接两侧图形。

操作步骤

```
>> t=-4*pi:pi/10:4*pi;                              %定义自变量
>> y=sin(t)./t;                                     %输入表达式
>> tt=t+(t==0)*eps;
>> yy=sin(tt)./tt;
>> subplot(1,2,1),plot(t,y),axis([-9,9,-0.5,1.2]),  %绘制图形
>> xlabel('t'),ylabel('y'),title('普通图形')        %添加标题
```

```
>> subplot(1,2,2),plot(tt,yy),axis([-9,9,-0.5,1.2])
>> xlabel('tt'),ylabel('yy'),title('修改图形')
```

运行结果如图 12-1 所示。

图 12-1　函数图形

第 13 章 积 分

内容简介

本章主要介绍了使用 MATLAB 解决工程计算中常见的积分问题的技巧和方法。积分、多重积分以及积分变换都是工程上最基本的数学分析手段，因此熟练掌握本章内容是 MATLAB 高级应用的基础。

内容要点

- ↘ 积分
- ↘ 多重积分
- ↘ 泰勒（Taylor）展开
- ↘ 积分变换

案例效果

13.1 积 分

积分与微分不同，它是研究函数整体性态的，因此它在工程中的作用是不言而喻的。理论上可以用牛顿—莱布尼茨公式求解对已知函数的积分，但在工程中这并不可取，因为实际中遇到的大多数函数都不能找到其积分函数，有些函数的表达式非常复杂，用牛顿—莱布尼茨公式求解会相当复杂，因此，在工程中大多数情况下都使用 MATLAB 提供的积分运算函数计算，少数情况也可通过利用 MATLAB 编程实现。

13.1.1　定积分与广义积分

定积分是工程中用得最多的积分运算，利用 MATLAB 提供的 int 命令可以很容易地求已知函数在已知区间的积分值。

int 命令求定积分的调用格式见表 13-1。

表 13-1　int 调用格式

命　　　令	说　　　明
int (f,a,b)	计算函数 f 在区间[a,b]上的定积分
int (f,x,a,b)	计算函数 f 关于 x 在区间[a,b]上的定积分

实例——函数 1 求积分

源文件：yuanwenjian/ch13/hsjf1.m

求 $\int_0^1 \dfrac{\sin x}{x}\mathrm{d}x$ 。

操作步骤

解：MATLAB 程序如下。

```
>> syms x;
>> v=int(sin(x)/x,0,1)
v =
sinint(1)
>> vpa(v)
ans =
0.94608307036718301494135331382318
```

✍ **说明：**

本例中的被积函数在[0,1]上显然是连续的，因此它在[0,1]上肯定是可积的，但我们若按数学分析的方法确实无法积分，这就更体现出了 MATLAB 的实用性。

实例——函数 2 求积分

源文件：yuanwenjian/ch13/hsjf2.m

求 $\int_0^1 \mathrm{e}^{-2x}\mathrm{d}x$ 。

操作步骤

解：MATLAB 程序如下。

```
>> clear
>> syms x;
>> v=int(exp(-2*x),0,1)
v =
-1/2*exp(-2)+1/2
>> vpa(v)
```

```
ans =
0.43233235838169365405300025251376
```

int 函数还可以求广义积分, 方法是只要将相应的积分限改为正(负)无穷即可。

✏️ **说明:**

对于本例中的被积函数, 有很多软件都无法求解, 用 MATLAB 则很容易求解。

扫一扫, 看视频

实例——函数 3 求积分

源文件: yuanwenjian/ch13/hsjf3.m

求 $\int_1^{+\infty} \frac{1}{x} dx$ 与 $\int_1^{+\infty} \frac{1}{1+x^2} dx$ 。

操作步骤

解: MATLAB 程序如下。

```
>> syms x;
>> int(1/x,1,inf)
ans =
Inf
>>v= int(1/(1+x^2),1,inf)
v =
1/4*pi
>> vpa(v)
ans =
0.78539816339744830961566084581988
```

🔊 **注意:**

第一个积分结果是无穷大, 说明这个广义积分是发散的, 与我们熟悉的理论结果是一致的。

扫一扫, 看视频

实例——函数 4 求积分

源文件: yuanwenjian/ch13/hsjf4.m

在热辐射理论中经常会遇到反常积分 $\int_0^{+\infty} \frac{x^3}{e^x - 1} dx$ 的计算问题, 用 MATLAB 则很容易求解。

操作步骤

解: MATLAB 程序如下。

```
>> syms x
>> f=x^3/(exp(x)-1);
>> int(f,0,inf)
ans =
pi^4/15
```

实例——函数 5 求积分

源文件: yuanwenjian/ch13/hsjf5.m

扫一扫, 看视频

求 $\int_{-\infty}^{+\infty} \frac{1}{x^2 + 2x + 3} dx$ 。

操作步骤

解：MATLAB 程序如下。

```
>> syms x;
>> f=1/(x^2+2*x+3);
>> v=int(f,-inf,inf)
v =
(pi*2^(1/2))/2
>> vpa(v)
ans =
2.2214414690791831235079404950304
```

动手练一练——表达式定积分

分别计算下列表达式的积分：

（1）$\int_{-\infty}^{+\infty}(4-3x^2)^2\mathrm{d}x$

（2）$\int_{-\infty}^{+\infty}\dfrac{x}{x+y}\mathrm{d}x$

（3）$\int_{-\infty}^{+\infty}\dfrac{x}{x+y}\mathrm{d}y$

（4）$\int_{-\infty}^{+\infty}\dfrac{x^2}{x+2}\mathrm{d}x$

扫一扫，看视频

思路点拨：

源文件：yuanwenjian/ch13/bdjf.m
（1）定义变量。
（2）输入表达式。
（3）求定积分。

13.1.2 不定积分

在实际的工程计算中，有时也会用到求不定积分的问题。利用 int 命令，同样可以求不定积分，它的使用形式也非常简单。其调用格式如表 13-2 所示。

表 13-2 int 调用格式

命　　令	说　　明
int (f)	计算函数 f 的不定积分
int (f,x)	计算函数 f 关于变量 x 的不定积分

实例——函数 1 求不定积分

源文件：yuanwenjian/ch13/hsbdjf1.m

求 $\sin(xy+z+1)$ 对 x 的不定积分。

操作步骤

解：MATLAB 程序如下。

扫一扫，看视频

```
>> syms x y z
>> f=sin(x*y+z+1);
>> int(f)
ans =
 -cos(z + x*y + 1)/y
```

扫一扫，看视频

实例——函数 2 求不定积分

源文件： yuanwenjian/ch13/ hsbdjf2.m

求 $\sin(xy+z+1)$ 对 z 的不定积分。

操作步骤

解：MATLAB 程序如下。

```
>> clear
>> syms x y z
>> int(sin(x*y+z+1),z)
 ans =
-cos(x*y+z+1)
```

实例——函数 3 求不定积分

源文件： yuanwenjian/ch13/hsbdjf3.m

扫一扫，看视频

求 $\dfrac{yx^3}{e^x-1}+y$ 对 x 的不定积分。

操作步骤

解：MATLAB 程序如下。

```
>> syms x y
>> f=(y*(x^3))/(exp(x)-1)+y;
>> int(f)
ans =
6*y*polylog(4, exp(x)) + x*y - (x^4*y)/4 - 6*x*y*polylog(3, exp(x)) + x^3*y*log(1
- exp(x)) + 3*x^2*y*polylog(2, exp(x))
```

实例——函数 4 求不定积分

源文件： yuanwenjian/ch13/hsbdjf4.m

扫一扫，看视频

求 $\displaystyle\int \dfrac{\sin x+xy}{x}\,\mathrm{d}x$ 的不定积分。

操作步骤

解：MATLAB 程序如下。

```
>> syms x y
>> v= int((sin(x)+x*y)/x)
v =
x*y + sinint(x)
```

实例——函数 5 求不定积分

源文件： yuanwenjian/ch13/hsbdjf5.m

扫一扫，看视频

求 $\displaystyle\int (y\sin x+x\cos y+x)\,\mathrm{d}x$ 的不定积分。

操作步骤

解：MATLAB 程序如下。

```
>> syms x y
>> v= int(y*sin(x)+x*cos(y)+x)
v =
x^2*(cos(y)/2+1/2)-y*cos(x)
```

动手练一练——表达式不定积分

求 $\int \dfrac{\sin x + \cos y}{x} \mathrm{d}x$ 的不定积分。

扫一扫，看视

思路点拨：

源文件：yuanwenjian/ch13/bbdjf.m
（1）定义变量。
（2）输入表达式。
（3）求不定积分。

13.2 多重积分

多重积分与一重积分在本质上是相通的，但是多重积分的积分区域复杂了。我们可以利用前面讲过的 int 命令，结合对积分区域的分析进行多重积分计算，也可以利用 MATLAB 自带的专门多重积分命令进行计算。

13.2.1 二重积分

MATLAB 用来进行二重积分数值计算的专门命令是 dblquad。这是一个在矩形范围内计算二重积分的命令。

dblquad 的调用格式如表 13-3 所示。

表 13-3 dblquad 调用格式

命　令	说　　明
q= dblquad (fun,xmin,xmax,ymin,ymax)	在 xmin<=x<=xmax，ymin<=y<=ymax 的矩形内计算 fun(x,y)的二重积分，此时默认的求解积分的数值方法为 quad，默认的公差为 10^{-6}
q= dblquad (fun,xmin,xmax,ymin,ymax,tol)	在 xmin<=x<=xmax，ymin<=y<=ymax 的矩形内计算 fun(x,y)的二重积分，默认的求解积分的数值方法为 quad，用自定义公差 tol 来代替默认公差
q= dblquad (fun,xmin,xmax,ymin,ymax,tol,method)	在 xmin<=x<=xmax，ymin<=y<=ymax 的矩形内计算 fun(x,y)的二重积分，用 method 进行求解数值积分方法的选择，用自定义公差 tol 来代替默认公差

实例——函数 1 求二重积分

源文件：yuanwenjian/ch13/my2int.m、ecjf1.m

计算 $\displaystyle\int_0^\pi\int_\pi^{2\pi}(y\sin x + x\cos y)\mathrm{d}x\mathrm{d}y$。

操作步骤

解：MATLAB 程序如下。

先建立一个函数型 M 文件 my2int.m。

```
function z=my2int(x,y)
global k;
k=k+1;                              %定义一个全局变量，计算被积函数调用积分命令的次数
z=y*sin(x)+x*cos(y);
```

然后在命令窗口输入以下命令。

```
>> clear
>> global k;
>> k=0;
>> dblquad(@my2int,pi,2*pi,0,pi)
ans =
  -9.8696
>> k
k =
  492
```

如果使用 int 命令进行二重积分计算，则需要先确定出积分区域以及积分的上下限，然后再进行积分计算。

实例——函数 2 求二重积分

源文件：yuanwenjian/ch13/ ecjf2.m、函数 2 求二重积分.flg

计算 $\displaystyle\iint_D x\mathrm{d}x\mathrm{d}y$，其中 D 是由直线 $y= 2x$，$y = 0.5x$，$y = 3\text{-}x$ 所围成的平面区域。

操作步骤

解：MATLAB 程序如下。

```
>> clear
>> syms x y
>> f=x;
>> f1=2*x;
>> f2=0.5*x;
>> f3=3-x;
>> ezplot(f1);
>> hold on
>> ezplot(f2);
>> hold on
>> ezplot(f3);
>> hold on
>> ezplot(f3,[-2,3]);
```

积分区域就是图 13-1 中所围成的区域。

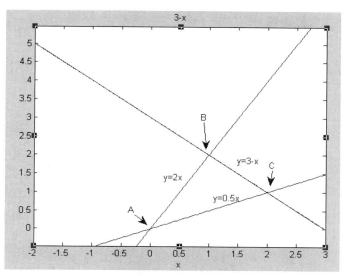

图 13-1 积分区域

下面确定积分限。

```
>> A=fzero('2*x-0.5*x',0)
A =
     0
>> B=fzero('2*x-(3-x)',4)
B =
     1
>> C=fzero('3-x-0.5*x',8)
C =
     2
```

即 A=0，B=1，C=2，找到积分限。下面进行积分计算。

根据图可以将积分区域分成两个部分，计算过程如下。

```
>> ff1=int(f,y,0.5*x,2*x)
ff1 =
(3*x^2)/2
>> ff11=int(ff1,x,0,1)
ff11 =
1/2
>> ff2=int(f,y,0.5*x,3-x)
ff2 =
-(3*x*(x-2))/2
>> ff22=int(ff2,x,1,2)
ff22 =
1
>> ff11+ff22
ans =
3/2
```

本题的计算结果就是 3/2。

动手练一练——表达式二重积分

求 $\iint\limits_{0\ 0}^{1\ 1}(\sin x+e^{y+x})\mathrm{d}x\mathrm{d}y$ 的二重积分。

思路点拨：

源文件：yuanwenjian/ch13/ my2int2.m、becjf.m
（1）创建函数 M 文件 my2int2。
（2）定义全局变量。
（3）输入表达式。
（4）求二重积分。

13.2.2　三重积分

计算三重积分的过程和计算二重积分是一样的，但是由于三重积分的积分区域更加复杂，所以计算三重积分的过程将更加地繁琐。

实例——椭球体积分

源文件：yuanwenjian/ch13/tqtjf.m、三维积分区域.flg、x 轴侧视图.flg、y 轴侧视图.flg

计算 $\iiint\limits_{V}(x^2+y^2+z^2)\mathrm{d}x\mathrm{d}y\mathrm{d}z$ ，其中 V 是由椭球体 $x^2+\dfrac{y^2}{4}+\dfrac{z^2}{9}=1$ 围成的内部区域。

操作步骤

解：MATLAB 程序如下。

```
>> clear
>> x=-1:2/50:1;
>> y=-2:4/50:2;
>> z=-3;
for i=1:51
        for j=1:51
            z(j,i)=(9*(1-x(i)^2-y(j)^2/4))^0.5;
            if imag(z(j,i))<0
                z(j,i)=nan;
            end
            if imag(z(j,i))>0;
                z(j,i)=nan;
            end
        end
end
>> mesh(x,y,z)
>> hold on
>> mesh(x,y,-z)
>> mesh(x,-y,z)
>> mesh(x,-y,-z)
>> mesh(-x,y,z)
>> mesh(-x,y,-z)
```

```
>> mesh(-x,-y,-z)
>> mesh(-x,-y,z)
```

积分区域如图 13-2 所示。

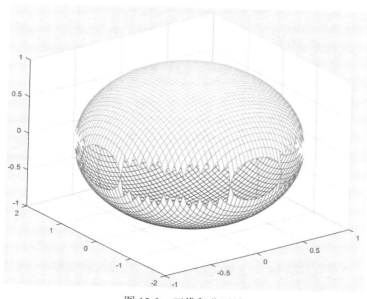

图 13-2　三维积分区域

下面确定积分限。

```
>>view(0,90)
>>title('沿 x 轴侧视')
>>view(90,0)
>>title('沿 y 轴侧视')
```

积分限如图 13-3 和图 13-4 所示。

图 13-3　x 轴侧视图

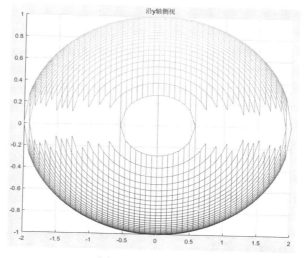

图 13-4　y 轴侧视图

由图 13-3 和图 13-4 以及椭球面的性质，可以得到：

```
>> syms x y z
>> f=x^2+y^2+z^2;
>> a1=-sqrt(1-(x^2));
>> a2=sqrt(1-(x^2));
>> b1=-3*sqrt(1-x^2-(y/2)^2);
>> b2=3*sqrt(1-x^2-(y/2)^2);
>> fdz=int(f,z,b1,b2);
>> fdzdy=int(fdz,y,a1,a2);
>> fdzdydx=int(fdzdy,1,2);
>> simplify(fdzdydx)
ans =
int(int((3*x^2 + 3*y^2)*(- 4*x^2 - y^2 + 4)^(1/2), y, -(1 - x^2)^(1/2), (1 - x^2)
^(1/2)), x, 1, 2)
```

13.3 泰勒（Taylor）展开

用简单函数逼近（近似表示）复杂函数是数学中的一种基本思想方法，也是工程中常常要用到的技术手段。本节主要介绍如何用 MATLAB 来实现泰勒展开的操作。

13.3.1 泰勒（Taylor）定理

为了更好地说明下面的内容，也为了读者更易理解本节内容，先写出著名的泰勒定理：

若函数 $f(x)$ 在 x_0 处 $n+1$ 阶可微，则 $f(x) = \sum_{k=0}^{n} \frac{f^{(k)}(x_0)}{k!}(x-x_0)^k + R_n(x)$。

其中，$R_n(x)$ 称为 $f(x)$ 的余项，常用的余项公式如下所示。

◢ 佩亚诺（Peano）型余项：$R_n(x) = o((x-x_0)^n)$。

◢ 拉格朗日（Lagrange）型余项：$R_n(x) = \frac{f^{(n+1)}(\xi)}{(n+1)!}(x-x_0)^{n+1}$，其中 ξ 介于 x 与 x_0 之间。

特别地，当 $x_0 = 0$ 时的带拉格朗日型余项的泰勒公式

$$f(x) = f(0) + f'(0)x + \frac{f''(0)}{2!}x^2 + \cdots + \frac{f^{(n)}(0)}{n!}x^n + \frac{f^{(n+1)}(\xi)}{(n+1)!}x^{n+1}, (0 < \xi < x)$$

称为麦克劳林（Maclaurin）公式。

13.3.2 MATLAB 实现方法

麦克劳林公式实际上是要将函数 $f(x)$ 表示成 x^n（n 从 0 到无穷大）的和的形式。在 MATLAB 中，可以用 taylor 命令来实现这种泰勒展开。其调用格式如表 13-4 所示。

表 13-4 taylor 调用格式

命　令	说　　明
taylor(f)	关于系统默认变量 x 求 $\sum_{n=0}^{5} \dfrac{f^{(n)}(0)}{n!} x^n$
taylor(f,m)	关于系统默认变量 x 求 $\sum_{n=0}^{m} \dfrac{f^{(n)}(0)}{n!} x^n$，这里的 m 要求为一个正整数
taylor(f,a)	关于系统默认变量 x 求 $\sum_{n=0}^{5} (x-a)^n \dfrac{f^{(n)}(a)}{n!} x^n$，这里的 a 要求为一个实数
taylor(f,m,a)	关于系统默认变量 x 求 $\sum_{n=0}^{m} (x-a)^n \dfrac{f^{(n)}(a)}{n!} x^n$，这里的 m 要求为一个正整数，a 要求为一个实数
taylor(f,y)	关于函数 $f(x,y)$ 求 $\sum_{n=0}^{5} \dfrac{y^n}{n!} \dfrac{\partial^n}{\partial y^n} f(x, y=0)$
taylor(f,y,m)	关于函数 $f(x,y)$ 求 $\sum_{n=0}^{m} \dfrac{y^n}{n!} \dfrac{\partial^n}{\partial y^n} f(x, y=0)$，这里的 m 要求为一个正整数
taylor(f,y,a)	关于函数 $f(x,y)$ 求 $\sum_{n=0}^{5} \dfrac{(y-a)^n}{n!} \dfrac{\partial^n}{\partial y^n} f(x, y=a)$，这里的 a 要求为一个实数
taylor(f,m,y,a)	关于函数 $f(x,y)$ 求 $\sum_{n=0}^{m} \dfrac{(y-a)^n}{n!} \dfrac{\partial^n}{\partial y^n} f(x, y=a)$，这里的 m 要求为一个正整数，a 要求为一个实数

扫一扫，看视频

实例——6 阶麦克劳林型近似展开

源文件：yuanwenjian/ch13/mkll6.m

求 e^{-x} 的 6 阶麦克劳林型近似展开。

操作步骤

解：MATLAB 程序如下。

```
>> syms x
>> f=exp(-x);
>> f6=taylor(f)
f6 =
- x^5/120 + x^4/24 - x^3/6 + x^2/2 - x + 1
```

实例——5 阶麦克劳林型近似展开

源文件：yuanwenjian/ch13/mkll5.m

求 $\dfrac{\sin x}{x}$ 的 5 阶麦克劳林型近似展开。

操作步骤

解：MATLAB 程序如下。

```
>> syms x;
>> f=sin(x)/x;
>> f5=taylor(f)
f5 =
x^4/120 - x^2/6 + 1
```

扫一扫，看视频

实例——函数展开

源文件：yuanwenjian/ch13/hszk.m

对于 $f(x) = a\sin x + b\cos x$。

（1）求 $f(x)$ 的 10 阶麦克劳林型近似展开。

（2）求 $f(x)$ 在 $\dfrac{\pi}{2}$ 处的 10 阶泰勒展开。

操作步骤

解：MATLAB 程序如下。

```
>> syms a b x
>> f=a*sin(x)+b*cos(x);
>> f1=taylor(f,'Order',10)
f1 =
(a*x^9)/362880 + (b*x^8)/40320 - (a*x^7)/5040 - (b*x^6)/720 + (a*x^5)/120 +
(b*x^4)/24 - (a*x^3)/6 - (b*x^2)/2 + a*x + b
>> f2=taylor(f,x,pi/2,'Order',10)
f2 =
a- b*(x-1/2*pi)-1/2*a*(x-1/2*pi)^2+1/6*b*(x-1/2*pi)^3+1/24*a*(x-1/2*pi)^4-1/120
   *b*(x-1/2*pi)^5-1/720*a*(x-1/2*pi)^6+1/5040*b*(x-1/2*pi)^7+1/40320*a*(x-1/2*
   pi)^8-1/362880*b*(x-1/2*pi)^9
```

实例——4 阶泰勒展开

源文件：yuanwenjian/ch13/tl4.m

求 $f(x,y) = x^y$ 关于 y 在 0 处的 4 阶展开，关于 x 在 1.5 处的 4 阶泰勒展开。

操作步骤

解：MATLAB 程序如下。

```
>> syms x y
>> f=x^y;
>> f1=taylor(f,y,'Order',4)
   f1 =
   (y^2*log(x)^2)/2 + (y^3*log(x)^3)/6 + y*log(x) + 1
>> f2=taylor(f,x,1.5,'Order',4)
   f2 =
   exp(y*log(3/2)) + (2*y*exp(y*log(3/2))*(x - 3/2))/3 - exp(y*log(3/2))*((2*y)/9
- (2*y^2)/9)*(x - 3/2)^2 - exp(y*log(3/2))*(x - 3/2)^3*((2*y*(y/9 - (2*y^2)/27))/3
- (8*y)/81 + (2*y^2)/27)
```

📢 **注意：**

当 a 为正整数，求函数 f(x)在 a 处的 4 阶麦克劳林型近似展开时，不要用 taylor(f,a)，否则 MATLAB 得出的结果将是 f(x)在 0 处的 4 阶麦克劳林型近似展开。

13.4 傅里叶（Fourier）展开

MATLAB 中不存在现成的傅里叶级数展开命令，我们可以根据傅里叶级数的定义编写一个函数文件来完成这个计算。

傅里叶级数的定义如下。

设函数 $f(x)$ 在区间[0，2π]上绝对可积，且令

$$\begin{cases} a_n = \dfrac{1}{\pi} \int_0^{2\pi} f(x)\cos nx \, \mathrm{d}x & (n = 0,1,2,\cdots) \\[3mm] b_n = \dfrac{1}{\pi} \int_0^{2\pi} f(x)\sin nx \, \mathrm{d}x & (n = 1,2,\cdots) \end{cases}$$

以 a_n，b_n 为系数作三角级数

$$\frac{a_0}{2} + \sum_{n=1}^{\infty} (a_n \cos nx + b_n \sin nx)$$

称为 $f(x)$ 的傅里叶级数，a_n，b_n 称为 $f(x)$ 的傅里叶系数。

根据以上定义，编写计算区间[0，2π]上傅里叶系数的 Fourierzpi.m 文件如下。

```
function [a0,an,bn]=Fourierzpi(f)
syms x n
a0=int(f,0,2*pi)/pi;
an=int(f*cos(n*x),0,2*pi)/pi;
bn=int(f*sin(n*x),0,2*pi)/pi;
```

实例——平方函数傅里叶系数

源文件：yuanwenjian/ch13/pffly.m

计算 $f(x) = x^2$ 在区间[0，2π]上的傅里叶系数。

操作步骤

解：MATLAB 程序如下。

```
>>clear
>> syms x
>> f=x^2;
>> [a0,an,bn]=Fourierzpi(f)
 a0 =
8/3*pi^2
an =
4*(-sin(pi*n)*cos(pi*n)+2*n^2*pi^2*sin(pi*n)*cos(pi*n)+2*pi*n*cos(pi*n)^2-pi*n)
/n^3/pi
 bn =
(2*(2*n^2*pi^2*(2*sin(pi*n)^2 - 1) - 2*sin(pi*n)^2 + 2*n*pi*sin(2*pi*n)))/(n^3*pi)
```

实例——平方函数傅里叶系数 2

源文件：yuanwenjian/ch13/pffly2.m

扫一扫，看视频

扫一扫，看视频

计算 $f(x)=x^2$ 在区间$[-\pi, \pi]$上的傅里叶系数。

操作步骤

解：MATLAB 程序如下。

编写计算区间$[-\pi, \pi]$上傅里叶系数的 Fourierzpipi.m 文件。

```
function [a0,an,bn]=Fourierzpipi(f)
syms x n
a0=int(f,-pi,pi)/pi;
an=int(f*cos(n*x),-pi,pi)/pi;
bn=int(f*sin(n*x),-pi,pi)/pi;
```

在命令行中输入以下命令。

```
>> clear
>> syms x
>> f=x^2;
>> [a0,an,bn]=Fourierzpi(f)
    a0 =
    (2*pi^2)/3
    an =
    (2*(n^2*pi^2*sin(pi*n) - 2*sin(pi*n) + 2*n*pi*cos(pi*n)))/(n^3*pi)
    bn =
0
```

动手练一练——表达式傅里叶系数

求 $\dfrac{\sin x + e^x}{x^2}$ 在区间$[-\pi, \pi]$上的傅里叶系数。

思路点拨：

源文件：yuanwenjian/ch13/bfly.m
（1）定义变量。
（2）输入表达式。
（3）调用傅里叶系数函数。

13.5 积 分 变 换

积分变换是一个非常重要的工程计算手段，它通过参变量积分将一个已知函数变为另一个函数，使函数的求解更为简单。最重要的积分变换有傅里叶（Fourier）变换、拉普拉斯（Laplace）变换等。本节将结合工程实例介绍如何用 MATLAB 解傅里叶变换和拉普拉斯变换问题。

13.5.1 傅里叶（Fourier）积分变换

傅里叶变换是将函数表示成一族具有不同幅值的正弦函数的和或者积分，在物理学、数论、信号处理、概率论等领域都有着广泛的应用。MATLAB 提供的傅里叶变换命令是 fourier。其调用格式如表 13-5 所示。

表 13-5　fourier 调用格式

命　　令	说　　明
fourier (f)	f 返回对默认自变量 x 的符号傅里叶变换，默认的返回形式是 $f(w)$，即 $f=f(x) \Rightarrow F=F(w)$；如果 $f=f(w)$，则返回 $F=F(t)$，即求 $F(w)=\int_{-\infty}^{\infty}f(x)e^{-iwx}dx$
fourier (f,v)	返回的傅里叶变换以 v 为默认变量，即求 $F(v)=\int_{-\infty}^{\infty}f(x)e^{-ivx}dx$
fourier (f,u,v)	以 v 代替 w 并对 u 积分，即求 $F(v)=\int_{-\infty}^{\infty}f(u)e^{-ivu}du$

扫一扫，看视频

实例——傅里叶变换 1

源文件：yuanwenjian/ch13/flybh1.m

计算 $f(x)=e^{-x^2}$ 的傅里叶变换。

操作步骤

解：MATLAB 程序如下。

```
>> clear
>> syms x
>> f = exp(-x^2);
>> fourier(f)
ans =
pi^(1/2)*exp(-w^2/4)
```

实例——傅里叶变换 2

源文件：yuanwenjian/ch13/ flybh2.m

计算 $f(w)=e^{-|w+1|}$ 的傅里叶变换。

扫一扫，看视频

操作步骤

解：MATLAB 程序如下。

```
>> clear
>> syms  w
>> f = exp(-abs(w+1));
>> fourier(f)
ans =
- exp(v*1i)/(- 1 + v*1i) + exp(v*1i)/(1 + v*1i)
```

实例——傅里叶变换 3

源文件：yuanwenjian/ch13/flybh3.m

计算 $f(x)=xe^{-|x|}$ 的傅里叶变换。

扫一扫，看视频

操作步骤

解:MATLAB 程序如下。

```
>> clear
>> syms x u
>> f = x*exp(-abs(x));
>> fourier(f,u)
ans =
 -(u*4i)/(u^2 + 1)^2
```

实例——傅里叶变换 4

源文件:yuanwenjian/ch13/ flybh4.m

计算 $f(x,v)=\mathrm{e}^{-x^2|v|}\cdot\dfrac{\sin v}{v}$ 的傅里叶变换,x 是实数。

操作步骤

解:MATLAB 程序如下。

```
>> clear
>> syms x v u real
>> f=exp(-x^2*abs(v))*sin(v)/v;
>> fourier(f,v,u)
ans =
piecewise(x ~= 0, atan((u + 1)/x^2) - atan((u - 1)/x^2))
```

13.5.2 傅里叶(Fourier)逆变换

MATLAB 提供的傅里叶逆变换命令是 ifourier。其调用格式如表 13-6 所示。

表 13-6 ifourier 调用格式

命 令	说 明
ifourier (F)	f 返回对默认自变量 w 的傅里叶逆变换,默认的返回形式是 $f(x)$,即 $F=F(w)\Rightarrow f=f(x)$;如果 $F=F(x)$,则返回 $f=f(t)$,即求 $f(x)=\dfrac{1}{2\pi}\int_{-\infty}^{\infty}F(x)\mathrm{e}^{iwx}\mathrm{d}w$
ifourier (F,u)	返回的傅里叶逆变换以 u 为默认变量,即求 $f(u)=\dfrac{1}{2\pi}\int_{-\infty}^{+\infty}F(x)\mathrm{e}^{iut}\,\mathrm{d}x$
ifourier (F,v,u)	以 v 代替 w 的傅里叶逆变换,即求 $f(u)=\dfrac{1}{2\pi}\int_{-\infty}^{\infty}F(v)\mathrm{e}^{ivu}\,\mathrm{d}v$

实例——傅里叶逆变换 1

源文件:yuanwenjian/ch13/flyn1.m

计算 $f(w)=\mathrm{e}^{-\frac{w^2}{4a^2}}$ 的傅里叶逆变换。

操作步骤

解:MATLAB 程序如下。

```
>> clear
>> syms a w real
>> f=exp(-w^2/(4*a^2));
>> F = ifourier(f)
F =
exp(-a^2*x^2)/(2*pi^(1/2)*(1/(4*a^2))^(1/2))
```

扫一扫，看视频

实例——傅里叶逆变换 2

源文件：yuanwenjian/ch13/flyn2.m

计算 $g(w) = \mathrm{e}^{-|x|}$ 的傅里叶逆变换。

操作步骤

解：MATLAB 程序如下。

```
>> clear
>> syms x real
>> g= exp(-abs(x));
>> ifourier(g)
ans =
1/(pi*(t^2 + 1))
```

实例——傅里叶逆变换 3

源文件：yuanwenjian/ch13/flyn3.m

计算 $f(w) = 2\mathrm{e}^{-|w|} - 1$ 的傅里叶逆变换。

扫一扫，看视频

操作步骤

解：MATLAB 程序如下。

```
>> clear
>> syms w t real
>> f = 2*exp(-abs(w)) - 1;
>> ifourier(f,t)
ans =
-(2*pi*dirac(t) - 4/(t^2 + 1))/(2*pi)
```

实例——傅里叶逆变换 4

源文件：yuanwenjian/ch13/flyn4.m

扫一扫，看视频

计算 $f(w,v) = \mathrm{e}^{-w^2\frac{|v|\sin v}{v}}$ 的傅里叶逆变换，w 是实数。

操作步骤

解：MATLAB 程序如下。

```
>> clear
>> syms w v t real
>> f = exp(-w^2*abs(v))*sin(v)/v;
>> ifourier(f,v,t)
ans =
piecewise(w ~= 0, -(atan((t - 1)/w^2) - atan((t + 1)/w^2))/(2*pi))
```

13.5.3 快速傅里叶(Fourier)变换

快速傅里叶变换(FFT)是离散傅里叶变换的快速算法,它是根据离散傅里叶变换的奇、偶、虚、实等特性,对离散傅里叶变换的算法进行改进获得的。

MATLAB 提供了多种快速傅里叶变换的命令,见表 13-7。

表 13-7 快速傅里叶变换

命令	意义	命令调用格式
fft	一维快速傅里叶变换	Y=fft(X),计算对向量 X 的快速傅里叶变换。如果 X 是矩阵,fft 返回对每一列的快速傅里叶变换
		Y=fft(X,n),计算向量 X 的 n 点 FFT。当 X 的长度小于 n 时,系统将在 X 的尾部补零,以构成 n 点数据;当 X 的长度大于 n 时,系统进行截尾
		Y=fft(X,[],dim)或 Y=fft(X,n,dim),计算对指定的第 dim 维的快速傅里叶变换
fft2	二维快速傅里叶变换	Y=fft2(X),计算对 X 的二维快速傅里叶变换。结果 Y 与 X 的维数相同
		Y=fft2(X,m,n),计算结果为 m×n 阶,系统将视情况对 X 进行截尾或者以 0 来补齐
fftshift	将快速傅里叶变换(fft、fft2)的 DC 分量移到谱中央	Y=fftshift(X),将 DC 分量转移至谱中心
		Y=fftshift(X,dim),将 DC 分量转移至 dim 维谱中心,若 dim 为 1 则上下转移,若 dim 为 2 则左右转移
ifft	一维逆快速傅里叶变换	y=ifft(X),计算 X 的逆快速傅里叶变换
		y=ifft(X,n),计算向量 X 的 n 点逆 FFT
		y=ifft(X,[],dim),计算对 dim 维的逆 FFT
		y=ifft(X,n,dim),计算对 dim 维的逆 FFT
		y=ifft2(X),计算 X 的二维逆快速傅里叶变换
		y=ifft2(X,m,n),计算向量 X 的 m×n 维逆快速傅里叶变换
		y=ifftn(X),计算 X 的 n 维逆快速傅里叶变换
		y=ifftn(X,size),系统将视情况对 X 进行截尾或者以 0 来补齐
		Y=ifftshift(X),同时转移行与列
		Y=ifftshift(X,dim),若 dim 为 1 则行转移,若 dim 为 2 则列转移

扫一扫,看视频

实例——快速卷积

源文件: yuanwenjian/ch13/ksjj.m

利用快速傅里叶变换实现快速卷积。

操作步骤

解:在命令行中输入以下命令。

```
>> clear
>> A=magic(4);                    %生成 4*4 的魔幻矩阵
>> B=ones(3);                     %生成 3*3 的全 1 矩阵
```

```
>> A(6,6)=0;              %将 A 用零补全为（4+3-1）*（4+3-1）维
>> B(6,6)=0;              %将 B 用零补全为（4+3-1）*（4+3-1）维
>> C=ifft2(fft2(A).*fft2(B))   %对 A、B 进行二维快速傅里叶变换，并将结果相乘，对乘积
                               进行二维逆快速傅里叶变换，得到卷积

C =
   16.0000   18.0000   21.0000   18.0000   16.0000   13.0000
   21.0000   34.0000   47.0000   47.0000   34.0000   21.0000
   30.0000   50.0000   69.0000   72.0000   52.0000   33.0000
   34.0000   68.0000  102.0000  102.0000   68.0000   34.0000
   18.0000   50.0000   81.0000   84.0000   52.0000   21.0000
   13.0000   34.0000   55.0000   55.0000   34.0000   13.0000
    4.0000   18.0000   33.0000   30.0000   16.0000    1.0000
```

下面是利用 MATLAB 自带的卷积计算命令 conv2 进行的验算。

```
>> A=magic(4);
>> B=ones(3);
>> D=conv2(A,B)
D =
   16   18   21   18   16   13
   21   34   47   47   34   21
   30   50   69   72   52   33
   18   50   81   84   52   21
   13   34   55   55   34   13
    4   18   33   30   16    1
```

13.5.4 拉普拉斯（Laplace）变换

拉普拉斯变换是工程数学中常用的一种积分变换，又名拉氏变换，该变换是一个线性变换，可将一个引数为实数 $t(t \geqslant 0)$ 的函数转换为一个引数为复数 s 的函数。

MATLAB 提供的拉普拉斯变换命令是 laplace。其调用格式如表 13-8 所示。

表 13-8　laplace 调用格式

命　　令	说　　明
laplace (F)	计算默认自变量 t 的拉普拉斯变换，默认的返回形式是 $L(s)$，即 $F = F(t) \Rightarrow L = L(s)$；如果 $F = F(s)$，则返回 $L=L(t)$，即求 $L(s)=\int_0^\infty F(t)\mathrm{e}^{-st}\mathrm{d}t$
laplace (F,z)	计算结果以 z 代替默认变量 s，即求 $L(z)=\int_0^\infty F(t)\mathrm{e}^{-tz}\mathrm{d}t$
laplace (F,w,z)	以 z 代替 s 并对 w 积分，即求 $L(z)=\int_0^\infty F(w)\mathrm{e}^{-zw}\mathrm{d}w$

实例——拉普拉斯变换 1

源文件：yuanwenjian/ch13/lpls1.m

计算 $f(t)=t^4$ 的拉普拉斯变换。

扫一扫，看视频

操作步骤

解：MATLAB 程序如下。

```
>>clear
>>syms t
>>f=t^4;
>> laplace(f)
ans =
24/s^5
```

扫一扫，看视频

实例——拉普拉斯变换 2

源文件：yuanwenjian/ch13/lpls2.m

计算 $g(s) = s^2 - s$ 的拉普拉斯变换。

操作步骤

解：MATLAB 程序如下。

```
>> clear
>> syms s z
>> g=s^2-s;
>> laplace(g,z)
ans =
2/z^3 - 1/z^2
```

扫一扫，看视频

实例——拉普拉斯变换 3

源文件：yuanwenjian/ch13/lpls3.m

计算 $g(s) = \dfrac{\sin s}{s}$ 的拉普拉斯变换。

操作步骤

解：MATLAB 程序如下。

```
>> clear
>> syms s  z
>> g=sin(s)/s;
>> laplace(g,z)
ans =
atan(1/z)
```

扫一扫，看视频

实例——拉普拉斯变换 4

源文件：yuanwenjian/ch13/lpls4.m

计算 $g(s) = \dfrac{1}{s+1}$ 的拉普拉斯变换。

操作步骤

解：MATLAB 程序如下。

```
>> clear
>> syms s  z
>> g=1/(s+1);
>> laplace(g,z)
```

```
ans =
exp(z)*expint(z)
```

实例——拉普拉斯变换 5

源文件：yuanwenjian/ch13/lpls5.m

计算 $g(s) = \dfrac{1}{\sqrt{s}}$ 的拉普拉斯变换。

操作步骤

解：MATLAB 程序如下。

```
>> clear
>>syms s t
>> g=1/sqrt(s);
>> laplace(g,t)
ans =
pi^(1/2)/t^(1/2)
```

扫一扫，看视频

实例——拉普拉斯变换 6

源文件：yuanwenjian/ch13/lpls6.m

计算 $f(t) = \mathrm{e}^{-at}$ 的拉普拉斯变换。

操作步骤

解：MATLAB 程序如下。

```
>> clear
>> syms t a x
>> f=exp(-a*t);
>> laplace(f,x)
ans =
1/(x+a)
```

扫一扫，看视频

13.5.5　拉普拉斯逆变换（ilaplace）

MATLAB 提供的拉普拉斯逆变换命令是 ilaplace。其调用格式如表 13-9 所示。

表 13-9　ilaplace 调用格式

命　　令	说　　明
ilaplace (L)	计算对默认自变量 s 的拉普拉斯逆变换，默认的返回形式是 $F(t)$，即 $L = L(s) \Rightarrow F = F(t)$；如果 $L = L(t)$，则返回 $F = F(x)$，即求 $F(t) = \dfrac{1}{2\pi i} \displaystyle\int_{c-i\infty}^{c+i\infty} L(s)\mathrm{e}^{st}\mathrm{d}s$
ilaplace (L,y)	计算结果以 y 为默认变量代替 t，即求 $F(y) = \dfrac{1}{2\pi i} \displaystyle\int_{c-i\infty}^{c+i\infty} L(s)\mathrm{e}^{sy}\mathrm{d}s$
ilaplace (L,y,x)	以 y 代替自变量 s，x 代替 t 的拉普拉斯逆变换，即求 $F(x) = \dfrac{1}{2\pi i} \displaystyle\int_{c-i\infty}^{c+i\infty} L(y)\mathrm{e}^{yx}\mathrm{d}y$

实例——拉普拉斯逆变换 1

源文件：yuanwenjian/ch13/lplsn1.m

计算 $f(t) = \dfrac{1}{s^2}$ 的拉普拉斯逆变换。

操作步骤

解：MATLAB 程序如下。

```
>> clear
>> syms s
>> f=1/(s^2);
>> ilaplace(f)
ans =
t
```

实例——拉普拉斯逆变换 2

源文件：yuanwenjian/ch13/lplsn2.m

计算 $g(a) = \dfrac{1}{(t-a)^2}$ 的拉普拉斯逆变换。

操作步骤

解：MATLAB 程序如下。

```
>> clear
>> syms a
>> g=1/(t-a)^2;
>> ilaplace(g)
ans =
x*exp(a*x)
```

实例——拉普拉斯逆变换 3

源文件：yuanwenjian/ch13/lplsn3.m

计算 $f(u) = \dfrac{1}{u^2 - a^2}$ 的拉普拉斯逆变换。

操作步骤

解：MATLAB 程序如下。

```
>> clear
>> syms x u a
>> f=1/(u^2-a^2);
>> ilaplace(f,x)
ans =
exp(a*x)/(2*a) - exp(-a*x)/(2*a)
```

实例——拉普拉斯变换与逆变换

源文件：yuanwenjian/ch13/lplsyn.m

计算 $f(x) = -x^3$ 的拉普拉斯变换与逆变换。

操作步骤

解：MATLAB 程序如下。

```
>> clear
>> syms x t
>> f=-x^3;
>> laplace(f,x,t)
ans =
-6/t^4
>> ilaplace(f,x,t)
ans =
-dirac(3, t)
```

实例——拉普拉斯逆变换 4

源文件：yuanwenjian/ch13/lplsn4.m

计算 $g(s) = \dfrac{1}{(s^2+1)^2}$ 的拉普拉斯逆变换。

扫一扫，看视频

操作步骤

解：MATLAB 程序如下。

```
>> clear
>> syms s
>> g=1/(s^2+1)^2;
>> ilaplace(g)
ans =
sin(t)/2 - (t*cos(t))/2
```

实例——拉普拉斯逆变换 5

源文件：yuanwenjian/ch13/lplsn5.m

计算 $g(s) = \dfrac{s^4+1}{s}$ 的拉普拉斯逆变换。

操作步骤

解：MATLAB 程序如下。

```
>> clear
>> syms s
>> g=(s^4+1)/s;
>> ilaplace(g)
ans =
dirac(3, t) + 1
```

实例——拉普拉斯逆变换 6

扫一扫，看视频

源文件：yuanwenjian/ch13/lplsn6.m

计算 $g(s) = \dfrac{1}{s+1}$ 的拉普拉斯逆变换。

操作步骤

解：MATLAB 程序如下。

```
>> clear
>> syms s
>> g=1/(s+1);
>> ilaplace(g)
ans =
exp(-t)
```

实例——拉普拉斯逆变换7

源文件： yuanwenjian/ch13/lplsn7.m

计算 $g(s) = \dfrac{1}{\sqrt{s}}$ 的拉普拉斯逆变换。

操作步骤

解：MATLAB 程序如下。

```
>> clear
>> syms s
>> g=1/sqrt(s);
>> ilaplace(g)
ans =
1/(t^(1/2)*pi^(1/2))
```

13.6　综合实例——时域信号的频谱分析

源文件： yuanwenjian/ch13/syxh.m

傅里叶变换经常被用来计算存在噪声的时域信号的频谱。假设数据采样频率为 1000Hz，一个信号包含频率为50Hz、振幅为0.7的正弦波和频率为120Hz、振幅为1的正弦波，噪声为零平均值的随机噪声。试采用 FFT 方法分析其频谱。

操作步骤

```
>> clear
>> Fs = 1000;                                      %采样频率
>> T = 1/Fs;                                       %采样时间
>> L = 1000;                                       %信号长度
>> t = (0:L-1)*T;                                  %时间向量
>> x = 0.7*sin(2*pi*50*t) + sin(2*pi*120*t);
>> y = x + 2*randn(size(t));                       %加噪声正弦信号
>> plot(Fs*t(1:50),y(1:50))
>> title('零平均值噪声信号');
>> xlabel('time (milliseconds)')
>> NFFT = 2^nextpow2(L); %Next power of 2 from length of y
>> Y = fft(y,NFFT)/L;
>> f = Fs/2*linspace(0,1,NFFT/2);
>> plot(f,2*abs(Y(1:NFFT/2)))
>> title('y(t)单边振幅频谱')
>> xlabel('Frequency (Hz)')
>> ylabel('|Y(f)|')
```

计算结果的图形如图 13-5 和图 13-6 所示。

图 13-5 加零平均值噪声信号

图 13-6 y(t)单边振幅频谱

第14章 方程求解

内容简介

本章介绍线性方程求解和非线性方程以及非线性方程组的优化解。通过对实例的分析，具体介绍了 MATLAB 优化工具箱函数的应用。

内容要点

- ➥ 方程组的介绍
- ➥ 线性方程组求解
- ➥ 方程与方程组的优化解

案例效果

14.1 方程组的介绍

1. 一元方程

（1）对于一元一次方程 Ax+b=c 直接使用四则运算进行计算 $x = \dfrac{c-b}{A}$。

（2）设一元二次方程 $ax^2 + bx + c = 0$（$a,b,c \in R, a \neq 0$）中，两根 x_1, x_2 有如下关系。

$$x_1 + x_2 = -\frac{b}{a} \tag{14-1}$$

$$x_1 x_2 = \frac{c}{a} \tag{14-2}$$

由一元二次方程求根公式知：$x_{1,2} = \dfrac{-b \pm \sqrt{b^2 - 4ac}}{2a}$。

（3）一元三次方程的解法只能用归纳思维得到，即根据一元一次方程、一元二次方程及特殊的高次方程的求根公式的形式归纳出一元三次方程的求根公式的形式。

归纳出来的形如 $x^3 + px + q = 0$ 的一元三次方程的求根公式的形式应该为 $x = \sqrt[3]{A} + \sqrt[3]{B}$ 型，即为两个开立方之和。归纳出了一元三次方程求根公式的形式。

2. 二元一次方程

将方程组中一个方程的某个未知数用含有另一个未知数的代数式表示出来，代入另一个方程中，消去一个未知数，得到一个一元一次方程，最后求得方程组的解。这种解方程组的方法叫做代入消元法。

具体步骤如下。

（1）选取一个系数较简单的二元一次方程变形，用含有一个未知数的代数式表示另一个未知数。

（2）将变形后的方程代入另一个方程中，消去一个未知数，得到一个一元一次方程（在代入时，要注意不能代入原方程，只能代入另一个没有变形的方程中，以达到消元的目的）。

（3）解这个一元一次方程，求出未知数的值。

（4）将求得的未知数的值代入（式 14-1）或（式 14-2）中变形后的方程中，求出另一个未知数的值。

（5）用"{"联立两个未知数的值，就是方程组的解。

（6）最后检验求得的结果是否正确（代入原方程组中进行检验，方程是否满足左边=右边）。

14.2　线性方程组求解

在《线性代数》中，求解线性方程组是一个基本内容，在实际中，许多工程问题都可以化为线性方程组的求解问题。本节将讲述如何用 MATLAB 来解各种线性方程组。为了使读者能够更好地掌握本节内容，我们将本节分为多个部分：首先简单介绍一下线性方程组的基础知识，然后讲述利用 MATLAB 求解线性方程组的几种方法。

14.2.1　利用矩阵除法

在自然科学和工程技术中很多问题的解决常常归结为解线性代数方程组，例如电学中的网络问题，船体数学放样中建立三次样条函数问题，用最小二乘法求试验数据的曲线拟和问题，解非线性方程组问题，用差分法或有限元方法求解常微分方程、偏微分方程边值问题等最终都是求解线性代数方程组。

线性方程组的一般形式为：

$$a_{11}x_1 + a_{12}x_2 + \cdots + a_{1n}x_n = b_1$$
$$a_{21}x_1 + a_{22}x_2 + \cdots + a_{2n}x_n = b_2$$
$$\cdots$$
$$a_{n1}x_1 + a_{n2}x_2 + \cdots + a_{nn}x_n = b_n$$

或者写为矩阵形式：$Ax=b$。

其中，A 为矩阵，x 和 b 为向量。

实例——方程组求解 1

源文件：yuanwenjian/ch14/fczqj1.m

求解下列方程组

$$\begin{cases} x_1 + x_2 + x_3 = 6 \\ 4x_2 - x_3 = 5 \\ 2x_1 - 2x_2 + x_3 = 1 \end{cases}$$

将上述形式化成矩阵形式

$$\begin{bmatrix} 1 & 1 & 1 \\ 0 & 4 & -1 \\ 2 & -2 & 1 \end{bmatrix} \begin{bmatrix} x_1 \\ x_2 \\ x_3 \end{bmatrix} = \begin{bmatrix} 6 \\ 5 \\ 1 \end{bmatrix}$$

在命令行窗口中输入系数向量并调用求解命令得到解。

操作步骤

解：MATLAB 程序如下。

```
>> A=[1 1 1
     0 4 -1
     2 -2 1];
>> b=[6;5;1];
>> x=A\b
x =
    1
    2
    3
```

也就是说方程组的解为 x=[1,2,3]。带入方程组验证也满足。

实例——方程组求解 2

源文件：yuanwenjian/ch14/fczqj2.m

求解下面的方程组

$$\begin{cases} 2x_1 - x_2 + x_3 = 4 \\ -x_1 - 2x_2 + 3x_3 = 5 \\ x_1 + 3x_2 + x_3 = 6 \end{cases}$$

将上述形式化成矩阵形式

$$\begin{bmatrix} 2 & -1 & 1 \\ -1 & -2 & 3 \\ 1 & 3 & 1 \end{bmatrix} \begin{bmatrix} x_1 \\ x_2 \\ x_3 \end{bmatrix} = \begin{bmatrix} 4 \\ 5 \\ 6 \end{bmatrix}$$

在命令行窗口中输入系数向量并调用求解命令得到解。

操作步骤

解：MATLAB 程序如下。

```
>> A=[2 -1 1
     -1 -2 3
```

```
        1 3 1];
>> b=[4;5;6];
>> x=A\b
x =
    1.1111
    0.7778
    2.5556
```

方程组的解为 x=[1.1111,0.7778,2.5556]。

14.2.2　判断线性方程组解

对于线性方程组 $Ax=b$，其中 $A \in R^{m \times n}$，$b \in R^m$。若 $m=n$，我们称之为恰定方程组；若 $m>n$，我们称之为超定方程组；若 $m<n$，我们称之为欠定方程组。若 $b=0$，则相应的方程组称为齐次线性方程组，否则称为非齐次线性方程组。对于齐次线性方程组解的个数有下面的定理。

定理 1：设方程组系数矩阵 A 的秩为 r，则

（1）若 $r=n$，则齐次线性方程组有唯一解。

（2）若 $r<n$，则齐次线性方程组有无穷解。

对于非齐次线性方程组解的存在性有下面的定理。

定理 2：设方程组系数矩阵 A 的秩为 r，增广矩阵 $[A\ b]$ 的秩为 s，则

（1）若 $r=s=n$，则非齐次线性方程组有唯一解。

（2）若 $r=s<n$，则非齐次线性方程组有无穷解。

（3）若 $r \neq s$，则非齐次线性方程组无解。

关于齐次线性方程组与非齐次线性方程组之间的关系有下面的定理。

定理 3：非齐次线性方程组的通解等于其一个特解与对应齐次方程组的通解之和。

若线性方程组有无穷多解，我们希望找到一个基础解系 $\eta_1, \eta_2, \cdots, \eta_r$，以此来表示相应齐次方程组的通解：$k_1\eta_1 + k_2\eta_2 + \cdots + k_r\eta_r (k_r \in R)$。对于这个基础解系，我们可以通过求矩阵 A 的核空间矩阵得到，在 MATLAB 中，可以用 null 命令得到 A 的核空间矩阵。其调用格式如表 14-1 所示。

表 14-1　null 命令的调用格式

调用格式	说明
Z= null(A)	返回矩阵 A 核空间矩阵 Z，即其列向量为方程组 Ax=0 的一个基础解系，Z 还满足 $Z'Z=I$
Z= null(A,'r')	Z 的列向量是方程 Ax=0 的有理基，与上面的命令不同的是 Z 不满足 $Z^TZ=I$

实例——方程组求解 3

源文件：yuanwenjian/ch14/ fczqj3.m

求方程组 $\begin{cases} x_1 + 2x_2 + 2x_3 + x_4 = 0 \\ 2x_1 + x_2 - 2x_3 - 2x_4 = 0 \\ x_1 - x_2 - 4x_3 - 3x_4 = 0 \end{cases}$ 的通解。

扫一扫，看视频

操作步骤

解：MATLAB 程序如下。

```
>> clear
>> A=[1 2 2 1;2 1 -2 -2;1 -1 -4 -3];          %输入系数矩阵 A
>> format rat                                 %指定以有理形式输出
>> Z=null(A,'r')
Z =
        2              5/3
       -2             -4/3
        1              0
        0              1
```

所以该方程组的通解为

$$
x = k_1 \begin{bmatrix} 2 \\ -2 \\ 1 \\ 0 \end{bmatrix} + k_2 \begin{bmatrix} 5/3 \\ -4/3 \\ 0 \\ 1 \end{bmatrix} \quad (k_1, k_2 \in R)
$$

在本小节的最后，我们给出一个判断线性方程组 $Ax=b$ 解的存在性的函数 isexist.m 如下。

```
function y=isexist(A,b)
%该函数用来判断线性方程组 Ax=b 的解的存在性
%若方程组无解则返回 0,若有唯一解则返回 1,若有无穷多解则返回 Inf
[m,n]=size(A);
[mb,nb]=size(b);
if m~=mb
    error('输入有误! ');
    return;
end
r=rank(A);
s=rank([A,b]);
if r==s&r==n
    y=1;
elseif r==s&r<n
    y=Inf;
else
    y=0;
end
```

14.2.3 利用矩阵的逆（伪逆）与除法求解

对于线性方程组 $Ax=b$，若其为恰定方程组且 A 是非奇异的，则求 x 最明显的方法便是利用矩阵的逆，即 $x = A^{-1}b$；若不是恰定方程组，则可利用伪逆来求其一个特解。

实例——方程组求解 4

源文件：yuanwenjian/ch14/fczqj4.m

扫一扫，看视频

求线性方程组 $\begin{cases} x_1 + 2x_2 + 2x_3 = 1 \\ x_2 - 2x_3 - 2x_4 = 2 \\ x_1 + 3x_2 - 2x_4 = 3 \end{cases}$ 的通解。

操作步骤

解：MATLAB 程序如下。

```
>> clear
>> format rat
>> A=[1 2 2 0;0 1 -2 -2;1 3 0 -2];
>> b=[1 2 3]';
>> x0=pinv(A)*b                          %利用伪逆求方程组的一个特解
x0 =
    13/77
    46/77
    -2/11
   -40/77
>> Z=null(A,'r')                         %求相应齐次方程组的基础解系
Z =
    -6          -4
     2           2
     1           0
     0           1
```

因此原方程组的通解为

$$x = \begin{bmatrix} 13/77 \\ 46/77 \\ -2/11 \\ -40/77 \end{bmatrix} + k_1 \begin{bmatrix} -6 \\ 2 \\ 1 \\ 0 \end{bmatrix} + k_2 \begin{bmatrix} -4 \\ 2 \\ 0 \\ 1 \end{bmatrix} (k_1, k_2 \in R)$$

若系数矩阵 A 非奇异，我们还可以利用矩阵除法来求解方程组的解，即 $x=A\backslash b$，虽然这种方法与上面的方法都采用高斯（Gauss）消去法，但该方法不对矩阵 A 求逆，因此可以提高计算精度且能够节省计算时间。

实例——矩阵特征值

源文件：yuanwenjian/ch14/jztzz.m、compare.m

编写一个 M 文件，用来比较上面两种方法求解线性方程组在时间与精度上的区别。

操作步骤

解：

```
创建 M 文件 compare.m，MATLAB 程序如下。
%该 M 文件用来演示求逆法与除法求解线性方程组在时间与精度上的区别
A=1000*rand(1000,1000);                  %随机生成一个 1000 维的系数矩阵
x=ones(1000,1);
b=A*x;
disp('利用矩阵的逆求解所用时间及误差为: ');
tic
y=inv(A)*b;
```

扫一扫，看视频

```
t1=toc
error1=norm(y-x)                          %利用 2-范数来刻画结果与精确解的误差
disp('利用除法求解所用时间及误差为：')
tic
y=A\b;
t2=toc
error2=norm(y-x)
```

该 M 文件的运行结果如下。

```
>> compare
利用矩阵的逆求解所用时间及误差为：
t1 =
    0.3511
error1 =
    1.3627e-09
利用除法求解所用时间及误差为：
t2 =
    0.0903
error2 =
    1.1239e-09
```

由这个例子可以看出，利用除法来解线性方程组所用时间仅为求逆法的约 1/3，其精度也要比求逆法高出一个数量级左右，因此在实际中应尽量不要使用求逆法。

📢 提示：

本实例调用 M 文件 compare.m 中的系数矩阵 *A* 由随机矩阵生成，每次生成的矩阵不同，因此求出的时间与误差不同，读者运行该程序得出与书中不同的结果是允许的。
本书中其余调用随机矩阵函数 rand 的章节，每次得到的矩阵是不同的，同时也与书中不同。

✍ 小技巧：

如果线性方程组 *Ax=b* 的系数矩阵 *A* 奇异且该方程组有解，那么有时可以利用伪逆来求其一个特解，即 x=pinv(A)*b。

14.2.4 利用行阶梯形求解

这种方法只适用于恰定方程组，且系数矩阵非奇异，若不然这种方法只能简化方程组的形式，若想将其解出还需进一步编程实现，因此本小节内容都假设系数矩阵非奇异。

将一个矩阵化为行阶梯形的命令是 rref，其调用格式如表 14-2 所示。

表 14-2　rref 命令的调用格式

调 用 格 式	说　　明
R=rref(A)	利用高斯消去法得到矩阵 A 的行阶梯形 R
[R,jb]=rref(A)	返回矩阵 A 的行阶梯形 R 以及向量 jb
[R,jb]=rref(A,tol)	返回基于给定误差限 tol 的矩阵 A 的行阶梯形 R 以及向量 jb

上面命令中的向量 jb 满足下列条件。

（1）r=length(jb)即矩阵 **A** 的秩。

（2）x(jb)为线性方程组 *Ax=b* 的约束变量。

（3）A(:,jb)为矩阵 **A** 所在空间的基。

（4）R(1:r,jb)是 *r×r* 单位矩阵。

当系数矩阵非奇异时，我们可以利用这个命令将增广矩阵[*A b*]化为行阶梯形，那么 *R* 的最后一列即为方程组的解。

实例——方程组求解 5

源文件：yuanwenjian/ch14/fczqj5.m

求方程组 $\begin{cases} 5x_1 + 6x_2 & = 1 \\ x_1 + 5x_2 + 6x_3 & = 2 \\ x_2 + 5x_3 + 6x_4 & = 3 \\ x_3 + 5x_4 + 6x_5 & = 4 \\ x_4 + 5x_5 & = 5 \end{cases}$ 的解。

扫一扫，看视频

操作步骤

解：MATLAB 程序如下。

```
>> clear
>> A=[5 6 0 0 0;1 5 6 0 0;0 1 5 6 0;0 0 1 5 6;0 0 0 1 5];
>> b=[1 2 3 4 5]';
>> r=rank(A)                           %求 A 的秩看其是否非奇异
r =
    5
>> B=[A,b];                            %B 为增广矩阵
>> R=rref(B)                           %将增广矩阵化为阶梯形
R =
    1.0000         0         0         0         0    5.4782
         0    1.0000         0         0         0   -4.3985
         0         0    1.0000         0         0    3.0857
         0         0         0    1.0000         0   -1.3383
         0         0         0         0    1.0000    1.2677
>> x=R(:,6)                            %R 的最后一列即为解
x =
    5.4782
   -4.3985
    3.0857
   -1.3383
    1.2677
>> A*x                                 %验证解的正确性
ans =
    1.0000
    2.0000
    3.0000
    4.0000
    5.0000
```

14.2.5 利用矩阵分解法求解

利用矩阵分解来求解线性方程组，可以节省内存，节省计算时间，因此它也是在工程计算中最常用的技术。本小节将讲述如何利用 LU 分解、QR 分解与楚列斯基（Cholesky）分解来求解线性方程组。

1．LU 分解法

这种方法的思路是先将系数矩阵 A 进行 LU 分解，得到 $LU=PA$，然后解 $Ly=Pb$，最后再解 $Ux=y$ 得到原方程组的解。因为矩阵 L、U 的特殊结构，使得上面两个方程组可以很容易地求出来。下面我们给出一个利用 LU 分解法求解线性方程组 $Ax=b$ 的函数 solvebyLU.m。

```matlab
function x=solvebyLU(A,b)
%该函数利用 LU 分解法求线性方程组 Ax=b 的解
flag=isexist(A,b);                          %调用第一小节中的 isexist 函数判断方程组解的情况
if flag==0
    disp('该方程组无解！');
    x=[];
    return;
else
    r=rank(A);
    [m,n]=size(A);
    [L,U,P]=lu(A);
    b=P*b;

    %解 Ly=b
    y(1)=b(1);
    if m>1
        for i=2:m
            y(i)=b(i)-L(i,1:i-1)*y(1:i-1)';
        end
    end
    y=y';

    %解 Ux=y 得原方程组的一个特解
    x0(r)=y(r)/U(r,r);
    if r>1
        for i=r-1:-1:1
            x0(i)=(y(i)-U(i,i+1:r)*x0(i+1:r)')/U(i,i);
        end
    end
    x0=x0';

    if flag==1                              %若方程组有唯一解
        x=x0;
        return;
    else                                    %若方程组有无穷多解
        format rat;
```

```
        Z=null(A,'r');                    %求出对应齐次方程组的基础解系
        [mZ,nZ]=size(Z);
        x0(r+1:n)=0;
        for i=1:nZ
            t=sym(char([107 48+i]));
            k(i)=t;                        %取 k=[k1,k2...,];
        end
        x=x0;
        for i=1:nZ
            x=x+k(i)*Z(:,i);               %将方程组的通解表示为特解加对应齐次通解形式
        end
    end
end
```

将该文件复制到当前文件夹路径下，方便读者运行书中实例时调用。

实例——LU 分解法求方程组

源文件：yuanwenjian/ch14/lufcfj.m

利用 LU 分解法求方程组 $\begin{cases} x_1 + x_2 - 3x_3 - x_4 = 1 \\ 3x_1 - x_2 - 3x_3 + 4x_4 = 4 \\ x_1 + 5x_2 - 9x_3 - 8x_4 = 0 \end{cases}$ 的通解。

操作步骤

解：MATLAB 程序如下。

```
>> clear
>> A=[1 1 -3 -1;3 -1 -3 4;1 5 -9 -8];
>> b=[1 4 0]';
>> x=solvebyLU(A,b)
x =
(3*k1)/2 - (3*k2)/4 + 5/4
(3*k1)/2 + (7*k2)/4 - 1/4
                        k1
                        k2
```

实例——"病态"矩阵

源文件：yuanwenjian/ch14/btjz.m

A 是一个 6 维的希尔伯特矩阵，取

$$b=\begin{bmatrix} 1 & 2 & 1 & 1.414 & 1 & 2 \end{bmatrix}^{\mathrm{T}}, \quad b+\Delta b=\begin{bmatrix} 1 & 2 & 1 & 1.4142 & 1 & 2 \end{bmatrix}^{\mathrm{T}}$$

其中 $b+\Delta b$ 是在 b 的基础上有一个相当微小的扰动 Δb。分别求解线性方程组 $Ax_1 = b$ 与 $Ax_2 = b + \Delta b$，比较 x_1 与 x_2，若两者相差很大，则说明系数矩阵是"病态"相当严重的。利用 MATLAB 分析希尔伯特（Hilbert）矩阵的病态性质。

操作步骤

解：MATLAB 程序如下。

```
>> format rat                    %将希尔伯特矩阵以有理形式表示出来
>> A=hilb(6)
A =
    1        1/2       1/3       1/4       1/5       1/6
```

```
        1/2          1/3          1/4          1/5          1/6          1/7
        1/3          1/4          1/5          1/6          1/7          1/8
        1/4          1/5          1/6          1/7          1/8          1/9
        1/5          1/6          1/7          1/8          1/9          1/10
        1/6          1/7          1/8          1/9          1/10         1/11
>> b1=[1 2 1 1.414 1 2]';
>> b2=[1 2 1 1.4142 1 2]';
>> format
>> x1=solvelineq(A,b1,'LU')                %利用 LU 分解来求解 Ax=b1
x1 =
  1.0e+006 *
   -0.0065
    0.1857
   -1.2562
    3.2714
   -3.6163
    1.4271
>> x2=solvelineq(A,b2,'LU')                %利用 LU 分解来求解 Ax=b2
x2 =
  1.0e+006 *
   -0.0065
    0.1857
   -1.2565
    3.2721
   -3.6171
    1.4274
>> errb=norm(b1-b2)                        %求 b1 与 b2 差的 2-范数，以此来度量扰动的大小
errb =
  2.0000e-004
>> errx=norm(x1-x2)                        %求 x1 与 x2 差的 2-范数，以此来度量解扰动的大小
errx =
  1.1553e+003
```

从计算结果可以看出：解的扰动相比于 b 的扰动要剧烈的多，前者大约是后者的近 10^7 倍。由此可知希尔伯特矩阵是"病态"严重的矩阵。

2．QR 分解法

利用 QR 分解法解方程组的思路与上面的 LU 分解法是一样的，也是先将系数矩阵 A 进行 QR 分解：$A=QR$，然后解 $Qy=b$，最后解 $Rx=y$ 得到原方程组的解。对于这种方法，我们需要注意 Q 是正交矩阵，因此 $Qy=b$ 的解即 $y=Q'b$。下面我们给出一个利用 QR 分解法求解线性方程组 $Ax=b$ 的函数 solvebyQR.m。

```
function x=solvebyQR(A,b)
%该函数利用 QR 分解法求线性方程组 Ax=b 的解
flag=isexist(A,b);                         %调用第一小节中的 isexist 函数判断方程组解的情况
if flag==0
   disp('该方程组无解！');
   x=[];
   return;
else
```

```
    r=rank(A);
    [m,n]=size(A);
    [Q,R]=qr(A);
    b=Q'*b;

    %解 Rx=b 得原方程组的一个特解
    x0(r)=b(r)/R(r,r);
    if r>1
        for i=r-1:-1:1
            x0(i)=(b(i)-R(i,i+1:r)*x0(i+1:r)')/R(i,i);
        end
    end
    x0=x0';

    if flag==1                          %若方程组有唯一解
        x=x0;
        return;
    else                                %若方程组有无穷多解
        format rat;
        Z=null(A,'r');                  %求出对应齐次方程组的基础解系
        [mZ,nZ]=size(Z);
        x0(r+1:n)=0;
        for i=1:nZ
            t=sym(char([107 48+i]));
            k(i)=t;                     %取 k=[k1,...,kr];
        end
        x=x0;
        for i=1:nZ
            x=x+k(i)*Z(:,i);           %将方程组的通解表示为特解加对应齐次通解形式
        end
    end
end
```

将该文件复制到当前文件夹路径下，方便读者运行书中实例时调用。

实例——QR 分解法求方程

源文件：yuanwenjian/ch14/qrfjfc.m

利用 QR 分解法求方程组 $\begin{cases} x_1 - 2x_2 + 3x_3 + x_4 = 1 \\ 3x_1 - x_2 + x_3 - 3x_4 = 2 \\ 2x_1 + x_2 + 2x_3 - 2x_4 = 3 \end{cases}$ 的通解。

操作步骤

解：MATLAB 程序如下。

```
>> A=[1 -2 3 1;3 -1 1 -3;2 1 2 -2];
>> b=[1 2 3]';
>> x=solvebyQR(A,b)
x =
(13*k1)/10 + 7/10
   (2*k1)/5 + 3/5
```

```
            1/2 - k1/2
                   k1
```

3．楚列斯基分解法

与上面两种矩阵分解法不同的是，楚列斯基分解法只适用于系数矩阵 **A** 是对称正定的情况。

它的解方程思路是先将矩阵 **A** 进行楚列斯基分解：**A=R'R**，然后解 **R'y=b**，最后再解 **Rx=y** 得到原方程组的解。下面我们给出一个利用楚列斯基分解法求解线性方程组 **Ax=b** 的函数 solvebyCHOL.m。

```
function x=solvebyCHOL(A,b)
%该函数利用楚列斯基分解法求线性方程组 Ax=b 的解
lambda=eig(A);
if lambda>eps&isequal(A,A')
    [n,n]=size(A);
    R=chol(A);
    %解 R'y=b
    y(1)=b(1)/R(1,1);
    if n>1
        for i=2:n
            y(i)=(b(i)-R(1:i-1,i)'*y(1:i-1)')/R(i,i);
        end
    end

    %解 Rx=y
    x(n)=y(n)/R(n,n);
    if n>1
        for i=n-1:-1:1
            x(i)=(y(i)-R(i,i+1:n)*x(i+1:n)')/R(i,i);
        end
    end
    x=x';
else
    x=[];
    disp('该方法只适用于对称正定的系数矩阵！');
end
```

将该文件复制到当前文件夹路径下，方便读者运行书中实例时调用。

实例——楚列斯基分解法求方程组

源文件：yuanwenjian/ch14/clsjfc.m

扫一扫，看视频

利用楚列斯基分解法求 $\begin{cases} 3x_1 + 3x_2 - 3x_3 = 1 \\ 3x_1 + 5x_2 - 2x_3 = 2 \\ -3x_1 - 2x_2 + 5x_3 = 3 \end{cases}$ 的解。

操作步骤

解：MATLAB 程序如下。

```
>> A=[3 3 -3;3 5 -2;-3 -2 5];
>> b=[1 2 3]';
>> x=solvebyCHOL(A,b)
```

```
x =
    3.3333
   -0.6667
    2.3333
>> A*x                                          %验证解的正确性
ans =
    1.0000
    2.0000
    3.0000
```

在本小节的最后，再给出一个函数 solvelineq.m。对于这个函数，读者可以通过输入参数来选择用上面的哪种矩阵分解法求解线性方程组。

```
function x=solvelineq(A,b,flag)
%该函数是矩阵分解法汇总，通过 flag 的取值来调用不同的矩阵分解
%若 flag='LU'，则调用 LU 分解法；
%若 flag='QR'，则调用 QR 分解法；
%若 flag='CHOL'，则调用 CHOL 分解法；
if strcmp(flag,'LU')
    x=solvebyLU(A,b);
elseif strcmp(flag,'QR')
    x=solvebyQR(A,b);
elseif strcmp(flag,'CHOL')
    x=solvebyCHOL(A,b);
else
    error('flag 的值只能为 LU,QR,CHOL!');
end
```

将该文件复制到当前文件夹路径下，方便读者运行书中实例时调用。

14.2.6 非负最小二乘解

在实际问题中，用户往往会要求线性方程组的解是非负的，若此时方程组没有精确解，则希望找到一个能够尽量满足方程的非负解。对于这种情况，可以利用 MATLAB 中求非负最小二乘解的命令 lsqnonneg 来实现。该命令实际上是解下面的二次规划问题。

$$
\begin{aligned}
&\min \quad \| Ax - b \|_2 \\
&\text{s.t.} \quad x_i \geqslant 0, i = 1,2,\cdots n
\end{aligned}
\tag{1}
$$

以此来得到线性方程组 $Ax=b$ 的非负最小二乘解。其调用格式如表 14-3 所示。

表 14-3 lsqnonneg 命令的调用格式

调 用 格 式	说 明
x=lsqnonneg(A,b)	利用高斯消去法得到矩阵 A 的最小向量 x
x=lsqnonneg(A,b,options)	使用结构体 options 中指定的优化选项求最小值。使用 optimset 可设置这些选项

实例——最小二乘解求解方程组

源文件：yuanwenjian/ch14/zxec.m

扫一扫，看视频

求方程组 $\begin{cases} x_2 - x_3 + 2x_4 = 1 \\ x_1 - x_3 + x_4 = 0 \\ -2x_1 + x_2 + x_4 = 1 \end{cases}$ 的最小二乘解。

操作步骤

解：MATLAB 程序如下。

```
>> A=[0 1 -1 2;1 0 -1 1;-2 1 0 1];
>> b=[1 0 1]';
>> x=lsqnonneg(A,b)
x =
        0
        0
   1.0000
   1.0000
>> A*x                                    %验证解的正确性
ans =
   1.0000
  -0.0000
   1.0000
```

14.3　方程与方程组的优化解

在数学物理中的许多问题可以归结为解非线性方程 $F(x) = 0$，方程 $F(x) = 0$ 的解称作它的根或称为 $F(x)$ 的零点。

非线性方程的求解问题可以看作是单变量的极小化问题，通过不断的缩小搜索区间来逼近问题的真解。

在 MATLAB 中，非线性方程求解所用的函数为 fzero 使用的算法为二分法、secant 法和逆二次插值法的组合。

非线性方程组的数学模型为：

$$F(x) = 0$$

其中，x 为向量，$F(x)$ 一般为有多个非线性函数组成的向量值函数。即

$$F(x) = \begin{bmatrix} f_1(x) \\ f_2(x) \\ \cdots \\ f_n(x) \end{bmatrix}$$

14.3.1　非线性方程基本函数

1．调用格式 1

X = fzero(FUN,X0)

这种格式的功能是：

如果 X0 为标量，函数找到 X0 附近函数 FUN 的零点。fzero 函数返回的 X 为函数 FUN 改变符号处邻域内的点，或者是 NaN（如果搜索失败的话）。这里，当函数发现 Inf、NaN 或者复数时，搜索终止。如果 X0 是一个长度为 2 的向量，fzero 函数假设 X0 为一个区间，其中函数 FUN 在区间的两个端点处异号，也就是说，FUN(X0(1)) 的符号和 FUN(X0(2)) 的符号相反。若否，出现错误。

```
>> X = fzero(@sin,3)
X =
   3.1416
>> X = fzero(@(x)sin(3*x),2)
X =
   2.0944
```

2．调用格式 2

X = fzero(FUN,X0,OPTIONS)

这种格式的功能是：

解上述问题，同时将默认优化参数改为 OPTIONS 指定值。OPTIONS 的可用值为 Display，TolX，FunValCheck 和 OutputFcn。

3．调用格式 3

[X,FVAL]= fzero(FUN,...)

这种格式的功能是：

返回在 x 处的目标函数值。

4．调用格式 4

[X,FVAL,EXITFLAG] = fzero(...)

这种格式的功能是：

返回 EXITFLAG 值，描述函数计算的退出条件。其中，EXITFLAG 取值和相应的含义如表 14-4 所示。

表 14-4 参数值

EXITFLAG 值	含 义
1	函数 FZERO 找到解 X
−1	算法由输出函数终止
−3	搜索过程中碰到函数值为 NaN 或 Inf
−4	搜索过程中碰到复数函数值
−5	函数 FZERO 收敛到奇异点

5．调用格式 5

[X,FVAL,EXITFLAG,OUTPUT] = fzero(...)

这种格式的功能是：

返回同上述格式的值，另外，返回包含 OUTPUT 结构的输出。

实例——函数零点值

源文件：yuanwenjian/ch14/hsldz.m、funyx.m

扫一扫，看视频

求解含参数函数 cos(a*x)在 a=2 时的解。

操作步骤

解：MATLAB 程序如下。

编制函数文件 funyx.m。

```
function f=funyx(a,x)
% 这是一个函数的演示
% 演示如何使用 fzero 函数
f=cos(a*x);
```

在命令行窗口中，初始化参数 a。

```
>> a = 2;                                          %定义参数
>> [X,FVAL,EXITFLAG]=fzero(@(x)funyx(x,a),0.1)     %调用函数求解
X =
    0.7854
FVAL =
  6.1232e-017
EXITFLAG =
    1
```

各输出参数分析见上面的介绍。

实例——一元二次方程根求解

源文件：yuanwenjian/ch14/yyecqg.m、funec.m

求方程 $x^2 - x - 1 = 0$ 的正根。

操作步骤

解：MATLAB 程序如下。

编制函数文件 funec.m。

```
function f=funec(x)
% 这是一个函数的演示
% 演示如何使用 fzero 函数
f=x*x-x-1;
```

然后在命令行窗口中调用函数求解。

```
>> x=fzero(@funec,1)
x =
    1.6180
```

$x=1.6180$ 为方程的一个正根。

实例——函数零点求解

源文件：yuanwenjian/ch14/hsldqj.m、funexp.m

找出下面函数的零点。

$$f(x) = e^x + 10x - 2$$

操作步骤

解：MATLAB 程序如下。

编制函数文件 funexp.m。

```
function f=funexp(x)
```

扫一扫，看视频

扫一扫，看视频

```
% 这是一个函数的演示
% 演示如何使用 fzero 函数
f=exp(x)+10*x-2;
```

在命令行窗口中调用函数求解。

```
>> x0=1;
>> [X,FVAL,EXITFLAG]= fzero('funexp(x)',x0)
X =
    0.0905
FVAL =
    0
EXITFLAG =
    1
```

在 $x=0.0905$ 时，函数值等于 0。

实例——一元三次方程函数零点求解

源文件：yuanwenjian/ch14/yysc.m、funsc.m

找出下面函数的零点。

$$f(x) = x^3 - 3x - 1$$

扫一扫，看视频

操作步骤

解：MATLAB 程序如下。

编制函数文件 funsc.m。

```
function f=funsc(x)
% 这是一个函数的演示
% 演示如何使用 fzero 函数
f=x.^3-3*x-1;
```

在命令行窗口中调用函数求解。

```
>> [X,FVAL,EXITFLAG,OUTPUT]=fzero('funsc',2)
X =
    1.8794
FVAL =
-8.8818e-016
EXITFLAG =
    1
OUTPUT =
包含以下字段的 struct:
    intervaliterations: 4
            iterations: 6
             funcCount: 14
             algorithm: 'bisection, interpolation'
               message: '在区间 [1.84, 2.11314] 中发现零'
```

经过 6 次迭代，函数在 $x=1.8794$ 处，最接近 0，此时的函数值为 FVAL =-8.8818e-016。这是一个很接近 0 的数。在应用中可看作为 0。

14.3.2 非线性方程组基本函数

在 MATLAB 中，用 fsolve 函数来求解非线性方程组。具体的调用格式如下。

1. 调用格式1

X=fsolve(FUN,X0)

这种格式的功能是：

给定初始点 X0，求方程组 FUN 的解。其中，FUN 返回在 X 处的函数值，可以是向量或者矩阵。

2. 调用格式2

X=fsolve(FUN,X0,OPTIONS)

这种格式的功能是：

解上述问题，同时将默认优化参数改为 OPTIONS 指定值。

3. 调用格式3

[X,FVAL]=fsolve(FUN,X0,...)

这种格式的功能是：

同时返回在解 X 处的目标函数值。

4. 调用格式4

[X,FVAL,EXITFLAG]=fsolve(FUN,X0,...)

这种格式的功能是：

返回 EXITFLAG 值，描述函数计算的退出条件。其中，EXITFLAG 取值和相应的含义如表 14-5 所示。

表 14-5　参数值

EXITFLAG 值	含　义
1	函数 fsolve 收敛到解 X 处
2	X 的变化小于容止限
3	残差的变化小于容止限
4	重要搜索方向小于规定的容止限
0	达到最大迭代次数或达到函数评价
−1	算法由输出函数终止
−2	算法好像收敛到不是解的点
−3	信赖域半径太小
−4	线搜索在当前方向不能充分减小残差

5. 调用格式5

[X,FVAL,EXITFLAG,OUTPUT]=fsolve(FUN,X0,...)

这种格式的功能是：

返回同上述格式的值，另外，返回包含 OUTPUT 结构的输出。

6. 调用格式 6

[X,FVAL,EXITFLAG,OUTPUT,JACOB]=fsolve(FUN,X0,...)

这种格式的功能是：

返回函数 FUN 在解 X 处的雅克比矩阵。

```
>> x = fsolve(@(x) sin(3*x),[1 4],optimset('Display','off'))
x =
    1.0472    4.1888
```

实例——方程求解

源文件：yuanwenjian/ch14/fcqj.m

扫一扫，看视频

操作步骤

求解方程 $\cos(x)+x=0$。

解：MATLAB 程序如下。

```
>> fsolve('cos(x)+x',0)
Equation solved.

fsolve completed because the vector of function values is near zero
as measured by the default value of the function tolerance, and
the problem appears regular as measured by the gradient.
<stopping criteria details>
ans =
  -0.7391
```

实例——非线性方程组求解 1

源文件：yuanwenjian/ch14/fxxfczqj1.m、funz1.m

求解下列方程组。

扫一扫，看视频

$$2x_1 - x_2 = e^{-x_1}$$
$$-3x_1 + 6x_2 = e^{-x_2}$$

首先，将上述方程组化成标准形式

$$F(x) = \begin{cases} 2x_1 - x_2 - e^{-x_1} \\ -3x_1 + 6x_2 - e^{-x_2} \end{cases}$$

操作步骤

解：MATLAB 程序如下。

（1）编制函数文件 funz1.m。

```
function F=funz1(x)
% 这是一个函数的演示
% 演示如何使用 fzero 函数
F=[2*x(1)-x(2)-exp(-x(1));
    -3*x(1)+6*x(2)-exp(-x(2))];
```

（2）给定初始数据。

```
>> x0=[-5;-4];
>> options=optimset('Display','iter');
```

（3）调用函数求解结果如下。

```
>> [X,FVAL,EXITFLAG,OUTPUT,JACOB]=fsolve('funz1',x0,options)
                                  Norm of      First-order    Trust-region
  Iteration  Func-count    f(x)     step       optimality       radius
     0           3        27888.1                2.3e+004           1
     1           6        6855.59       1       3.23e+003           1
     2           9        1970.87       1          946             1
     3          12        588.084       1          272             1
     4          15        173.191       1          85.6            1
     5          18        45.3352       1          26.6            1
     6          21        8.35697       1          7.73            1
     7          24       0.261723    0.97057        1.01            1
     8          27     0.000333112   0.249307      0.0307          2.43
     9          30     5.31426e-010  0.00956059    3.58e-005       2.43
    10          33     1.32707e-021  1.20995e-005  5.48e-011       2.43
```

Equation solved.

fsolve completed because the vector of function values is near zero
as measured by the default value of the function tolerance, and
the problem appears regular as measured by the gradient.

<stopping criteria details>

X =

    0.4871
    0.3599

FVAL =

  1.0e-010 *

   -0.3447
   -0.1177

EXITFLAG =

     1

OUTPUT =

  包含以下字段的 struct:

      iterations: 10
       funcCount: 33
       algorithm: 'trust-region dogleg'
    firstorderopt: 5.4814e-011
         message: 'Equation solved.↵fsolve completed because the vector of function
values is near zero↵as measured by the default value of the function tolerance, and
↵the problem appears regular as measured by the gradient.↵Stopping criteria details:
↵Equation solved. The sum of squared function values, r = 1.327072e-21, is less
than↵sqrt(options.FunctionTolerance) = 1.000000e-03. The relative norm of the
gradient of r,↵5.481415e-11, is less than options.OptimalityTolerance = 1.000000e-06.
↵Optimization Metric   Options↵relative
norm(grad r) =   5.48e-11   OptimalityTolerance =   1e-06 (default)↵r =
1.33e-21   sqrt(FunctionTolerance) = 1.0e-03 (default)'

JACOB =

    2.6144   -1.0000
   -3.0000   6.6978
```

得到的列表中各项含义如表 14-6 所示。
```

表 14-6 参数值

列 名	含 义
Iteration	迭代次数
Func-count	目标函数的计算次数
f(x)	目标函数值
Norm of step	当前步长的范数
First-order optimality	当前梯度的无穷范数
Trust-region radius	当前 PCG 迭代次数

由于 EXITFLAG =1，说明函数 FSOLVE 收敛到解 X 处，X=[0.4871；0.3599]，函数值非常接近零。

实例——非线性方程组求解

源文件：yuanwenjian/ch14/fxxfczqj2.m、funz2.m

求带参数的非线性方程组的解

$$2x_1 - x_2 = e^{ax_1}$$
$$-x_1 + 2x_2 = e^{ax_2}$$

同样，首先化成标准形式

$$F(x) = \begin{cases} 2x_1 - x_2 - e^{ax_1} \\ -x_1 + 2x_2 - e^{ax_2} \end{cases}$$

扫一扫，看视频

操作步骤

解：MATLAB 程序如下。

（1）编制函数文件 funz2.m。

```
function F=funz2(x,a)
%This is a function for demonstration
%Demonstrating the use of fzero
F=[2*x(1)-x(2)-exp(a*x(1));
    -x(1)+2*x(2)-exp(a*x(2))];
```

（2）给出参数 a 的值，并给出初始点。

```
>> a=-1;
>> x0=[-5;-4];
>> options=optimset('Display','iter');
```

（3）调用函数求解结果如下。

```
>> [X,FVAL,EXITFLAG,OUTPUT,JACOB]=fsolve(@(x) funz2(x,a),x0,options)
```

Iteration	Func-count	f(x)	Norm of step	First-order optimality	Trust-region radius
0	3	27161		2.32e+04	1
1	6	6164.23	1	3.33e+03	1
2	9	1651.58	1	804	1
3	12	456.647	1	210	1
4	15	128.888	1	58.6	1

5	18	34.8853	1	17.1	1
6	21	7.36537	1	4.91	1
7	24	0.403333	1	0.92	1
8	27	0.00102477	0.363195	0.0419	2.5
9	30	6.95285e-09	0.0202703	0.000107	2.5
10	33	3.20952e-19	5.31041e-05	7.13e-10	2.5

```
Equation solved.

fsolve completed because the vector of function values is near zero
as measured by the default value of the function tolerance, and
the problem appears regular as measured by the gradient.
<stopping criteria details>
X =
   0.5671
   0.5671
FVAL =
   1.0e-09 *
   -0.4242
   -0.3755
EXITFLAG =
    1
OUTPUT =
  包含以下字段的 struct:
       iterations: 10
        funcCount: 33
        algorithm: 'trust-region-dogleg'
    firstorderopt: 7.1341e-10
          message: 'Equation solved.↵fsolve completed because the vector of function
values is near zero↵as measured by the default value of the function tolerance, and
↵the problem appears regular as measured by the gradient.↵Stopping criteria details:
↵Equation solved. The sum of squared function values, r = 3.209522e-19, is less than
↵sqrt(options.FunctionTolerance) = 1.000000e-03. The relative norm of the gradient
of r,↵7.134148e-10, is less than options.OptimalityTolerance = 1.000000e-06.↵
Optimization Metric                              Options↵relative norm(grad r)
=   7.13e-10       OptimalityTolerance =   1e-06 (default)↵r =   3.21e-19
sqrt(FunctionTolerance) = 1.0e-03 (default)'
JACOB =
   2.5671   -1.0000
   -1.0000    2.5671
```

表中各含义同上例，由于 EXITFLAG =1，说明函数 FSOLVE 收敛到解 X 处，经过 10 次迭代，X =[0.5671；0.5671]，函数值非常接近零。算法中同样使用了信赖域算法技术。

实例——电路电流求解

源文件：yuanwenjian/ch14/dldl.m

图 14-1 为某个电路的网格图，其中 $R_1 = 1$，$R_2 = 2$，$R_3 = 4$，$R_4 = 3$，$R_5 = 1$，$R_6 = 5$，$E_1 = 41$，$E_2 = 38$，利用基尔霍夫定律求解电路中的电流 I_1, I_2, I_3。

扫一扫，看视频

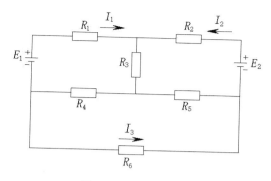

图 14-1 电路网格图

基尔霍夫定律说明电路网格中，任意单向闭路的电压和为零，由此对上路分析可得如下的线性方程组：

$$\begin{cases} (R_1+R_3+R_4)I_1+R_3I_2+R_4I_3=E_1 \\ R_3I_1+(R_2+R_3+R_5)I_2-R_5I_3=E_2 \\ R_4I_1-R_5I_2+(R_4+R_5+R_6)I_3=0 \end{cases}$$

将电阻及电压相应的取值代入，可得该线性方程组的系数矩阵及右端项分别为

$$A=\begin{bmatrix} 8 & 4 & 3 \\ 4 & 7 & -1 \\ 3 & -1 & 9 \end{bmatrix}, \qquad b=\begin{bmatrix} 41 \\ 38 \\ 0 \end{bmatrix}$$

操作步骤

解：MATLAB 程序如下。

方法 1:

系数矩阵 A 是一个对称正定矩阵（读者可以通过 eig 命令来验证），因此可以利用楚列斯基（Cholesky）分解求这个线性方程组的解，具体操作如下。

```
>> A=[8 4 3;4 7 -1;3 -1 9];
>> b=[41 38 0]';
>> I=solvelineq(A,b,'CHOL')          %调用求解线性方程组的函数 solvelineq
I =
   4.0000
   3.0000
  -1.0000
```

我们发现其中的 I_3 是负值，这说明电流的方向与图中箭头方向相反。

方法 2:

利用 MATLAB 将 I_1,I_2,I_3 的具体表达式写出来，具体的操作步骤如下。

```
>> syms R1 R2 R3 R4 R5 R6 E1 E2
>> A=[R1+R3+R4 R3 R4;R3 R2+R3+R5 -R5;R4 -R5 R4+R5+R6];
>> b=[E1 E2 0]';
>> I=inv(A)*b
I =
(R2*R4+R2*R5+R2*R6+R4*R3+R3*R5+R3*R6+R5*R4+R5*R6)/(R4*R2*R5+R3*R2*R5+R3*R5*R6+R
```

```
1*R3*R6+R1*R2*R4+R1*R2*R5+R1*R2*R6+R1*R4*R3+R1*R3*R5+R1*R5*R4+R1*R5*R6+R3*R2*R4
+R3*R2*R6+R4*R2*R6+R4*R3*R6+R4*R5*R6)*conj(E1)-(R4*R3+R3*R5+R3*R6+R5*R4)/(R4*R2
*R5+R3*R2*R5+R3*R5*R6+R1*R3*R6+R1*R2*R4+R1*R2*R5+R1*R2*R6+R1*R4*R3+R1*R3*R5+R1*
R5*R4+R1*R5*R6+R3*R2*R4+R3*R2*R6+R4*R2*R6+R4*R3*R6+R4*R5*R6)*conj(E2)

-(R4*R3+R3*R5+R3*R6+R5*R4)/(R4*R2*R5+R3*R2*R5+R3*R5*R6+R1*R3*R6+R1*R2*R4+R1*R2*
R5+R1*R2*R6+R1*R4*R3+R1*R3*R5+R1*R5*R4+R1*R5*R6+R3*R2*R4+R3*R2*R6+R4*R2*R6+R4*R
3*R6+R4*R5*R6)*conj(E1)+(R4*R1+R1*R5+R1*R6+R4*R3+R3*R5+R3*R6+R5*R4+R4*R6)/(R4*R
2*R5+R3*R2*R5+R3*R5*R6+R1*R3*R6+R1*R2*R4+R1*R2*R5+R1*R2*R6+R1*R4*R3+R1*R3*R5+R1
*R5*R4+R1*R5*R6+R3*R2*R4+R3*R2*R6+R4*R2*R6+R4*R3*R6+R4*R5*R6)*conj(E2)

-(R3*R5+R2*R4+R4*R3+R5*R4)/(R4*R2*R5+R3*R2*R5+R3*R5*R6+R1*R3*R6+R1*R2*R4+R1*R2*
R5+R1*R2*R6+R1*R4*R3+R1*R3*R5+R1*R5*R4+R1*R5*R6+R3*R2*R4+R3*R2*R6+R4*R2*R6+R4*R
3*R6+R4*R5*R6)*conj(E1)+(R1*R5+R3*R5+R5*R4+R4*R3)/(R4*R2*R5+R3*R2*R5+R3*R5*R6+
1*R3*R6+R1*R2*R4+R1*R2*R5+R1*R2*R6+R1*R4*R3+R1*R3*R5+R1*R5*R4+R1*R5*R6+R3*R2*R4
+R3*R2*R6+R4*R2*R6+R4*R3*R6+R4*R5*R6)*conj(E2)
```

14.4　综合实例——带雅克比矩阵的非线性方程组求解

扫一扫，看视频

源文件：yuanwenjian/ch14/ykbfxx.m、nlsf1.m

方程组求解在工程计算、纯数学、优化、计算数学等各个领域都有着重要的应用。在本章的最后一节，通过综合的例子，读者应当仔细琢磨，并上机实现程序，从中体会 MATLAB 在实际应用中的强大功能。

本节考察解带有稀疏雅克比矩阵的非线性方程组的求解。下面的例子中，问题的维数为1000。目标是求 x 满足 $F(x) = 0$。

设 $n=1000$，求下列非线性不等式组的解：

$$F(x) = 3x_1 - 2x_1^2 - 2x_2 + 1$$
$$F(i) = 3x_i - 2x_i^2 - x_{i-1} - 2x_{i+1} + 1$$
$$F(n) = 3x_n - 2x_n^2 - x_{n-1} + 1$$

操作步骤

为了求解大型方程组 $F(x) = 0$，可以使用函数 fsolve。

（1）建立目标函数和雅克比矩阵文件 nlsf1.m。

创建矩阵文件 nlsf1.m，保存在 MATLAB 的搜索路径下。

```
function [F,J] = nlsf1(x);
% 这是演示的功能
% 该文件包含该函数及其雅可比行列式
% 评估矢量函数
n = length(x);
F = zeros(n,1);
i = 2:(n-1);
F(i) = (3-2*x(i)).*x(i)-x(i-1)-2*x(i+1)+ 1;
```

```
F(n) = (3-2*x(n)).*x(n)-x(n-1) + 1;
F(1) = (3-2*x(1)).*x(1)-2*x(2) + 1;
% 如果 nargout> 1，则评估雅可比行列式
if nargout > 1
    d = -4*x + 3*ones(n,1); D = sparse(1:n,1:n,d,n,n);
    c = -2*ones(n-1,1); C = sparse(1:n-1,2:n,c,n,n);
    e = -ones(n-1,1); E = sparse(2:n,1:n-1,e,n,n);
    J = C + D + E;
end
```

（2）在命令行窗口中初始化各输入参数。

```
>> xstart = -ones(1000,1);
>> fun = @nlsf1;
>> options =optimset('Display','iter','LargeScale','on','Jacobian','on');
```

（3）调用函数求解问题。

```
>> [x,fval,exitflag,output] = fsolve(fun,xstart,options)
```

Iteration	Func-count	f(x)	Norm of step	First-order optimality	Trust-region radius
0	1	1011		19	1
1	2	774.963	1	10.5	1
2	3	343.695	2.5	4.63	2.5
3	4	2.93752	5.20302	0.429	6.25
4	5	0.000489408	0.590027	0.0081	13
5	6	1.62688e-11	0.00781347	3.01e-06	13
6	7	6.70321e-26	1.41828e-06	5.85e-13	13

```
Equation solved.

fsolve completed because the vector of function values is near zero
as measured by the default value of the function tolerance, and
the problem appears regular as measured by the gradient.
<stopping criteria details>
x =
  -0.5708
  -0.6819
  -0.7025
   ...
  -0.6658
  -0.5960
  -0.4164
fval =
  1.0e-12 *
  -0.0033
  -0.0075
  -0.0067
  -0.0047
  -0.0047
   ...
  -0.1565
  -0.1319
  -0.0187
```

```
exitflag =
     1
output =
包含以下字段的 struct:
       iterations: 6
        funcCount: 7
        algorithm: 'trust-region-dogleg'
    firstorderopt: 5.8543e-13
          message: 'Equation solved.↵↵fsolve completed because the vector of function
values is near zero↵as measured by the default value of the function tolerance, and
↵the problem appears regular as measured by the gradient.↵↵Stopping criteria details:
↵↵Equation solved. The sum of squared function values, r = 6.703212e-26, is less than
↵sqrt(options.FunctionTolerance) = 1.000000e-03. The relative norm of the gradient
of r,↵5.854315e-13, is less than options.OptimalityTolerance = 1.000000e-06.↵↵
Optimization Metric
Options↵relative norm(grad r) =   5.85e-13
OptimalityTolerance =   1e-06 (default)↵r =   6.70e-26
sqrt(FunctionTolerance) =  1.0e-03 (default)'
```

第 15 章　微 分 方 程

内容简介

在工程实际中，很多问题是用微分方程的形式建立数学模型，微分方程是描述动态系统最常用的数学工具，因此微分方程的求解具有很实际的意义。本章将详细介绍用 MATLAB 求解微分方程的方法与技巧。

内容要点

❯ 微分方程
❯ 常微分方程的数值解法
❯ 偏微分方程

案例效果

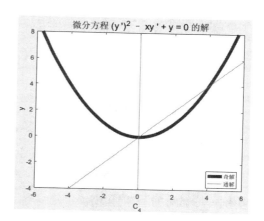

15.1　微 分 方 程

微分方程论是数学的重要分支之一。大致和微积分同时产生，并随实际需要而发展。含自变量、未知函数和它的微商（或偏微商）的方程称为常（或偏）微分方程。

含有未知函数的导数，如 $\dfrac{dy}{dx}=2x$、$\dfrac{ds}{dt}=0.4$ 的方程都是微分方程。一般的凡是表示未知函数、未知函数的导数与自变量之间的关系的方程，叫做微分方程。未知函数是一元函数的，叫常微分方程；未知函数是多元函数的叫做偏微分方程。微分方程有时也简称方程。

在 MATLAB 中，实现微分方程求解的命令是 dsolve，其调用格式如下。

❯ S = dsolve(eqn)：求解常微分方程，eqn 是一个含有 diff 的符号方程来指示导数。
❯ S = dsolve(eqn,cond)：用初始条件或边界条件求解常微分方程。

- S = dsolve(eqn,cond,Name,Value)：使用由一个或多个名称指定的附加选项，值对参数。
- Y = dsolve(eqns)：求解常微分方程组，并返回包含解的结构数组。结构数组中的字段数量对应系统中独立变量的数量。
- Y = dsolve(eqns,conds)：用初始或边界条件 conds 求解常微分方程 eqns。
- Y = dsolve(eqns,conds,Name,Value)：使用由一个或多个名称指定的附加选项，值对参数。
- [y1,...,yN] = dsolve(eqns)：求解常微分方程组,并将解分配给变量。
- [y1,...,yN] = dsolve(eqns,conds)：用初始或边界条件 conds 求解常微分方程 eqns。
- [y1,...,yN] = dsolve(eqns,conds,Name,Value)：使用由一个或多个名称指定的附加选项，值对参数。

实例——微分方程求解

源文件：yuanwenjian/ch15/wffc1.m

显示微分方程 $\begin{cases} Dx = y \\ Dy = -x \end{cases}$ 的解。

操作步骤

解：MATLAB 程序如下。

```
>> clear all
>> S=dsolve('Dx=y,Dy=-x')
>> disp(' ')
>> disp(['微分方程的解',blanks(2),'x',blanks(22),'y'])
>> disp([S.x,S.y])
S =
  包含以下字段的 struct:
    y: [1x1 sym]
    x: [1x1 sym]
微分方程的解  x                        y
[ C2*cos(t) + C1*sin(t), C1*cos(t) - C2*sin(t)]
```

实例——微分方程求通解

源文件：yuanwenjian/ch15/vvfc2.m、微分方程组解.flg

求微分方程 $y'^2 - xy' + y = 0$ 的通解。

操作步骤

解：MATLAB 程序如下。

（1）求通解。

```
>> clear all
>> y=dsolve('(Dy)^2-x*Dy+y=0','x')
y =
                  x^2/4
            - C4^2 + x*C4
```

（2）通过图像来显示解。

```
>> clf,
>> hold on
>> hy1=ezplot(y(1),[-6,6,-4,8],1);
```

```
>> set(hy1,'Color','r','LineWidth',5)
   for k=-2:0.5:2
       y2=subs(y(2),'C4',k);
       ezplot(y2,[-6,6,-4,8],1)
   end
>> hold off
>> box on
>> legend('奇解','通解','Location','Best')
>> ylabel('y')
>> title(['\fontsize{14}微分方程','(y')^2 - xy' + y = 0 ','的解'])
```

结果图像"微分方程组解.flg"如图 15-1 所示。

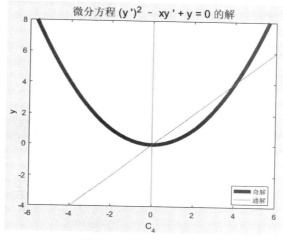

图 15-1 微分方程组解

实例——微分方程边值求解

源文件：yuanwenjian/ch15/vvfc3.m、微分方程边值求解.flg

求微分方程 $xy'' - 5y' + x^3 = 0$ 中 $y(1) = 0, y(5) = 0$ 的解。

扫一扫，看视频

操作步骤

解：MATLAB 程序如下。

（1）求方程解。

```
>> y=dsolve('x*D2y-5*Dy=-x^3','y(1)=0,y(5)=0','x')
y =

- (13*x^6)/2604 + x^4/8 - 625/5208
```

（2）绘制曲线。

```
>> xn=-1:6;
>> yn=subs(y,'x',xn)
>> ezplot(y,[-1,6])
>> hold on
>> plot([1,5],[0,0],'.r','MarkerSize',20)
>> text(1,1,'y(1)=0')
>> text(4,1,'y(5)=0')
>> title(['x*D2y - 5*Dy = -x^3',', y(1)=0,y(5)=0'])
```

```
>> hold off
yn =
 [ 0, -625/5208, 0, 387/248, 592/93, 2835/248, 0, -1705/24]
```

结果图像"微分方程边值求解.flg"如图 15-2 所示。

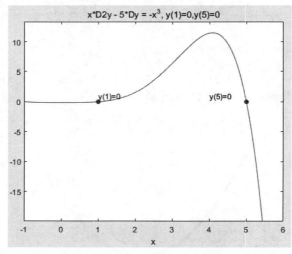

图 15-2　微分方程组解

15.2　常微分方程的数值解法

常微分方程的常用数值解法主要是欧拉(Euler)方法和龙格-库塔(Runge-Kutta)方法等。

15.2.1　欧拉(Euler)方法

从积分曲线的几何解释出发,推导出了欧拉公式 $y_{n+1} = y_n + hf(x_n, y_n)$。MATLAB 没有专门的使用欧拉方法进行常微分方程求解的函数,下面是根据欧拉公式编写的 M 函数文件 euler.m。

```
function [x,y]=euler(f,x0,y0,xf,h)
n=fix((xf-x0)/h);
y(1)=y0;
x(1)=x0;
for i=1:n
    x(i+1)=x0+i*h;
    y(i+1)=y(i)+h*feval(f,x(i),y(i));
end
```

将该文件复制到当前文件夹路径下,方便读者运行书中实例时调用。

实例——欧拉方法求解初值

源文件:yuanwenjian/ch15/f.m、ol1.m

求解初值问题 $\begin{cases} y' = y - \dfrac{2x}{y} \\ y(0) = 1 \end{cases}$ $(0 < x < 1)$。

扫一扫,看视频

操作步骤

解：MATLAB 程序如下。

首先，将方程建立一个 M 文件 f.m。

```
function f=f(x,y)
f=y-2*x/y;
```

在命令行窗口中，输入以下命令。

```
>> [x,y]=euler('f',0,1,1,0.1)
x =
         0    0.1000    0.2000    0.3000    0.4000    0.5000    0.6000    0.7000
    0.8000    0.9000    1.0000
y =
    1.0000    1.1000    1.1918    1.2774    1.3582    1.4351    1.5090    1.5803
    1.6498    1.7178    1.7848
```

为了验证该方法的精度，求出该方程的解析解为 $y=\sqrt{1+2x}$，在 MATLAB 中求解结果如下。

```
>> y1=(1+2*x).^0.5
y1 =
    1.0000    1.0954    1.1832    1.2649    1.3416    1.4142    1.4832    1.5492
    1.6125    1.6733    1.7321
```

通过图像来显示精度：

```
>> plot(x,y,x,y1,'--')
```

图像如图 15-3 所示。

图 15-3   Euler 法精度

从图 15-3 可以看出，欧拉方法的精度还不够高。

为了提高精度，人们建立了一个预测-校正系统，也就是所谓的改进的欧拉公式，如下所示。

$$y_p = y_n + hf(x_n, y_n)$$
$$y_c = y_n + hf(x_{n+1}, y_n)$$
$$y_{n+1} = \frac{1}{2}(y_p + y_c)$$

利用改进的欧拉公式，可以编写以下的 M 函数文件 adeuler.m。

```
function [x,y]=adeuler(f,x0,y0,xf,h)
n=fix((xf-x0)/h);
x(1)=x0;
y(1)=y0;
for i=1:n
```

扫一扫，看视频

```
    x(i+1)=x0+h*i;
    yp=y(i)+h*feval(f,x(i),y(i));
    yc=y(i)+h*feval(f,x(i+1),yp);
    y(i+1)=(yp+yc)/2;
end
```

实例——欧拉方法求解初值 2

源文件：yuanwenjian/ch15/ol2.m

求解初值问题 $\begin{cases} y' = y - \dfrac{2x}{y} \\ y(0) = 1 \end{cases}$ $(0 < x < 1)$。

操作步骤

解：MATLAB 程序如下。

首先，将方程建立一个 M 文件 f.m。

```
function f=f(x,y)
f=y-2*x/y;
>> [x,y]=adeuler('f',0,1,1,0.1)
x =
         0    0.1000    0.2000    0.3000    0.4000    0.5000    0.6000    0.7000
0.8000    0.9000    1.0000
y =
    1.0000    1.0959    1.1841    1.2662    1.3434    1.4164    1.4860    1.5525
1.6165    1.6782    1.7379
>> y1=(1+2*x).^0.5
y1 =
    1.0000    1.0954    1.1832    1.2649    1.3416    1.4142    1.4832    1.5492
1.6125    1.6733    1.7321
```

通过图像来显示精度：
```
>> plot(x,y,x,y1,'--')
```

结果图像如图 15-4 所示。从图 15-4 中可以看到，改进的欧拉方法比欧拉方法要优秀，数值解曲线和解析解曲线基本能够重合。

图 15-4　改进的 Euler 方法精度

15.2.2　龙格-库塔（Runge Kutta）方法

龙格-库塔方法是求解常微分方程的经典方法，MATLAB 提供了多个采用了该方法的函数命令，如表 15-1 所示。

表 15-1　RungeKutta 命令

命　　令	说　　明
ode23	二阶、三阶 R-K 函数，求解非刚性微分方程的低阶方法
ode45	四阶、五阶 R-K 函数，求解非刚性微分方程的中阶方法
ode113	求解更高阶或大的标量计算
ode15s	采用多步法求解刚性方程，精度较低
ode23s	采用单步法求解刚性方程，速度比较快
ode23t	用于解决难度适中的问题
ode23tb	用于解决难度较大的问题，对于系统中存在常量矩阵的情况很有用

以上各种函数命令的调用方式主要如下所示。

➥　[T,Y] = solver(odefun,tspan,y0)。

➥　[T,Y] = solver(odefun,tspan,y0,options)。

➥　[T,Y,TE,YE,IE]=solver(odefun,tspan,y0,options) options 中的事件属性要设为 on。

➥　sol = solver(odefun,[t0,tf],y0...)其中，odefun 定义了微分方程的形式，tspan=[t0 tfinal]定义微分方程的积分限，y0 是初始条件。

options 参数的设置要使用 odeset 函数命令，其调用格式如表 15-2 所示。

表 15-2　options 参数

调 用 格 式	说　　明
options = odeset('name1',value1,'name2',value2,...)	创建一个参数结构，对指定的参数名进行设置，未设置的参数将使用默认值
options = odeset(oldopts,'name1',value1,...)	对已有的参数结构 oldopts 进行修改
options = odeset(oldopts,newopts)	将已有参数结构 oldopts 完整转换为 newopts
odeset	显示所有参数的可能值与默认值

options 具体的设置参数见表 15-3。

表 15-3　设置参数

参　　数	说　　明
RelTol	求解方程允许的相对误差
AbsTol	求解方程允许的绝对误差
Refine	与输入点相乘的因子
OutputFcn	一个带有输入函数名的字符串，将在求解函数的每一步被调用：odephas2（二维相位图）、odephas3（三维相位图）、odeplot（解图形）、odeprint（中间结果）

续表

参　数	说　明
OutputSel	整型变量，定义应传递的元素，尤其是传递给 OutputFcn 的元素
Stats	若为"on"，统计并显示计算过程中的资源消耗
Jacobian	若要编写 ODE 文件返回 dF/dy，设置为"on"
Jconstant	若 df/dy 为常量，设置为"on"
Jpattern	若要编写 ODE 文件返回带零的稀疏矩阵并输出 dF/dy，设置为"on"
Vectorized	若要编写 ODE 文件返回[F(t,y1) F(t,y2)…]，设置为"on"
Events	若 ODE 文件中带有参数"events"，设置为"on"
Mass	若要编写 ODE 文件返回 M 和 M(t)，设置为"on"
MassConstant	若矩阵 M(t)为常量，设置为"on"
MaxStep	定义算法使用的区间长度上限
InitialStep	定义初始步长，若给定区间太大，算法就使用一个较小的步长
MaxOrder	定义 ode15s 的最高阶数，应为 1 到 5 的整数
BDF	若要倒推微分公式，设置为"on"，仅供 ode15s
NormControl	若要根据 norm(e)<=max(Reltol*norm(y),Abstol)来控制误差，设置为"on"

实例——计算二氧化碳的百分比

源文件：yuanwenjian/ch15/co2.m、lk.m、二氧化碳的百分比.flg

某厂房容积为 45m×15m×6m。经测定，空气中含有 0.2%的二氧化碳。开动通风设备，以 360m³/s 的速度输入含有 0.05%二氧化碳的新鲜空气，同时又排出同等数量的室内空气。问 30min 后室内含有二氧化碳的百分比。

操作步骤

解：MATLAB 程序如下。

设在时刻 t 车间内二氧化碳的百分比为 $x(t)\%$，时间经过 dt 之后，室内二氧化碳浓度改变量为 $45 \times 15 \times 6 \times \mathrm{d}x\% = 360 \times 0.05\% \times \mathrm{d}t - 360 \times x\% \times \mathrm{d}t$，得到

$$\begin{cases} \mathrm{d}x = \dfrac{4}{45}(0.05 - x)\mathrm{d}t \\ x(0) = 0.2 \end{cases}$$

首先创建 M 文件 co2.m。

```
function co2=co2(t,x)
co2=4*(0.05-x)/45;
```

在命令行窗口中输入以下命令。

```
>> [t,x]=ode45('co2',[0,1800],0.2)
>> plot(t,x)
t =
  1.0e+003 *
       0
```

```
    0.0008
    0.0015
    0.0023
    0.0030
    0.0054
    ......
    1.7793
    1.7897
    1.8000
x =
    0.2000
    0.1903
    0.1812
    0.1727
    0.1647
    0.1424
    ......
    0.0500
    0.0500
    0.0500
```

可以得到，在 30min 也就是 1800s 之后，车间内二氧化碳浓度为 0.05%。二氧化碳的浓度变化如图 15-5 所示。

图 15-5　二氧化碳浓度变化

实例——R-K 方法求解方程

源文件：yuanwenjian/ch15/rkfc.m、R-K 方法求解方程.flg

利用 R-K 方法对 $\begin{cases} y' = 2t \\ y(0) = 0 \end{cases}$ $(0 < x < 5)$ 方程组进行求解。

扫一扫，看视频

操作步骤

解：MATLAB 程序如下。

```
>> tspan = [0 5];
>> y0 = 0;
>> [t,y] = ode45(@(t,y) 2*t, tspan, y0)
t =
         0
    0.1250
    0.2500
    0.3750
    0.5000
    0.6250
      ...
    4.7500
    4.8750
    5.0000

y =
         0
    0.0156
    0.0625
    0.1406
    0.2500
    0.3906
      ...
   22.5625
   23.7656
   25.0000
```

画图观察其计算精度：

```
>> plot(t,y,'-o')
```

将方程组的解绘制得到如图 15-6 所示的图形。

图 15-6　方程组的解

实例——R-K 方法求解范德波尔方程

源文件：yuanwenjian/ch15/rkfdbe.m、vdp1.m

范德波尔方程

$$y_1'' - \mu(1 - y_1^2)y_1' + y_1 = 0$$

当 $\mu > 0$，将方程转换为一阶常微分方程

$$y_1' = y_2$$
$$y_2' = \mu(1 - y_1^2)y_2 - y_1$$

操作步骤

解：MATLAB 程序如下。

首先创建 M 文件 vdp1.m。

```
function dydt = vdp1(t,y)
dydt = [y(2); (1-y(1)^2)*y(2)-y(1)];
```

计算解析解。

```
>> [t,y] = ode45(@vdp1,[0 20],[2; 0])
t =
         0
    0.0000
    0.0001
    0.0001
    0.0001
    0.0002
    ...
   19.9559
   19.9780
   20.0000
y =
    2.0000         0
    2.0000   -0.0001
    2.0000   -0.0001
    ...
    2.0133    0.1413
    2.0158    0.0892
    2.0172    0.0404
```

画图观察其计算精度：

```
>> plot(t,y(:,1),'-o',t,y(:,2),'-o')
>> title('Solution of van der Pol Equation (\mu = 1) with ODE45');
>> xlabel('Time t');
>> ylabel('Solution y');
>> legend('y_1','y_2')
```

从结果和图 15-7 中可以看到，R-K 方法的计算精度很优秀，数值解和解析解的曲线完全重合。

图 15-7 R-K 方法精度

扫一扫,看视频

实例——R-K 方法求解方程 2

源文件:yuanwenjian/ch15/rkfc2.m、R-K 方法求解方程 2.flg

利用 R-K 方法对 $\begin{cases} y' = y - \dfrac{2x}{y} \quad (0 < x < 1) \\ y(0) = 1 \end{cases}$ 的方程进行求解。

操作步骤

解:MATLAB 程序如下。

首先创建 M 文件 f•m。

```
function  f=(x,y)
f=y-2*x/y;
 >> [t,x]=ode45('f',[0,1],1)
t =
         0
    0.0250
    0.0500
    ...
    0.9500
    0.9750
    1.0000
x =
    1.0000
    1.0247
    1.0488
    ...
    1.7029
    1.7176
    1.7321
```

计算解析解:

```
>> y1=(1+2*t).^0.5
```

```
y1 =
    1.0000
    1.0247
    1.0488
    ...
    1.7029
    1.7176
    1.7321
```

画图观察其计算精度：

```
>> plot(t,x,t,y1,'o')
```

从结果和图 15-8 中可以看到，R-K 方法的计算精度很优秀，数值解和解析解的曲线完全重合。

图 15-8　R-K 方法精度

实例——R-K 方法解方程组 3

源文件：yuanwenjian/ch15/rkfc3.m、rigid.m、R-K 方法解方程组.flg

在[0,12]内求解下列方程：

$$\begin{cases} y_1' = y_2 y_3 & y_1(0) = 0 \\ y_2' = -y_1 y_3 & y_2(0) = 1 \\ y_3' = -0.51 y_1 y_2 & y_3(0) = 1 \end{cases}$$

操作步骤

解：MATLAB 程序如下。

首先，创建要求解的方程的 M 文件 rigid.m。

```
function dy = rigid(t,y)
dy = zeros(3,1);
dy(1) = y(2) * y(3);
dy(2) = -y(1) * y(3);
dy(3) = -0.51 * y(1) * y(2);
```

对计算用的误差限进行设置，然后进行方程解算。

```
>> options = odeset('RelTol',1e-4,'AbsTol',[1e-4 1e-4 1e-5])
options =
包含以下字段的 struct:
            AbsTol: [1.0000e-004 1.0000e-004 1.0000e-005]
               BDF: []
            Events: []
       InitialStep: []
          Jacobian: []
         JConstant: []
          JPattern: []
              Mass: []
      MassConstant: []
      MassSingular: []
          MaxOrder: []
           MaxStep: []
       NonNegative: []
       NormControl: []
         OutputFcn: []
         OutputSel: []
            Refine: []
            RelTol: 1.0000e-004
             Stats: []
        Vectorized: []
  MStateDependence: []
         MvPattern: []
      InitialSlope: []
>> [T,Y] = ode45('rigid',[0 12],[0 1 1],options)
T =
         0
    0.0317
    0.0634
    0.0951
     ...
   11.7710
   11.8473
   11.9237
   12.0000
Y =
         0    1.0000    1.0000
    0.0317    0.9995    0.9997
    0.0633    0.9980    0.9990
    0.0949    0.9955    0.9977
      ...
   -0.5472   -0.8373    0.9207
   -0.6041   -0.7972    0.9024
   -0.6570   -0.7542    0.8833
   -0.7058   -0.7087    0.8639
>> plot(T,Y(:,1),'-',T,Y(:,2),'-.',T,Y(:,3),'.')
```

结果图像如图 15-9 所示。

图 15-9　R-K 方法解方程组

15.2.3　龙格-库塔（Runge-Kutta）方法解刚性问题

在求解常微分方程组的时候，经常出现解的分量数量级别差别很大的情形，给数值求解带来很大的困难。这种问题称为刚性问题，常见于化学反应、自动控制等领域中。下面介绍如何对刚性问题进行求解。

扫一扫，看视频

实例——松弛振荡方程求解

源文件：yuanwenjian/ch15/sczdfc.m、vdp1000.m、松弛振荡方程求解/flg

求解方程 $y'' + 1000(y^2 - 1)y' + y = 0$，初值为 $y(0) = 2, y'(0) = 0$。

操作步骤

解：MATLAB 程序如下。

这是一个处在松弛振荡的范德波尔(Van Der Pol)方程。首先要将该方程进行标准化处理，令 $y_1 = y, y_2 = y'$，有：

$$\begin{cases} y_1' = y_2 & y_1(0) = 2 \\ y_2' = 1000(1 - y_1^2)y_2 - y_1 & y_2(0) = 0 \end{cases}$$

然后建立该方程组的 M 文件 vdp1000.m。

```
function dy = vdp1000(t,y)
dy = zeros(2,1);
dy(1) = y(2);
```

```
dy(2) =1000*(1 - y(1)^2)*y(2) - y(1);
```
使用 ode15s 函数进行求解。
```
>> [T,Y] = ode15s(@vdp1000,[0 3000],[2 0]);
>> plot(T,Y(:,1),'-o')
```
方程的解如图 15-10 所示。

图 15-10　刚性方程解

15.3　偏微分方程

偏微分方程(PDE)在 19 世纪得到迅速发展,那时的许多数学家都对数学物理问题的解决做出了贡献。到现在,偏微分方程已经是工程及理论研究不可或缺的数学工具(尤其是在物理学中),因此解偏微分方程也成了工程计算中的一部分。本节主要讲述如何利用 MATLAB 来求解一些常用的偏微分方程问题。

15.3.1　介绍

为了更加清楚地讲述下面几节,我们先对偏微分方程作一个简单的介绍。MATLAB 可以求解的偏微分方程类型如下。

（1）椭圆型
$$-\nabla \cdot (c\nabla u) + au = f \tag{15-1}$$
其中,$u = u(x, y),(x, y) \in \Omega$,$\Omega$ 是平面上的有界区域;c、a、f 是标量复函数形式的系数。

（2）抛物型
$$d\frac{\partial u}{\partial t} - \nabla \cdot (c\nabla u) + au = f \tag{15-2}$$
其中,$u = u(x, y),(x, y) \in \Omega$,$\Omega$ 是平面上的有界区域;c、a、f、d 是标量复函数形式的系数。

（3）双曲型
$$d\frac{\partial^2 u}{\partial t^2} - \nabla \cdot (c\nabla u) + au = f \tag{15-3}$$
其中,$u = u(x, y),(x, y) \in \Omega$,$\Omega$ 是平面上的有界区域;c、a、f、d 是标量复函数形式的系数。

（4）特征值方程：
$$-\nabla \cdot \left(c\nabla u \right) + au = \lambda du \tag{15-4}$$

其中，$u = u(x,y),(x,y) \in \Omega$，$\Omega$ 是平面上的有界区域；λ 是待求特征值；c、a、f、d 是标量复函数形式的系数。

（5）非线性椭圆型：
$$-\nabla \cdot \left(c(u)\nabla u \right) + a(u)u = f(u) \tag{15-5}$$

其中，$u = u(x,y),(x,y) \in \Omega$，$\Omega$ 是平面上的有界区域；c、a、f 是关于 u 的函数。

此外，MATLAB 还可以求解下面形式的偏微分方程组：

$$\begin{cases} -\nabla \cdot (c_{11}\nabla u_1) - \nabla \cdot (c_{12}\nabla u_2) + a_{11}u_1 + a_{12}u_2 = f_1 \\ -\nabla \cdot (c_{21}\nabla u_1) - \nabla \cdot (c_{22}\nabla u_2) + a_{21}u_1 + a_{22}u_2 = f_2 \end{cases} \tag{15-6}$$

边界条件是解偏微分方程所不可缺少的，常用的边界条件有以下几种。

（1）狄利克雷（Dirichlet）边界条件：$hu = r$

（2）诺依曼（Neumann）边界条件：$n \cdot (c\nabla u) + qu = g$

其中，n 为边界（$\partial\Omega$）外法向单位向量；g、q、h、r 是在边界（$\partial\Omega$）上定义的函数。

在有的偏微分参考书中，狄利克雷边界条件也称为第一类边界条件，诺依曼边界条件也称为第三类边界条件，如果 $q = 0$，则称为第二类边界条件。对于特征值问题仅限于齐次条件：$g = 0$，$r = 0$；对于非线性情况，系数 g、q、h、r 可以与 u 有关；对于抛物型与双曲型偏微分方程，系数可以是关于 t 的函数。

对于偏微分方程组，狄利克雷边界条件为：

$$\begin{cases} h_{11}u_1 + h_{12}u_2 = r_1 \\ h_{21}u_1 + h_{22}u_2 = r_2 \end{cases}$$

诺依曼边界条件为

$$\begin{cases} n \cdot (c_{11}\nabla u_1) + n \cdot (c_{12}\nabla u_2) + q_{11}u_1 + q_{12}u_2 = g_1 \\ n \cdot (c_{21}\nabla u_1) + n \cdot (c_{22}\nabla u_2) + q_{21}u_1 + q_{22}u_2 = g_2 \end{cases}$$

混合边界条件为

$$\begin{cases} n \cdot (c_{11}\nabla u_1) + n \cdot (c_{12}\nabla u_2) + q_{11}u_1 + q_{12}u_2 = g_1 + h_{11}\mu \\ n \cdot (c_{21}\nabla u_1) + n \cdot (c_{22}\nabla u_2) + q_{21}u_1 + q_{22}u_2 = g_2 + h_{21}\mu \end{cases}$$

其中，μ 的计算要使得狄利克雷条件满足。

15.3.2　区域设置及网格化

在利用 MATLAB 求解偏微分方程时，可以利用 M 文件来创建偏微分方程定义的区域，如果该 M 文件名为 pdegeom，则它的编写要满足下面的法则。

（1）该 M 文件必须能用下面的 3 种调用格式。

�’ ne=pdegeom

�’ d=pdegeom(bs)

�’ [x,y]=pdegeom(bs,s)

（2）输入变量 bs 是指定的边界线段，s 是相应线段弧长的近似值。

（3）输出变量 ne 表示几何区域边界的线段数。

（4）输出变量 d 是一个区域边界数据的矩阵。

（5）d 的第 1 行是每条线段起始点的值；第 2 行是每条线段结束点的值；第 3 行是沿线段方向左边区域的标识值，如果标识值为 1，则表示选定左边区域，如果标识值为 0，则表示不选左边区域；第 4 行是沿线段方向右边区域的值，其规则同上。

（6）输出变量[x,y]是每条线段的起点和终点所对应的坐标。

实例——绘制心形线区域

源文件：yuanwenjian/ch15/xxx.m、cardg.m

画一个心形线所围区域的 M 文件，心形线的函数表达式为

$$r = 2(1+\cos\phi)$$

操作步骤

解：MATLAB 程序如下。

我们将这条心形线分为 4 段：第一段的起点为 $\phi=0$，终点为 $\phi=\pi/2$；第 2 段的起点为 $\phi=\pi/2$，终点为 $\phi=\pi$；第 3 段的起点为 $\phi=\pi$，终点为 $\phi=3\pi/2$；第 4 段起点为 $\phi=3\pi/2$，终点为 $\phi=2\pi$。

下面是完整的 M 文件 cardg.m。

```matlab
function [x,y]=cardg(bs,s)
%此函数用来编写心形线所围成的区域
nbs=4;
if nargin==0                              %如果没有输入参数
  x=nbs;
  return
end
dl=[  0      pi/2   pi      3*pi/2
     pi/2   pi     3*pi/2  2*pi;
      1      1      1       1
      0      0      0       0];

if nargin==1                              %如果只有一个输入参数
  x=dl(:,bs);
  return
end

x=zeros(size(s));
y=zeros(size(s));
[m,n]=size(bs);
if m==1 & n==1,
  bs=bs*ones(size(s));                    %扩展bs
elseif m~=size(s,1) | n~=size(s,2),
  error('bs must be scalar or of same size as s');
end
```

扫一扫，看视频

```
nth=400;
th=linspace(0,2*pi,nth);
r=2*(1+cos(th));
xt=r.*cos(th);
yt=r.*sin(th);
th=pdearcl(th,[xt;yt],s,0,2*pi);
r=2*(1+cos(th));
x(:)=r.*cos(th);
y(:)=r.*sin(th);
```

为了验证所编 M 文件的正确性，可在 MATLAB 的命令行窗口输入以下命令。

```
>> nd=cardg
nd =
     4
>> d=cardg([1 2 3 4])
d =
         0     1.5708     3.1416     4.7124
    1.5708     3.1416     4.7124     6.2832
    1.0000     1.0000     1.0000     1.0000
         0          0          0          0
>> [x,y]=cardg([1 2 3 4],[2 1 1 2])
x =
    0.4506     2.8663     2.8663     0.4506
y =
    2.3358     2.1694     2.1694     2.3358
```

有了区域的 M 文件，接下来要做的就是网格化，创建网格数据。这可以通过 initmesh 命令来实现，其调用格式如表 15-4 所示。

表 15-4　initmesh 调用格式

调 用 格 式	含 义
[p,e,t]=initmesh(g)	返回一个三角形网格数据，其中 g 可以是一个分解几何矩阵，还可以是 M 文件
[p,e,t]=initmesh(g, 'PropertyName', PropertyValue,…)	在上面命令功能的基础上加上属性设置，表 15-5 给出了属性名及相应的属性值

表 15-5　initmesh 属性

属 性 名	属 性 值	默 认 值	说 明
Hmax	数值	估计值	边界的最大尺寸
Hgrad	数值	1.3	网格增长比率
Box	on | off	off	保护边界框
Init	on | off	off	三角形边界
Jiggle	off | mean | min	mean	调用 jigglemesh
JiggleIter	数值	10	最大迭代次数

我们需要对这个函数的输出参数加以说明，p、e、t 是网格数据。p 为节点矩阵，其第 1 行和第 2 行分别是网格节点的 x 坐标和 y 坐标；e 为边界矩阵，其第 1 行和第 2 行是起点和终点的索引，第 3 行和第 4 行是起点和终点参数值，第 5 行是边界线段的顺序数，第 6 行和第 7 行分别是子区域左边和右边的标识；t 为三角形矩阵，其前三行按逆时针方向给出三角形顶点的次序，最后一行给出子区域的标识。

在创建好初始网格数据后，我们还可以对其进行优化与加密。对其进行优化的命令是 jigglemesh，对其进行加密的命令是 refinemesh。

jigglemesh 命令的调用格式如表 15-6 所示，refinemesh 命令的调用格式如表 15-8 所示。

表 15-6　jigglemesh 调用格式

调 用 格 式	含 义
p1=jigglemesh(p,e,t)	通过调整节点位置来优化三角形网格，以提高网格质量，返回调整后的节点矩阵 p1
p1=jigglemesh(p,e,t, 'PropertyName', PropertyValue,…)	在上面命令功能的基础上加上属性设置，表 15-7 给出了属性名及相应的属性值

表 15-7　jigglemesh 属性

属 性 名	属 性 值			默 认 值	说 明
opt	off	mean	min	mean	优化方法
iter	数值			1 或 20	最大迭代次数

表 15-8　refinemesh 调用格式

调 用 格 式	含 义
[p1,e1,t1]=refinemesh(g,p,e,t)	返回一个被几何区域 g、节点矩阵 p、边界矩阵 e 和三角形矩阵 t 指定的经过加密的三角形网格矩阵
[p1,e1,t1]=refinemesh(g,p,e,t, 'regular')	使用规则加密法进行加密，即所有指定的三角形单元都被分为 4 个形状相同的三角形单元
[p1,e1,t1]=refinemesh(g,p,e,t, 'longest')	使用最长边加密法，即把指定的每个三角形单元的最长边二等分
[p1,e1,t1]=refinemesh(g,p,e,t,it)	若 it 为行向量，则为要加密的子区域的表；若 it 为列向量，则为一个要加密的三角形表格
[p1,e1,t1]=refinemesh(g,p,e,t,it, 'regular')	使用规则加密法进行加密
[p1,e1,t1]=refinemesh(g,p,e,t,it, 'longest')	使用最长边加密法加密
[p1,e1,t1,u1]=refinemesh(g,p,e,t,u)	不仅加密网格，而且还用线性插值的方法将 u 扩展到新的网格上。u 的行数与 p 的列数对应，u1 的行数与 p1 元素一样多，u 的每一列分别被进行内插值
[p1,e1,t1,u1]=refinemesh(g,p,e,t,u, 'regular')	使用规则加密法进行加密
[p1,e1,t1,u1]=refinemesh(g,p,e,t,u, 'longest')	使用最长边加密法加密
[p1,e1,t1,u1]=refinemesh(g,p,e,t,u,it)	若 it 为行向量，则为要加密的子区域的表；若 it 为列向量，则为一个要加密的三角形表格
[p1,e1,t1]=refinemesh(g,p,e,t,it, 'regular')	使用规则加密法进行加密
[p1,e1,t1,u1]=refinemesh(g,p,e,t,u,it, 'longest')	使用最长边加密法加密

在得到网格数据后，我们可以利用 pdemesh 命令来绘制三角形网格图，其调用格式如表 15-9 所示。

表 15-9　pdemesh 调用格式

调 用 格 式	含 义
pdemesh(p,e,t)	绘制由网格数据 p,e,t 指定的网格图
pdemesh(p,e,t,u)	用网格图绘制节点或三角形数据 u。若 u 是列向量，则组装节点数据；若 u 是行向量，则组装三角形数据
h= pdemesh(p,e,t)	绘制由网格数据 p,e,t 指定的网格图，并返回一个轴对象句柄
h=pdemesh(p,e,t,u)	用网格图绘制节点或三角形数据 u，并返回一个轴对象句柄

实例——心形线网格区域

源文件：yuanwenjian/ch15/xxxwg.m、优化与加密网格图

对于心形线所围区域，观察优化和加密后与原网格的区别。

操作步骤

解：MATLAB 程序如下。

```
>> [p,e,t]=initmesh('cardg');                           %初始化网格数据
>> subplot(2,2,1),pdemesh(p,e,t)                        %绘制初始网格图
>> title('初始网格图')
>> p1=jigglemesh(p,e,t,'opt','mean','iter',inf);        %优化网格数据
>> subplot(2,2,2),pdemesh(p1,e,t)                       %绘制优化网格图
>> title('优化网格图')
>> [p2,e2,t2]=refinemesh('cardg',p,e,t);                %加密网格数据
>> subplot(2,2,3),pdemesh(p,e,t),title('初始网格图')
>> subplot(2,2,4),pdemesh(p2,e2,t2)                     %绘制加密网格图
>> title('加密网格图')
```

运行结果如图 15-11 所示。

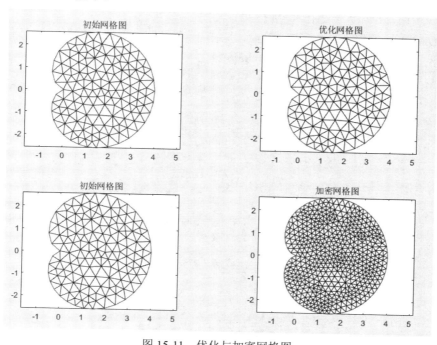

图 15-11　优化与加密网格图

15.3.3 边界条件设置

上一小节讲了区域的 M 文件编写及网格化,下面讲一下边界条件的设置。边界条件的一般形式为

$$hu = r,$$
$$n \cdot (c \otimes \nabla u) + qu = g + h'\mu.$$

其中符号 $n \cdot (c \otimes \nabla u)$ 表示 $N \times 1$ 矩阵,其第 i 行元素为

$$\sum_{j=1}^{n} \left(\cos(\alpha)c_{i,j,1,1} \frac{\partial}{\partial x} + \cos(\alpha)c_{i,j,1,2} \frac{\partial}{\partial y} + \sin(\alpha)c_{i,j,2,1} \frac{\partial}{\partial x} + \sin(\alpha)c_{i,j,2,2} \frac{\partial}{\partial y} \right) u_j,$$

$n = (\cos\alpha, \sin\alpha)$ 是外法线方向。有 M 个狄利克雷(Dirichlet)条件,且矩阵 h 是 $M \times N$ 型($M \geqslant 0$)。广义的诺依曼(Neumann)条件包含一个要计算的拉格朗日(Lagrange)乘子 μ。若 $M = 0$,即为诺依曼条件;若 $M = N$,即为诺依曼条件;若 $M < N$,即为混合边界条件。

边界条件也可以通过 M 文件的编写来实现,如果边界条件的 M 文件名为 pdebound,那么它的编写必须满足调用格式为:

$$[q,g,h,r]=pdebound(p,e,u,time)$$

该边界条件的 M 文件在边界 e 上算出 q、g、h、r 的值,其中 p、e 是网格数据,且仅需要 e 是网格边界的子集;输入变量 u 和 time 分别用于非线性求解器和时间步长算法;输出变量 q、g 必须包含每个边界中点的值,即 size(q)=[N^2 ne](N 是方程组的维数,ne 是 e 中边界数,size(h)=[N ne]);对于狄利克雷条件,相应的值一定为零;h 和 r 必须包含在每条边上的第 1 点的值,接着是在每条边上第 2 点的值,即 size(h)=[N^2 2*ne](N 是方程组的维数,ne 是 e 中边界数,size(r)=[N 2*ne]),当 M<N 时,h 和 r 一定有 N−M 行元素是零。

下面是 MATLAB 的偏微分方程工具箱,自带的一个区域为单位正方形,其左右边界为 u=0、上下边界 u 的法向导数为 0 的 M 文件 squareb3.m。

```
function [q,g,h,r]=squareb3(p,e,u,time)
%SQUAREB3 函数用于输入边界条件数据
bl=[
1 1 1 1
0 1 0 1
1 1 1 1
1 1 1 1
48 1 48 1
48 1 48 1
48 48 42 48
48 48 120 48
49 49 49 49
48 48 48 48
];

if any(size(u))
  [q,g,h,r]=pdeexpd(p,e,u,time,bl);
else
```

```
[q,g,h,r]=pdeexpd(p,e,time,bl);
end
```

该 M 文件中的 pdeexpd 函数为一个估计表达式在边界上值的函数。

15.3.4 解椭圆型方程

对于椭圆型偏微分方程或相应方程组，可以利用 adaptmesh 命令（自适应网格法）与 assempde 命令进行求解，adaptmesh 命令的调用格式如表 15-10 所示。

表 15-10 adaptmesh 调用格式

调 用 格 式	含 义
[u,p,e,t]=adaptmesh(g,b,c,a,f)	求解椭圆型偏微分方程，其中 g 为几何区域，b 为边界条件，输出变量 u 为解向量，p、e、t 为网格数据
[u,p,e,t]=adaptmesh(g,b,c,a,f, 'PropertyName', PropertyValue)	在上面命令功能的基础上加上属性设置，表 15-11 给出了属性名及相应的属性值

表 15-11 adaptmesh 属性

属 性 名	属 性 值	默 认 值	说 明
Maxt	正整数	inf	生成新三角的最大个数
Ngen	正整数	10	生成三角形网格的最大次数
Mesh	p1,e1,t1	initmesh	初始网格
Tripick	MATLAB 函数	pdeadworst	三角形选择方法
Par	数值	0.5	函数的参数
Rmethod	longest | regular	longest	三角形网格的加密方法
Nonlin	on | off	off	使用非线性求解器
Toln	数值	1E-4	非线性允许误差
Init	u0	0	非线性初始值
Jac	fixed | lumped | full	fixed	非线性雅可比矩阵的计算
Norm	numeric | inf |energy	inf	非线性残差范数

assempde 命令的调用格式见表 15-12。

表 15-12 assempde 调用格式

调 用 格 式	含 义
u=assempde(b,p,e,t,c,a,f)	根据从线性方程组中消去狄利克雷边界条件（约束处理）的边界点来组装和求解椭圆型偏微分方程
u=assempde(b,p,e,t,c,a,f,u0)	u0 为初始条件，用于非线性解
u=assempde(b,p,e,t,c,a,f,u0,time)	u0 为初始条件，用于非线性解，time 用于时间步长算法
u=assempde(b,p,e,t,c,a,f,time)	time 用于时间步长算法
[K,F]=assempde(b,p,e,t,c,a,f)	用刚度弹性逼近狄利克雷边界条件来组装偏微分方程，K、F 分别是刚度矩阵和方程右边的函数矩阵，它的有限元法解为 u=K\F
[K,F]=assempde(b,p,e,t,c,a,f,u0)	u0 为初始条件，用于非线性解

调 用 格 式	含 义
[K,F]=assempde(b,p,e,t,c,a,f,u0,time)	u0 为初始条件，用于非线性解，time 用于时间步长算法
[K,F]=assempde(b,p,e,t,c,a,f,u0,time,sdl)	sdl 为子区域标识选项表，其作用是依表中所标识的子区域来限制组装过程
[K,F]=assempde(b,p,e,t,c,a,f,time)	time 用于时间步长算法
[K,F]=assempde(b,p,e,t,c,a,f,time,sdl)	time 用于时间步长算法
[K,F,B,ud]=assempde(b,p,e,t,c,a,f)	从线性方程组中删去狄利克雷边界条件的边界点来组装偏微分方程问题，在非狄利克雷条件点上的解为：u1=K\F，而完整的解为：u=B*u1+ud
[K,F,B,ud]=assempde(b,p,e,t,c,a,f,u0)	u0 为初始条件，用于非线性解
[K,F,B,ud]=assempde(b,p,e,t,c,a,f,u0,time)	u0 为初始条件，用于非线性解，time 用于时间步长算法
[K,F,B,ud]=assempde(b,p,e,t,c,a,f,time)	time 用于时间步长算法
[K,M,F,Q,G,H,R]=assempde(b,p,e,t,c,a,f)	给出一个偏微分方程问题的分解表达式
[K,M,F,Q,G,H,R]=assempde(b,p,e,t,c,a,f,u0)	u0 为初始条件，用于非线性解
[K,M,F,Q,G,H,R]=assempde(b,p,e,t,c,a,f,u0,time)	u0 为初始条件，用于非线性解，time 用于时间步长算法
[K,M,F,Q,G,H,R]=assempde(b,p,e,t,c,a,f,u0,time,sdl)	u0 为初始条件，用于非线性解，time 用于时间步长算法；sdl 为子区域标识选项表，其作用是依表中所标识的子区域来限制组装过程
[K,M,F,Q,G,H,R]=assempde(b,p,e,t,c,a,f,time)	time 用于时间步长算法
[K,M,F,Q,G,H,R]=assempde(b,p,e,t,c,a,f,time,sdl)	time 用于时间步长算法；sdl 为子区域标识选项表，其作用是依表中所标识的子区域来限制组装过程
u=assempde(K,M,F,Q,G,H,R)	将分解表达式分解成单个的矩阵或向量的形式，然后从方程组中删去狄利克雷边界条件的边界点，再解偏微分方程问题
[K1,F1]=assempde(K,M,F,Q,G,H,R)	根据带有弹性系数的固定狄利克雷边界条件来分解表达式成单个的矩阵或向量
[K1,F1,B,ud]=assempde(K,M,F,Q,G,H,R)	从线性方程组中删去狄利克雷边界条件的边界点来分解表达式成单个的矩阵或向量形式

实例——求解拉普拉斯方程

源文件：yuanwenjian/ch15/lplsfc.m、用 pdemesh 命令求解.flg、lplsfc1.m、用 assempde 命令进行求解.flg

分别利用 adaptmesh 命令与 assempde 命令求解扇形区域上的拉普拉斯方程，其在弧上满足狄利克雷条件 $u = \cos\frac{2}{3} * a\tan 2(y,x)$，在直线上满足 $u=0$，并与精确解进行比较。

扫一扫，看视频

操作步骤

解：MATLAB 程序如下。

```
>> [u,p,e,t]=adaptmesh('cirsg','cirsb',1,0,0);    %这里的区域函数 cirsg 与边界条件 cirsb
                                                   都是 MATLAB 的偏微分方程工具箱自带的

Number of triangles: 197
Number of triangles: 201
```

```
Number of triangles: 216
Number of triangles: 233
Number of triangles: 254
Number of triangles: 265
Number of triangles: 313
Number of triangles: 344
Number of triangles: 417
Number of triangles: 475
Number of triangles: 629

Maximum number of refinement passes obtained.
>> x=p(1,:);
>> y=p(2,:);
>> exact=((x.^2+y.^2).^(1/3).*cos(2/3*atan2(y,x)))';          %精确解
>> error1=max(abs(u-exact))                                   %求最大误差
error1 =
   0.0028
>> pdemesh(p,e,t)                                             %画出网格图
>> axis equal
```

用 pdemesh 命令求解的最大绝对误差为 0.0028，具有 629 个三角形，如图 15-12 所示。

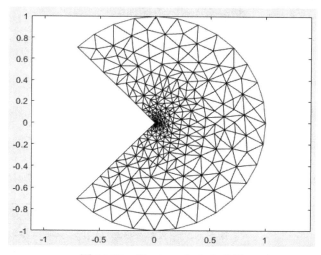

图 15-12　用 pdemesh 命令求解

下面利用 assempde 命令进行求解。

```
>> clear
>> [p,e,t]=initmesh('cirsg');                                 %初始化网格
>> [p,e,t]=refinemesh('cirsg',p,e,t);                         %加密一次
>> [p,e,t]=refinemesh('cirsg',p,e,t);                         %再加密一次
>> u=assempde('cirsb',p,e,t,1,0,0);                           %求解
>> x=p(1,:);
>> y=p(2,:);
>> exact=((x.^2+y.^2).^(1/3).*cos(2/3*atan2(y,x)))';          %精确解
>> error2=max(abs(u-exact))                                   %求最大误差
```

```
error2 =
    0.0078
>> size(t,2)
ans =
        3152
>> pdemesh(p,e,t)
>> axis equal
```

利用 assempde 命令求解，加密两次后最大绝对误差为 0.0078，三角形网格数为 3152 个，如图 15-13 所示，若想再提高解的精度，可再进行加密。

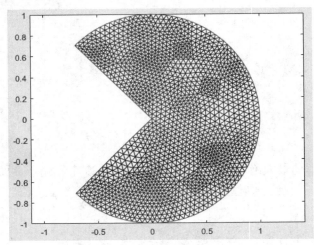

图 15-13　用 assempde 命令进行求解

15.3.5　解抛物型方程

在 MATLAB 中，用于求解抛物型偏微分方程或相应方程组的命令是 parabolic，其调用格式如表 15-13 所示。

表 15-13　parabolic 调用格式

调 用 格 式	含　　义
u1=parabolic(u0,tlist,b,p,e,t,c,a,f,d)	用有限元法求解在区域 Ω 上，具有网格数据 p、e、t，并带有边界条件 b 和初始值 u0 的抛物型偏微分方程或相应的偏微分方程组。其中 tlist 为时间列表；u1 中的每一列都是 tlist 中所对应的解；b 为边界条件，可以依赖于时间 t；p、e、t 为网格数据，c、a、f、d 为方程的系数
u1=parabolic(u0,tlist,b,p,e,t,c,a,f,d,rtol)	rtol 为通过了偏微分方程求解器的相对误差
u1=parabolic(u0,tlist,b,p,e,t,c,a,f,d,rtol,atol)	u0 为初始条件，用于非线性解，list 用于时间步长算法
u1=parabolic(u0,tlist,K,F,B,ud,M)	求下面带有初始条件 u0 的常微分方程的解：$$B'MB\frac{\mathrm{d}u_i}{\mathrm{d}t} + K\ u_i = F, \quad u = Bu_i + u_d$$
u1=parabolic(u0,tlist,K,F,B,ud,M,rtol)	rtol 为通过了偏微分方程求解器的相对误差
u1=parabolic(u0,tlist,K,F,B,ud,M,rtol,atol)	atol 为通过了偏微分方程求解器的绝对误差

实例——求解热传导方程

源文件： yuanwenjian/ch15/rcd.m、求解热传导方程.flg

在几何区域 $-1 \leqslant x, y \leqslant 1$ 上，当 $x^2 + y^2 < 0.4^2$ 时，$u(0) = 1$，其他区域上，$u(0) = 0$ 且满足

Dirichlet 边界条件 $u=0$，求在时刻 0，0.005，0.01，$\cdots$，0.1 处热传导方程 $\dfrac{\partial u}{\partial t} = \Delta u$ 的解。

操作步骤

解：MATLAB 程序如下。

```
>> clear
>> c=1;a=0;f=1;d=1;                              %方程的系数
>> [p,e,t]=initmesh('squareg');                 %初始化网格,其中squareg为MATLAB
                                                   偏微分方程工具箱中自带的正方形
                                                   区域M文件
>> [p,e,t]=refinemesh('squareg',p,e,t);         %加密网格
>> u0=zeros(size(p,2),1);
>> ix=find(sqrt(p(1,:).^2+p(2,:).^2)<0.4);      %找出区域内部的点
>> u0(ix)=ones(size(ix));
>> tlist=linspace(0,0.1,20);                    %时间列表
>> u1=parabolic(u0,tlist,'squareb1',p,e,t,c,a,f,d);
96 successful steps
0 failed attempts
194 function evaluations
1 partial derivatives
20 LU decompositions
193 solutions of linear systems
>> pdesurf(p,t,u1)                              %pdesurf为绘制表面图的速写命令
>> hold on
>> pdemesh(p,e,t,u1)
>> title('解的网格表面图')
```

所得图形如图 15-14 所示。

图 15-14 解的网格表面图

📢 **注意：**

在边界条件的表达式和偏微分方程的系数中，符号 t 用来表示时间；变量 t 通常用来存储网格的三角矩阵。事实上，可以用任何变量来存储三角矩阵，但在偏微分方程工具箱的表达式中，t 总是表示时间。

15.3.6 解双曲型方程

求解双曲型偏微分方程或相应方程组的命令是 hyperbolic，其调用格式如表 15-14 所示。

表 15-14　hyperbolic 调用格式

调 用 格 式	含　　义
u1=hyperbolic(u0,ut0,tlist,b,p,e,t,c,a,f,d)	求解满足初始值 u0 和初始导数 ut0，边界条件为 b 的双曲型偏微分方程或相应方程组，解矩阵 u1 中的每一行对应于 p 的列所给出的坐标处的解，u1 中的每一列对应着 tlist 中的时刻的解。P、e、t 为网格数据，c、a、f、d 为方程的系数
u1=hyperbolic(u0,ut0,tlist,b,p,e,t,c,a,f,d,rtol)	rtol 为相对误差
u1=hyperbolic(u0,ut0,tlist,b,p,e,t,c,a,f,d,rtol,atol)	atol 为绝对误差
u1=hyperbolic(u0,ut0,tlist,K,F,B,ud,M)	求解下面初始值为 u0 和 ut0 的常微分方程的解：$$B'MB\frac{\mathrm{d}^2 u_i}{\mathrm{d}t^2} + K \cdot u_i = F, \qquad u = Bu_i + u_d$$
u1=hyperbolic(u0,ut0,tlist,K,F,B,ud,M,rtol)	rtol 为相对误差
u1=hyperbolic(u0,ut0,tlist,K,F,B,ud,M,rtol,atol)	atol 为绝对误差

扫一扫，看视频

实例——求解波动方程

源文件： yuanwenjian/ch15/bdfc.m、求解波动方程.flg

已知在正方形区域 $-1 \leqslant x, y \leqslant 1$ 上的波动方程：

$$\frac{\partial^2 u}{\partial t^2} = \Delta u.$$

边界条件为：当 $x = \pm 1$ 时，$u = 0$；当 $y = \pm 1$ 时，$\dfrac{\partial u}{\partial n} = 0$。

初始条件为：$u(0) = \arctan(\cos\dfrac{\pi}{2}x)$，$\dfrac{\mathrm{d}u(0)}{\mathrm{d}t} = 3\sin \pi x e^{\cos \pi y}$

求该方程在时间 $t = 0$，$1/6$，$1/3$，$\cdots$，$29/6$，5 时的值。

操作步骤

解： MATLAB 程序如下。

```
>> clear
>> c=1;a=0;f=0;d=1;                        %方程系数
>> [p,e,t]=initmesh('squareg');            %初始化网格
>> [p,e,t]=refinemesh('squareg',p,e,t);
>> x=p(1,:)';
>> y=p(2,:)';
>> u0=atan(cos(pi/2*x));
```

```
>> ut0=3*sin(pi*x).*exp(cos(pi*y));
>> tlist=linspace(0,5,31);
>> u1=hyperbolic(u0,ut0,tlist,'squareb3',p,e,t,c,a,f,d);      %求解,squareb3 为 MATLAB
                                                              偏微分方程工具箱中自带的
                                                              边界条件 M 文件
544 successful steps
68 failed attempts
1226 function evaluations
1 partial derivatives
169 LU decompositions
1225 solutions of linear systems
>> pdesurf(p,t,u1)                                            %绘表面图
>> hold on
>> pdemesh(p,e,t,u1)
>> title('解的网格表面图')
```

所得图形如图 15-15 所示。

图 15-15 解的网格表面图

15.3.7 解特征值方程

对于特征值偏微分方程或相应方程组，可以利用 pdeeig 命令求解，其调用格式见表 15-15 所示。

表 15-15 pdeeig 调用格式

调 用 格 式	含　义
[v,l]=pdeeig(b,p,e,t,c,a,d,r)	用有限元法求定义在 Ω 上的特征值偏微分方程的解。其中 b 为边界条件；p、e、t 为区域的网格数据；c、a、d 为方程的系数；r 为实轴上的一个区间端点构成的向量；输出变量 l 为实部在区间 r 上的特征值所组成的向量；v 为特征向量矩阵，v 的每一列都是 p 所对应的节点处的解值的特征向量
[v,l]=pdeeig(K,B,M,r)	产生下面稀疏矩阵特征值问题的解：$Ku_i = \lambda B'MBu_i$，$u = Bu_i$，其中 λ 的实部在区间 r 中

实例——计算特征值及特征模态

源文件：yuanwenjian/ch15/tzzmt.m、第一特征模态图.flg、第十六特征模态图.flg

在 L 型区域上，计算 $-\Delta u = \lambda u$ 小于 100 的特征值及其对应的特征模态，并显示第一和第十六个特征模态。

操作步骤

解：MATLAB 程序如下。

```
>> clear
>> c=1;a=0;d=1;                              %方程系数
                                             %区间矩阵
>> r=[-inf 100];                             %初始化网格，其中 lshapeg 为 MATLAB 偏微分方
>> [p,e,t]=initmesh('lshapeg');              程工具箱中自带的 L 形区域 M 文件

>> [p,e,t]=refinemesh('lshapeg',p,e,t);
>> [p,e,t]=refinemesh('lshapeg',p,e,t);
>> [v,l]=pdeeig('lshapeb',p,e,t,c,a,d,r);    %求解，lshapeb 为 MATLAB 偏微分方程工具箱中
                                             自带的 L 型区域边界条件 M 文件

              Basis=  10,   Time=    0.16,  New conv eig=  2
              Basis=  13,   Time=    0.17,  New conv eig=  2
              Basis=  16,   Time=    0.22,  New conv eig=  3
              Basis=  19,   Time=    0.27,  New conv eig=  4
              Basis=  22,   Time=    0.30,  New conv eig=  5
              Basis=  25,   Time=    0.31,  New conv eig=  6
              Basis=  28,   Time=    0.36,  New conv eig=  7
              Basis=  31,   Time=    0.41,  New conv eig=  8
              Basis=  34,   Time=    0.45,  New conv eig=  9
              Basis=  37,   Time=    0.51,  New conv eig=  9
              Basis=  40,   Time=    0.55,  New conv eig=  11
              Basis=  43,   Time=    0.58,  New conv eig=  12
              Basis=  46,   Time=    0.61,  New conv eig=  17
              Basis=  49,   Time=    0.66,  New conv eig=  17
              Basis=  52,   Time=    0.72,  New conv eig=  19
              Basis=  55,   Time=    0.78,  New conv eig=  27
End of sweep: Basis=  55,   Time=    0.78,  New conv eig=  27
              Basis=  37,   Time=    0.87,  New conv eig=  0
End of sweep: Basis=  37,   Time=    0.87,  New conv eig=  0
>> lambda1=l(1)                              %第一个特征值
lambda1 =
    9.6703
>> pdesurf(p,t,v(:,1))                       %绘制第一个特征模态图
>> title('第一特征模态图')
```

结果如图 15-16 所示。

图 15-16　第一特征模态图

```
>> lambda16=l(16)
lambda16 =
   93.3239
>> figure
>> pdesurf(p,t,v(:,16))
>> title('第十六特征模态图')
```
结果如图 15-17 所示。

图 15-17　第十六特征模态图

15.3.8　解非线性椭圆型方程

对于非线性椭圆型偏微分方程及相应的方程组，可以利用 pdenonlin 命令求解，其调用格式如表 15-16 所示。

表 15-16   pdenonlin 调用格式

调 用 格 式	含 义
[u,res]=pdenonlin(b,p,e,t,c,a,f)	求定义在 Ω 上的特征值偏微分方程的解。其中 b 为边界条件；p、e、t 为区域的网格数据；c、a、f 为方程的系数；u 为解向量；res 为牛顿步残差向量的范数
[u,res]=pdenonlin(b,p,e,t,c,a,f, 'PropertyName',PropertyValue,...)	在上面命令功能的基础上，加上属性设置，表 15-17 给出了属性名及相关的说明

表 15-17   pdenonlin 属性

属 性 名	属 性 值	默 认 值	说 明
Jacobian	fixed | lumped | full	fixed	雅可比逼近
u0	字符串或数字	0	估计的初始解
Tol	正数	1E-4	残差值
MaxIter	正整数	25	高斯-牛顿迭代的最大次数
MinStep	正数	1/2^16	搜索方向的最小阻尼
Report	on | off	off	是否输出收敛信息
Norm	字符串或数字	inf	残差范数

第 16 章　数据可视化分析

内容简介

在工程试验与工程测量中会对离散数据与连续数据进行分析处理，MATLAB 具有强大的数值计算记录和卓越的数据可视化能力，为数据的可视化分析提供了良好的基础。本章详细讲解数据实验分析过程中需要解决的问题和使用的功能函数。

内容要点

- ➘　样本空间
- ➘　数据可视化
- ➘　正交试验分析

案例效果

16.1　样 本 空 间

设 E 是随机试验，S 是它的样本空间，对于 E 的每一事件 A 赋予一个实数，记为 $p(A)$，称为事件 A 的概率，如果集合函数 $p(.)$ 满足下列条件。

非负性：对于每一个事件 A，有 $p(A) \geqslant 0$

规范性：对于必然事件 S，有 $p(S) = 1$

可列可加性：设 $A_1 A_2 \cdots$ 是两两互不相容的事件，即对于 $A_1 A_2 \neq \varnothing, i \neq j, i, j = 1, 2, \cdots$，有 $p(A_1 \bigcup A_2 \bigcup \cdots) = p(A_1) + p(A_2) + \cdots$

当 $n \to \infty$ 时频率 $f_n(A)$ 在一定意义下接近于频率 $p(A)$，基于这一事实，我们就有理由将概率 $p(A)$ 用来表征事件 A 在一次实验中发生的可能性的大小。

16.2 数据可视化

在工程计算中，往往会遇到大量的数据，单单从这些数据表面是看不出事物内在关系的，这时便会用到数据可视化。它的字面意思就是将用户所收集或通过某些实验得到的数据反映到图像上，以此来观察数据所反映的各种内在关系。

设随机试验的样本空间为 $S=(e)$，$X=X(e)$ 是定义在样本空间 S 上的实值单值函数，称 $X=X(e)$ 为随机变量。

16.2.1 离散情况

有些随机变量，它全部可能取到的值是有限个或可列无限多个，这种随机变量称为离散型随机变量。

要掌握一个离散型随机变量 X 的统计规律，必须且只需要 X 的所有可能取值以及取每一个可能值概率。

设离散型随机变量 X 所有可能取的值为 $x_k (k=1,2,\cdots)$，X 取各个可能值的概率，即事件 $(X=x_k)$ 的概率，为

$$P(X=x_k)=p_k, k=1,2,\cdots \tag{16-1}$$

由概率的定义，p_k 满足如下两个条件：

$$p_k \geqslant 0, k=1,2,\cdots \tag{16-2}$$

$$\sum_{k=1}^{\infty} p_k = 1 \tag{16-3}$$

由于 $(X=x_1)\bigcup(X=x_2)\bigcup\ldots$ 是必然事件，且 $(X=x_j)\bigcap(X=x_k)=\varnothing, k \neq j$，故，$1=P\left[\bigcup_{k=1}^{\infty}\{X=x_k\}\right]=\sum_{k=1}^{\infty} p\{X=x_k\}$ 即 $\sum_{k=1}^{\infty} p_k = 1$。

我们称表达式 16-1 为离散型随机变量 X 的分布律，分布律也可以用下面的形式来表示

$$
\begin{array}{cccc}
X & x_1 & x_2\cdots x_n\cdots \\
p_k & p_1 & p_2\cdots p_n\cdots
\end{array}
\tag{16-4}
$$

表达式 16-4 直观地表示了随机变量 X 取各个值的概率的规律，X 取各个值各占一些概率，这些概率合起来是 1，可以想象成：概率 1 以一定的规律分布在各个可能值上，这就是表达式 16-4 称为分布律的缘故。

在实际中，得到的数据往往是一些有限的离散数据，例如用最小二乘法估计某一函数，我们需要将它们以点的形式描述在图上，以此来反映一定的函数关系。

实例——游标卡尺测量结果

源文件：yuanwenjian/ch16/ybkc.m、游标卡尺测量结果.flg

观察使用游标卡尺对同一零件不同次数测量结果的变化关系。

进行 12 次独立测量，测得次数 t 与测量结果 L 的数据见表 16-1。

扫一扫，看视频

表 16-1　次数 t 与测量结果 L 的关系

次数 t	1	2	3	4	5	6	7	8	9	10	11	12
测量结果 L/mm	6.24	6.28	6.28	6.20	6.22	6.24	6.24	6.26	6.28	6.20	6.20	6.24

操作步骤

解：MATLAB 程序如下。

```
>> t=1:12;                                              %输入次数 t 的数据
>> L=[6.24 6.28 6.28 6.20 6.22 6.24 6.24 6.26 6.28 6.20 6.20 6.24];
                                                        %输入测量结果 L 的数据
>> plot(t,L,'ro')                                       %用红色的'o'描绘出相应的数据点
>> title('游标卡尺测量数据')
>> grid on                                              %画出坐标方格
```

输出结果如图 16-1 所示。

实例——城市居民家庭消费情况

源文件：yuanwenjian/ch16/xfqk.m、城市居民家庭消费情况.flg

随机抽取了 11 个城市居民家庭关于收入与食品支出的样本，数据表的数据见表 16-2。

表 16-2　收入 x 与支出 y 的关系

收入 x（元）	82	93	105	130	144	150	160	180	270	300	400
支出 y（元）	75	85	92	105	120	130	145	156	200	200	240

操作步骤

解：MATLAB 程序如下。

```
>> x=[82 93 105 130 144 150 160 180 270 300 400];       %输入收入 x 的数据
>> y=[75 85 92 105 120 130 145 156 200 200 240];        %输入支出 y 的数据
>> plot(x,y,'bo')                                       %用黑色的'*'描绘出相应的数据点
>> title('城市居民家庭消费情况')
>> grid on                                              %画出坐标方格
```

输出结果如图 16-2 所示。

图 16-1　游标卡尺测量数据

图 16-2　城市居民家庭消费情况

实例实例——尼古丁含量测试结果

源文件：yuanwenjian/ch16/ngdhl.m、尼古丁含量测试结果.flg

某卷烟厂生产的两种香烟，化验室分别对两种烟的尼古丁含量做了 13 次测量，结果数据表如表 16-3 所示。

表 16-3　甲、乙两种香烟尼古丁含量 x 与 y 的关系

甲含量 x（%）	25	28	26	26	29	22	21	22	26	27	30	28	29
乙含量 y（%）	28	23	35	21	24	32	35	34	31	30	28	29	27

操作步骤

解：MATLAB 程序如下。

```
>> x=[25  28  26  26  29  22  21  22  26  27  30  28  29];    %输入甲含量 x 的数据
>> y=[28  23  35  21  24  32  35  34  31  30  28  29  27];    %输入乙含量 y 的数据
>> plot(x,y,'r^')                                            %用红色的'△'描绘出相应
                                                               的数据点

>> title('尼古丁含量测试情况')
>> grid on                                                  %画出坐标方格
```

输出结果如图 16-3 所示。

图 16-3　尼古丁含量测试结果

16.2.2　连续情况

一般，如果对于随机变量 X 的分布函数 $F(X)$，存在非负函数 $f(x)$，使对于任意实数 X 有

$$F(x)=\int_{-\infty}^{x} f(t)\mathrm{d}t \tag{16-5}$$

则称 X 为连续型随机变量，其中函数 $f(x)$ 称为 X 的概率密度函数，简称概率密度。

由表达式 16-5，据数学分析的知识可知连续型随机变量的分布函数是连续函数，在实际应用中遇到的基本上是离散型或连续型随机变量。

由定义知道，概率密度 $f(x)$ 具有以下性质。

$$f(x)\geqslant 0$$

$$\int_{-\infty}^{x} f(x)\mathrm{d}x = 1$$

对于任意实数 x_1, $x_2\left(x_1 \leqslant x_2\right)$

$$P\left(x_1 < X \leqslant x_2\right) = F\left(x_2\right) - F\left(x_2\right) = \int_{x_1}^{x_2} f\left(x\right)\mathrm{d}x$$

若 $f(x)$ 在点 x 处连续，则有 $F'(x) = f(x)$。

用 MATLAB 可以画出连续函数的图像，不过此时自变量的取值间隔要足够小，否则所画出的图像可能会与实际情况有很大的偏差。这一点读者可从下面的例子中体会。

实例——三角函数曲线

源文件：yuanwenjian/ch16/sjhs.m、三角函数曲线.flg

用图形表示连续函数 $y = \sin x + \cos x$ 在 $[0, 2\pi]$ 区间十等分点处的值。

操作步骤

解：MATLAB 程序如下。

```
>> x=0:0.1*pi:2*pi;
>> y=sin(x)+cos(x);
>> plot(x,y,'b*')
>> title('三角函数')
>> grid on
```

运行结果如图 16-4 所示。

实例——幂函数曲线

源文件：yuanwenjian/ch16/mhs.m、幂函数曲线.flg

用图形表示连续函数 $y = \mathrm{e}^{x} + \mathrm{e}^{-x}$ 在 $[-1, 1]$ 区间十等分点处的值。

操作步骤

解：MATLAB 程序如下。

```
>> x=-1:0.1:1;
>> y=exp(x)+exp(-x);
>> plot(x,y,'b*')
>> title('幂函数')
>> grid on
```

运行结果如图 16-5 所示。

图 16-4　三角函数

图 16-5　幂函数

实例——连续函数曲线

源文件：yuanwenjian/ch16/dxshs.m、连续函数曲线.flg

用图形表示连续函数 $y = \dfrac{x^2+1}{x+1} - x + 1$ 在[0,1]区间十等分点处的值。

操作步骤

解：MATLAB 程序如下。

```
>> x=0:0.01:1;
>> y=(x.^2+1)./(x+1)-x+1;
>> plot(x,y,'b*')
>> title('连续函数')
>> grid on
```

运行结果如图 16-6 所示。

实例——参数方程曲线

源文件：yuanwenjian/ch16/csfct.m、参数方程曲线.flg

画出下面含参数方程的图像。

$$\begin{cases} x = 2(\cos t + e^t) \\ y = 2(\sin t - e^t) \end{cases} \qquad t \in [0, 4\pi]$$

操作步骤

解：MATLAB 程序如下。

```
>> t1=0:pi/5:4*pi;
>> t2=0:pi/20:4*pi;
>> x1=2*(cos(t1)+exp(t1));
>> y1=2*(sin(t1)-exp(t1));
>> x2=2*(cos(t2)+exp(t2));
>> y2=2*(sin(t2)-exp(t2));
>> subplot(2,2,1),plot(x1,y1,'r.'),title('图1')
>> subplot(2,2,2),plot(x2,y2,'r.'),title('图2')
>> subplot(2,2,3),plot(x1,y1),title('图3')
>> subplot(2,2,4),plot(x2,y2),title('图4')
```

运行结果如图 16-7 所示。

图 16-6　连续函数

图 16-7　参数方程曲线

说明：

图 4 的曲线要比图 3 光滑得多，因此要使图像更精确，一定要多选一些数据点。

动手练一练——设置曲线的连续区间

绘制函数 $f = \dfrac{x - x^3}{\sin \pi x}$ 在区间[0,2]上的函数。

扫一扫，看视频

思路点拨：

源文件：yuanwenjian/ch16/lxqj.m、设置曲线的连续区间.flg
（1）确定自变量区间。
（2）输入表达式。
（3）绘制曲线。

16.3 正交试验分析

在科学研究和生产中，经常要做很多试验，这就存在着如何安排试验和如何分析试验结果的问题。试验安排得好，试验次数不多，就能得到满意的结果；试验安排得不好，次数既多，结果还往往不能让人满意。因此，合理安排试验是一个很值得研究的问题。正交设计法就是一种科学安排与分析多因素试验的方法。它主要是利用一套现成的规格化表——正交表，来科学地挑选试验条件。正交试验方法的基础理论这里不作介绍，感兴趣的读者可以参考《应用数理统计》（韩於羹编，北京航空航天大学出版社）。

16.3.1 正交试验的极差分析

极差分析又叫直观分析法，通过计算每个因素水平下的指标最大值和指标最小值之差（极差）的大小，说明该因素对试验指标影响的大小。极差越大说明影响越大。MATLAB 没有专门进行正交极差分析的函数命令，下面的 M 文件 zjjc.m 是作者编写的进行正交试验极差分析的函数。

```
function [result,sum0]=zjjc(s,opt)
%对正交试验进行极差分析,s 是输入矩阵,opt 是最优参数,其中
%若 opt=1,表示最优取最大,若 opt=2,表示最优取最小
%s=[ 1    1  1    1  857;
%     1    2  2    2  951;
%     1    3  3    3  909;
%     2    1  2    3  878;
%     2    2  3    1  973;
%     2    3  1    2  899;
%     3    1  3    2  803;
%     3    2  1    3  1030;
%     3    3  2    1  927];
```

```
%s 的最后一列是各个正交组合的试验测量值，前几列是正交表
 [m,n]=size(s);
 p=max(s(:,1));                                  %取水平数
 q=n-1;                                          %取列数
 sum0=zeros(p,q);
 for i=1:q
   for k=1:m
       for j=1:p
        if(s(k,i)==j)
             sum0(j,i)=sum0(j,i)+s(k,n);         %求和
          end
        end
     end
 end
maxdiff=max(sum0)-min(sum0);                     %求极差
result(1,:)=maxdiff;
if(opt==1)
   maxsum0=max(sum0);
   for kk=1:q
      modmax=mod(find(sum0==maxsum0(kk)),p);     %求最大水平
      if modmax==0
          modmax=p;
      end
      result(2,kk)=(modmax);
   end
else
   minsum0=min(sum0);
   for kk=1:q
      modmin=mod(find(sum0==minsum0(kk)),p);     %求最小水平
      if modmin==0
          modmin=p;
      end
      result(2,kk)=(modmin);
   end
end
```

实例——油泵柱塞组合件质量极差分析

源文件：yuanwenjian/ch16/zhjzl.m

某厂生产的油泵柱塞组合件存在质量不稳定、拉脱力波动大的问题。该组合件要求满足承受拉脱力大于 900kgf。为了寻找最优工艺条件，提高产品质量，决定进行试验。根据经验，认为柱塞头的外径、高度、倒角、收口油压（分别记为 A、B、C、D）等 4 个因素对拉脱力可能有影响，因此决定在试验中考查这 4 个因素，并根据经验，确定了各个因素的 3 种水平，试验方案采用 $L_9(3^4)$ 正交表，试验结果见表 16-4。对影响油泵柱塞组合件质量原因试验结果进行极差分析。

表 16-4 测量数据

	A	B	C	D	拉脱力数据
1	1	1	1	1	857
2	1	2	2	2	951
3	1	3	3	3	909
4	2	1	2	3	878
5	2	2	3	1	973
6	2	3	1	2	890
7	3	1	3	2	803
8	3	2	1	3	1030
9	3	3	2	1	927

操作步骤

解：MATLAB 程序如下。

```
>> clear
>> s=[ 1    1  1    1  857;
     1    2  2    2  951;
     1    3  3    3  909;
     2    1  2    3  878;
     2    2  3    1  973;
     2    3  1    2  899;
     3    1  3    2  803;
     3    2  1    3  1030;
     3    3  2    1  927];
>> [result,sum0]=zjjc(s,1)
result =
   43   416   101   164
    3    2    1    3
sum0 =
     2717        2538        2786        2757
     2750        2954        2756        2653
     2760        2735        2685        2817
```

result 的第一行是每个因素的极差，反映的是该因素波动对整体质量波动的影响大小。从结果可以看出，影响整体质量的大小顺序为 BDCA。result 的第二行是相应因素的最优生产条件，在本题中选择的是最大为最优，所以最优的生产条件是 $B_3 D_2 C_1 A_3$。sum0 的每一行是相应因素每个水平的数据和。

16.3.2 正交试验的方差分析

极差分析简单易行，却并不能把试验中由于试验条件的改变引起的数据波动同试验误差引起的数据波动区别开来。也就是说，不能区分因素各水平间对应的试验结果的差异究竟是由于因素水平不同引起的，还是由于试验误差引起的，因此不能知道试验的精度。同时，各因素对试验结果影响的重要程度，也不能给予精确的数量估计。为了弥补这种不足，要对正交试验结果进行方差分析。

下面的 M 文件 zjfc.m 就是进行方差分析的函数。

```matlab
function [result,error,errorDim]=zjfc(s,opt)
%对正交试验进行方差分析, s 是输入矩阵, opt 是空列参数向量，给出 s 中是空白列的列序号
%s=[  1  1  1  1  1 1 1 83.4;
      1  1  1  2  2 2 2 84;
      1  2  2  1  1 2 2 87.3;
      1  2  2  2  2 1 1 84.8;
      2  1  2  1  2 1 2 87.3;
      2  1  2  2  1 2 1 88;
      2  2  1  1  2 2 1 92.3;
      2  2  1  2  1 1 2 90.4;
];
%opt=[3,7];
%s 的最后一列是各个正交组合的试验测量值，前几列是正交表
[m,n]=size(s);
 p=max(s(:,1));                                        %取水平数
 q=n-1;%取列数
 sum0=zeros(p,q);
 for i=1:q
    for k=1:m
        for j=1:p
         if(s(k,i)==j)
              sum0(j,i)=sum0(j,i)+s(k,n);              %求和
          end
        end
     end
 end
totalsum=sum(s(:,n));
ss=sum0.*sum0;
levelsum=m/p;                                          %水平重复数
ss=sum(ss./levelsum)-totalsum^2/m;                     %每一列的 S
ssError=sum(ss(opt));
for i=1:q
   f(i)=p-1;                                           %自由度
end
fError=sum(f(opt));                                    %误差自由度
ssbar=ss./f
Errorbar=ssError/fError;
index=find(ssbar<Errorbar);
index1=find(index==opt);
index(index==index(index1))=[];                        %剔除重复
ssErrorNew=ssError+sum(ss(index));                     %并入误差
fErrorNew=fError+sum(f(index));                        %新误差自由度
F=(ss./f)/(ssErrorNew./fErrorNew);                     %F 值
errorDim=[opt,index];
 errorDim=sort(errorDim);                              %误差列的序号
result=[ss',f',ssbar',F'];
error=[ssError,fError;ssErrorNew,fErrorNew]
```

实例——农作物品种试验结果极方差分析

源文件： yuanwenjian/ch16/nzwpz.m

在农作物品种试验中，参加试验的有甲、乙、丙、丁 4 个品种，各品种所试种的小区个数不相等。每个品种选取两个小区，试验方案采用 $L_8(2^7)$ 正交表，试验结果见表 16-5。

表 16-5 测量数据

	甲	乙	丙	丁
1	51	25	18	32
2	40	23	13	35
3	43	24	12	34
4	48	26	16	30
5	35	30	11	35
6	32	31	10	37

操作步骤

解：MATLAB 程序如下。

```
>> clear
>> s=[ 51 25 18 32;
40 23 13 35;
43 24 12 34;
48 26 16 30;
35 30 11 35;
32 31 10 37];
>> [result,sum0]=zjfc(s,1)
result =
  1.0e+04 *
   5.1773    0.0050    0.1035    0.0001
   5.1773    0.0050    0.1035    0.0001
   5.1773    0.0050    0.1035    0.0001
sum0 =
  1.0e+04 *
   5.1773    0.0050
   5.1773    0.0050
```

实例——生产率因素极方差分析

源文件： yuanwenjian/ch16/sclys.m

某化工厂为提高苯酚的生产率，选了合成工艺条件中的 7 个因素进行研究，分别记为 A、B、C、D、E、F、G，每个因素选取两种水平，试验方案采用 $L_8(2^7)$ 正交表，试验结果见表 16-6。对提高苯酚的生产率因素进行极方差分析。

表 16-6 测量数据

	A	B	C	D	E	F	G	数　据
1	1	1	1	1	1	1	1	83.4
2	1	1	1	2	2	2	2	84
3	1	2	2	1	1	2	2	87
4	1	2	2	2	2	1	1	84.8
5	2	1	2	1	2	1	2	87.3
6	2	1	2	2	1	2	1	88
7	2	2	1	1	2	2	1	92.3
8	2	2	1	2	1	1	2	90.4

操作步骤

解：MATLAB 程序如下。

```
>> clear
>> s=[  1  1  1  1  1 1 1 83.4;
        1  1  1  2  2 2 2 84;
        1  2  2  1  1 2 2 87.3;
        1  2  2  2  2 1 1 84.8;
        2  1  2  1  2 1 2 87.3;
        2  1  2  2  1 2 1 88;
        2  2  1  1  2 2 1 92.3;
        2  2  1  2  1 1 2 90.4;
];
>> opt=[3,7];
>> [result,error,errorDim]=zjfc(s,opt)
result =
   42.7813    1.0000   42.7813  127.8643
   18.3013    1.0000   18.3013   54.6986
    0.9113    1.0000    0.9113    2.7235
    1.2013    1.0000    1.2013    3.5903
    0.0613    1.0000    0.0613    0.1831
    4.0613    1.0000    4.0613   12.1382
    0.0313    1.0000    0.0313    0.0934
error =
    0.9425    2.0000
    1.0038    3.0000
errorDim =
     3     5     7
```

result 中每列的含义分别是 S、f、$\bar{S}$、F；error 的两行分别为初始误差的 S、f 以及最终误差的 S、f；errorDim 给出的是正交表中误差列的序号。

由于 $F_{0.95}(1,3)=10.13$，$F_{0.99}(1,3)=34.12$，而 $127.8643>34.12$，$54.6986>34.12$，$12.1382>10.13$，所以 A、B 因素高度显著，E 因素显著，C 不显著。

🔊 **注意：**

> 正交试验的数据分析还有几种，比如重复试验、重复取样的方差分析、交互作用分析等，都可以在简单修改以上函数之后完成。

16.4　综合实例——盐泉的钾性判别

源文件：yuanwenjian/ch16/mpbfx.m、yqjxpb.m、盐泉的钾性判别.flg

某地区经勘探证明，A 盆地是一个钾盐矿区，B 盆地是一个钠盐（不含钾）矿区，其他盆地是否含钾盐有待判断。今从 A 和 B 两盆地各取 5 个盐泉样本，从其他盆地抽得 8 个盐泉样本，其数据见表 16-7，试对后 8 个待判盐泉进行钾性判别。

表 16-7　测量数据

盐 泉 类 别	序　　号	特征 1	特征 2	特征 3	特征 4
第一类：含钾盐泉，A 盆地	1	13.85	2.79	7.8	49.6
	2	22.31	4.67	12.31	47.8
	3	28.82	4.63	16.18	62.15
	4	15.29	3.54	7.5	43.2
	5	28.79	4.9	16.12	58.1
第二类：含钠盐泉，B 盆地	1	2.18	1.06	1.22	20.6
	2	3.85	0.8	4.06	47.1
	3	11.4	0	3.5	0
	4	3.66	2.42	2.14	15.1
	5	12.1	0	15.68	0
待判盐泉	1	8.85	3.38	5.17	64
	2	28.6	2.4	1.2	31.3
	3	20.7	6.7	7.6	24.6
	4	7.9	2.4	4.3	9.9
	5	3.19	3.2	1.43	33.2
	6	12.4	5.1	4.43	30.2
	7	16.8	3.4	2.31	127
	8	15	2.7	5.02	26.1

操作步骤

1. 输入数据

X、Y 是总体 G 中抽取的样品，而 G 服从 p 维正态分布 $N_p(\mu, V)$。X、Y 两点间的距离为 $D(X, Y)$，满足 $D^2(X, Y) = (X - Y)'V^{-1}(X - Y)$。$X$、$G$ 间的距离为 $D(X, G)$，满足 $D^2(X, G) = (X - \mu)'V^{-1}(X - \mu)$。

```
>> clear
>> X1=[13.85 22.31 28.82 15.29 28.79;
   2.79 4.67 4.63 3.54 4.9;
   7.8 12.31 16.18 7.5 16.12 ;
   49.6 47.8 62.15 43.2 58.1];
>>X2=[2.18 3.85 11.4 3.66 12.1;
   1.06 0.8 0   2.42 0;
```

```
    1.22 4.06 3.5 2.14 15.68;
    20.6 47.1 0 15.1 0];
>>X=[8.85 28.6 20.7 7.9 3.19 12.4 16.8 15;
    3.38 2.4  6.7 2.4 3.2 5.1  3.4 2.7;
    5.17 1.2  7.6 4.3 1.43 4.43 2.31 5.02;
    64 31.3 24.6 9.9 33.2 30.2 127 26.1]);
```

2. 编写距离判别函数

距离判别是定义一个样本到某个总体的"距离"的概念，然后根据样本到各个总体的"距离"的远近来判断样本的归属。最常用的是马氏距离，其定义如下：

对于两个协方差相同的正态总体 G_1 和 G_2，设 $x_1, x_2, \cdots, x_{n_1}$ 来自 G_1，$y_1, y_2, \cdots, y_{n_2}$ 来自 G_2。给定一个样本 X，判别函数为 $W(X) = (X - \bar{\mu})'V^{-1}(\bar{X} - \bar{Y})$，当 $W(X) > 0$ 时判断 X 属于 G_1，当 $W(X) < 0$ 时判断 X 属于 G_2，其中 $\bar{X} = \frac{1}{n_1}\sum_{k=1}^{n_1} x_k$，$\bar{Y} = \frac{1}{n_2}\sum_{k=1}^{n_2} y_k$，$S_1 = \sum_{k=1}^{n_1}(x_k - \bar{X})(x_k - \bar{X})'$，$S_2 = \sum_{k=1}^{n_2}(y_k - \bar{Y})(y_k - \bar{Y})'$，$V = \frac{1}{n_1 + n_2 - 2}(S_1 + S_2)$，$\bar{\mu} = \frac{1}{2}(\bar{X} + \bar{Y})$。

下面这个 M 文件是进行协方差相同的两总体判别分析函数 mpbfx.m。

```matlab
function [W,d,r1,r2,alpha,r]=mpbfx(X1,X2,X)
%对两个协方差相等的样本 X1,X2 和给定的样本 X 进行距离判别分析
% W 是判别系数矩阵，前两个元素是判别系数，第三个元素是常数项
% d 是马氏距离，r1 是对 X1 的回判结果，r2 是对 X2 的回判结果
% alpha 是误判率，r 是对 X 的判别结果
miu1=mean(X1,2);
miu2=mean(X2,2);
miu=(miu1+miu2)/2;
[m,n1]=size(X1);
[m,n2]=size(X2);
 for i=1:m
    ss1(i,:)=X1(i,:)-miu1(i);
    ss2(i,:)=X2(i,:)-miu2(i);
 end
s1=ss1*ss1';
s2=ss2*ss2';
V=(s1+s2)/(n1+n2-2);
W(1:m)=inv(V)*(miu1-miu2);
W(m+1)=(-miu)'*inv(V)*(miu1-miu2);
d=(miu1-miu2)'*inv(V)*(miu1-miu2);
r1=W(1:m)*X1+W(m+1);
r2=W(1:m)*X2+W(m+1);
r1(r1>0)=1;
r1(r1<0)=2;
r2(r2>0)=1;
r2(r2<0)=2;
num1=n1-length(find(r1==1));
num2=n2-length(find(r2==2));
alpha=(num1+num2)/(n1+n2)
```

```
r=W(1:m)*X+W(m+1);
r(r>0)=1;
r(r<0)=2;
```

3. 协方差判定钾性

```
>> [W,d,r1,r2,alpha,r]=mpbfx (X1,X2,X)
W =
    0.5034    2.2353   -0.1862    0.1259  -15.4222
d =
   18.1458
r1 =
     1     1     1     1     1
r2 =
     2     2     2     2     2
alpha =
     0
r =
     1     1     1     2     2     1     1     1
```

从结果中可以看出， $W(X)=0.5034x_1+2.2353x_2-0.1862x_3+0.1259x_4-15.4222$ ，回判结果对两个盆地的盐泉都判别正确，误判率为0，对待判盐泉的判别结果为第4、5为含钠盐泉，其余都是含钾盐泉。

4. 绘制统计图形

（1）绘制条形图。

```
>> subplot(2,3,1)
>> bar(X)
>> title('二维条形图')
>> subplot(2,3,2)
>> bar3(X),title('三维条形图')
```

运行结果见图 16-8。

（2）绘制柱状图。

```
>> subplot(2,3,3)
>> hist(X)
>> title('高斯分布柱状图')
>> h=findobj(gca,'Type','patch');
>> set(h,'FaceColor','r')          %改变柱状图的颜色为红色
>> title('高斯分布柱状图')
```

运行结果如图 16-9 所示。

图 16-8　条形图

图 16-9　直角坐标系下的柱状图

5. 绘制离散图形

（1）绘制误差棒图。

```
>> subplot(2,3,4)
>> e=abs(X1-X2);
>> errorbar(X2,e)
>> title('误差棒图')
```

运行结果如图 16-10 所示。

（2）绘制阶梯图。

```
>> subplot(2,3,5)
>> stairs(X1,X2)
>> plot(X1,X2,'--*')
```

运行结果如图 16-11 所示。

图 16-10　误差棒图

图 16-11　阶梯图

拓展：

当两总体的协方差矩阵不相等时，判别函数取

$$W(X) = (X - \mu_2)'V_2^{-1}(X - \mu_2) - (X - \mu_1)'V_1^{-1}(X - \mu_1)$$

其中，

$$V_1 = \frac{1}{n_1}S_1$$

$$V_2 = \frac{1}{n_2}S_2$$

下面的 M 文件是当两总体的协方差不相等时计算函数 mpbfx2.m。

```
function [r1,r2,alpha,r]=mpbfx2(X1,X2,X)
X1=X1';
X2=X2';
miu1=mean(X1,2);
miu2=mean(X2,2);
[m,n1]=size(X1);
[m,n2]=size(X2);
[m,n]=size(X);
 for i=1:m
    ss11(i,:)=X1(i,:)-miu1(i);
    ss12(i,:)=X1(i,:)-miu2(i);
    ss22(i,:)=X2(i,:)-miu2(i);
    ss21(i,:)=X2(i,:)-miu1(i);
    ss2(i,:)=X(i,:)-miu2(i);
```

```
    ss1(i,:)=X(i,:)-miu1(i);
 end
s1=ss11*ss11';
s2=ss22*ss22';
V1=(s1)/(n1-1);
V2=(s2)/(n2-1);
for j=1:n1
    r1(j)=ss12(:,j)'*inv(V2)*ss12(:,j)-ss11(:,j)'*inv(V1)*ss11(:,j);
end
```

第 17 章 回归分析和方差分析

内容简介

在生产实践或工程应用中，回归分析与方差分析都是分析判断实验中因素作用的统计方法。无论是在经济管理、社会科学还是在工程技术或医学、生物学中，回归分析与方差分析都是普遍应用的统计分析和预测技术。

内容要点

- 回归分析
- MATLAB 数理统计基础
- 多元数据相关分析
- 方差分析
- 综合实例——白炽灯测量数据分析

案例效果

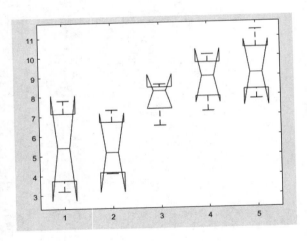

17.1 回 归 分 析

在客观世界中，变量之间的关系可以分为两种：确定性函数关系与不确定性统计关系。统计分析是研究统计关系的一种数学方法，可以由一个变量的值去估计另外一个变量的值。本节主要针对目前应用最普遍的部分最小回归，进行一元线性回归、多元线性回归；同时，还将对近几年开始流行的部分最小二乘回归的 MATLAB 实现进行介绍。

17.1.1 一元线性回归

如果在总体中，因变量 y 与自变量 x 的统计关系符合一元线性的正态误差模型，即对给定的 x_i 有 $y_i = b_0 + b_1 x_i + \varepsilon_i$，那么 b_0 和 b_1 的估计值可以由下列公式得到：

$$
\begin{cases}
b_1 = \dfrac{\sum\limits_{i=1}^{n}(x_i - \bar{x})(y_i - \bar{y})}{\sum\limits_{i=1}^{n}(x_i - \bar{x})^2} \\
b_0 = \bar{y} - b_1 \bar{x}
\end{cases}
$$

其中，$\bar{x} = \dfrac{1}{n}\sum\limits_{i=1}^{n} x_i$，$\bar{y} = \dfrac{1}{n}\sum\limits_{i=1}^{n} y_i$。这就是部分最小二乘线性一元线性回归的公式。

MATLAB 提供的一元线性回归函数为 polyfit，因为一元线性回归其实就是一阶多项式拟合。

实例——钢材消耗与国民经济线性回归分析

源文件：yuanwenjian/ch17/xxhg1.m、钢材消耗与国民经济线性回归分析.flg

表 17-1 列出了中国 16 年间钢材消耗量与国民收入之间的关系，试对它们进行线性回归。

扫一扫，看视频

表 17-1 钢材消耗与国民经济

钢材消费量 x /万吨	549	429	538	698	872	988	807	738
国民收入 y /亿元	910	851	942	1097	1284	1502	1394	1303
钢材消费量 x /万吨	1025	1316	1539	1561	1785	1762	1960	1902
国民收入 y /亿元	1555	1917	2051	2111	2286	2311	2003	2435

操作步骤

解：MATLAB 程序如下。

```
>> clear
>> x=[549 429 538 698 872 988 807 738 1025 1316 1539 1561 1785 1762
1960 1902];
>> y=[910 851 942 1097 1284 1502 1394 1303 1555 1917 2051 2111 2286
2311 2003 2435];
>> [p,s]=polyfit(x,y,1)
>> plot(x,y,'o')
>> x0=[429:1:1960];
>> x0=[min(x):1:max(x)];
>> y0=p(1)*x0+p(2);
>> hold on
>> plot(x0,y0)
p =
    0.9847   485.3616
s =
包含以下字段的 struct:
```

```
        R: [2x2 double]
       df: 14
    normr: 522.4439
```

计算结果如图 17-1 所示。

图 17-1　一元线性回归

扫一扫，看视频

实例——药剂喷洒含量与苗高线性回归分析

源文件： yuanwenjian/ch17/xxhg2.m、药剂喷洒含量与苗高线性回归分析.flg

表 17-2 列出了同一块水稻试验田不同药剂喷洒量与处理过的种子苗高的关系，试对它们进行线性回归。

表 17-2　药剂喷洒量与苗高

药剂喷洒量	10	11	12	13	14	15	16	17
苗　　高	19	24	18	25	20	28	37	40
药剂喷洒量	18	19	20	21	22	23	24	25
苗　　高	30	20	15	26	23	17	14	17

操作步骤

解：MATLAB 程序如下。

```
>> clear
>> x=[10 11 12 13 14 15 16 17 18 19 20 21 22 23 24 25];
>> y=[19 24 18 25 20 28 37 40 30 20 15 26 23 17 14 17];
>> [p,s]=polyfit(x,y,1)
>> plot(x,y,'o')
>> x0=[10:1:25];
>> x0=[min(x):1:max(x)];
>> y0=p(1)*x0+p(2);
>> hold on
>> plot(x0,y0)
p =
   -0.4015   30.3382
```

```
s =
包含以下字段的 struct:
      R: [2x2 double]
     df: 14
  normr: 28.1538
```

计算结果如图 17-2 所示。

图 17-2 一元线性回归

实例——城市居民家庭线性回归分析

源文件：yuanwenjian/ch17/xxhg3.m、城市居民家庭线性回归分析.flg

随机抽取了 12 个城市居民家庭关于收入与食品支出的样本，其具体数据如表 17-3 所示。

表 17-3 收入 x 与支出 y 的关系

收入 x（元）	82	93	105	130	144	150	160	180	270	300	400
支出 y（元）	75	85	92	105	120	130	145	156	200	200	240

操作步骤

解：MATLAB 程序如下。

```
>> x=[82 93 105 130 144 150 160 180 270 300 400];    %输入收入 x 的数据
>> y=[75 85 92 105 120 130 145 156 200 200 240];     %输入支出 y 的数据
>> [p,s]=polyfit(x,y,1)
>> plot(x,y,'o')
>> x0=[82:1:100];
>> x0=[min(x):1:max(x)];
>> y0=p(1)*x0+p(2);
>> hold on
>> plot(x0,y0)
p =
   0.5269   44.2547
s =
包含以下字段的 struct:
```

扫一扫，看视频

```
       R: [2x2 double]
      df: 9
   normr: 36.8058
```
计算结果如图 17-3 所示。

图 17-3 一元线性回归

实例——硝酸钠溶解量线性回归分析

源文件:yuanwenjian/ch17/xxhg4.m、硝酸钠溶解量线性回归分析.flg

在不同温度 x 下,溶解于 100 份水中的硝酸钠含量 y 的数据如表 17-4 所示。

表 17-4 温度 x 与溶解量 y 的关系

温度 x	0	4	10	15	21	29	36	51	68			
溶解量 y	66.7	71.0	76.3	80.6	85.7	92.9	99.4	113.6	125.1			

操作步骤

解:MATLAB 程序如下。

```
>> x=[0 4 10 15 21 29 36 51 68];
>> y=[66.7 71.0 76.3 80.6 85.7 92.9 99.4 113.6 125.1];
>> [p,s]=polyfit(x,y,1)
>> plot(x,y,'o')
>> x0=[0:1:68];
>> x0=[min(x):1:max(x)];
>> y0=p(1)*x0+p(2);
>> hold on
>> plot(x0,y0)
p =
    0.8706    67.5078
s =
包含以下字段的 struct:
      R: [2x2 double]
     df: 7
  normr: 2.5382
```

计算结果如图 17-4 所示。

图 17-4　一元线性回归

17.1.2　多元线性回归

在大量的社会、经济、工程问题中，对于因变量 y 的全面解释往往需要多个自变量的共同作用。当有 p 个自变量 $x_1, x_2, \cdots, x_p$ 时，多元线性回归的理论模型为：

$$y = \beta_0 + \beta_1 x_1 + \cdots + \beta_p x_p + \varepsilon$$

其中，ε 是随机误差，$E(\varepsilon) = 0$。

若对 y 和 $x_1, x_2, \cdots, x_p$ 分别进行 n 次独立观测，记：

$$Y = \begin{bmatrix} y_1 \\ y_2 \\ \vdots \\ y_n \end{bmatrix}, \quad X = \begin{bmatrix} 1 & x_{11} & \cdots & x_{1p} \\ 1 & x_{21} & \cdots & x_{2p} \\ \vdots & \vdots & & \vdots \\ 1 & x_{n1} & \cdots & x_{np} \end{bmatrix}, \quad \boldsymbol{\beta} = \begin{bmatrix} \beta_0 \\ \beta_1 \\ \vdots \\ \beta_p \end{bmatrix}$$

则 $\boldsymbol{\beta}$ 的最小二乘估计量为 $(X'X)^{-1}X'Y$，Y 的最小二乘估计量为 $X(X'X)^{-1}X'Y$。

MATLAB 提供了 regress 函数进行多元线性回归，其调用形式如表 17-5 所示。

表 17-5　regress 调用格式

调 用 格 式	说　　明
b = regress(y,X)	对因变量 y 和自变量 X 进行多元线性回归，b 是对回归系数的最小二乘估计
[b,bint] = regress(y,X)	bint 是回归系数 b 的 95%置信度的置信区间
[b,bint,r] = regress(y,X)	r 为残差
[b,bint,r,rint] = regress(y,X)	rint 为 r 的置信区间
[b,bint,r,rint,stats] = regress(y,X)	stats 是检验统计量，其中第一值为回归方程的置信度，第二值为 F 统计量，第三值为与 F 统计量对应的 p 值。如果 F 很大而 p 很小，说明回归系数不为 0
[⋯] = regress(y,X,alpha)	alpha 指定的是置信水平

🔊 **注意：**

计算 F 统计量及其 p 值的时候会假设回归方程含有常数项，所以在计算 stats 时，X 矩阵应该包含一个全 1 的列。

扫一扫，看视频

实例——健康女性的测量数据线性回归

源文件：yuanwenjian/ch17/xxhg5.m

如表 17-6 所示是对 20 位 25~34 周岁的健康女性的测量数据，试利用这些数据对身体脂肪与大腿围长、三头肌皮褶厚度、中臂围长的关系进行线性回归。

表 17-6　测量数据

受试验者 i	1	2	3	4	5	6	7	8	9	10
三头肌皮褶厚度 x_1	19.5	24.7	30.7	29.8	19.1	25.6	31.4	27.9	22.1	25.5
大腿围长 x_2	43.1	49.8	51.9	54.3	42.2	53.9	58.6	52.1	49.9	53.5
中臂围长 x_3	29.1	28.2	37	31.1	30.9	23.7	27.6	30.6	23.2	24.8
身体脂肪 y	11.9	22.8	18.7	20.1	12.9	21.7	27.1	25.4	21.3	19.3
受试验者 i	11	12	13	14	15	16	17	18	19	20
三头肌皮褶厚度 x_1	31.1	30.4	18.7	19.7	14.6	29.5	27.7	30.2	22.7	25.2
大腿围长 x_2	56.6	56.7	46.5	44.2	42.7	54.4	55.3	58.6	48.2	51
中臂围长 x_3	30	28.3	23	28.6	21.3	30.1	25.6	24.6	27.1	27.5
身体脂肪 y	25.4	27.2	11.7	17.8	12.8	23.9	22.6	25.4	14.8	21.1

操作步骤

解：MATLAB 程序如下。

```
>> clear
>> y=[11.9    22.8    18.7    20.1    12.9    21.7    27.1    25.4    21.3    19.3
25.4   27.2   11.7   17.8   12.8   23.9   22.6   25.4   14.8   21.1];
>> x=[1 1 1 1 1 1 1 1 1 1 1 1 1 1 1 1 1 1 1 1; 19.5 24.7 30.7 29.8    19.1    25.6
31.4   27.9   22.1   25.5 31.1   30.4   18.7   19.7   14.6   29.5   27.7
30.2   22.7   25.2; 43.1   49.8   51.9   54.3   42.2   53.9   58.6   52.1
49.9   53.5 56.6   56.7   46.5   44.2   42.7   54.4   55.3   58.6   48.2   51;
29.1 28.2   37   31.1   30.9   23.7   27.6   30.6   23.2   24.8 30   28.3
23   28.6   21.3   30.1   25.6   24.6   27.1   27.5 ];
>> [b,bint,r,rint,stats]=regress(y',x')
b =
  107.8763
    4.0599
   -2.6200
   -2.0402
bint =
 -100.7196  316.4721
   -2.2526   10.3723
   -8.0200    2.7801
   -5.3790    1.2986
```

```
r =
   -2.8541
    2.6523
   -2.3515
   -3.0467
    1.0842
   -0.5405
    1.5828
    3.1830
    1.7691
   -1.3383
    0.7572
    2.1928
   -3.3433
    4.0958
    0.9780
    0.1931
   -0.6220
   -1.3659
   -3.6641
    0.6382
rint =
   -7.0341    1.3260
   -2.1549    7.4594
   -6.2411    1.5381
   -7.9113    1.8179
   -3.2391    5.4075
   -5.6192    4.5382
   -3.0939    6.2594
   -1.4946    7.8607
   -3.0470    6.5851
   -6.0631    3.3864
   -4.2969    5.8113
   -2.8167    7.2024
   -7.8245    1.1379
   -0.2805    8.4722
   -3.3906    5.3465
   -4.9393    5.3255
   -5.7603    4.5164
   -6.0992    3.3674
   -8.3448    1.0165
   -4.6255    5.9018
stats =
    0.7993   21.2383    0.0000    6.2145
```

实例——质量指标线性回归

源文件：yuanwenjian/ch17/xxhg6.m、质量指标线性回归.flg

扫一扫，看视频

如表 17-7 所示是从 20 家工厂抽取同类产品，每个产品测量两个质量指标，得到的测量数据。试利用这些数据对两指标的关系进行线性回归。

表 17-7　测量数据

工厂 i	1	2	3	4	5	6	7	8	9	10
指标 1x_1	0	0	2	2	4	4	5	6	6	7
指标 2x_2	6	5	5	3	4	3	4	2	1	0
工厂 i	11	12	13	14	15	16	17	18	19	20
指标 1x_1	−2	−3	−4	−5	1	0	0	−1	−1	−3
指标 2x_2	2	2	0	2	1	−2	−1	−1	−3	−5

操作步骤

解：MATLAB 程序如下。

```
>> clear
>> i=[1 2 3 4 5 6 7 8 9 10 11 12 13 14 15 16 17 18 19 20];
>> x=[0 0 2 2 4 4 5 6 6 7 -2 -3 -4 -5 1 0 0 -1 -1 -3;6 5 5 3 4 3 4 2 1 0 2 2 0 2
1 -2 -1 -1 -3 -5];
>> plot(i,x)
>> x=[ones(size(i));x];
>> [b,bint,r,rint,stats]=regress(i',x')
b =
   13.3077
   -0.3617
   -1.7730
bint =
   12.1945   14.4209
   -0.6634   -0.0601
   -2.1452   -1.4007
r =
   -1.6700
   -2.4429
   -0.7195
   -3.2654
    0.2311
   -0.5419
    2.5928
    0.4086
   -0.3644
   -0.7756
    0.5148
    1.1530
   -1.7546
    2.4296
    3.8270
   -0.8536
    1.9193
    2.5576
```

```
        0.0117
       -3.2577
rint =
       -5.6230      2.2831
       -6.4450      1.5592
       -4.9650      3.5261
       -7.3352      0.8045
       -4.0760      4.5381
       -4.8876      3.8038
       -1.4273      6.6128
       -3.7761      4.5933
       -4.5099      3.7812
       -4.6778      3.1267
       -3.8278      4.8573
       -3.0722      5.3782
       -5.8684      2.3591
       -1.3873      6.2465
       -0.1467      7.8006
       -5.1137      3.4064
       -2.3369      6.1756
       -1.5911      6.7063
       -4.1475      4.1709
       -6.5989      0.0836
stats =
        0.8877     67.1735       0.0000      4.3939
```

计算结果如图 17-5 所示。

图 17-5　线性回归

17.1.3　部分最小二乘回归

在经典最小二乘多元线性回归中，Y 的最小二乘估计量为 $X(X'X)^{-1}X'Y$，这就要求（$X'X$）是可逆的，所以当 X 中的变量存在严重的多重相关性，或者在 X 样本点与变量个数相比明显过少时，经典最小二乘多元线性回归就失效了。针对这个问题，人们提出了部分最小二乘回归方法，也称偏最小二乘回归方法。它产生于化学领域的光谱分析，目前已被广泛应用于工程技术和经济管理的分析、预测研究中，被誉为"第二代多元统计分析技术"。限于篇幅的原因，这里对部分最小二乘回归方法的原理不作详细介绍，感兴趣的读者可以参考《偏最小二乘回归方法及其应用》（王惠文著，国防工业出版社）。

设有 q 个因变量 $\{y_1,\cdots,y_q\}$ 和 p 个自变量 $\{x_1,\cdots,x_p\}$。为了研究因变量与自变量的统计关系，观测 n 个样本点，构成了自变量与因变量的数据表 $\boldsymbol{X}=[x_1,\cdots,x_p]_{n\times p}$ 和 $\boldsymbol{Y}=[y_1,\cdots,y_q]_{n\times q}$。部分最小二乘回归分别在 $\boldsymbol{X}$ 和 $\boldsymbol{Y}$ 中提取成分 t_1 和 u_1，它们分别是 $x_1,\cdots,x_p$ 和 $y_1,\cdots,y_q$ 的线性组合。提取这两个成分有以下要求：

- 两个成分尽可能多地携带它们各自数据表中的变异信息。
- 两个成分的相关程度达到最大。

也就是说，它们能够尽可能好地代表各自的数据表，同时自变量成分 t_1 对因变量成分 u_1 有最强的解释能力。

在第一个成分被提取之后，分别实施 $\boldsymbol{X}$ 对 t_1 的回归和 $\boldsymbol{Y}$ 对 u_1 的回归。如果回归方程达到满意的精度则终止算法；否则，利用残余信息进行第二轮的成分提取，直到达到一个满意的精度。

下面的 M 文件 pls.m 是对自变量 X 和因变量 Y 进行部分最小二乘回归的函数文件。

```matlab
function [beta,VIP]= pls(X,Y)
[n,p]=size(X);
[n,q]=size(Y);
meanX=mean(X);                                      %均值
varX=var(X);                                        %方差
meanY=mean(Y);                                      %均值
varY=var(Y);                                        %方差

%%%%数据标准化过程
for i=1:p
    for j=1:n
    X0(j,i)=(X(j,i)-meanX(i))/((varX(i))^0.5);
    end
end
for i=1:q
    for j=1:n
    Y0(j,i)=(Y(j,i)-meanY(i))/((varY(i))^0.5);
    end
end
%%%%%%%%%%%%%%%%%%%%%%%%%%%%%%%%%%%%

[omega(:,1),t(:,1),pp(:,1),XX(:,:,1),rr(:,1),YY(:,:,1)]=plsfactor(X0,Y0);
[omega(:,2),t(:,2),pp(:,2),XX(:,:,2),rr(:,2),YY(:,:,2)]=plsfactor(XX(:,:,1),
YY(:,:,1));

PRESShj=0;
tt0=ones(n-1,2);

for i=1:n
    YY0(1:(i-1),:)=Y0(1:(i-1),:);
```

```
    YY0(i:(n-1),:)=Y0((i+1):n,:);
    tt0(1:(i-1),:)=t(1:(i-1),:);
     tt0(i:(n-1),:)=t((i+1):n,:);
    expPRESS(i,:)=(Y0(i,:)-t(i,:)*inv((tt0'*tt0))*tt0'*YY0);
    for m=1:q
        PRESShj=PRESShj+expPRESS(i,m)^2;
    end
end
 sum1=sum(PRESShj);
 PRESSh=sum(sum1);

 for m=1:q
     for i=1:n
         SShj(i,m)=YY(i,m,1)^2;
     end
 end
 sum2=sum(SShj);
 SSh=sum(sum2);

 Q=1-(PRESSh/SSh);

 k=3;
%%%%%%%%%%%%%%%%循环，提取主元
 while Q>0.0975
    [omega(:,k),t(:,k),pp(:,k),XX(:,:,k),rr(:,k),YY(:,:,k)]=plsfactor
(XX(:,:,k-1),YY(:,:,k-1));
     PRESShj=0;
   tt00=ones(n-1,k);
 for i=1:n
   YY0(1:(i-1),:)=Y0(1:(i-1),:);
   YY0(i:(n-1),:)=Y0((i+1):n,:);
    tt00(1:(i-1),:)=t(1:(i-1),:);
    tt00(i:(n-1),:)=t((i+1):n,:);
    expPRESS(i,:)=(Y0(i,:)-t(i,:)*((tt00'*tt00)^(-1))*tt00'*YY0);
    for m=1:q
       PRESShj=PRESShj+expPRESS(i,m)^2;
    end
end

 for m=1:q
     for i=1:n
         SShj(i,m)=YY(i,m,k-1)^2;
     end
 end

sum2=sum(SShj);
 SSh=sum(sum2);
 Q=1-(PRESSh/SSh);

 if Q>0.0975
```

```
        k=k+1;
    end

  end
%%%%%%%%%%%%%%%%%%%%
h=k-1;%%%%%%%%%提取主元的个数

%%%%%%%%%%%%%%%            还原回归系数
omegaxing=ones(p,h,q);
for m=1:q
omegaxing(:,1,m)=rr(m,1)*omega(:,1);
   for i=2:(h)
       for j=1:(i-1)
          omegaxingi =(eye(p)-omega(:,j)*pp(:,j)');
          omegaxingii=eye(p);
          omegaxingii=omegaxingii*omegaxingi;
        end
       omegaxing(:,i,m)=rr(m,i)*omegaxingii*omega(:,i);
   end
beta(:,m)=sum(omegaxing(:,:,m),2);
end
%%%%%%%计算相关系数
for i=1:h
   for j=1:q
       relation(i,j)=sum(prod(corrcoef(t(:,i),Y(:,j))))/2;
   end
end
%%%%%%%%%%%%%%%%%%%%%%%%%%
Rd=relation.*relation;
RdYt=sum(Rd,2)/q;
Rdtttt=sum(RdYt);
omega22=omega.*omega;
VIP=((p/Rdtttt)*(omega22*RdYt)).^0.5; %%%计算VIP系数
```

下面的 M 文件 plsfactor.m 是专门的提取主元函数文件。

```
function [omega,t,pp,XXX,r,YYY]=plsfactor(X0,Y0)
XX=X0'*Y0*Y0'*X0;
[V,D]=eig(XX);
Lamda=max(D);
[MAXLamda,I]=max(Lamda);
omega=V(:,I);                               %最大特征值对应的特征向量
  %%%第一主元
t=X0*omega;
pp=X0'*t/(t'*t);
XXX=X0-t*pp';
r=Y0'*t/(t'*t);
YYY=Y0-t*r';
```

  部分最小二乘回归提供了一种多因变量对多自变量的回归建模方法，可以有效解决变量之间的多重相关性问题，适合在样本容量小于变量个数的情况下进行回归建模，可以实现多种多元统计分析方法的综合应用。

实例——男子的体能数据部分最小二乘回归分析

源文件：yuanwenjian/ch17/hgfx1.m

Linnerud 曾经对某健身俱乐部 20 名中年男子的体能数据做了统计分析，测量数据分为两组，第一组是身体特征指标 X，包括体重、腰围、脉搏；第二组是训练结果指标 Y，包括单杠、弯曲、跳高，如表 17-8 所示。试利用部分最小二乘回归方法，对这些数据进行部分最小二乘回归分析。

表 17-8 男子体能数据

编号 i	1	2	3	4	5	6	7	8	9	10
体重 x_1	191	189	193	162	189	132	211	167	176	154
腰围 x_2	36	37	38	35	35	36	38	34	31	33
脉搏 x_3	50	52	58	62	46	56	56	60	74	56
单杠 y_1	5	2	12	12	13	4	8	6	15	17
弯曲 y_2	162	110	101	105	155	101	101	125	200	251
跳高 y_3	60	60	101	37	58	42	33	40	40	250
编号 i	11	12	13	14	15	16	17	18	19	20
体重 x_1	169	166	154	247	193	202	176	157	156	138
腰围 x_2	34	33	34	46	36	37	37	32	33	33
脉搏 x_3	50	52	64	50	46	54	54	52	54	68
单杠 y_1	17	13	14	1	6	4	4	11	15	2
弯曲 y_2	11	12	13	14	15	16	17	18	19	20
跳高 y_3	120	210	215	50	70	60	60	230	225	110

操作步骤

解：MATLAB 程序如下。

```
>> clear
X=[191 36 50;
189 37 52;
193 38 58;
162 35 62;
189 35 46;
182 36 56;
211 38 56;
167 34 60;
176 31 74;
154 33 56;
169 34 50;
166 33 52;
154 34 64;
247 46 50;
193 36 46;
202 37 62;
176 37 54;
157 32 52;
156 33 54;
```

```
138 33 68
];
>> Y=[5 162 60;
2 110 60;
12 101 101;
12 105 37;
13 155 58;
4 101 42;
8 101 38;
6 125 40;
15 200 40;
17 251 250;
17 120 38;
13 210 115;
14 215 105;
1 50 50 ;
6 70 31;
12 210 120;
4 60 25;
11 230 80;
15 225 73;
2 110 43];
>> [beta,VIP]=pls(X,Y)
beta =
    -0.0778    -0.1385    -0.0604
    -0.4989    -0.5244    -0.1559
    -0.1322    -0.0854    -0.0073
VIP =
    0.9982
    1.2977
    0.5652
```

实例——碳酸岩标本数据部分最小二乘回归分析

源文件：yuanwenjian/ch17/hgfx2.m

扫一扫，看视频

从珠穆朗玛峰地区采集不同地质时代的碳酸岩标本，进行化学分析，其测量数据如表 17-9 所示。试利用部分最小二乘回归方法，对这些数据进行部分最小二乘回归分析。

表 17-9　碳酸岩标本数据

	编　　号	SiO_2	Al_2O_3	MgO	CaO	K_2O	Na_2O
古生代	JBR_{52}	20.92	4.50	3.13	36.7	1.20	0.75
	$JSAR_3$	31.09	7.02	2.16	30.6	2.55	0.95
	$JBR1_2$	6.01	3.10	1.30	29.8	2.05	0.20
	$JSAR_{24}$	20.21	2.26	1.73	48.28	0.60	0.40
中新生代	$JSAR_{33}$	18.86	1.83	2.59	37.30	0.95	0.25
	$JSAR_{35}$	8.98	1.41	1.41	45.56	0.45	0.40
	$JSARA_{40}$	20.30	4.35	1.70	37.58	0.20	0.40
	$JSRF_{22}$	9.52	3.37	1.52	37.20	0.60	0.50

操作步骤

解：MATLAB 程序如下。

```
>> clear
>> X=[20.92 4.50       3.13       36.7       1.20       0.75;
31.09      7.02        2.16       30.6       2.55       0.95;
6.013.10   1.30        29.8       2.05       0.20;
20.21      2.26        1.73       48.28      0.60       0.40
];
>> Y=[18.86 1.83        2.59       37.30      0.95       0.25;
8.981.41   1.41        45.56      0.45       0.40;
20.30      4.35        1.70       37.58      0.20       0.40;
9.523.37   1.52        37.20      0.60       0.50];
>> [beta,VIP]= pls(X,Y)
beta =
   -0.1008   -0.2612    0.0154    0.2310    0.0815   -0.1166
   -0.0934   -0.2191   -0.0688    0.2966   -0.0445   -0.0775
   -0.0950   -0.3468    0.3769   -0.1417    0.6003   -0.2434
    0.0152   -0.0004    0.1410   -0.1770    0.1947   -0.0352
   -0.0244    0.0105   -0.2625    0.3200   -0.3647    0.0698
   -0.1135   -0.3142    0.0894    0.1888    0.1959   -0.1579
VIP =
    0.9422
    0.9824
    1.3424
    0.5441
    0.9942
    1.0299
```

17.2　MATLAB 数理统计基础

　　数理统计工具箱是 MATLAB 工具箱中较为简单的一个，其涉及的数学知识是大家都很熟悉的数理统计，比如求均值与方差等。下面将对 MATLAB 数理统计工具箱中的一些函数进行简单介绍。

17.2.1　样本均值

　　MATLAB 中计算样本均值的函数为 mean，其调用格式如表 17-10 所示。

表 17-10　mean 调用格式

调 用 格 式	说　　　　　明
M = mean(A)	如果 A 为向量，输出 M 为 A 中所有参数的平均值；如果 A 为矩阵，输出 M 是一个行向量，其每一个元素是对应列的元素的平均值
M = mean(A,dim)	按指定的维数求平均值

MATLAB 还提供了表 17-11 所示的其他几个求平均数的函数，其调用格式与 mean 函数相似。

表 17-11 其他求平均数的函数

函　　　数	说　　　明
nanmean	求算术平均
geomean	求几何平均
harmmean	求和谐平均
trimmean	求调整平均

扫一扫，看视频

实例——材料应力平均值

源文件：yuanwenjian/ch17/jzjs1.m、材料应力平均值.flg

求表 17-12 中 40Cr 的不同系数下许用抗压、弯应力许用剪切应力、许用端面承压应力的几种平均值。

表 17-12 材料应力数据

系　　　数	许　用　抗　压	弯应力许用剪切应力	许用端面承压应力
1.48	331.1	192.2	496.7
1.34	365.7	211.1	548.6
1.22	401.7	231.9	602.6

操作步骤

解：MATLAB 程序如下。

```
>> A=[311.1 192.2 496.7;365.7 211.1 548.6;401.7 231.9 602.6];
>> A1=mean(A)
A1 =
 359.5000  211.7333  549.3000
>> A2=mean(A,2)
A2 =
 333.3333
 375.1333
 412.0667
>> A3=nanmean(A)
A3 =
 359.5000  211.7333  549.3000
>> A4=geomean(A)
A4 =
  357.5271  211.1126  547.5953
>> A5=harmmean(A)
A5 =
  355.5218  210.4937  545.8927
>> A6=trimmean(A,1)
A6 =
  359.5000  211.7333  549.3000
>> subplot(3,2,1),plot(A,'k-')
```

```
>> hold on
>> plot(A1,'bo')
>> hold off
>> title('样本平均')
>> subplot(3,2,2),plot(A,'k-')
>> hold on
>> plot(A2,'r+')
>> hold off
>> title('算术平均')
>> subplot(3,2,3),plot(A,'k-')
>> hold on
>> plot(A3,'c>')
>> hold off
>> title('第二列算术平均')
>> subplot(3,2,4),plot(A,'k-')
>> hold on
>> plot(A4,'m<')
>> hold off
>> title('几何平均')
>> subplot(3,2,5),plot(A,'k-')
>> hold on
>> plot(A5,'yp')
>> hold off
>> title('和谐平均')
>> subplot(3,2,6),plot(A,'k-')
>> hold on
>> plot(A6,'gv')
>> hold off
>> title('调整平均')
```

在图像窗口中显示了平均值与原数据的对比情况，如图 17-6 所示。

图 17-6　平均数据对比图

实例——样本均值分析

源文件：yuanwenjian/ch17/jzjs2.m、样本均值分析.flg

如表 17-6 所示为 20 位 25~34 周岁健康女性的测量数据，试求解前十位数据的样本均值。

操作步骤

解：MATLAB 程序如下。

（1）创建所有测试数据矩阵。

```
>> x1=[19.5 24.7 30.7 29.8 19.1 25.6 31.4 27.9 22.1 25.5];    %三头肌皮褶厚度
>> x2=[43.1 49.8 51.9 54.3 42.2 53.9 58.6 52.1 49.9 53.5];    %大腿围长
>> x3=[29.1 28.2 37 31.1 30.9 23.7 27.6 30.6 23.2 24.8];      %中臂围长
>> A(1,:)=x1; A(2,:)=x2; A(3,:)=x3
A =
  1 至 5 列
   19.5000   24.7000   30.7000   29.8000   19.1000
   43.1000   49.8000   51.9000   54.3000   42.2000
   29.1000   28.2000   37.0000   31.1000   30.9000
  6 至 10 列
   25.6000   31.4000   27.9000   22.1000   25.5000
   53.9000   58.6000   52.1000   49.9000   53.5000
   23.7000   27.6000   30.6000   23.2000   24.8000
```

（2）求解均值。

```
>> A1=mean(A)                                                 %样本平均
A1 =
  1 至 5 列
   30.5667   34.2333   39.8667   38.4000   30.7333
  6 至 10 列
   34.4000   39.2000   36.8667   31.7333   34.6000
>> A2=nanmean(A)                                              %算术平均
A2 =
  1 至 5 列
   30.5667   34.2333   39.8667   38.4000   30.7333
  6 至 10 列
   34.4000   39.2000   36.8667   31.7333   34.6000
>> A3=geomean(A)                                              %几何平均
A3 =
  1 至 5 列
   29.0270   32.6131   38.9197   36.9198   29.2035
  6 至 10 列
   31.9786   37.0321   35.4314   29.4664   32.3431
>> A4=harmmean(A)                                             %和谐平均
A4 =
  1 至 5 列
   27.5613   31.2412   38.0382   35.6601   27.6714
```

```
    6 至 10 列
    30.0573    35.2345    34.2013    27.6772    30.5406
>> A5=trimmean(A,1)                                          %调整平均
A5 =
    1 至 5 列
    30.5667    34.2333    39.8667    38.4000    30.7333
    6 至 10 列
    34.4000    39.2000    36.8667    31.7333    34.6000
```

（3）绘制均值曲线。

```
>> plot(A1,'bo')
>> hold on
>> plot(A2,'r-')
>> plot(A3,'c--')
>> plot(A4,'y:')
>> plot(A5,'g-..')
>> hold off
>> title('均值曲线')
>> xlabel('测试数据'),ylabel('身体脂肪')
>> legend('样本平均','算术平均','几何平均','和谐平均','调整平均')
```

在图像窗口中显示平均值结果对比图，如图 17-7 所示。

图 17-7 平均数据对比图

17.2.2 样本方差与标准差

MATLAB 中计算样本方差的函数为 var，其调用格式如表 17-13 所示。

MATLAB 中计算样本标准差的函数为 std，其调用格式如表 17-14 所示。

表 17-13　var 调用格式

调 用 格 式	说　明
V = var(X)	如果 X 是向量，输出 V 是 X 中所有元素的样本方差；如果 X 是矩阵，输出 V 是行向量，其每一个元素是对应列的元素的样本方差，这里使用的是 n−1 标准化
V = var(X,1)	使用 n 标准化，即按二阶中心矩的方式计算
V = var(X,w)	w 是权重向量，其元素必须为正，长度与 X 匹配
V = var(X,w,dim)	dim 指定计算维数

表 17-14　std 调用格式

调 用 格 式	说　明
s = std(X)	按照样本方差的无偏估计计算样本标准差，如果 X 是向量，输出 s 是 X 中所有元素的样本标准差；如果 X 是矩阵，输出 s 是行向量，其每一个元素是对应列的元素的样本标准差
s = std(X,flag)	如果 flag 为 0，同上；如果 flag 为 1，按照二阶中心矩的方式计算样本标准差
s = std(X,flag,dim)	dim 指定计算维数

扫一扫，看视频

实例——电线寿命分析

源文件：yuanwenjian/ch17/dxsm.m

已知某批电线的寿命服从正态分布 $N(\mu, \sigma^2)$，今从中抽取 4 组进行寿命试验，测得数据如下（单位：h）：2501，2253，2467，2650。

试估计参数 μ 和 σ。

操作步骤

解：MATLAB 程序如下。

```
>> clear
>> A=[2501,2253,2467,2650];
>> miu=mean(A)
miu =
   2.4678e+03
>> sigma=var(A,1)
sigma =
   2.0110e+04
>> sigma^0.5
ans =
  141.8086
>> sigma2=std(A,1)
sigma2 =
  141.8086
```

可以看出，两个估计值分别为 2467.8 和 141.8086。在这里使用的是二阶中心矩。

17.2.3　协方差和相关系数

MATLAB 中计算协方差的函数为 cov，其调用格式如表 17-15 所示。

表 17-15 cov 调用格式

调 用 格 式	说 明
cov(x)	x 为向量时，计算其方差；x 为矩阵时，计算其协方差矩阵，其中协方差矩阵的对角元素是 x 矩阵的列向量的方差，使用的是 n-1 标准化
cov(x,y)	计算 x、y 的协方差矩阵，要求 x、y 维数相同
cov(x,1)	使用的是 n 标准化
cov(x,y,1)	使用的是 n-1 标准化

MATLAB 中计算相关系数的函数为 corrcoef，其调用格式如表 17-16 所示。

表 17-16 corrcoef 调用格式

调 用 格 式	说 明
R = corrcoef(X)	计算矩阵 X 的列元素的相关系数矩阵 R
R = corrcoef(x,y)	计算列向量 x、y 的相关系数矩阵 R
[R,P]=corrcoef(...)	P 返回的是不相关的概率矩阵
[R,P,RLO,RUP]=corrcoef(...)	RLO、RUP 分别是相关系数 95%置信度的估计区间上、下限

实例——存活时间协方差分析

源文件：yuanwenjian/ch17/xfc1.m

表 17-17 显示了不同微生物在低温、常温、高温下的存活时间（单位为分钟），求数据的协方差。

表 17-17 给定数据

低 温	常 温	高 温
128.8	334.7	385.5
246.4	142	369.7
270.6	156.3	406

操作步骤

解：MATLAB 程序如下。

```
>> A = [128.8 334.7 385.5;246.4 142 369.7;270.6 156.3 406];
>> cov(A)
ans =
   1.0e+04 *
   0.5754   -0.7935    0.0321
  -0.7935    1.1527   -0.0016
   0.0321   -0.0016    0.0331
>> corrcoef(A)
ans =
   1.0000   -0.9744    0.2327
  -0.9744    1.0000   -0.0080
   0.2327   -0.0080    1.0000
```

动手练一练——钢材消耗量与国民收入样本均值与方差

表 17-18 列出了中国 16 年间钢材消耗量与国民收入之间的关系，试求解样本均值与方差。

表 17-18　钢材消耗与国民经济

钢材消费量 x /万吨	549	429	538	698	872	988	807	738
国民收入 y /亿元	910	851	942	1097	1284	1502	1394	1303
钢材消费量 x /万吨	1025	1316	1539	1561	1785	1762	1960	1902
国民收入 y /亿元	1555	1917	2051	2111	2286	2311	2003	2435

📋 **思路点拨：**

源文件：yuanwenjian/ch17/xfc2.m
（1）输入矩阵数据。
（2）求解算术平均值、几何平均值。
（3）求解协方差。

17.3　多元数据相关分析

多元数据相关分析主要就是研究随机向量之间的相互依赖关系，比较实用的主要有主成分分析和典型相关分析。

17.3.1　主成分分析

主成分分析是将多个指标化为少数指标的一种多元数据处理方法。

设有某个 p 维总体 G，其每个样品都是一个 p 维随机向量的一个实现，就是说每个样品都测得 p 个指标，这 p 个指标之间往往互有影响。能否将这 p 个指标综合成很少几个综合性指标，而且这几个综合性指标既能充分反映原有指标的信息，它们彼此之间还相互无关？回答是肯定的，这就是主成分分析要完成的工作。

设 $X=(x_1,x_2,\cdots,x_p)'$ 为 p 维随机向量，V 是协方差阵。若 V 是非负定阵，则其特征根皆是非负实数，将它们依大小顺序排列 $\lambda_1 \geqslant \lambda_2 \geqslant \cdots \geqslant \lambda_p \geqslant 0$，并设前 m 个为正，且 $\lambda_1,\lambda_2,\cdots,\lambda_m$ 相应的特征向量为 $a_1,a_2,\cdots,a_m$，则 $a_1'X$，$a_2'X$，$\cdots$，$a_m'X$ 分别为第 $1,2,\cdots,m$ 个主成分。

下面的 M 文件 mainfactor.m 是对矩阵 X 进行主成分分析的函数。

```
function [F,rate,maxlamda]=mainfactor(X)
[n,p]=size(X);
meanX=mean(X);
varX=var(X);
for i=1:p
    for j=1:n
    X0(j,i)=(X(j,i)-meanX(i))/((varX(i))^0.5);
    end
```

```
end
V=corrcoef(X0);
[VV0,lamda0]=eig(V);
lamda1=sum(lamda0);
lamda=lamda1(find(lamda1>0));
VV=VV0(:,find(lamda1>0));
k=1;
while(k<=length(lamda))
    [maxlamda(k),I]=max(lamda);
    maxVV(:,k)=VV(:,I);
    lamda(I)=[];
    VV(:,I)=[];
    k=k+1;
end
lamdarate=maxlamda/sum(maxlamda)
rate=(zeros(1,length(maxlamda)));
for l=1:length(maxlamda)
    F(:,l)=maxVV(:,l)'*X';
    for m=1:l
        rate(l)=rate(l)+lamdarate(m);
    end
end
```

实例——健康女性的测量数据主成分分析

源文件：yuanwenjian/ch17/zcffx.m

健康女性的测量数据如表 17-19 所示，对其进行主成分分析。

扫一扫，看视频

表 17-19　测量数据

受试验者 i	1	2	3	4	5	6	7	8	9	10
三头肌皮褶厚度 x_1	19.5	24.7	30.7	29.8	19.1	25.6	31.4	27.9	22.1	25.5
大腿围长 x_2	43.1	49.8	51.9	54.3	42.2	53.9	58.6	52.1	49.9	53.5
中臂围长 x_3	29.1	28.2	37	31.1	30.9	23.7	27.6	30.6	23.2	24.8
身体脂肪 y	11.9	22.8	18.7	20.1	12.9	21.7	27.1	25.4	21.3	19.3
三头肌皮褶厚度 x_1	31.1	30.4	18.7	19.7	14.6	29.5	27.7	30.2	22.7	25.2
大腿围长 x_2	56.6	56.7	46.5	44.2	42.7	54.4	55.3	58.6	48.2	51
中臂围长 x_3	30	28.3	23	28.6	21.3	30.1	25.6	24.6	27.1	27.5
身体脂肪 y	25.4	27.2	11.7	17.8	12.8	23.9	22.6	25.4	14.8	21.1

操作步骤

解：MATLAB 程序如下。

```
>> clear
>> X=[ 19.5 24.7 30.7   29.8    19.1    25.6    31.4    27.9    22.1    25.5
31.1    30.4    18.7    19.7    14.6    29.5    27.7    30.2    22.7    25.2;
```

43.1	49.8	51.9	54.3	42.2	53.9	58.6	52.1	49.9	53.5
56.6	56.7	46.5	44.2	42.7	54.4	55.3	58.6	48.2	51;
29.1	28.2	37	31.1	30.9	23.7	27.6	30.6	23.2	24.8
30	28.3	23	28.6	21.3	30.1	25.6	24.6	27.1	27.5];

```
>> [F,rate,maxlamda]=mainfactor(X)
F =
  113.2766  113.2766  113.2766  113.2766  113.2766
  229.0117  229.0117  229.0117  229.0117  229.0117
  123.3809  123.3809  123.3809  123.3809  123.3809
rate =
    0.9681    1.0000    1.0000    1.0000    1.0000
maxlamda =
   19.3620    0.6380    0.0000    0.0000    0.0000
```

结果中，maxlamda 是从大到小排列的协方差阵特征值，rate 是每个主成分的贡献率，F 是对应的主成分。可以看到，第一个主成分的贡献就达到了 0.9681。

17.3.2　典型相关分析

主成分分析是在一组数据内部进行成分提取，使所提取的主成分尽可能地携带原数据的信息，能对原数据的变异情况具有最强的解释能力。本节要介绍的典型相关分析是对两组数据进行分析，分析它们之间是否存在相关关系。它分别从两组数据中提取相关性最大的两个成分，通过测定这两个成分之间的相关关系，来推测两个数据表之间的相关关系。典型相关分析有着重要的应用背景，例如在宏观经济分析中，研究国民经济的投入要素与产出要素这两组变量之间的联系情况；在市场分析中，研究销售情况与产品性能之间的关系等。

对于数据表 $X_{n \times p}$ 和 $Y_{n \times q}$，有

$$V_1 = (X'X)^{-1} X'Y(Y'Y)^{-1} Y'X \ , \quad V_2 = (Y'Y)^{-1} Y'X(X'X)^{-1} X'Y$$

V_1、V_2 的特征值是相同的，则对应它们最大特征值的特征向量 a_1, b_1 就是 X 和 Y 的第一典型主轴，$F_1 = Xa_1$ 和 $G_1 = Xb_1$ 是第一典型成分，依此类推。

下面的 M 文件 dxxg.m 就是对 X 和 Y 进行典型相关分析的函数文件。

```
function [maxVV1,maxVV2,F,G]=dxxg(X,Y)
[n,p]=size(X);
[n,q]=size(Y);
meanX=mean(X);
varX=var(X);
meanY=mean(Y);
varY=var(Y);
for i=1:p
    for j=1:n
    X0(j,i)=(X(j,i)-meanX(i))/((varX(i))^0.5);
    end
end
for i=1:q
    for j=1:n
```

```
        Y0(j,i)=(Y(j,i)-meanY(i))/((varY(i))^0.5);
    end
end
V1=inv(X0'*X0)*X0'*Y0*inv(Y0'*Y0)*Y0'*X0;
V2=inv(Y0'*Y0)*Y0'*X0*inv(X0'*X0)*X0'*Y0;
[VV1,lamda1]=eig(V1);
[VV2,lamda2]=eig(V2);
lamda11=sum(lamda1);
lamda21=sum(lamda2);
k=1;
while(k<=(length(lamda1))^0.5)
    [maxlamda1(k),I]=max(lamda11);
    maxVV1(:,k)=VV1(:,I);
    lamda11(I)=[];
    VV1(:,I)=[];
    [maxlamda2(k),I]=max(lamda21);
    maxVV2(:,k)=VV2(:,I);
    lamda21(I)=[];
    VV2(:,I)=[];
    k=k+1;
end
F=X0*maxVV1;
G=Y0*maxVV2;
```

实例——男子的体能典型相关分析

源文件：yuanwenjian/ch17/xgfx.m

对男子的体能数据中的自变量数据进行典型相关分析，如表 17-20 所示。

表 17-20　男子体能数据

编号 i	1	2	3	4	5	6	7	8	9	10
体重 x_1	191	189	193	162	189	132	211	167	176	154
腰围 x_2	36	37	38	35	35	36	38	34	31	33
脉搏 x_3	50	52	58	62	46	56	56	60	74	56
单杠 y_1	5	2	12	12	13	4	8	6	15	17
弯曲 y_2	162	110	101	105	155	101	101	125	200	251
跳高 y_3	60	60	101	37	58	42	33	40	40	250
编号 i	11	12	13	14	15	16	17	18	19	20
体重 x_1	169	166	154	247	193	202	176	157	156	138
腰围 x_2	34	33	34	46	36	37	37	32	33	33
脉搏 x_3	50	52	64	50	46	54	54	52	54	68
单杠 y_1	17	13	14	1	6	4	4	11	15	2
弯曲 y_2	120	210	215	50	70	60	60	230	225	110
跳高 y_3	33	115	105	50	21	25	25	80	73	43

操作步骤

解：MATLAB 程序如下。

```
>>  X=[191 36 50; 189 37 52; 193 38 58; 162 35 62; 189 35 46; 182 36 56; 211 38 56;
167 34 60; 176 31 74; 154 33 56; 169 34 50; 166 33 52; 154 34 64; 247 46 50; 193
36 46; 202 37 62; 176 37 54; 157 32 52; 156 33 54; 138 33 68];
Y=[5 162 60; 2 110 60; 12 101 101; 12 105 37; 13 155 58; 4 101 42; 8 101 38; 6 125
40; 15 200 40; 17 251 250; 17 120 38; 13 210 115; 14 215 105; 1 50 50 ; 6 70 31;
12 210 120; 4 60 25; 11 230 80; 15 225 73; 2 110 43];
>> [maxVV1,maxVV2,F,G]=dxxg(X,Y)
maxVV1 =
    0.4405    -0.8429    -0.1616
   -0.8971     0.5281     0.4282
    0.0336    -0.1034     0.8891
maxVV2 =
   -0.2645    -0.3314    -0.7046
   -0.7976     0.1090     0.6721
    0.5421     0.9372    -0.2276
F =
    0.0247    -0.2369    -0.7531
   -0.2819    -0.0324    -0.3597
   -0.4627    -0.0900     0.4877
   -0.1566     0.4161     0.7827
    0.2506    -0.2762    -1.3670
   -0.1079    -0.0157     0.0456
   -0.1510    -0.6758     0.1233
    0.2035     0.1092     0.3696
    1.2698    -0.8936     1.6359
    0.2331     0.4454    -0.1723
    0.1926     0.1843    -0.8766
    0.4286     0.0931    -0.7440
   -0.0098     0.4956     0.9480
   -1.7782    -0.4993     0.2176
    0.0417    -0.2478    -1.2595
   -0.0034    -0.6195     0.7883
   -0.5045     0.3827    -0.0280
    0.5482     0.2354    -0.8189
    0.2595     0.4058    -0.4320
    0.0036     0.8195     1.4122
G =
   -0.0960     0.1193     0.8156
    0.7170     0.2168     0.6568
    0.7649     0.3237    -0.9547
    0.0373    -0.8391    -0.6277
   -0.4281    -0.4309    -0.3171
    0.5414    -0.2532     0.3735
    0.2990    -0.5770    -0.1419
    0.1142    -0.3733     0.3736
   -1.2921    -0.8069    -0.0204
    0.1779     2.9947    -0.6711
```

```
-0.3935    -1.1081    -1.1374
-0.5266     0.7067     0.0208
-0.7461     0.4700    -0.0144
 1.4262    -0.0078     0.1900
 0.7202    -0.6336    -0.1773
-0.4237     0.8608     0.1319
 0.8843    -0.6353     0.0085
-1.0515     0.2272     0.6575
-1.2619    -0.1602     0.1017
 0.5373    -0.0939     0.7323
```

maxVV1 和 maxVV2 为 X 和 Y 的典型主轴，F 和 G 为 X 和 Y 的典型成分。

17.4 方差分析

在工程实践中，影响一个事务的因素是很多的。比如在化工生产中，原料成分、原料剂量、催化剂、反应温度、压力、反应时间、设备型号以及操作人员等因素都会对产品的质量和产量产生影响。有的因素影响大些，有的因素影响小些。为了保证优质、高产、低能耗，必须找出对产品的质量和产量有显著影响的因素，并研究出最优工艺条件。为此需要做科学试验，以取得一系列试验数据。如何利用试验数据进行分析，推断某个因素的影响是否显著？在最优工艺条件中如何选用显著性因素？就是方差分析要完成的工作。方差分析已广泛应用于气象预报、农业、工业、医学等许多领域中，同时其思想也渗透到了数理统计的许多方法中。

试验样本的分组方式不同，采用的方差分析方法也不同，一般常用的有单因素方差分析与双因素方差分析。

17.4.1 单因素方差分析

为了考查某个因素对事务的影响，我们把影响事务的其他因素相对固定，而让所考查的因素改变，从而观察由于该因素改变所造成的影响，并由此分析、推断该因素的影响是否显著以及应该如何选用该因素。这种把其他因素相对固定，只有一个因素变化的试验叫做单因素试验。在单因素试验中进行方差分析被称为单因素方差分析。如表 17-21 所示是单因素方差分析主要计算结果。

表 17-21 单因素方差分析表

方 差 来 源	平方和 S	自由度 f	均方差 $\overline{S}$	F 值
因素 A 的影响	$S_{\mathrm{A}} = r \sum\limits_{j=1}^{p} (\overline{x}_j - \overline{x})^2$	$p-1$	$\overline{S}_{\mathrm{A}} = \dfrac{S_A}{p-1}\mathrm{b}$	$F = \dfrac{\overline{S}_A}{S_E}$
误差	$S_{\mathrm{E}} = \sum\limits_{j=1}^{p}\sum\limits_{i=1}^{r} (x_{ij} - \overline{x}_j)^2$	$n-p$	$\overline{S}_{\mathrm{E}} = \dfrac{S_E}{n-p}$	
总和	$S_{\mathrm{T}} = \sum\limits_{j=1}^{p}\sum\limits_{i=1}^{r} (x_{ij} - \overline{x})^2$	$n-1$		

MATLAB 提供了 anova1 命令进行单因素方差分析，其调用格式如表 17-22 所示。

表 17-22 anova1 调用格式

调 用 格 式	说 明
p = anova1(X)	X 的各列为彼此独立的样本观察值，其元素个数相同。p 为各列均值相等的概率值，若 p 值接近于 0，则原假设受到怀疑，说明至少有一列均值与其余列均值有明显不同
p = anova1(X,group)	group 数组中的元素可以用来标识箱线图中的坐标
p = anova1(X,group,displayopt)	displayopt 有两个值，"on" 和 "off"，其中 "on" 为默认值，此时系统将自动给出方差分析表和箱线图
[p,table] = anova1(...)	table 返回的是方差分析表
[p,table,stats] = anova1(...)	stats 为统计结果量，是结构体变量，包括每组的均值等信息

扫一扫，看视频

实例——布的缩水率方差分析

源文件：yuanwenjian/ch17/fcfx.m

为了考查染整工艺对布的缩水率是否有影响，选用 5 种不同的染整工艺，分别用 A_1、A_2、A_3、A_4、A_5 表示，每种工艺处理 4 块布样，测得的缩水率如表 17-23 所示，试对其进行方差分析。

表 17-23 测量数据

	A_1	A_2	A_3	A_4	A_5
1	4.3	6.1	6.5	9.3	9.5
2	7.8	7.3	8.3	8.7	8.8
3	3.2	4.2	8.6	7.2	11.4
4	6.5	4.1	8.2	10.1	7.8

操作步骤

解：MATLAB 程序如下。

```
>> clear
>> X=[4.3 6.1 6.5 9.3 9.5; 7.8 7.3 8.3 8.7 8.8; 3.2 4.2 8.6 7.2 11.4; 6.5
4.1 8.2 10.1 7.8];
>> mean(X)
ans =
    5.4500    5.4250    7.9000    8.8250    9.3750
>> [p,table,stats]=anova1(X)
p =
    0.0042
table =
  4×6 cell 数组
1 至 5 列
    {'Source' }    {'SS'      }    {'df'}    {'MS'      }    {'F'       }
    {'Columns'}    {[55.5370]}    {[ 4]}    {[ 13.8843]}    {[  6.0590]}
    {'Error'  }    {[34.3725]}    {[15]}    {[  2.2915]}    {0×0 double}
```

```
    {'Total'  }    {[89.9095]}    {[19]}    {0×0 double}    {0×0 double}
  6 列
    {'Prob>F'  }
    {[  0.0042]}
    {0×0 double}
{0×0 double}
stats =
  包含以下字段的 struct:
    gnames: [5x1 char]
         n: [4 4 4 4 4]
    source: 'anoval'
     means: [5.4500 5.4250 7.9000 8.8250 9.3750]
        df: 15
         s: 1.51381
```

计算结果如图 17-8 和图 17-9 所示，可以看到 $F = 6.06 > 4.89 = F_{0.99}(4,15)$，故可以认为染整工艺对缩水率的影响高度显著。

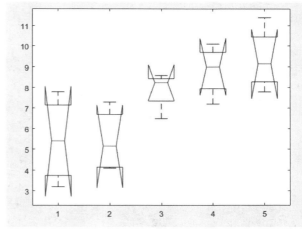

图 17-9　箱线图

ANOVA Table

Source	SS	df	MS	F	Prob>F
Columns	55.537	4	13.8843	6.06	0.0042
Error	34.3725	15	2.2915		
Total	89.9095	19			

图 17-8　方差分析表

实例——碳酸岩标本数据方差分析

源文件：yuanwenjian/ch17/zxecfx.m

如表 17-24 所示是从珠穆朗玛峰地区采集不同地质时代的碳酸岩标本测量数据，试对其进行方差分析。

表 17-24　碳酸岩标本数据

	编号	SiO_2	Al_2O_3	MgO	CaO	K_2O	Na_2O
古生代	JBR_{52}	20.2	4.50	3.13	36.7	1.20	0.75
	$JSAR_3$	31.09	7.02	2.16	30.6	2.55	0.95
	$JBR1_2$	6.01	3.10	1.30	29.8	2.05	0.20
	$JSAR_{24}$	20.21	2.26	1.73	48.28	0.60	0.40

续表

编号	SiO$_2$	Al$_2$O$_3$	MgO	CaO	K$_2$O	Na$_2$O
	JSAR$_{33}$	18.86	1.83	2.59	37.30	0.95	0.25
中新生代	JSAR$_{35}$	8.98	1.41	1.41	45.56	0.45	0.40
	JSARA$_{40}$	20.30	4.35	1.70	37.58	0.20	0.40
	JSRF$_{22}$	9.52	3.37	1.52	37.20	0.60	0.50

操作步骤

解：MATLAB 程序如下。

```
>> clear
>> X=[ 20.92      4.50      3.13      36.7      1.20      0.75;
31.09     7.02      2.16      30.6      2.55      0.95;
6.01      3.10      1.30      29.8      2.05      0.20;
20.21     2.26      1.73      48.28     0.60      0.40
];
>> Y=[18.86      1.83      2.59      37.30     0.95      0.25;
8.98      1.41      1.41      45.56     0.45      0.40;
20.30     4.35      1.70      37.58     0.20      0.40;
9.52      3.37      1.52      37.20     0.60      0.50];
>> mean(X)
ans =
   19.5575    4.2200    2.0800   36.3450    1.6000    0.5750
>> [p,table,stats]=anova1(X)
p =
   9.1617e-08
table =
   4×6 cell 数组
   1 至 5 列
    'Source'      'SS'            'df'       'MS'          'F'
    'Columns'    [4.1509e+03]    [ 5]      [830.1892]    [26.9401]
    'Error'      [ 554.6895]     [18]      [ 30.8161]    {0×0 double}
    'Total'      [4.7056e+03]    [23]      {0×0 double}   {0×0 double}
   6 列
    'Prob>F'
    [9.1617e-08]
    {0×0 double}
    {0×0 double}
stats =
   包含以下字段的 struct:
   gnames: [6x1 char]
        n: [4 4 4 4 4]
   source: 'anova1'
    means: [19.5575 4.2200 2.0800 36.3450 1.6000 0.5750]
       df: 18
        s: 5.5512
```

计算结果如图 17-10 和图 17-11 所示。可以看到 $F = 6.06 > 4.89 = F_{0.99}(4,15)$，故可以认为不同

地质时代对碳酸标本的交互作用对应的检验 p 值小于给定的显著性水平 0.01，不同时代地质对碳酸盐标本的影响高度显著。

图 17-10　方差分析表

图 17-11　箱线图

17.4.2　双因素方差分析

在许多实际问题中，常常要研究几个因素同时变化时的方差分析。比如，在农业试验中，有时既要研究几种不同品种的种子对农作物的影响，还要研究几种不同种类的肥料对农作物收获量的影响。这里就有种子和肥料两种因素在变化，必须在这两种因素同时变化的情况下来分析对收获量的影响，以便找到最合适的种子和肥料种类的搭配。这就是双因素方差分析要完成的工作。双因素方差分析包括没有重复试验的方差分析和具有相等重复试验次数的方差分析，其分析分别如表 17-25 和表 7-26 所示。

表 17-25　无重复双因素方差分析

方 差 来 源	平方和 S	自由度 f	均方差 $\overline{S}$	F 值
因素 A 的影响	$S_A = q\sum_{i=1}^{p}(\overline{x}_{i\bullet} - \overline{x})^2$	$p-1$	$\overline{S}_A = \dfrac{S_A}{p-1}$	$F = \dfrac{\overline{S}_A}{\overline{S}_E}$
因素 B 的影响	$S_B = p\sum_{j=1}^{q}(\overline{x}_{\bullet j} - \overline{x})^2$	$q-1$	$\overline{S}_A = \dfrac{S_B}{q-1}$	$F = \dfrac{\overline{S}_B}{\overline{S}_E}$
误差	$S_E = \sum_{i=1}^{p}\sum_{j=1}^{q}(x_{ij} - \overline{x}_{i\bullet} - \overline{x}_{\bullet j} + \overline{x})^2$	$(p-1)(q-1)$	$\overline{S}_E = \dfrac{S_E}{(p-1)(q-1)}$	
总和	$S_T = \sum_{i=1}^{p}\sum_{j=1}^{q}(x_{ij} - \overline{x})^2$	$pq-1$		

表 17-26　等重复双因素方差分析（r 为试验次数）

方差来源	平方和 S	自由度 f	均方差 $\overline{S}$	F 值
因素 A 的影响	$S_A = qr\sum\limits_{i=1}^{p}(\overline{x}_{i\bullet} - \overline{x})^2$	$p-1$	$\overline{S}_A = \dfrac{S_A}{p-1}$	$F_A = \dfrac{\overline{S}_A}{\overline{S}_E}$
因素 B 的影响	$S_B = pr\sum\limits_{j=1}^{q}(\overline{x}_{\bullet j} - \overline{x})^2$	$q-1$	$\overline{S}_A = \dfrac{S_B}{q-1}$	$F_B = \dfrac{\overline{S}_B}{\overline{S}_E}$
$A \times B$	$S_{A\times B} = r\sum\limits_{i=1}^{p}\sum\limits_{j=1}^{q}(x_{ij} - \overline{x}_{i\bullet\bullet} - \overline{x}_{\bullet j\bullet} + \overline{x})^2$	$(p-1)(q-1)$	$\overline{S}_{A\times B} = \dfrac{S_{A\times B}}{(p-1)(q-1)}$	$F_{A\times B} = \dfrac{\overline{S}_{A\times B}}{\overline{S}_E}$
误差	$S_E = \sum\limits_{k=1}^{r}\sum\limits_{i=1}^{p}\sum\limits_{j=1}^{q}(x_{ijk} - \overline{x}_{ij\bullet})^2$	$pq(r-1)$	$\overline{S}_E = \dfrac{S_E}{pq(r-1)}$	
总和	$S_T = \sum\limits_{k=1}^{r}\sum\limits_{i=1}^{p}\sum\limits_{j=1}^{q}(x_{ijk} - \overline{x})^2$	$pqr-1$		

MATLAB 提供了 anova2 命令进行双因素方差分析，其调用格式如表 17-27 所示。

表 17-27　anova2 调用格式

调用格式	说　　明
p = anova2(X,reps)	reps 定义的是试验重复的次数，必须为正整数，默认是 1
p = anova2(X,reps,displayopt)	displayopt 有两个值 "on" 和 "off"，其中 "on" 为默认值，此时系统将自动给出方差分析表
[p,table] = anova2(...)	table 返回的是方差分析表
[p,table,stats] = anova2(...)	stats 为统计结果量，是结构体变量，包括每组的均值等信息

执行平衡的双因素试验的方差分析来比较 X 中两个或多个列（行）的均值，不同列的数据表示因素 A 的差异，不同行的数据表示另一因素 B 的差异。如果行列对有多于一个的观察点，则变量 reps 指出每一单元观察点的数目，每一单元包含 reps 行。例如：

$$\begin{matrix} & {\scriptstyle A=1} & {\scriptstyle A=2} \\ \begin{bmatrix} x_{111} & x_{112} \\ x_{121} & x_{122} \\ x_{211} & x_{212} \\ x_{221} & x_{222} \\ x_{311} & x_{312} \\ x_{321} & x_{322} \end{bmatrix} & \begin{matrix} \left.\vphantom{\begin{matrix}x\\x\end{matrix}}\right\}B=1 \\ \left.\vphantom{\begin{matrix}x\\x\end{matrix}}\right\}B=2 \\ \left.\vphantom{\begin{matrix}x\\x\end{matrix}}\right\}B=3 \end{matrix} \end{matrix}$$

实例——燃料种类方差分析

源文件：yuanwenjian/ch17/rlzl.m

火箭使用了 4 种燃料和 3 种推进器进行射程试验。每种燃料和每种推进器的组合各进行了一次试验，得到火箭射程，如表 17-28 所示。试检验燃料种类与推进器种类对火箭射程有无显著性影响（A 为燃料，B 为推进器）。

表 17-28　测量数据

	B_1	B_2	B_3
A_1	58.2	56.2	65.3
A_2	49.1	54.1	51.6
A_3	60.1	70.9	39.2
A_4	75.8	58.2	48.7

操作步骤

解：MATLAB 程序如下。

```
>> clear
>> X=[58.2  56.2  65.3;49.1  54.1  51.6;60.1  70.9  39.2;75.8  58.2  48.7];
>> [p,table,stats]=anova2(X',1)
p =
    0.7387    0.4491
table =

  5×6 cell 数组
  1 至 5 列
    {'Source' }    {'SS'       }    {'df'}    {'MS'      }    {'F'       }
    {'Columns'}    {[ 157.5900]}    {[ 3]}    {[ 52.5300]}    {[ 0.4306]}
    {'Rows'   }    {[ 223.8467]}    {[ 2]}    {[111.9233]}    {[ 0.9174]}
    {'Error'  }    {[ 731.9800]}    {[ 6]}    {[121.9967]}    {0×0 double}
    {'Total'  }    {[1.1134e+03]}   {[11]}    {0×0 double}    {0×0 double}
  6 列
    {'Prob>F' }
    {[ 0.7387]}
    {[ 0.4491]}
    {0×0 double}
    {0×0 double}
stats =
包含以下字段的 struct:
      source: 'anova2'
     sigmasq: 121.9967
    colmeans: [59.9000 51.6000 56.7333 60.9000]
        coln: 3
    rowmeans: [60.8000 59.8500 51.2000]
        rown: 4
       inter: 0
        pval: NaN
          df: 6
```

计算结果如图 17-12 所示。

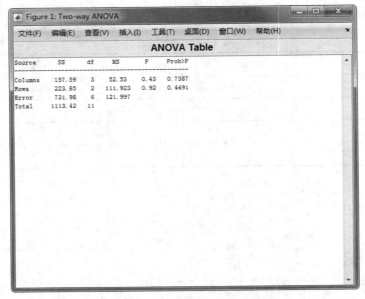

图 17-12 双因素方差分析

可以看到 $F_A = 0.43 < 3.29 = F_{0.9}(3,6)$，$F_B = 0.92 < 3.46 = F_{0.9}(2,6)$，所以会得到一个这样的结果：燃料种类和推进器种类对火箭的影响都不显著。这是不合理的。究其原因，就是没有考虑燃料种类的搭配作用。这时候，就要进行重复试验了。

重复两次试验的数据如表 17-29 所示。

下面是对重复两次试验的计算程序。

```
>> X=[58.2     52.6 56.2 41.2     65.3 60.8;49.1 42.8 54.1 50.5 51.6 48.4;60.1 58.3
70.9 73.2     39.2 40.7;75.8 71.5    58.2 51    48.7 41.4];
>> [p,table,stats]=anova2(X',2)
p =
   0.0260    0.0035    0.0001
table =
    'Source'          'SS'           'df'     'MS'          'F'          'Prob>F'
    'Columns'        [261.6750]      [ 3]     [ 87.2250]    [ 4.4174]    [0.0260]
    'Rows'           [370.9808]      [ 2]     [185.4904]    [ 9.3939]    [0.0035]
    'Interaction'    [1.7687e+003]   [ 6]     [294.7821]    [14.9288]
[6.1511e-005]
    'Error'          [236.9500]      [12]     [ 19.7458]    []           []
    'Total'          [2.6383e+003]   [23]     []            []           []
stats =
     source: 'anova2'
    sigmasq: 19.7458
    colmeans: [55.7167 49.4167 57.0667 57.7667]
       coln: 6
    rowmeans: [58.5500 56.9125 49.5125]
```

```
rown: 8
inter: 1
pval: 6.1511e-005
  df: 12
```

表 17-29　重复试验测量数据

	B_1	B_2	B_3
A_1	58.2	56.2	65.3
	52.6	41.2	60.8
A_2	49.1	54.1	51.6
	42.8	50.5	48.4
A_3	60.1	70.9	39.2
	58.3	73.2	40.7
A_4	75.8	58.2	48.7
	71.5	51	41.4

计算结果如图 17-13 所示。可以看到，交互作用是非常显著的。

图 17-13　重复试验双因素方差分析

17.5　综合实例——白炽灯测量数据分析

扫一扫，看视频

源文件：yuanwenjian/ch17/bzdcl.m

工厂生产一种 220V 25W 的白炽灯泡，对其色温、发光寿命、光通量、光强等指标进行测量，试利用所得数据（如表 17-30 所示）进行回归分析与方差分析。

表 17-30　测量数据

抽取 i	1	2	3	4	5	6	7	8	9	10
色温 x_1（100）	19.5	24.7	30.7	29.8	19.1	25.6	31.4	27.9	22.1	25.5
寿命 x_2（100）	43	49	51	54	42	59	58	52	49	53
光通量 x_3	201	215	210	206	203	208	204	206	203	204
光强 y	113.5	110.2	115.3	116.2	115.2	140.2	135.2	103.6	150.7	120.3
抽取 i	11	12	13	14	15	16	17	18	19	20
色温 x_1（100）	31.1	30.4	18.7	19.7	14.6	29.5	27.7	30.2	22.7	25.2
寿命 x_2（100）	56	57	45	42	47	54	55	58	48	51
光通量 x_3	201	203	205	206	205	209	211	204	216	218
光强 y	135.2	132.5	137.1	120.9	127.5	130.5	136.5	124.8	120.4	134.5

操作步骤

1．输入基本数据

```
>> y=[113.5 110.2 115.3 16.2 115.2 140.2 135.2 103.6 150.7 120.3 135.2 132.5 137.1
120.9 127.5 130.5 136.5 124.8 120.4 134.5];                    %光强数据
>> x1=[19.5 24.7 30.7 29.8 19.1 25.6 31.4 27.9 22.1 25.5 31.1 30.4 18.7 19.7 14.6
29.5 27.7 30.2 22.7 25.2];                                     %色温数据
>> x2=[43 49 51 54 42 59 58 52 49 53 56 57 45 42 47 54 55 58 48 51];   %寿命数据
>> x3=[201 215 210 206 203 208 204 206 203 204 201 203 205 206 205 209 211 204 216
218 ];                                                         %光通量数据
```

本例的测试数据包括 20 组，完成图形分析后，需要对这 20 组数据进行样本分析，得到数据之间的差异。

2．创建所有测试数据矩阵

```
>> A(1,:)=x1; A(2,:)=x2; A(3,:)=x3
A =

  1 至 6 列

   19.5000    24.7000    30.7000    29.8000    19.1000    25.6000
   43.0000    49.0000    51.0000    54.0000    42.0000    59.0000
  201.0000   215.0000   210.0000   206.0000   203.0000   208.0000

  7 至 12 列

   31.4000    27.9000    22.1000    25.5000    31.1000    30.4000
   58.0000    52.0000    49.0000    53.0000    56.0000    57.0000
  204.0000   206.0000   203.0000   204.0000   201.0000   203.0000

  13 至 18 列

   18.7000    19.7000    14.6000    29.5000    27.7000    30.2000
```

```
   45.0000    42.0000    47.0000    54.0000    55.0000    58.0000
  205.0000   206.0000   205.0000   209.0000   211.0000   204.0000

  19 至 20 列

   22.7000    25.2000
   48.0000    51.0000
  216.0000   218.0000
```

3. 求解均值

```
>> A1=mean(A)                                              %样本平均
A1 =

  1 至 6 列

   87.8333    96.2333    97.2333    96.6000    88.0333    97.5333

  7 至 12 列

   97.8000    95.3000    91.3667    94.1667    96.0333    96.8000

  13 至 18 列

   89.5667    89.2333    88.8667    97.5000    97.9000    97.4000

  19 至 20 列

   95.5667    98.0667
>> A2=nanmean(A)                                          %算术平均
A2 =

  1 至 6 列

   87.8333    96.2333    97.2333    96.6000    88.0333    97.5333

  7 至 12 列

   97.8000    95.3000    91.3667    94.1667    96.0333    96.8000

  13 至 18 列

   89.5667    89.2333    88.8667    97.5000    97.9000    97.4000

  19 至 20 列

   95.5667    98.0667
>> A3=geomean(A)                                          %几何平均
A3 =
```

```
1 至 6 列

  55.2374    63.8426    69.0202    69.2084    54.6084    67.9806

7 至 12 列

  71.8890    66.8588    60.3524    65.0852    70.4771    70.5908

13 至 18 列

  55.6676    55.4448    52.0078    69.3086    68.5028    70.9613

19 至 20 列

  61.7410    65.4348
>> A4=harmmean(A)                                            %和谐平均
A4 =

1 至 6 列

  37.7297    45.7700    52.6842    52.6964    36.9952    49.3264

7 至 12 列

  55.5654    50.0605    42.5031    47.6300    54.5587    54.1861

13 至 18 列

  37.2318    37.7713    31.6965    52.4462    50.8283    54.2928

19 至 20 列

  43.1556    46.9649
>> A5=trimmean(A,1)                                          %调整平均
A5 =

1 至 6 列

  87.8333    96.2333    97.2333    96.6000    88.0333    97.5333

7 至 12 列

  97.8000    95.3000    91.3667    94.1667    96.0333    96.8000

13 至 18 列

  89.5667    89.2333    88.8667    97.5000    97.9000    97.4000

19 至 20 列
```

```
   95.5667   98.0667
```

4. 绘制均值曲线

```
>> plot(A1,'bo')
>> hold on
>> plot(A2,'r-')
>> plot(A3,'c--')
>> plot(A4,'y:')
>> plot(A5,'g-..')
>> hold off
>> title('均值曲线')
>> xlabel('测试数据'),ylabel('白炽灯测量数据')
>> legend('样本平均','算术平均','几何平均','和谐平均','调整平均')
```

在图像窗口中显示了平均值结果对比图，如图 17-14 所示。

5. 数据条形图

```
>> M(1:4,1)=0.05.*sum(y);  M(1:4,2)=0.05.*sum(x1);  M(1:4,3)=0.05.*sum(x2);
M(1:4,4)=0.05.*sum(x3);
>> bar(M)
```

运行结果如图 17-15 所示。

图 17-14　平均数据对比图

图 17-15　条形图

6. 样本方差的分析

```
>> miu=mean(A)
miu =

  1 至 6 列

  87.8333   96.2333   97.2333   96.6000   88.0333   97.5333

  7 至 12 列

  97.8000   95.3000   91.3667   94.1667   96.0333   96.8000
```

```
13 至 18 列

  89.5667    89.2333    88.8667    97.5000    97.9000    97.4000

19 至 20 列

  95.5667    98.0667
>> sigma=var(A,1)
sigma =

  1.0e+03 *

1 至 6 列

  6.4954     7.1512     6.4268     6.0818     6.6961     6.2874

7 至 12 列

  5.7571     6.2240     6.3516     6.1577     5.6123     5.7571

13 至 18 列

  6.7777     6.9001     6.9184     6.3162     6.5200     5.8106

19 至 20 列

  7.3588     7.3029
```

（1）协方差计算。

```
>> B=cov(A)
B =

  1.0e+04 *

1 至 6 列

    0.9743     1.0223     0.9690     0.9427     0.9892     0.9572
    1.0223     1.0727     1.0168     0.9892     1.0380     1.0043
    0.9690     1.0168     0.9640     0.9375     0.9840     0.9512
    0.9427     0.9892     0.9375     0.9123     0.9572     0.9266
    0.9892     1.0380     0.9840     0.9572     1.0044     0.9716
    0.9572     1.0043     0.9512     0.9266     0.9716     0.9431
    0.9170     0.9621     0.9117     0.8875     0.9309     0.9021
    0.9537     1.0007     0.9485     0.9229     0.9683     0.9373
    0.9633     1.0107     0.9578     0.9322     0.9780     0.9473
    0.9484     0.9950     0.9429     0.9178     0.9628     0.9329
    0.9055     0.9501     0.9004     0.8763     0.9193     0.8904
    0.9170     0.9621     0.9117     0.8875     0.9309     0.9021
    0.9952     1.0442     0.9896     0.9630     1.0104     0.9783
```

1.0042	1.0536	0.9989	0.9716	1.0196	0.9860
1.0047	1.0541	0.9986	0.9725	1.0199	0.9892
0.9607	1.0081	0.9554	0.9297	0.9754	0.9442
0.9760	1.0240	0.9704	0.9445	0.9908	0.9598
0.9211	0.9664	0.9157	0.8915	0.9351	0.9064
1.0370	1.0881	1.0314	1.0035	1.0529	1.0189
1.0331	1.0840	1.0274	0.9997	1.0489	1.0152

7 至 12 列

0.9170	0.9537	0.9633	0.9484	0.9055	0.9170
0.9621	1.0007	1.0107	0.9950	0.9501	0.9621
0.9117	0.9485	0.9578	0.9429	0.9004	0.9117
0.8875	0.9229	0.9322	0.9178	0.8763	0.8875
0.9309	0.9683	0.9780	0.9628	0.9193	0.9309
0.9021	0.9373	0.9473	0.9329	0.8904	0.9021
0.8636	0.8978	0.9070	0.8931	0.8526	0.8636
0.8978	0.9336	0.9430	0.9285	0.8865	0.8978
0.9070	0.9430	0.9527	0.9381	0.8956	0.9070
0.8931	0.9285	0.9381	0.9237	0.8818	0.8931
0.8526	0.8865	0.8956	0.8818	0.8419	0.8526
0.8636	0.8978	0.9070	0.8931	0.8526	0.8636
0.9369	0.9742	0.9842	0.9690	0.9251	0.9369
0.9449	0.9829	0.9926	0.9772	0.9331	0.9449
0.9465	0.9837	0.9941	0.9789	0.9344	0.9465
0.9044	0.9405	0.9500	0.9353	0.8930	0.9044
0.9190	0.9555	0.9653	0.9504	0.9074	0.9190
0.8676	0.9018	0.9112	0.8972	0.8565	0.8676
0.9761	1.0151	1.0253	1.0095	0.9639	0.9761
0.9724	1.0113	1.0215	1.0057	0.9602	0.9724

13 至 18 列

0.9952	1.0042	1.0047	0.9607	0.9760	0.9211
1.0442	1.0536	1.0541	1.0081	1.0240	0.9664
0.9896	0.9989	0.9986	0.9554	0.9704	0.9157
0.9630	0.9716	0.9725	0.9297	0.9445	0.8915
1.0104	1.0196	1.0199	0.9754	0.9908	0.9351
0.9783	0.9860	0.9892	0.9442	0.9598	0.9064
0.9369	0.9449	0.9465	0.9044	0.9190	0.8676
0.9742	0.9829	0.9837	0.9405	0.9555	0.9018
0.9842	0.9926	0.9941	0.9500	0.9653	0.9112
0.9690	0.9772	0.9789	0.9353	0.9504	0.8972
0.9251	0.9331	0.9344	0.8930	0.9074	0.8565
0.9369	0.9449	0.9465	0.9044	0.9190	0.8676
1.0167	1.0256	1.0267	0.9814	0.9971	0.9412
1.0256	1.0350	1.0351	0.9901	1.0057	0.9490
1.0267	1.0351	1.0378	0.9910	1.0072	0.9510
0.9814	0.9901	0.9910	0.9474	0.9625	0.9085
0.9971	1.0057	1.0072	0.9625	0.9780	0.9232

```
   0.9412    0.9490    0.9510    0.9085    0.9232    0.8716
   1.0593    1.0688    1.0695    1.0226    1.0388    0.9804
   1.0553    1.0647    1.0655    1.0187    1.0349    0.9768

19 至 20 列

   1.0370    1.0331
   1.0881    1.0840
   1.0314    1.0274
   1.0035    0.9997
   1.0529    1.0489
   1.0189    1.0152
   0.9761    0.9724
   1.0151    1.0113
   1.0253    1.0215
   1.0095    1.0057
   0.9639    0.9602
   0.9761    0.9724
   1.0593    1.0553
   1.0688    1.0647
   1.0695    1.0655
   1.0226    1.0187
   1.0388    1.0349
   0.9804    0.9768
   1.1038    1.0996
   1.0996    1.0954
```

（2）绘制对比图。

```
>> subplot(1,2,1),plot(A)
>> title('样本数据')
>> subplot(1,2,2),plot(B)
>> title('协方差结果')
```

在图像窗口中显示了样本数据与协方差数据结果对比图，如图 17-16 所示。

图 17-16　结果对比图

（3）相关系数计算。

```
>> corrcoef(A)
ans =
```

1 至 6 列

1.0000	1.0000	0.9999	1.0000	1.0000	0.9986
1.0000	1.0000	0.9999	1.0000	1.0000	0.9985
0.9999	0.9999	1.0000	0.9997	0.9999	0.9976
1.0000	1.0000	0.9997	1.0000	0.9999	0.9990
1.0000	1.0000	0.9999	0.9999	1.0000	0.9983
0.9986	0.9985	0.9976	0.9990	0.9983	1.0000
0.9997	0.9997	0.9992	0.9999	0.9996	0.9996
1.0000	1.0000	0.9998	1.0000	0.9999	0.9989
0.9998	0.9998	0.9994	0.9999	0.9997	0.9994
0.9997	0.9997	0.9992	0.9999	0.9996	0.9996
0.9999	0.9998	0.9995	1.0000	0.9998	0.9993
0.9997	0.9997	0.9992	0.9999	0.9996	0.9996
0.9999	0.9999	0.9996	1.0000	0.9999	0.9991
1.0000	1.0000	1.0000	0.9999	1.0000	0.9980
0.9992	0.9991	0.9984	0.9995	0.9990	0.9999
1.0000	1.0000	0.9997	1.0000	0.9999	0.9989
0.9998	0.9998	0.9994	0.9999	0.9997	0.9994
0.9995	0.9995	0.9989	0.9997	0.9994	0.9997
1.0000	1.0000	0.9999	1.0000	1.0000	0.9986
1.0000	1.0000	0.9998	1.0000	1.0000	0.9988

7 至 12 列

0.9997	1.0000	0.9998	0.9997	0.9999	0.9997
0.9997	1.0000	0.9998	0.9997	0.9998	0.9997
0.9992	0.9998	0.9994	0.9992	0.9995	0.9992
0.9999	1.0000	0.9999	0.9999	1.0000	0.9999
0.9996	0.9999	0.9997	0.9996	0.9998	0.9996
0.9996	0.9989	0.9994	0.9996	0.9993	0.9996
1.0000	0.9998	1.0000	1.0000	1.0000	1.0000
0.9998	1.0000	0.9999	0.9998	0.9999	0.9998
1.0000	0.9999	1.0000	1.0000	1.0000	1.0000
1.0000	0.9998	1.0000	1.0000	1.0000	1.0000
1.0000	0.9999	1.0000	1.0000	1.0000	1.0000
1.0000	0.9998	1.0000	1.0000	1.0000	1.0000
0.9999	1.0000	1.0000	0.9999	1.0000	0.9999
0.9994	0.9999	0.9996	0.9994	0.9997	0.9994
0.9999	0.9994	0.9998	0.9999	0.9997	0.9999
0.9998	1.0000	0.9999	0.9998	1.0000	0.9998
1.0000	0.9999	1.0000	1.0000	1.0000	1.0000
1.0000	0.9997	0.9999	1.0000	0.9999	1.0000

```
    0.9997    1.0000    0.9998    0.9997    0.9999    0.9997
    0.9998    1.0000    0.9999    0.9998    0.9999    0.9998

13 至 18 列

    0.9999    1.0000    0.9992    1.0000    0.9998    0.9995
    0.9999    1.0000    0.9991    1.0000    0.9998    0.9995
    0.9996    1.0000    0.9984    0.9997    0.9994    0.9989
    1.0000    0.9999    0.9995    1.0000    0.9999    0.9997
    0.9999    1.0000    0.9990    0.9999    0.9997    0.9994
    0.9991    0.9980    0.9999    0.9989    0.9994    0.9997
    0.9999    0.9994    0.9999    0.9998    1.0000    1.0000
    1.0000    0.9999    0.9994    1.0000    0.9999    0.9997
    1.0000    0.9996    0.9998    0.9999    1.0000    0.9999
    0.9999    0.9994    0.9999    0.9998    1.0000    1.0000
    1.0000    0.9997    0.9997    1.0000    1.0000    0.9999
    0.9999    0.9994    0.9999    0.9998    1.0000    1.0000
    1.0000    0.9998    0.9996    1.0000    1.0000    0.9998
    0.9998    1.0000    0.9988    0.9999    0.9996    0.9992
    0.9996    0.9988    1.0000    0.9994    0.9998    0.9999
    1.0000    0.9999    0.9994    1.0000    0.9999    0.9997
    1.0000    0.9996    0.9998    0.9999    1.0000    0.9999
    0.9998    0.9992    0.9999    0.9997    0.9999    1.0000
    0.9999    0.9999    0.9992    1.0000    0.9998    0.9996
    1.0000    0.9999    0.9993    1.0000    0.9999    0.9997

19 至 20 列

    1.0000    1.0000
    1.0000    1.0000
    0.9999    0.9998
    1.0000    1.0000
    1.0000    1.0000
    0.9986    0.9988
    0.9997    0.9998
    1.0000    1.0000
    0.9998    0.9999
    0.9997    0.9998
    0.9999    0.9999
    0.9997    0.9998
    0.9999    1.0000
    0.9999    0.9999
    0.9992    0.9993
    1.0000    1.0000
    0.9998    0.9999
    0.9996    0.9997
    1.0000    1.0000
    1.0000    1.0000
>> plot(B)
```

424

在图像窗口中显示了系数结果对比图，如图 17-17 所示。

图 17-17 系数图

第 18 章　数据拟合与插值

内容简介

数据分析需要大量的反复试验，造成了大量的数值需要进行计算，MATLAB 提供了关于曲线拟合和差值分析，用于工程实践中。

内容要点

➧ 数值插值
➧ 曲线拟合
➧ 综合实例——飞机速度拟合分析

案例效果

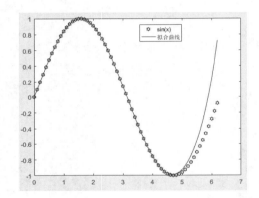

18.1　数　值　插　值

工程实践中，能够测量到的数据通常是一些不连续的点，而实际中往往需要知道这些离散点以外的其他点的数值。例如，现代机械工业中进行零件的数控加工，根据设计可以给出零件外形曲线的某些型值点，加工时为控制每步走刀方向及步数要求计算出零件外形曲线中其他点的函数值，才能加工出外表光滑的零件。这就是函数插值的问题。数值插值有拉格朗日（Lagrange）插值、埃尔米特（Hermite）插值、牛顿（Newton）插值、分段插值、三次样条插值等几种，下面将分别进行介绍。

18.1.1　拉格朗日（Lagrange）插值

给定 n 个插值节点 $x_1, x_2, \cdots, x_n$ 和对应的函数值 $y_1, y_2, \cdots, y_n$，利用 n 次拉格朗日插值多项式公式 $L_n(x) = \sum_{k=0}^{n} y_k l_k(x)$，其中 $l_k(x) = \dfrac{(x-x_0)\cdots(x-x_{k-1})(x-x_{k+1})\cdots(x-x_n)}{(x_k-x_0)\cdots(x_k-x_{k-1})(x_k-x_{k+1})\cdots(x_k-x_n)}$，可以得到插值区间内任

意 x 的函数值 y 为 $y(x)=L_n(x)$ 。从公式中可以看出，生成的多项式与用来插值的数据密切相关，数据变化则函数就要重新计算，所以当插值数据特别多的时候，计算量会比较大。MATLAB 中并没有现成的拉格朗日插值命令，下面是用 M 语言编写的函数文件 lagrange.m。

```
function yy=lagrange(x,y,xx)
%Lagrange 插值，求数据(x,y)所表达的函数在插值点 xx 处的插值
 m=length(x);
n=length(y);
if m~=n, error('向量 x 与 y 的长度必须一致');
end
s=0;
for i=1:n
  t=ones(1,length(xx));
  for j=1:n
    if j~=i,
      t=t.*(xx-x(j))/(x(i)-x(j));
    end
  end
  s=s+t*y(i);
end
yy=s;
```

实例——拉格朗日插值

源文件：yuanwenjian/ch18/lglr.m、拉格朗日插值.flg

求测量点数据见表 18-1，用拉格朗日插值在[-0.2,0.3]区间以 0.01 为步长进行插值。

扫一扫，看视频

表 18-1　测量点数据

x	0.1	0.2	0.15	0	−0.2	0.3
y	0.95	0.84	0.86	1.06	1.5	0.72

操作步骤

解：MATLAB 程序如下。

```
>> clear
>> x=[0.1,0.2,0.15,0,-0.2,0.3];
>> y=[0.95,0.84,0.86,1.06,1.50,0.72];
>> xi=-0.2:0.01:0.3;
>> yi=lagrange(x,y,xi)
yi =
 Columns 1 through 12
   1.5000    1.2677    1.0872    0.9515    0.8539    0.7884    0.7498    0.7329
0.7335    0.7475    0.7714    0.8022
 Columns 13 through 24
   0.8371    0.8739    0.9106    0.9456    0.9777    1.0057    1.0291    1.0473
1.0600    1.0673    1.0692    1.0660
 Columns 25 through 36
   1.0582    1.0464    1.0311    1.0130    0.9930    0.9717    0.9500    0.9286
0.9084    0.8898    0.8735    0.8600
 Columns 37 through 48
   0.8496    0.8425    0.8387    0.8380    0.8400    0.8441    0.8493    0.8546
```

```
0.8583    0.8586    0.8534    0.8401
  Columns 49 through 51
    0.8158    0.7770    0.7200
>> plot(x,y,'o',xi,yi,'k');
>> title('lagrange');
```

结果如图 18-1 所示。

图 18-1　拉格朗日插值

从图 18-1 中可以看出，拉格朗日插值的一个特点是：拟合出的多项式通过每一个测量数据点。

18.1.2　埃尔米特（Hermite）插值

不少实际的插值问题既要求节点上函数值相等，又要求对应的导数值也相等，甚至要求高阶导数也相等，满足这种要求的插值多项式就是埃尔米特插值多项式。

已知 n 个插值节点 $x_1, x_2, \cdots, x_n$ 和对应的函数值 $y_1, y_2, \cdots, y_n$ 以及一阶导数值 $y_1', y_2', \cdots, y_n'$，则在插值区域内任意 x 的函数值 y 为

$$y(x) = \sum_{i=1}^{n} h_i[(x_i - x)(2a_i y_i - y_i') + y_i]$$

其中，$h_i = \prod_{j=1, j\neq i}^{n} \left(\frac{x - x_j}{x_i - x_j}\right)^2$，$a_i = \sum_{i=1, j\neq i}^{n} \frac{1}{x_i - x_j}$。

MATLAB 没有现成的埃尔米特插值命令，下面是用 M 语言编写的函数文件 hermite.m。

```
function yy=hermite(x0,y0,y1,x)
%hermite 插值，求数据(x0,y0)所表达的函数、y1 所表达的导数值，以及在插值点 x 处的插值
n=length(x0);
m=length(x);
for k=1:m
    yy0=0;
    for i=1:n
        h=1;
        a=0;
        for j=1:n
```

```
            if j~=i
                h=h*((x(k)-x0(j))/(x0(i)-x0(j)))^2;
                a=1/(x0(i)-x0(j))+a;
            end
        end
        yy0=yy0+h*((x0(i)-x(k))*(2*a*y0(i)-y1(i))+y0(i));
    end
    yy(k)=yy0;
end
```

实例——求质点的速度

源文件：yuanwenjian/ch18/zdsd.m、求质点的速度.m

已知某次实验中测得的某质点的速度和加速度随时间的变化，如表 18-2 所示，求质点在时刻 1.8 处的速度。

表 18-2　实验数据

t	0.1	0.5	1	1.5	2	2.5	3
y	0.95	0.84	0.86	1.06	1.5	0.72	1.9
y1	1	1.5	2	2.5	3	3.5	4

操作步骤

解：MATLAB 程序如下。

```
>> clear
>> t=[0.1 0.5 1 1.5 2 2.5 3];
>> y=[0.95 0.84 0.86 1.06 1.5 0.72 1.9];
>> y1=[1 1.5 2 2.5 3 3.5 4];
>> yy=hermite(t,y,y1,1.8)
yy =
    1.3298
>> t1=[0.1:0.01:3];
>> yy1=hermite(t,y,y1,t1);
>> plot(t,y,'o',t,y1,'b*',t1,yy1)
```

插值结果如图 18-2 所示。

图 18-2　埃尔米特插值

实例——求机器鉴别效率

源文件: yuanwenjian/ch18/jqjb.m、求机器鉴别效率.flg

为了鉴别甲乙两种型号的分离机析出某元素的效率高低，取出 8 批溶液，分别给甲乙两机处理，析出效果见表 18-3，比较 5 号溶液在两机上的析出效果。

表 18-3 实验数据

批号	1	2	3	4	5	6	7	8
甲 x	4.0	3.5	4.1	5.5	4.6	6.0	5.1	4.3
乙 y	3.0	3.0	3.8	2.1	4.9	5.3	3.1	2.7

操作步骤

解: MATLAB 程序如下。

```
>> clear
>> t=[0 2 3 4 5 6 7 8];
>> x=[4.0 3.5 4.1 5.5 4.6 6.0 5.1 4.3];
>> y=[3.0 3.0 3.8 2.1 4.9 5.3 3.1 2.7];
>> yy=hermite(t,x,y,5)
yy =
    4.6000
>> t1=[1:0.1:8];
>> yy1=hermite(t,x,y,t1);
>> plot(t,x,'o',t,y,'^',t1,yy1)
```

插值结果如图 18-3 所示。

图 18-3 鉴别效率

18.1.3 分段线性插值

利用多项式进行函数的拟合与插值并不是次数越高精度越高。早在 20 世纪初龙格（Runge）就给出了一个等距节点插值多项式不收敛的例子，从此这种高次插值的病态现象被称为龙格现象。针对这种问题，人们通过插值点用折线连接起来逼近原曲线，这就是所谓的分段线性插值。

MATLAB 提供了 interp1 函数进行分段线性插值，其调用格式如表 18-4 所示。

表 18-4 interp1 调用格式

调 用 格 式	说 明
yi = interp1(x,Y,xi)	对一组节点(x,Y)进行插值，计算插值点 xi 的函数值。x 为节点向量值，Y 为对应的节点函数值；如果 Y 为矩阵，则插值对 Y 的每一列进行；如果 Y 的维数超过 x 或 xi 的维数，返回 NaN
yi = interp1(Y,xi)	默认 x=1：n，n 为 Y 的元素个数值
yi = interp1(x,Y,xi,method)	method 指定的是插值使用的算法，默认为线性算法；其值可以是以下几种类型。 'nearest'：线性最近项插值 'linear'：线性插值（默认） 'spline'：三次样条插值 'pchip'：分段三次埃尔米特插值 'cubic'：同上

其中，对于'nearest'和'linear'方法，如果 xi 超出 x 的范围，返回 NaN；而对于其他几种方法，系统将对超出范围的值进行外推计算，如表 18-5 所示。

表 18-5 外推计算

调 用 格 式	说 明
yi = interp1(x,Y,xi,method,'extrap')	利用指定的方法对超出范围的值进行外推计算
yi = interp1(x,Y,xi,method,extrapval)	返回标量 extrapval 为超出范围值
pp = interp1(x,Y,method,'pp')	利用指定的方法产生分段多项式

实例——比较拉格朗日插值和分段线性插值

源文件：yuanwenjian/ch18/bjcz.m、比较拉格朗日插值和分段线性插值.flg

扫一扫，看视频

在 Runge 给出的等距节点插值多项式不收敛的例子中，函数为 $f(x) = \dfrac{x^2}{5+x}$，在[-4,4]区间以 0.1 为步长分别进行拉格朗日插值和分段线性插值，比较两种插值结果。

操作步骤

解：MATLAB 程序如下。

```
>> clear
>> x=[-4:0.1:4];
>> y=x.^2./(5+x);
>> x0=[-4:0.1:4];
>> y0=lagrange(x,y,x0);
>> y1=x0.^2./(5+x0);
>> y2=interp1(x,y,x0);
>> plot(x0,y0,'o');
>> hold on
>> plot(x0,y1,'b-');
>> hold on
>> plot(x0,y2,'ro')
```

插值结果如图 18-4 所示。

从图 18-4 中可以看出，拉格朗日插值出的圆圈线与原函数的虚线重合，拉格朗日插值、分段线性插值出的星号线是收敛的。

实例——余弦函数差值

源文件：yuanwenjian/ch18/yxcz.m、余弦函数差值.flg

对 $\cos(x)$ 进行插值示例。

操作步骤

解：MATLAB 程序如下。

```
>> clear
>> x = 0:10;
>> y = cos(x);
>> xi = 0:.25:10;
>> yi = interp1(x,y,xi);
>> plot(x,y,'o',xi,yi)
```

插值结果如图 18-5 所示。

图 18-4　Runge 现象

图 18-5　余弦分段插值

实例——幂函数分段插值

源文件：yuanwenjian/ch18/mhscz.m、幂函数分段插值.flg

对 e^x 进行插值示例。

操作步骤

解：MATLAB 程序如下。

```
>> clear
>> x = 0:10;
>> y = exp(x);
>> xi = 0:0.01:10;
>> yi = interp1(x,y,xi);
>> plot(x,y,'o',xi,yi)
```

插值结果如图 18-6 所示。

实例——函数分段插值

源文件：yuanwenjian/ch18/fdcz.m、函数分段插值.m

对 $\dfrac{\sin x + x}{x}$ 进行插值。

操作步骤

解：MATLAB 程序如下。

```
>> clear all
>> x = 0:10;
>> y =(sin(x)+x)./x;
>> xi = 0:0.01:10;
>> yi = interp1(x,y,xi);
>> plot(x,y,'o',xi,yi)
```

插值结果如图 18-7 所示。

图 18-6　幂函数分段插值

图 18-7　函数分段插值

📢 **注意：**

MATLAB 提供了一个 interp1q 命令，可以进行快速分段线性插值。但是在使用时要注意的是，x 必须是一个单调递增的列向量，Y 必须是一个列向量或者行数为 x 长度的矩阵。

动手练一练——比较拉格朗日插值和分段线性插值 2

函数为 $f(x) = \dfrac{1}{1 + x^2}$，在[-5,5]区间以 0.1 为步长分别进行拉格朗日插值和分段线性插值，比较两种插值结果。绘制函数在区间[0,2]上的图形，如图 18-8 所示。

扫一扫，看视频

📋 **思路点拨：**

源文件：yuanwenjian/ch18/bjlfcz1.m、比较拉格朗日插值和分段线性插值 2.flg
（1）确定自变量区间。
（2）输入表达式。
（3）计算拉格朗日插值。
（4）计算分段线性插值。
（5）绘制曲线。

插值结果如图 18-8 所示。

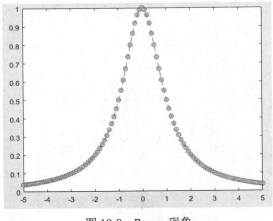

图 18-8　Runge 现象

从图 18-8 中可以看出，拉格朗日插值出的圆圈线已经严重偏离了原函数的虚线，而分段线性插值出的星号线是收敛的。

18.1.4　三次样条插值

在工程实际中，往往要求一些图形是二阶光滑的，比如高速飞机的机翼形线。早期的工程制图在作这种图形的时候，将样条（富有弹性的细长木条）固定在样点上，其他地方自由弯曲，然后画下长条的曲线，称为样条曲线。它实际上是由分段三次曲线连接而成，在连接点上要求二阶导数连续。这种方法在数学上被概括发展为数学样条，其中最常用的就是三次样条函数。

在 MATLAB 中，提供了 spline 函数进行三次样条插值，其调用格式如表 18-6 所示。

表 18-6　spline 调用格式

调 用 格 式	说　　明
pp = spline(x,Y)	计算出三次样条插值的分段多项式，可以用函数 ppval(pp,x)计算多项式在 x 处的值
yy = spline(x,Y,xx)	用三次样条插值利用 x 和 Y 在 xx 处进行插值，等同于 yi = interp1(x,Y,xi, 'spline')

实例——三次样条插值 1

源文件：yuanwenjian/ch18/ytcz1.m、三次样条插值 1.flg

对正弦函数和余弦函数进行三次样条插值。

操作步骤

解：MATLAB 程序如下。

```
>> clear
>> x = 0:.25:1;
>> Y = [sin(x); cos(x)];
>> xx = 0:.1:1;
>> YY = spline(x,Y,xx);
>> plot(x,Y(1,:),'o',xx,YY(1,:),'-'); hold on;
>> plot(x,Y(2,:),'o',xx,YY(2,:),':');
```

插值结果如图 18-9 所示。

实例——三次样条插值 2

源文件：yuanwenjian/ch18/ ytcz2.m、三次样条插值 2.flg

对函数为 $f(x) = \dfrac{x^2}{5+x}$ 函数进行三次样条插值，求解在 x=[-4 4]处的值。

操作步骤

解：MATLAB 程序如下。

```
>> clear all
>> x =-4:0.05:4;
>> Y =x.^2./(5+x);
>> xx = -4:.1:4;
>> YY = spline(x,Y,xx);
>> plot(x,Y,'o',xx,YY,'-')
```

插值结果如图 18-10 所示。

图 18-9　三次样条插值 1

图 18-10　三次样条插值 2

实例——三次样条插值 3

源文件：yuanwenjian/ch18/ ytcz3.m、三次样条插值 3.flg

对 $y = \dfrac{\mathrm{e}^x + \mathrm{e}^{-x}}{2}$ 函数进行三次样条插值。

操作步骤

解：MATLAB 程序如下。

```
>> clear
>> x = 0:.25:1;
>> Y =(exp(x)+exp(-x))./2;
>> xx = 0:.1:1;
>> YY = spline(x,Y,xx);
>> plot(x,Y,'o',xx,YY,'-')
```

插值结果如图 18-11 所示。

实例——三次样条插值 4

源文件：yuanwenjian/ch18/ ytcz4.m、三次样条插值 4.flg

对 $f(x) = x\mathrm{e}^{-|x|}$ 函数进行三次样条插值。

操作步骤

解：MATLAB 程序如下。

```
>> clear
>> x =-1:.25:1;
>> Y =x.*exp(-abs(x));
>> xx =-1:.1:1;
>> YY = spline(x,Y,xx);
>> plot(x,Y,'g^',xx,YY,'r-')
```

插值结果如图 18-12 所示。

图 18-11　三次样条插值 3

图 18-12　三次样条插值 4

18.1.5　多维插值

在工程实际中，一些比较复杂的问题通常是多维问题，因此多维插值就愈显重要。这里重点介绍一下二维插值。

MATLAB 中用来进行二维和三维插值的函数分别是 interp2 和 interp3。

interp2 的调用格式如表 18-7 所示。

表 18-7　interp2 调用格式

调 用 格 式	说　　明
ZI = interp2(X,Y,Z,XI,YI)	返回以 X、Y 为自变量，Z 为函数值，对位置 XI、YI 的插值，X、Y 必须为单调的向量或用单调的向量以 meshgrid 格式形成的网格格式
ZI = interp2(Z,XI,YI)	X=1:n，Y=1:m，[m,n]=size(Z)
ZI = interp2(Z,ntimes)	在 Z 的各点间插入数据点对 Z 进行扩展，一次执行 ntimes 次，默认为 1 次
ZI = interp2(X,Y,Z,XI,YI,method)	method 指定的是插值使用的算法，默认为线性算法；其值可以是以下几种类型。 'nearest': 线性最近项插值 'linear': 线性插值（默认） 'spline': 三次样条插值 'cubic': 同上
ZI = interp2(…,method, extrapval)	返回标量 extrapval 为超出范围值

实例——函数二维插值

源文件：yuanwenjian/ch18/ewcz.m、原始抽样.flg、二维插值.flg

对 $\dfrac{\sin\sqrt{x^2+y^2}}{\sqrt{x^2+y^2}}$ 函数在 [−2,2] 进行二维插值。

操作步骤

解：MATLAB 程序如下。

```
>> clear all
>> [X,Y] = meshgrid(-2:0.75:2);
>> R = sqrt(X.^2 + Y.^2)+ eps;
>> V = sin(R)./(R);
>> surf(X,Y,V)
>> xlim([-4 4])
>> ylim([-4 4])
>> title('Original Sampling')              %显示图 18-13 左侧原始抽样图形
>> [Xq,Yq] = meshgrid(-3:0.2:3);
>> Vq = interp2(X,Y,V,Xq,Yq,'cubic',0);
>> surf(Xq,Yq,Vq)
>> title('Cubic Interpolation with Vq=0 Outside Domain of X and Y');
```

插值结果如图 18-13 所示。

图 18-13　对函数插值

实例——山峰函数差值

源文件：yuanwenjian/ch18/sfcz.m、山峰函数差值.flg

对 peak 函数进行二维插值。

操作步骤

解：MATLAB 程序如下。

```
>> clear
>> [X,Y] = meshgrid(-3:.25:3);
>> Z = peaks(X,Y);
>> [XI,YI] = meshgrid(-3:.125:3);
>> ZI = interp2(X,Y,Z,XI,YI)
```

```
>> mesh(X,Y,Z), hold, mesh(XI,YI,ZI+15)
>> axis([-3 3 -3 3 -5 20])
```

插值结果如图 18-14 所示。

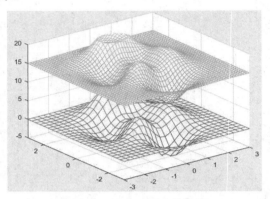

图 18-14 对 peak 函数插值

📢 **注意:**

MATLAB 提供了一个 interp3 命令,进行三维插值,其用法与 interp2 相似,有兴趣的读者可以自己动手学习。

18.2 曲 线 拟 合

工程实践中,只能通过测量得到一些离散的数据,然后利用这些数据得到一个光滑的曲线来反映某些工程参数的规律。这就是一个曲线拟合的过程。本节将介绍 MATLAB 的曲线拟合命令以及用 MATLAB 实现的一些常用拟合算法。

18.2.1 多项式拟和

多项式拟和用 polyfit 来实现,其调用格式如表 18-8 所示。

表 18-8 polyfit 调用格式

调 用 格 式	说 明
polyfit(x,y,n)	表示用二乘法对已知数据 x、y 进行拟和,以求得 n 阶多项式系数向量
[p,s]=polyfit(x,y,n)	p 为拟和多项式系数向量,s 为拟和多项式系数向量的信息结构

实例——5 阶多项式最小二乘拟和

源文件:yuanwenjian/ch18/nh5.m、5 阶多项式最小二乘拟和.flg

用 5 阶多项式对 $y = \sin x, x \in (0, \pi)$ 进行最小二乘拟和。

操作步骤

解:MATLAB 程序如下。

```
>> x=0:pi/20:pi;
>> y=sin(x);
>> a=polyfit(x,y,5);
```

```
>> y1=polyval(a,x);                              %多项式估值运算
>> plot(x,y,'go',x,y1,'b--')
```
结果如图 18-15 所示。

图 18-15　多项式拟合

由图 18-15 可知，由多项式拟和生成的图形与原始曲线可很好地吻合，这说明多项式的拟合效果很好。

动手练一练——多项式拟合

用 5 阶多项式对 $y = \cos x + \sin x, x \in (-\pi, \pi)$ 进行最小二乘拟和。

思路点拨：

源文件：yuanwenjian/ch18/nh4.m、多项式拟合.flg
（1）确定自变量区间。
（2）输入表达式。
（3）多项式估值运算。
（4）绘制拟合曲线。

扫一扫，看视频

18.2.2　直线的最小二乘拟合

一组数据 $[x_1, x_2, \cdots, x_n]$ 和 $[y_1, y_2, \cdots, y_n]$，已知 x 和 y 成线性关系，即 $y = kx + b$，对该直线进行拟合，就是求出待定系数 k 和 b 的过程。如果将直线拟合看成是一阶多项式拟合，那么可以直接利用直线拟合的方法进行计算。

由于最小二乘法直线拟合在数据处理中有其特殊的重要作用，这里再单独介绍另外一种方法：利用矩阵除法进行最小二乘拟合。

编写如下一个 M 文件 linefit.m。

```
function [k,b]=linefit(x,y)
n=length(x);
x=reshape(x,n,1);                                %生成列向量
y=reshape(y,n,1);
A=[x,ones(n,1)];                                 %连接矩阵 A
bb=y;
B=A'*A;
```

```
bb=A'*bb;
yy=B\bb;
k=yy(1);                                    %得到 k
b=yy(2);                                    %得到 b
```

实例——4 阶幂函数最小二乘拟和

源文件：yuanwenjian/ch18/mhsnh4.m、4 阶幂函数最小二乘拟和.flg

用 4 阶多项式对 $y = e^x, x \in (0,1)$ 进行最小二乘拟和。

操作步骤

解：MATLAB 程序如下。

```
>> x=0:1/20:1;
>> y=exp(x);
>> a=polyfit(x,y,4);
>> y1=polyval(a,x);
>> plot(x,y,'go',x,y1,'rh')
```

结果如图 18-16 所示。

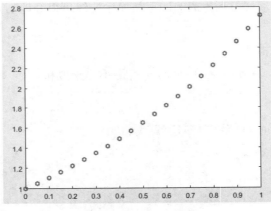

图 18-16　多项式拟合

实例——直线拟合

源文件：yuanwenjian/ch18/zxnh.m、直线拟合.flg

将以下数据进行直线拟合，如表 18-9 所示。

表 18-9　实验数据

x	0.5	1	1.5	2	2.5	3
y	1.75	2.45	3.81	4.8	8	8.6

操作步骤

解：MATLAB 程序如下。

```
>> clear
>> x=[0.5 1 1.5 2 2.5 3];
>> y=[1.75 2.45 3.81 4.8 8 8.6];
>> [k,b]=linefit(x,y)
k =
```

```
      2.9651
b =
     -0.2873
>> y1=polyval([k,b],x);
>> plot(x,y1);
>> hold on
>> plot(x,y,'*')
```

拟合结果如图 18-17 所示。

图 18-17　直线拟合

扫一扫，看视频

实例——函数线性组合

源文件：yuanwenjian/ch18/hsnh.m、函数线性组合拟合.flg

已知存在一个函数线性组合 $g(x)=c_1+c_2\mathrm{e}^{-2x}+c_3\cos(-2x)\mathrm{e}^{4x}+c_4x^2$，求出待定系数 c_i，实验数据见表 18-10。

表 18-10　实验数据

x	0	0.2	0.4	0.7	0.9	0.92
y	2.88	2.2576	1.9683	1.9258	2.0862	2.109

提示：

如果存在以下函数的线性组合 $g(x)=c_1f_1(x)+c_2f_2(x)+\cdots+c_nf_n(x)$，其中 $f_i(x)\ (i=1,2,\cdots,n)$ 为已知函数，$c_i(i=1,2,\cdots,n)$ 为待定系数，则对这种函数线性组合的曲线拟合，也可以采用直线的最小二乘拟合。

操作步骤

解：MATLAB 程序如下。

（1）编写 M 文件 linefit2.m。

```
function yy=linefit2(x,y,A)
n=length(x);
y=reshape(y,n,1);
A=A';
yy=A\y;
yy=yy';
```

（2）在命令行窗口中输入向量数据。

```
>> clear
```

```
>> x=[0 0.2 0.4 0.7 0.9 0.92 ];
>> y=[2.88 2.2576 1.9683 1.9258 2.0862 2.109 ];
```

（3）输入表达式。

```
>> A=[ones(size(x));exp(-2*x);cos(-2*x).*exp(-4*x);x.^2];
```

（4）调用 linefit2 函数。

```
>> yy=linefit2(x,y,A)
yy =
    1.1652    1.3660    0.3483    0.8608
```

（5）绘制图形。

```
>> plot(x,y,'or')
>> hold on
>> x=[0:0.01:0.92]';
>> A1=[ones(size(x)) exp(-2*x),cos(-2*x).*exp(-4*x) x.^2];
>> y1=A1*yy';
>> plot(x,y1)
>> hold off
```

从图 18-18 中可以看到，拟合效果相当良好。

图 18-18　函数线性组合拟合

18.2.3　最小二乘法曲线拟合

在科学实验与工程实践中，经常进行测量数据 $\{(x_i, y_i), i = 0, 1, \cdots, m\}$ 的曲线拟合，其中 $y_i = f(x_i), i = 0, 1, \cdots, m$。要求一个函数 $y = S^*(x)$ 与所给数据 $\{(x_i, y_i), i = 0, 1, \cdots, m\}$ 拟合，若记误差 $\delta_i = S^*(x_i) - y_i$，$i = 0, 1, \cdots, m, \delta = (\delta_0, \delta_1, \cdots, \delta_m)^T$，设 $\varphi_0, \varphi_1, \cdots, \varphi_n$ 是 $C[a,b]$ 上的线性无关函数族，在 $\varphi = \mathrm{span}\{\varphi_0(x), \varphi_1(x), \cdots, \varphi_n(x)\}$ 中找一个函数 $S^*(x)$，使误差平方和

$$\| \delta \|^2 = \sum_{i=0}^{m} \delta_i^2 = \sum_{i=0}^{m} [S^*(x_i) - y_i]^2 = \min_{S(x) \in \varphi} \sum_{i=0}^{m} [S(x_i) - y_i]^2$$

这里，$S(x) = a_0 \varphi_0(x) + a_1 \varphi_1(x) + \cdots + a_n \varphi_n(x)$　$(n < m)$。

这就是所谓的曲线拟合的最小二乘方法，是曲线拟合最常用的一种方法。

MATLAB 提供了 polyfit 函数命令进行最小二乘的曲线拟合，其调用格式如表 18-11 所示。

表 18-11　polyfit 调用格式

调 用 格 式	说　明
p = polyfit(x,y,n)	对 x 和 y 进行 n 维多项式的最小二乘拟合，输出结果 p 为含有 n+1 个元素的行向量，该向量以维数递减的形式给出拟合多项式的系数
[p,s] = polyfit(x,y,n)	结果中的 s 包括 R、df 和 normr，分别表示对 X 进行 QR 分解的三角元素、自由度、残差
[p,s,mu] = polyfit(x,y,n)	在拟合过程中，首先对 X 进行数据标准化处理，以在拟合中消除量纲等的影响，mu 包含两个元素，分别是标准化处理过程中使用的 X 的均值和标准差

实例——金属材料应力拟合数据

源文件：yuanwenjian/ch18/jsnh.m、金属材料应力拟合数据.flg

用二次多项式拟合数据，拟定见表 18-12。

表 18-12　金属材料应力数据

金属材料	组合 I				组合 II				组合 III			
	安全系数	许用抗压弯应力	许用剪切应力	许用端面承压应力	安全系数	许用抗压弯应力	许用剪切应力	许用端面承压应力	安全系数	许用抗压弯应力	许用剪切应力	许用端面承压应力
Q235-A	1.48	152.0	87.8	228	1.34	167.9	96.9	251.9	1.2	184.4	406.5	276.6
16Mn	1.48	185.8	107.3	278.7	1.34	205.2	118.5	307.8	1.22	225.4	130.1	338.1

操作步骤

解：MATLAB 程序如下。

```
>> clear
>> x=[1.48,152.0,87.8,228,1.34,167.9,96.9,251.9,1.2,184.4,406.5,276.6];
>> y=[1.48,185.8,107.3,278.7,1.34,205.2,118.5,307.8,1.22,225.4,130.1,338.1];
>> p=polyfit(x,y,2)
p =
-0.0043    2.2108   -19.0493
>> xi=1.48:10:276.6;
>> yi=polyval(p,xi);
>> plot(x,y,'o',xi,yi,'k');
>> title('多项式拟合')
```

拟合结果如图 18-19 所示。

图 18-19　二项式拟合

实例——二次多项式拟合数据

源文件：yuanwenjian/ch18/ecnh.m

用二次多项式拟合数据，见表 18-13。

表 18-13　拟合数据

	1.4	1.5	1.6	1.7	1.8	1.9	2.0	2.1	2.2	2.3	2.4	2.5
45#	1.48	192.0	110.9	288	1.34	212.1	122.5	318.2	1.22	232.9	134.5	349.4

操作步骤

解：MATLAB 程序如下。

```
>> clear
>> x=1.4:0.1:2.5;
>> y=[1.48,192.0,110.9,288,1.34,212.1,122.5,318.2,1.22,232.9,134.5,319.4];
>> [p,s]=polyfit(x,y,2)
p =
    6.5010   88.6566   -37.1634
s =
包含以下字段的 struct:
      R: [3x3 double]
     df: 9
  normr: 370.4611
```

实例——正弦函数拟合

源文件：yuanwenjian/ch18/zxnhqx.m、正弦函数拟合.flg

在[0,π]区间上对正弦函数进行拟合，然后在[0,2π]区间上画出图形，比较拟合区间和非拟合区间的图形，考查拟合的有效性。

操作步骤

解：MATLAB 程序如下。

```
>> clear
>> x=0:0.1:pi;
>> y=sin(x);
>> [p,mu]=polyfit(x,y,9)
>> x1=0:0.1:2*pi;
>> y1=sin(x1);
>> y2=polyval(p,x1);
>> plot(x1,y1,'kh',x1,y2,'b-')
>> legend('sin(x)','拟合曲线')
p =
  1 至 5 列
    0.0000    0.0000   -0.0003    0.0002    0.0080
  6 至 10 列
    0.0002   -0.1668    0.0000    1.0000    0.0000
mu =
包含以下字段的 struct:
      R: [10x10 double]
     df: 22
  normr: 1.6178e-07
```

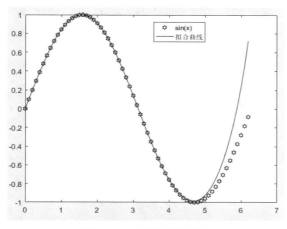

图 18-20 正弦函数拟合

从图 18-20 中可以看出，区间[0,π]经过了拟合，图形的符合性就比较优秀，[π,2π]区间没有经过拟合，图形就有了偏差。

18.3 综合实例——飞机速度拟合分析

扫一扫，看视频

源文件：yuanwenjian/ch18/fjsdnh.m、飞机速度拟合分析.flg

某型号飞机速度进行10次测试，表18-14是测得的最大飞行速度，试利用这些数据对每次的风速关系进行数理统计。

表 18-14 飞机速度测量数据

风速次数 x	1	2	3	4	5	6	7	8	9	10
飞机速度 y	422.2	417.5	426.3	420.3	425.9	423.1	412.3	431.5	441.3	423.0

操作步骤

（1）输入数据向量。

```
>> x=[1 2 3 4 5 6 7 8 9 10];                                    %风速数据
>> y=[422.2 417.5 426.3 420.3 425.9 423.1 412.3 431.5 441.3 423.0];  %飞机速度数据
```

（2）绘制二次多项式拟合曲线。

```
>> [p,s]=polyfit(x,y,2)
p =
    0.1409   -0.5015  421.6733
s =
包含以下字段的 struct:
     R: [3x3 double]
    df: 7
  normr: 21.4473
>> x1=1:1:10;
>> y1=polyval(p,x1);
>> subplot(1,3,1),plot(x,y,'r--',x1,y1,'ko')
>> title('飞机速度与多项式拟合曲线')
```

```
>> xlabel('风速')
>> ylabel('飞机速度')
```

在图形窗口中显示拟合结果，如图 18-21 所示。

（3）直线拟合分析。

创建直线闭合函数文件 linefit.m。

```
function [k,b]=linefit(x,y)
n=length(x);
x=reshape(x,n,1);                           %生成列向量
y=reshape(y,n,1);
A=[x,ones(n,1)];                            %连接矩阵 A
bb=y;
B=A'*A;
bb=A'*bb;
yy=B\bb;
k=yy(1);                                    %得到 k
b=yy(2);                                    %得到 b
```

（4）调用函数。

```
>> [k,b]=linefit(x,y)
k =
    1.0485
b =
  418.5733
>> y2=polyval([k,b],x);
>> subplot (1,3,2),plot(x,y2, x,y,'*');
>> title('飞机速度与直线拟合曲线')
>> xlabel('风速')
>> ylabel('飞机速度')
```

拟合结果如图 18-22 所示。

图 18-21　拟合曲线

图 18-22　直线拟合

（5）线性回归分析。

```
>> [b,bint,r,rint,stats]=regress(y',x')
b =
```

```
      60.8447
bint =
   37.2827    84.4066
r =
  361.3553
  295.8106
  243.7660
  176.9213
  121.6766
   58.0319
  -13.6127
  -55.2574
 -106.3021
 -185.4468
rint =
  -41.6620   764.3727
 -139.0541   730.6754
 -208.4825   696.0144
 -290.7085   644.5511
 -351.4001   594.7533
 -415.5344   531.5983
 -480.4567   453.2313
 -509.4620   398.9472
 -541.9476   329.3434
 -588.0725   217.1790
stats =
   1.0e+04 *
  -0.0669      NaN      NaN    4.1767
```

（6）样本均值分析。

```
>> y1=mean(y)                                    %样本平均
y1 =
    424.3400
>> y2=nanmean(y)                                 %算数平均
y2 =
    424.3400
>> y3=geomean(y)                                 %几何平均
y3 =
   424.2744
>> y4=harmmean(y)                                %和谐平均
y4 =
    424.2094
>> y5=trimmean(y,1)                              %调整平均
y5 =
    424.3400
```

（7）绘制均值曲线。

```
>> A(1,1)=y1; A(1,2)=y2; A(1,3)=y3; A(1,4)=y4; A(1,5)=y5;
>> subplot (1,3,3),plot(A,'k-')
>> gtext('均值曲线')
>> title('样本均值分析')
```

```
>> xlabel('风速')
>> ylabel('飞机速度')
```

均值曲线结果如图 18-23 所示。

图 18-23　均值曲线

（8）样本方差的分析。

```
>> miu=mean(y)
miu =
   424.3400
>> sigma=var(y,1)
sigma =
   56.1164
```

（9）协方差分析。

```
>> cov(y)
ans =
   62.3516
>> corrcoef(y)
ans =
     1
```

第 19 章　优 化 设 计

内容简介

在生活和工作中，人们对于同一个问题往往会提出多个解决方案，并通过各方面的论证从中提取最佳方案。优化设计就是专门研究如何从多个方案中科学合理地提取出最佳方案的科学。

内容要点

- ➥ 优化问题概述
- ➥ MATLAB 中的工具箱
- ➥ 优化工具箱中的函数
- ➥ 优化函数的变量

案例效果

$$x_{k+1} = x_2 - (x_2 - x_1)\frac{\nabla f(x_2) + \beta_1 - \beta_2}{\nabla f(x_2) - \nabla f(x_1) + 2\beta_2}$$

$$\beta_1 = \nabla f(x_1) + \nabla f(x_2) - 3\frac{f(x_1) - f(x_2)}{x_1 - x_2}$$

$$\beta_2 = (\beta_1^2 - \nabla f(x_1)\nabla f(x_2))^{\frac{1}{2}}$$

19.1　优化问题概述

在生活和工作中，人们对于同一个问题往往会提出多个解决方案，并通过各方面的论证从中提取最佳方案。最优化方法就是专门研究如何从多个方案中科学合理地提取出最佳方案的科学。

19.1.1　最优化问题的步骤

用最优化方法解决最优化问题的技术称为最优化技术，它包含两个方面的内容。

（1）建立数学模型：即用数学语言来描述最优化问题。模型中的数学关系式反映了最优化问题所要达到的目标和各种约束条件。

（2）数学求解：数学模型建好以后，选择合理的最优化方法进行求解。

最优化方法的发展很快，现在已经包含有多个分支，如线性规划、整数规划、非线性规划、动态规划、多目标规划等。利用 MATLAB 的优化工具箱，可以求解线性规划、非线性规划和多目标规划问题,具体而言,包括线性及非线性最小化、最大最小化、二次规划、半无限问题、线性及非线性方程(组)的求解、线性及非线性的最小二乘问题。另外,该工具箱还提供了线性及非线性最小化、方程求解、曲线拟合、二次规划等问题中大型课题的求解方法,为优化方法在工程中的实际应用提供了更方便快捷的途径。

假设某种产品有 3 个产地 A1、A2、A3,它们的产量分别为 100、170、200(单位为吨),该产品有 3 个销售地 B_1、B_2、B_3,各地的需求量分别为 120、170、180(单位为吨),把产品从第 i 个产地 A_i 运到第 j 个销售地 B_j 的单位运价(元/吨)见表 19-1。

表 19-1 运费表

产地 \ 销售地	B_1	B_2	B_3	产量/吨
A_1	80	90	75	100
A_2	60	85	95	170
A_3	90	80	110	200
需求量	120	170	180	470

如何安排从 A_i 到 B_j 的运输方案,才能既满足各销售地的需求又能使总运费最少?

这是一个产销平衡的问题,下面我们对这个问题建立数学模型。

设从 A_i 到 B_j 的运输量为 x_{ij},显然总运费的表达式为

$$80x_{11} + 90x_{12} + 75x_{13} + 60x_{21} + 85x_{22} + 95x_{23} + 90x_{31} + 80x_{32} + 110x_{33}$$

考虑到产量应该有下面的要求:

$$x_{11} + x_{12} + x_{13} = 100$$
$$x_{21} + x_{22} + x_{23} = 170$$
$$x_{31} + x_{32} + x_{33} = 200$$

考虑到需求量又应该有下面的要求:

$$x_{11} + x_{21} + x_{31} = 120$$
$$x_{12} + x_{22} + x_{32} = 170$$
$$x_{13} + x_{23} + x_{33} = 180$$

此外运输量不能为负数,即 $x_{ij} \geqslant 0, i, j = 1, 2, 3$。

综上所述,原问题的数学模型可以写为

$$\min \quad 80x_{11} + 90x_{12} + 75x_{13} + 60x_{21} + 85x_{22} + 95x_{23} + 90x_{31} + 80x_{32} + 110x_{33}$$

$$\text{s.t.} \begin{cases} x_{11} + x_{12} + x_{13} = 100 \\ x_{21} + x_{22} + x_{23} = 170 \\ x_{31} + x_{32} + x_{33} = 200 \\ x_{11} + x_{21} + x_{31} = 120 \\ x_{12} + x_{22} + x_{32} = 170 \\ x_{13} + x_{23} + x_{33} = 180 \\ x_{ij} \geqslant 0, i, j = 1, 2, 3 \end{cases}$$

这个例子中的数学模型就是一个优化问题，属于优化中的线性规划问题，对于这种问题，利用 MATLAB 可以很容易找到它的解。通过上面的例子，读者可能已经对优化有了一个模糊的概念。事实上，优化问题最一般的形式如下。

$$
\begin{aligned}
&\min \quad f(x) \\
&\text{s.t.} \quad x \in X
\end{aligned}
\tag{19-1}
$$

其中，$x \in R^n$ 是决策变量（相当于上例中的 x_{ij}）；$f(x)$ 是目标函数（相当于上例中的运费表达式）；$X \subseteq R^n$ 为约束集或可行域（相当于上例中的线性方程组的解集与非负挂限的交集）。特别地，如果约束集 $X = R^n$，则上述优化问题称为无约束优化问题，即

$$
\min_{x \in R^n} \quad f(x)
$$

而约束最优化问题通常写为

$$
\begin{aligned}
&\min \quad f(x) \\
&\text{s.t.} \quad
\begin{aligned}
c_i(x) &= 0, \quad i \in E \\
c_i(x) &\leqslant 0, \quad i \in I
\end{aligned}
\end{aligned}
\tag{19-2}
$$

其中，E、I 分别为等式约束指标集与不等式约束指标集；$c_i(x)$ 为约束函数。

如果对于某个 $x^* \in X$，以及每个 $x \in X$ 都有 $f(x) \geqslant f(x^*)$ 成立，则称 x^* 为该例的最优解（全局最优解），相应的目标函数值称为最优值；若只是在 X 的某个子集内有上述关系，则 x^* 称为问题的局部最优解。最优解并不是一定存在的，通常，我们求出的解只是一个局部最优解。

对于优化问题，当目标函数和约束函数均为线性函数时，问题（19-2）就称为线性规划问题；当目标函数和约束函数中至少有一个是变量 x 的非线性函数时，问题（19-2）就称为非线性规划问题。此外，根据决策变量、目标函数和要求不同，优化问题还可分为整数规划、动态规划、网络优化、非光滑规划、随机优化、几何规划、多目标规划等若干分支。

下面几节，我们主要讲述如何利用 MATLAB 提供的优化工具箱来求解一些常见的优化问题。

19.1.2　模型输入时需要注意的问题

使用优化工具箱时，由于优化函数要求目标函数和约束条件满足一定的格式，所以需要用户在进行模型输入时注意以下几个问题：

1．目标函数最小化

优化函数 fminbnd、fminsearch、fminunc、fmincon、fgoalattain、fminmax 和 lsqnonlin 都要求目标函数最小化，如果优化问题要求目标函数最大化，可以通过使该目标函数的负值最小化即 -f(x) 最小化来实现。近似地，对于 quadprog 函数提供-H 和-f，对于 linprog 函数提供-f。

2．约束非正

优化工具箱要求非线性不等式约束的形式为 $C_i(x) \leqslant 0$，通过对不等式取负可以达到使大于零的约束形式变为小于零的不等式约束形式的目的，如 $C_i(x) \geqslant 0$ 形式的约束等价于 $-C_i(x) \leqslant 0$，$C_i(x) \geqslant b$ 形式的约束等价于 $-C_i(x) + b \leqslant 0$。

3．避免使用全局变量

在 MATLAB 语言中，函数内部定义的变量除特殊声明外均为局部变量，即不加载到工作空间

中。如果需要使用全局变量，则应当使用命令 global 定义，而且在任何时候使用该全局变量的函数中都应该加以定义。在命令行窗口中也不例外。当程序比较大时，难免会在无意中修改全局变量的值，因而导致错误。更糟糕的是，这样的错误很难查找。因此，在编程时应该尽量避免使用全局变量。

19.2　MATLAB 中的工具箱

MATLAB 工具箱（Toolbox）已经成为一个系列产品，MATLAB 主工具箱和各种功能型工具箱主要用来扩充 MATLAB 的数值计算、符号运算功能、图形建模仿真功能、文字处理功能以及与硬件实时交互功能，能够用于多种学科。

领域型工具箱是学科专用工具箱，其专业性很强，比如控制系统工具箱（Control System Toolbox）；信号处理工具箱（Signal Processing Toolbox）；财政金融工具箱（Financial Toolbox）和下面将介绍的优化工具箱（Optimization Toolbox）等。领域型工具箱只适用于本专业。

19.2.1　MATLAB 中常用的工具箱

MATLAB 中常用的工具箱如下。

- MATLAB Main Toolbox：MATLAB 主工具箱。
- Control System Toolbox：控制系统工具箱。
- Communication Toolbox：通讯工具箱。
- Financial Toolbox：财政金融工具箱。
- System Identification Toolbox：系统辨识工具箱。
- Fuzzy Logic Toolbox：模糊逻辑工具箱。
- Higher-Order Spectral Analysis Toolbox：高阶谱分析工具箱。
- Image Processing Toolbox：图像处理工具箱。
- LMI Control Toolbox：线性矩阵不等式工具箱。
- Model predictive Control Toolbox：模型预测控制工具箱。
- μ-Analysis and Synthesis Toolbox：μ 分析工具箱。
- Neural Network Toolbox：神经网络工具箱。
- Optimization Toolbox：优化工具箱。
- Partial Differential Toolbox：偏微分方程工具箱。
- Robust Control Toolbox：鲁棒控制工具箱。
- Signal Processing Toolbox：信号处理工具箱。
- Spline Toolbox：样条工具箱。
- Statistics Toolbox：统计工具箱。
- Symbolic Math Toolbox：符号数学工具箱。
- Simulink Toolbox：动态仿真工具箱。
- Wavelet Toolbox：小波工具箱。

19.2.2　工具箱和工具箱函数的查询

1．MATLAB 的目录结构

首先，简单介绍一下 MATLAB 的目录树。

c:\matlab\bin

c:\matlab\extern

c:\matlab\simulink

c:\matlab\toolbox\comm\

c:\matlab\toolbox\control\

c:\matlab\toolbox\symbolic\

- matlab\bin——该目录包含 MATLAB 系统运行文件，MATLAB 帮助文件及一些必需的二进制文件。
- matlab\extern——包含 MATLAB 与 C, FORTRAN 语言的交互所需的函数定义和连接库。
- matlab\simulink——包含建立 simulink MEX-文件所必需的函数定义及接口软件。
- matlab\toolbox——各种工具箱，MathWorks 公司提供的商品化 MATLAB 工具箱有 30 多种。toolbox 目录下的子目录数量是随安装情况而变的。

另外，MATLAB 工具箱在 Windows 下由目录检索得到，也可以在 MATLAB 下得到。

2．工具箱函数清单的获得

在 MATLAB 中，所有工具箱中都有函数清单文件 contents.m，可用各种方法得到工具箱函数清单。

- 执行在线帮助命令。

help　工具箱名称

上述格式的功能是：

列出该工具箱中 contents.m 的内容，显示该工具箱中所有函数清单。

实例——优化工具箱

源文件：yuanwenjian/ch19/yhgjxm

列出优化工具箱的内容。

扫一扫，看视频

操作步骤

解：MATLAB 程序如下。

```
>> help optim
Optimization Toolbox
Version 8.1 (R2018a) 06-Feb-2018
  Nonlinear minimization of functions.
    fminbnd      - Scalar bounded nonlinear function minimization.
    fmincon      - Multidimensional constrained nonlinear minimization.
    fminsearch   - Multidimensional unconstrained nonlinear minimization,
                   by Nelder-Mead direct search method.
```

```
    fminunc      - Multidimensional unconstrained nonlinear minimization.
    fseminf      - Multidimensional constrained minimization, semi-infinite
                   constraints.

  Nonlinear minimization of multi-objective functions.
    fgoalattain  - Multidimensional goal attainment optimization
    fminimax     - Multidimensional minimax optimization.

  Linear least squares (of matrix problems).
    lsqlin       - Linear least squares with linear constraints.
    lsqnonneg    - Linear least squares with nonnegativity constraints.

  Nonlinear least squares (of functions).
    lsqcurvefit  - Nonlinear curvefitting via least squares (with bounds).
    lsqnonlin    - Nonlinear least squares with upper and lower bounds.

  Nonlinear zero finding (equation solving).
    fzero        - Scalar nonlinear zero finding.
    fsolve       - Nonlinear system of equations solve (function solve).

  Minimization of matrix problems.
    intlinprog   - Mixed integer linear programming.
    linprog      - Linear programming.
    quadprog     - Quadratic programming.

  Controlling defaults and options.
    optimset     - Create or alter optimization OPTIONS structure.
    optimget     - Get optimization parameters from OPTIONS structure.

  Utility Routines.
    color        - Column partition for sparse finite differences.
    fzmult       - Multiplication with fundamental nullspace basis.
    gangstr      - Zero out 'small' entries subject to structural rank.

  Graphical user interface and plot routines
    optimtool                    - Optimization Toolbox Graphical User
                                   Interface
    optimplotconstrviolation     - Plot max. constraint violation at each
                                   iteration
    optimplotfirstorderopt       - Plot first-order optimality at each
                                   iteration
    optimplotresnorm             - Plot value of the norm of residuals at
                                   each iteration
    optimplotstepsize            - Plot step size at each iteration


optim 的内容:

airframe_demopad             - Airframe Controller Tuning
boilerpressure_cleanup       - function to remove the boiler library model from
```

boilerpressure_demopad   - Optimizing Time-Domain Response of Simulink(R)
Models Using Parallel Computing
boilerpressure_design   -
boilerpressure_setup   - function to copy the boiler library model to a
dcmotor_demopad   - DC Motor Controller Tuning
distillation_demopad   - Distillation Controller Tuning
enginetradeoff_cost   - Compute controller cost based on sensor accuracy,
actuator response, and
enginetradeoff_demopad   - Engine Design and Cost Tradeoffs
heatex_demopad   - Heat Exchanger Controller Tuning
lqg_demopad   - LQG Controller Tuning
maglev_demopad   - Magnetic Levitation Controller Tuning
nlairframe_demopad   - Tuning of Airframe Autopilot Gains
pendulum_demopad   - Inverted Pendulum Controller Tuning
phaselock_demopad   - Phase Lock Loop Tuning
pidtrack_demopad   - PID Tuning with Reference Tracking and Plant
Uncertainty
pidtune_demopad   - PID Tuning with Actuator Constraints
piston_demopad   - Hydraulic Piston Regulator Tuning
pitchrate_demopad   - Pitch Rate Controller Tuning
power_demopad   - Power Converter Tuning
sdoAircraft_uidemo   - Design Optimization to Meet Time- and
Frequency-Domain Requirements (GUI)
sdoCSTR_cmddemo   - Design Optimization with Uncertain Variables (Code)
sdoCSTR_cmddemo_sa   - Design Exploration using Parameter Sampling (Code)
sdoCSTR_design   -
sdoCSTR_plotModelResponse   -
sdoCSTR_uidemo_sa   - Design Exploration using Parameter Sampling (GUI)
sdoHydraulicCylinder_cmddemo   - Design Optimization to Meet a Custom Objective
(Code)
sdoHydraulicCylinder_codegen   - Generate MATLAB Code for Design Optimization
Problems (GUI)
sdoHydraulicCylinder_customObjective -
sdoHydraulicCylinder_design   -
sdoHydraulicCylinder_uidemo   - Design Optimization to Meet a Custom Objective (GUI)
sdoMotorPosition_uidemo   - Explore Design Reliability using Parameter Sampling
(GUI)
sdoPopulation_PopRange   -
sdoPopulation_uidemo   - Specify Custom Signal Objective with Uncertain
Variable (GUI)
sdoSimpleSuspension_Design   -
sdoSimpleSuspension_cmddemo   - Design Optimization to Meet Frequency-Domain
Requirements (Code)
sdoSimpleSuspension_uidemo   - Design Optimization to Meet Frequency-Domain
Requirements (GUI)
sdoSuspension_FailureRate   - SDOSUSPENDION_FAILURERATE
sdoThermostat_SwitchingConstraint -
sdoThermostat_uidemo   - Skip Model Simulation Based on Parameter Constraint
Violation (GUI)

```
servo_demopad                    - Servomechanism Tuning
speedctrl_demopad                - Enforcing Time and Frequency Requirements on a
Single-Loop Controller Design
sro_pendan                       - S-function for making pendulum animation.
sroparallel_demopad              - Improving Optimization Performance Using Parallel
Computing
srotut1_dat                      - Copyright 2004 The MathWorks, Inc.
stewart_demopad                  - Stewart Platform Controller Tuning
```

上述内容即为 MATLAB 优化工具箱的全部函数内容。

📢 **注意:**

优化工具箱的名称为 optim.m。

➥ 使用 type 命令得到工具箱函数的清单。

例如:

```
type    signal\contents
type    optim\contents
```

📢 **注意:**

这种方式得出的结果,内容与上面的方式相同,输出的格式稍有不同。

19.3　优化工具箱中的函数

利用 MATLAB 的优化工具箱,可以求解线性规划、非线性规划和多目标规划问题。具体而言,包括线性、非线性最小化、最大最小化、二次规划、半无限问题,线性、非线性方程(组)的求解,线性、非线性的最小二乘问题。另外,该工具箱还提供了线性、非线性最小化,方程求解,曲线拟合,二次规划等问题中大型课题的求解方法,为优化方法在工程中的实际应用提供了更方便快捷的途径。

优化工具箱中的函数包括下面几类。

1. 最小化函数

最小化函数说明如表 19-2 所示。

表 19-2　最小化函数

函　　数	描　　述
fminsearch, fminunc	无约束非线性最小化
fminbnd	有边界的标量非线性最小化
fmincon	有约束的非线性最小化
linprog	线性规划
quadprog	二次规划
fgoalattain	多目标规划
fminimax	最大最小化
fseminf	半无限问题

2．最小二乘问题

最小二乘问题函数说明如表 19-3 所示。

表 19-3　最小二乘问题函数

函　数	描　述
\	线性最小二乘
lsqnonlin	非线性最小二乘
lsqnonneg	非负线性最小二乘
lsqlin	有约束线性最小二乘
lsqcurvefit	非线性曲线拟合

3．方程求解函数

方程求解函数说明如表 19-4 所示。

表 19-4　方程求解函数

函　数	描　述
\	线性方程求解
fzero	标量非线性方程求解
fsolve	非线性方程求解

4．演示函数

中型问题方法演示函数说明如表 19-5 所示。

表 19-5　中型问题方法演示函数

函　数	描　述
tutdemo	教程演示
optdemo	演示过程菜单
officeassign	求解整数规划
goaldemo	目标达到举例
dfildemo	过滤器设计的有限精度

大型问题方法演示函数说明如表 19-6 所示。

表 19-6　大型问题方法演示函数

函　数	描　述
molecule	用无约束非线性最小化进行分子组成求解
circustent	马戏团帐篷问题—二次规划问题
optdeblur	用有边界线性最小二乘法进行图形处理

19.4　优化函数的变量

在 MATLAB 的优化工具箱中，定义了一系列的标准变量，通过使用这些标准变量，用户可以使用 MATLAB 来求解在工作中碰到的问题。

MATLAB 优化工具箱中的变量主要有 3 类：输入变量、输出变量和优化参数中的变量。

1. 输入变量

调用 MATLAB 优化工具箱，需要首先给出一些输入变量，优化工具箱函数通过对这些输入变量的处理得到用户需要的结果。

优化工具箱中的输入变量大体上分成两类：输入系数和输入参数。输入系数表如表 19-7 所示。输入参数表如表 19-8 所示。

表 19-7 输入系数表

变　量　名	作用和含义	主要的调用函数
A,b	A 矩阵和 b 向量分别为线性不等式约束的系数矩阵和右端项	fgoalattain,fmincon,fminimax,fseminf,linprog,lsqlin,quadprog
Aeq,beq	Aeq 矩阵和 beq 向量分别为线性方程约束的系数矩阵和右端项	fgoalattain,fmincon,fminimax,fseminf,linprog,lsqlin,quadprog
C,d	矩阵 C 和向量 d 分别为超定或不定线性系统方程组的系数和进行求解的右端项	lsqlin,lsqnonneg
f	线性方程或二次方程中线性项的系数向量	linprog,quadprog
H	二次方程中二次项的系数	quadprog
lb,ub	变量的上下界	fgoalattain,fmincon,fminimax fseminf,linprog,quadprog,lsqlin lsqcurvefit,lsqnonlin
fun	待优化的函数	fgoalattain,fminbnd,fmincon, fminimax fminsearch,fminunc,fseminf, fsolve,fzero lsqcurvefit,lsqnonlin
nonlcon	计算非线性不等式和等式	fgoalattain,fmincon,fminimax
seminfcon	计算非线性不等式约束、等式约束和半无限约束的函数	fseminf

表 19-8 输入参数表

变　量　名	作用和含义	主要的调用函数
goal	目标试图达到的值	fgoalattain
ntheta	半无限约束的个数	fseminf
options	优化选项参数结构	所有
P1,P2,…	传给函数 fun、变量 nonlcon、变量 seminfcon 的其他变量	fgoalattain,fminbnd,fmincon, fminimax,fsearch,fminunc,fseminf, fsolve,fzero,lsqcurvefit,lsqnonlin
weight	控制对象未达到或超过的加权向量	fgoalattain
xdata,ydata	拟合方程的输入数据和测量数据	lsqcurvefit
x0	初始点	除 fminbnd 所有
x1,x2	函数最小化的区间	fminvnd

2．输出变量

调用 MATLAB 优化工具箱的函数后，函数给出一系列的输出变量，提供给用户相应的输出信息。输出变量表如表 19-9 所示。

表 19-9 输出变量表

变　量　名	作用和含义
x	由优化函数求得的解
fval	解 x 处的目标函数值
exitflag	退出条件
output	包含优化结果信息的输出结构
lambda	解 x 处的拉格朗日乘子
grad	解 x 处函数 fun 的梯度值
hessian	解 x 处函数 fun 的海色矩阵
jacobian	解 x 处函数 fun 的雅克比矩阵
maxfval	解 x 处函数的最大值
attainfactor	解 x 处的达到因子
residual	解 x 处的残差值
resnorm	解 x 处残差的平方范数

3．优化参数

优化参数的含义如表 19-10 所示。

表 19-10 优化参数的含义

参　数　名	含　义
DerivativeCheck	对自定义的解析导数与有限差分导数进行比较
Diagnostics	打印进行最小化或求解的诊断信息
DiffMaxChange	有限差分求导的变量最大变化
DiffMinChange	有限差分求导的变量最小变化
Display	值为 off 时，不显示输出；为 iter 时，显示迭代信息；为 final 时，只显示结果，在新版本中，notify，当函数不收敛时输出
GoalsExactAchieve	精确达到的目标个数
GradConstr	用户定义的非线性约束的梯度
MaxFunEvals	允许进行函数评价的最大次数
GradObj	用户定义的目标函数的梯度
Hessian	用户定义的目标函数的海色矩阵
HessPattern	有限差分的海色矩阵的稀疏模式
HessUpdate	海色矩阵修正结构
Jacobian	用户定义的目标函数的雅克比矩阵

续表

参 数 名	含 义
JacobPattern	有限差分的雅克比矩阵的稀疏模式
LargeScale	使用大型算法（如果可能的话）
LevenbergMarquardt	用 Levenberg-Marquardt 方法代替 Gauss-Newton 法
LineSearchType	一维搜索算法的选择
MaxIter	允许进行迭代的最大次数
MaxPCGIter	允许进行 PCG 迭代的最大次数
MeritFunction	使用多目标函数
MinAbsMax	最小化最坏个案绝对值的 f(x)的个数
PrecondBandWidth	PCG 前提的上带宽
TolCon	违背约束的终止容限
TolFun	函数值的终止容限
TolPCG	PCG 迭代的终止容限
TolX	X 处的终止容限
TypicalX	典型 x 值

19.5　参　数　设　置

对于优化控制，MATLAB 提供了 18 个参数。利用 optimset 函数，可以创建和编辑参数结构；利用 optimget 函数，可以获得 options 优化参数。

19.5.1　参数值

参数具体含义如表 19-11 所示。

表 19-11　参数含义

参　数	含　义
options(1)	参数显示控制（默认值为 0），等于 1 时显示一些结果
options(2)	优化点 x 的精度控制（默认值为 1e-4）
options(3)	优化函数 F 的精度控制（默认值为 1e-4）
options(4)	违反约束的结束标准（默认值为 1e-6）
options(5)	算法选择，不常用
options(6)	优化程序方法选择，为 0 则为 BFCG 算法，为 1 则采用 DFP 算法
options(7)	线性插值算法选择，为 0 则为混合插值算法，为 1 则采用立方插算法
options(8)	函数值显示（多目标规划问题中的 Lambda ）
options(9)	若需要检测用户提供的梯度，则设为 1

参　　数	含　　义
options(10)	函数和约束估值的数目
options(11)	函数梯度估值的个数
options(12)	约束估值的数目
options(13)	等式约束条件的个数
options(14)	函数估值的最大次数（默认值是 100×变量个数）
options(15)	用于多目标规划问题中的特殊目标
options(16)	优化过程中变量的最小有限差分梯度值
options(17)	优化过程中变量的最大有限差分梯度值
options(18)	步长设置（默认为 1 或更小）

📢 注意：

在低版本的 MATLAB 中，使用 foptions 来对这些参数进行设置。

19.5.2　optimset 函数

optimset 函数的功能是创建或编辑优化选项参数结构。具体的调用格式如下。

1. 调用格式 1

```
OPTIONS = optimset('PARAM1',VALUE1,'PARAM2',VALUE2,...)
```

这种格式的功能是：

创建一个称为 options 的优化选项参数，其中指定的参数具有指定值。所有未指定的参数都设置为空矩阵 [ ]（将参数设置为 [ ] 表示当 options 传递给优化函数时给参数赋默认值）。赋值时只要输入参数前面的字母就行了。

2. 调用格式 2

```
OPTIONS = optimset(OLDOPTS,'PARAM1',VALUE1,...)
```

这种格式的功能是：

创建一个 oldopts 的副本，用指定的数值修改参数。

3. 调用格式 3

```
OPTIONS = optimset(OLDOPTS,NEWOPTS)
```

这种格式的功能是：

将已经存在的选项结构 oldopts 与新的选项结构 newopts 进行合并。newopts 参数中的所有元素将覆盖 oldopts 参数中的所有对应元素。

4. 调用格式 4

```
optimset
```

这种格式的功能是：

没有任何输入输出参数，将显示一张完整的带有有效值的参数列表，如下所示。

```
>> optimset
```

```
             Display: [ off | iter | iter-detailed | notify | notify-detailed | final
| final-detailed ]
          MaxFunEvals: [ positive scalar ]
              MaxIter: [ positive scalar ]
               TolFun: [ positive scalar ]
                 TolX: [ positive scalar ]
          FunValCheck: [ on | {off} ]
            OutputFcn: [ function | {[]} ]
             PlotFcns: [ function | {[]} ]
            Algorithm: [ active-set | interior-point | interior-point-convex |
levenberg-marquardt | ...
                        sqp | trust-region-dogleg | trust-region-reflective ]
 AlwaysHonorConstraints: [ none | {bounds} ]
      DerivativeCheck: [ on | {off} ]
          Diagnostics: [ on | {off} ]
        DiffMaxChange: [ positive scalar | {Inf} ]
        DiffMinChange: [ positive scalar | {0} ]
        FinDiffRelStep: [ positive vector | positive scalar | {[]} ]
          FinDiffType: [ {forward} | central ]
      GoalsExactAchieve: [ positive scalar | {0} ]
            GradConstr: [ on | {off} ]
              GradObj: [ on | {off} ]
              HessFcn: [ function | {[]} ]
              Hessian: [ user-supplied | bfgs | lbfgs | fin-diff-grads | on | off ]
             HessMult: [ function | {[]} ]
          HessPattern: [ sparse matrix | {sparse(ones(numberOfVariables))} ]
           HessUpdate: [ dfp | steepdesc | {bfgs} ]
     InitBarrierParam: [ positive scalar | {0.1} ]
  InitTrustRegionRadius: [ positive scalar | {sqrt(numberOfVariables)} ]
             Jacobian: [ on | {off} ]
            JacobMult: [ function | {[]} ]
          JacobPattern: [ sparse matrix | {sparse(ones(Jrows,Jcols))} ]
           LargeScale: [ on | off ]
             MaxNodes: [ positive scalar | {1000*numberOfVariables} ]
            MaxPCGIter: [ positive scalar | {max(1,floor(numberOfVariables/2))} ]
          MaxProjCGIter: [ positive scalar |
{2*(numberOfVariables-numberOfEqualities)} ]
            MaxSQPIter: [ positive scalar |
{10*max(numberOfVariables,numberOfInequalities+numberOfBounds)} ]
              MaxTime: [ positive scalar | {7200} ]
          MeritFunction: [ singleobj | {multiobj} ]
            MinAbsMax: [ positive scalar | {0} ]
        ObjectiveLimit: [ scalar | {-1e20} ]
       PrecondBandWidth: [ positive scalar | 0 | Inf ]
         RelLineSrchBnd: [ positive scalar | {[]} ]
  RelLineSrchBndDuration: [ positive scalar | {1} ]
         ScaleProblem: [ none | obj-and-constr | jacobian ]
    SubproblemAlgorithm: [ cg | {ldl-factorization} ]
               TolCon: [ positive scalar ]
```

```
       TolConSQP: [ positive scalar | {1e-6} ]
          TolPCG: [ positive scalar | {0.1} ]
       TolProjCG: [ positive scalar | {1e-2} ]
    TolProjCGAbs: [ positive scalar | {1e-10} ]
        TypicalX: [ vector | {ones(numberOfVariables,1)} ]
     UseParallel: [ logical scalar | true | {false} ]
```

5. 调用格式 5

```
OPTIONS = optimset(with no input arguments)
```

这种格式的功能是：

创建一个选项结构 options，其中所有的元素被设置为[ ]。

6. 调用格式 6

```
OPTIONS = optimset(OPTIMFUNCTION)
```

这种格式的功能是：

创建一个含有所有参数名和与优化函数 optimfun 相关的默认值的选项结构 options。

扫一扫，看视频

实例——设置优化选项 1

源文件：yuanwenjian/ch19/yhxx1.m

optimset 使用举例 1。

操作步骤

解：MATLAB 程序如下。

```
>> options = optimset('Display','iter','TolFun',1e-8)
```

上面的语句创建一个名为 options 的优化选项结构，其中显示参数设为'iter'，TolFun 参数设置为 1e-8。结果如下。

```
options =
包含以下字段的 struct:
                  Display: 'iter'
              MaxFunEvals: []
                  MaxIter: []
                   TolFun: 1.0000e-08
                     TolX: []
              FunValCheck: []
                OutputFcn: []
                 PlotFcns: []
           ActiveConstrTol: []
                Algorithm: []
    AlwaysHonorConstraints: []
           DerivativeCheck: []
              Diagnostics: []
            DiffMaxChange: []
            DiffMinChange: []
             FinDiffRelStep: []
               FinDiffType: []
         GoalsExactAchieve: []
                GradConstr: []
                  GradObj: []
```

```
                    HessFcn: []
                    Hessian: []
                   HessMult: []
                HessPattern: []
                 HessUpdate: []
             InitialHessType: []
           InitialHessMatrix: []
            InitBarrierParam: []
       InitTrustRegionRadius: []
                   Jacobian: []
                   JacobMult: []
               JacobPattern: []
                 LargeScale: []
                   MaxNodes: []
                 MaxPCGIter: []
               MaxProjCGIter: []
                  MaxSQPIter: []
                    MaxTime: []
               MeritFunction: []
                  MinAbsMax: []
           NoStopIfFlatInfeas: []
              ObjectiveLimit: []
        PhaseOneTotalScaling: []
               Preconditioner: []
            PrecondBandWidth: []
               RelLineSrchBnd: []
        RelLineSrchBndDuration: []
                ScaleProblem: []
                    Simplex: []
          SubproblemAlgorithm: []
                     TolCon: []
                  TolConSQP: []
                  TolGradCon: []
                     TolPCG: []
                   TolProjCG: []
                 TolProjCGAbs: []
                   TypicalX: []
                 UseParallel: []
```

实例——设置优化选项 2

源文件：yuanwenjian/ch19/yhxx2.m

optimset 使用举例 2。

操作步骤

解：MATLAB 程序如下。

```
>> optnew = optimset(options,'TolX',1e-4)
```

上面的语句创建了一个名为 options 的优化结构的备份，改变 TolX 参数的值，将新值保存到 optnew 参数中，得到的结果如下。

```
optnew =
```

包含以下字段的 struct:

```
              Display: 'iter'
          MaxFunEvals: []
              MaxIter: []
               TolFun: 1.0000e-008
                 TolX: 1.0000e-004
           FunValCheck: []
            OutputFcn: []
         ActiveConstrTol: []
       NoStopIfFlatInfeas: []
         BranchStrategy: []
        DerivativeCheck: []
           Diagnostics: []
         DiffMaxChange: []
         DiffMinChange: []
      GoalsExactAchieve: []
            GradConstr: []
               GradObj: []
               Hessian: []
              HessMult: []
           HessPattern: []
            HessUpdate: []
        InitialHessType: []
      InitialHessMatrix: []
              Jacobian: []
             JacobMult: []
          JacobPattern: []
            LargeScale: []
     LevenbergMarquardt: []
         LineSearchType: []
              MaxNodes: []
            MaxPCGIter: []
            MaxRLPIter: []
            MaxSQPIter: []
               MaxTime: []
         MeritFunction: []
             MinAbsMax: []
     NodeDisplayInterval: []
      NodeSearchStrategy: []
         NonlEqnAlgorithm: []
     PhaseOneTotalScaling: []
         Preconditioner: []
         PrecondBandWidth: []
          RelLineSrchBnd: []
    RelLineSrchBndDuration: []
       ShowStatusWindow: []
               Simplex: []
                TolCon: []
                TolPCG: []
```

```
              TolRLPFun: []
            TolXInteger: []
               TypicalX: []
UseParallel: []
```

扫一扫，看视频

实例——设置优化选项 3

源文件：yuanwenjian/ch19/yhxx3.m

optimset 使用举例 3。

操作步骤

解：MATLAB 程序如下。

```
>> options = optimset('fminbnd')
```

上面的语句返回 options 优化结构，其中包含所有的参数名和与 fminbnd 函数相关的缺省值，结果如下。

```
options =
包含以下字段的 struct:
            Display: 'notify'
        MaxFunEvals: 500
            MaxIter: 500
             TolFun: []
               TolX: 1.0000e-004
         FunValCheck: 'off'
            ...
```

19.5.3　optimget 函数

optimget 函数的功能是获得 options 优化参数，具体的调用格式如下。

1．调用格式 1

```
VAL = optimget(OPTIONS,'NAME')
```

这种格式的功能是：

返回优化参数 options 中指定的参数的值。只需要用参数开头的字母来定义参数就行了。

2．调用格式 2

```
VAL = optimget(OPTIONS,'NAME',DEFAULT)
```

这种格式的功能是：

若 options 结构参数中没有定义指定参数，则返回默认值。注意，这种形式的函数主要用于其他优化函数。

设置了参数 options 后就可以用上述调用形式完成指定任务了。

（1）optimget 函数使用 1。

解：MATLAB 程序如下。

```
>> val = optimget(options,'Display')
```

上面的命令行将显示优化参数 options 返回到 options 结构中，得到结果如下。

```
val =
        notify
```

（2）optimget 函数使用 2。

解：MATLAB 程序如下。

```
>> optnew = optimget(options,'Display','final')
```

上面的命令行返回显示优化参数 options 到 my_options 结构中（就象前面的例子一样），但如果显示参数没有定义，则返回值'final'。结果如下。

```
optnew =
        notify
```

19.6　优化算法介绍

利用 MATLAB 的优化工具箱，可以求解线性规划、非线性规划和多目标规划问题。具体而言，包括线性、非线性最小化，最大最小化，二次规划，半无限问题，线性、非线性方程（组）的求解，线性、非线性的最小二乘问题。另外，该工具箱还提供了线性、非线性最小化，方程求解，曲线拟合，二次规划等问题中大型课题的求解方法，为优化方法在工程中的实际应用提供了更方便快捷的途径。

19.6.1　参数优化问题

参数优化就是求一组设计参数 $x = (x_1, x_2, \cdots, x_n)$，以满足在某种意义下最优。一个简单的情况就是对某依赖于 x 的问题求极大值或极小值。复杂一点的情况是，欲进行优化的目标函数 $f(x)$ 受到以下限定条件。

1．等式约束条件

$$c_i(x) = 0, i = 1, 2, \cdots, m_e$$

2．不等式约束条件

$$c_i(x) \leqslant 0, i = m_e + 1, \cdots, m$$

3．参数有界约束

这类问题的一般数学模型为：

$$\min_{x \in R^n} f(x)$$

subject to

$$c_i(x) = 0, i = 1, 2, \cdots, m_e$$
$$c_i(x) \leqslant 0, i = m_e + 1, \cdots, m$$
$$lb \leqslant x \leqslant ub$$

其中，x 是变量，$f(x)$ 是目标函数，$c(x)$ 是约束条件向量，lb、ub 分别是变量 x 的上界和下界。

要有效而且精确地解决这类问题，不仅依赖于问题的大小即约束条件和设计变量的数目，而且依赖目标函数和约束条件的性质。当目标函数和约束条件都是变量 x 的线性函数时，这类问题被称为线性规划问题；在线性约束条件下，最大化或最小化二次目标函数被称为二次规划问题。对于线性规划问题和二次规划问题都能得到可靠的解，而解决非线性规划问题要困难得多，此时的目标函数和限定条件可能是设计变量的非线性函数，非线性规划问题的求解一般是通过求解线性规划、二次规划或者没有约束条件的子问题来解决的。

19.6.2　无约束优化问题

无约束优化问题是在上述数学模型中没有约束条件的情况。无约束最优化是一个十分古老的课题，至少可以追溯到 Newton 发明微积分的时代。无约束优化问题在实际应用中也非常常见。

搜索法是对非线性或不连续问题求解的合适方法，当欲优化的函数具有连续一阶导数时，梯度法一般说来更为有效，高阶法（例如牛顿法）仅适用于目标函数的二阶信息能计算出来的情况。

梯度法使用函数的斜率信息来给出搜索的方向。一个简单的方法是沿负梯度方向 $-\nabla f(x)$ 搜索，其中，$\nabla f(x)$ 是目标函数的梯度。当欲最小化的函数具有窄长形的谷值时，这一方法的收敛速度极慢。

1．拟牛顿法（Quasi-Newton Method）

在使用梯度信息的方法中，最为有效的方法是拟牛顿方法。此方法的实质是建立每次迭代的曲率信息，以此来解决如下形式的二次模型问题。

$$\min_{x \in R^n} f(x) = \frac{1}{2} x^{\mathrm{T}} H_x + b^{\mathrm{T}} x + c$$

其中，H 为目标函数的海色矩阵（Hessian），H 为对称正定，b 为常数向量，c 为常数。这个问题的最优解在 x 的梯度为零的点处，

$$\nabla f(x^*) = Hx^* + b = 0$$

从而最优解为：

$$x^* = -H^{-1}b$$

对应于拟牛顿法，牛顿法直接计算 H，并使用线搜索策略沿下降方向经过一定次数的迭代后确定最小值，为了得到矩阵 H 需要经过大量的计算，拟牛顿法则不同，它通过使用 $f(x)$ 和它的梯度来修正 H 的近似值。

拟牛顿法发展到现在已经出现了很多经典实用的海色矩阵修正方法。当前来说，Broyden，Fletcher，Goldfarb 和 Shannon 等人提出的 BFGS 方法被认为是解决一般问题最为有效的方法，修正公式如下：

$$H_{k+1} = H_k + \frac{q k q_k^{\mathrm{T}}}{q_k^{\mathrm{T}} s_K} - \frac{H_k^{\mathrm{T}} s_k^{\mathrm{T}} s_k H_k}{s_k^{\mathrm{T}} H_k s_k}$$

其中，

$$s_k = x_{k+1} - x_k$$
$$q_k = \nabla f(x_{k+1}) - \nabla f(x_k)$$

另外一个比较著名的构造海色矩阵的方法是由 Davidon、Fletcher、Powell 提出的 DFP 方法，这种方法的计算公式如下：

$$H_{k+1} = H_k + \frac{s_k s_k^{\mathrm{T}}}{s_k^{\mathrm{T}} qk} - \frac{H_k^{\mathrm{T}} q_k^{\mathrm{T}} q_k H_k}{s_k^{\mathrm{T}} H_k S_k}$$

2. 多项式近似

该法用于目标函数比较复杂的情况。在这种情况下寻找一个与它近似的函数来代替目标函数，并用近似函数的极小点作为原函数极小点的近似。常用的近似函数为二次多项式和三次多项式。

（1）二次内插。二次内插涉及用数据来满足如下形式的单变量函数问题。

$$f(x) = ax^2 + bx + c$$

其中，步长极值为：

$$x^* = \frac{b}{2a}$$

此点可能是最小值或者最大值。当执行内插或 a 为正时是最小值。只要利用 3 个梯度或者函数方程组即可确定系数 a 和 b，从而可以确定 x^*。得到该值以后，进行搜索区间的收缩。

二次内插的一般问题是，在定义域空间给定 3 个点 x_1，x_2，x_3 和它们所对应的函数值 $f(x_1)$, $f(x_2)$, $f(x_3)$，由二阶匹配得出最小值如下：

$$x^k + 1 = \frac{1}{2} \frac{\beta_{23} f(x_1) + \beta_{13} f(x_2) + \beta_{12} f(x_3)}{\gamma_{23} f(x_1) + \gamma_{31} f(x_2) + \gamma_{12} f(x_3)}$$

其中，

$$\beta_{ij} = x_i^2 - x_j^2$$
$$\gamma_{ij} = x_i - x_j$$

二次插值法的计算速度比黄金分割搜索法快，但是对于一些强烈扭曲或者可能多峰的函数，这种方法的收敛速度变的很慢，甚至失败。

（2）三次插值。三次插值法需要计算目标函数的导数，优点是计算速度快。同类的方法还有牛顿切线法、对分法、割线法等。优化工具箱中使用比较多的是三次插值法。

三次插值的基本思想和二次插值一致，它是用四个已知点构造一个三次多项式来逼近目标函数，同时以三次多项式的极小点作为目标函数极小点的近似。一般来讲，三次插值法比二次插值法的收敛速度快，但是每次迭代需要计算两个导数值。

三次插值法的迭代公式为：

$$x_{k+1} = x_2 - (x_2 - x_1) \frac{\nabla f(x_2) + \beta_1 - \beta_2}{\nabla f(x_2) - \nabla f(x_1) + 2\beta_2}$$

其中，

$$\beta_1 = \nabla f(x_1) + \nabla f(x_2) - 3 \frac{f(x_1) - f(x_2)}{x_1 - x_2}$$

$$\beta_2 = (\beta_1^2 - \nabla f(x_1) \nabla f(x_2))^{\frac{1}{2}}$$

如果导数容易求得，一般来说首先考虑使用三次插值法，因为它具有较高的效率，对于只需要计算函数值的方法中，二次插值是一个很好的方法，它的收敛速度较快，在极小点所在的区间较小时尤其如此。黄金分割法是一种十分稳定的方法，并且计算简单。由于上述原因，MATLAB 优化工具箱中较多的使用二次插值法、三次插值法以及二次三次混合插值法和黄金分割法。

19.6.3 拟牛顿法实现

在函数 fminunc 中使用拟牛顿法，算法的实现过程包括两个阶段：
- 首先，确定搜索方向。
- 其次，进行线性搜索过程。

下面具体讨论这两个阶段。

1．确定搜索方向

要确定搜索方向首先必须完成对海色矩阵的修正。牛顿法由于需要多次计算海色矩阵，所以计算量很大。拟牛顿法通过构建一个海色矩阵的近似矩阵来避开这个问题。

搜索方向的选择由选择BFGS方法还是选择DFP方法来决定，在优化工具箱中，通过将options参数 HessUpdate 设置为 BFGS 或 DFP 来确定搜索方向。海色矩阵 H 总是保持正定的，使得搜索方向总是保持为下降方向。这意味着，对于任意小的步长，在上述搜索方向上目标函数值总是减小的。只要 H 的初始值为正定并且计算出的 $q_k^\mathrm{T} sk$ 总是正的，则 H 的正定性得到保证，并且只要执行足够精度的线性搜索，$q_k^\mathrm{T} sk$ 为正的条件总能得到满足。

2．一维搜索过程

在优化工具箱中有两种线性搜索方法可以使用，这取决于梯度信息是否可以得到。当梯度值可以直接得到时，默认情况下使用三次多项式方法；当梯度值不能直接得到时，默认情况下，采用混合二次和三次插值法。

另外，在三次插值法中，每一个迭代周期都要进行梯度和函数的计算。

19.6.4 最小二乘优化

前面介绍了函数 fminunc 中使用的是在拟牛顿法中介绍的线搜索法，在最小二乘优化程序 lsqnonlin 中也部分的使用这一方法。最小二乘问题的优化描述如下。

$$\min_{x \in R^n} f(x) = \frac{1}{2} \gamma(x)^\mathrm{T} \gamma(x)$$

在实际应用中，特别是数据拟合时存在大量这种类型的问题，如非线性参数估计等。控制系统中也经常会遇见这类问题，如希望系统输出的 $y(x,t)$ 跟踪某一个连续的期望轨迹，这个问题可以表示为：

$$\min \int_{t_1}^{t_2} (y(x,t) - \phi(t))^2 \mathrm{d}t$$

将问题离散化得到：

$$\min F(x) = \sum_{i=1}^{m} \overline{y}(x,t_i) - \overline{\phi}(t_i)$$

最小二乘问题的梯度和海色矩阵具有特殊的结构，定义 $f(x)$ 的雅克比矩阵，则 $f(x)$ 的梯度和 $f(x)$ 的海色矩阵定义为：

$$\nabla f(x) = 2J(x)^{\mathrm{T}} f(x)$$
$$H(x) = 4J(x)^{\mathrm{T}} J(x) + Q(x)$$

其中，

$$Q(x) = \sum_{i=1}^{m} \sqrt{2f_i(x)H_i(x)}$$

1．Gauss-Newton 法

在 Gauss-Newton 法中，每个迭代周期均会得到搜索方向 d。它是最小二乘问题的一个解。Gauss-Newton 法用来求解如下问题：

$$\min \| J(x_k)\, d_k - f(x_k) \|$$

当 $Q(x)$ 有意义时，Gauss-Newton 法经常会碰到一些问题，而这些问题可以用下面的 Levenberg-Marquardt 方法来克服。

2．Levenberg-Marquardt 法

Levenberg-Marquardt 法使用的搜索方向是一组线性等式的解：

$$J(x_k)^{\mathrm{T}} J(x_k) + \lambda_k I)d_k = -J(x_k)f(x_k)。$$

19.6.5 非线性最小二乘实现

1．Guass-Newton 实现

Gauss-Newton 法是用前面求无约束问题中讨论过的多项式线搜索策略来实现的。使用雅克比矩阵的 QR 分解，可以避免在求解线性最小二乘问题中等式条件恶化的问题。

这种方法中包含一项鲁棒性检测技术，这种技术步长低于限定值或当雅克比矩阵的条件数很小时，将改为使用 Levenberg-Marquardt 法。

2．Levenberg-Marquardt 实现

实现 Levenberg-Marquardt 方法的主要困难是在每一次迭代中如何控制 λ 的大小的策略问题，这种控制可以使它对于宽谱问题有效。这种实现的方法是使用线性预测平方总和和最小函数值的三次插值估计，来估计目标函数的相对非线性，用这种方法 λ 的大小在每一次迭代中都能确定。

这种实现方法在大量的非线性问题中得到了成功的应用，并被证明比 Gauss-Newton 法具有更好的鲁棒性，无约束条件方法具有更好的迭代效率。在使用 lsqnonlin 函数时，函数所使用的默认算法是 Levenberg-Marquardt 法。当 options(5)=1 时，使用 Gauss-Newton 法。

19.6.6 约束优化

在约束最优化问题中，一般方法是先将问题变换为较容易的子问题，然后再求解。前面所述

方法的一个特点是可以用约束条件的罚函数将约束优化问题转化为基本的无约束优化问题，按照这种方法，条件极值问题可以通过参数化无约束优化序列来求解。但这些方法效率不高，目前已经被通过求解 Kuhn-Tucker 方程的方法所取代。Kuhn-Tucker 方程是条件极值问题的必要条件。如果欲解决的问题是所谓的凸规划问题，那么 Kuhn-Tucker 方程有解是极值问题有全局解的充分必要条件。

求解 Kuhn-Tucker 方程是很多非线性规划算法的基础，这些方法试图直接计算拉格朗日乘子。因为在每一次迭代中都要求解一次 QP 子问题，这些方法一般又被称为逐次二次规划方法。

给定一个约束最优化问题，求解的基本思想是基于拉格朗日函数的二次近似求解二次规划子问题：

$$L(x,\lambda) = f(x) + \sum_{i=1}^{m} \lambda_i c_i(x)$$

从而得到二次规划子问题：

$$\min \frac{1}{2} d^{\mathrm{T}} H_k d + \nabla f(x_k)^{\mathrm{T}} d$$

这个问题可以通过任何求解二次规划问题的算法来解。

使用序列二次规划方法，非线性约束条件的极值问题经常可以比无约束优化问题用更少的迭代得到解。造成这种现象的一个原因是：对于在可变域的限制，考虑搜索方向和步长后，优化算法可以有更好的决策。

19.6.7 SQP 实现

MATLAB 工具箱的 SQP 实现由 3 个部分组成：

↘ 修正拉格朗日函数的海色矩阵。
↘ 二次规划问题求解。
↘ 线搜索。

1．修正海色矩阵

在每一次迭代中，均作拉格朗日函数的海色矩阵的正定拟牛顿近似，通过 BFGS 方法进行计算，其中 λ 是拉格朗日乘子的估计。

用 BFGS 公式修正海色矩阵：

$$H_{k+1} = H_k + \frac{q_k q_k^{\mathrm{T}}}{q_k^t s_k} - \frac{H_k^{\mathrm{T}} s_k^{\mathrm{T}} s_k H_k}{s_k^{\mathrm{T}} H_k s_k}$$

其中，

$$s_k = x_{k+1} - x_k$$

$$q_k = \nabla f(x_{k+1}) - \sum_{i=1}^{m} \lambda_i \nabla g_i(x_k+1) - (\nabla f(x_k) + \sum_{i=1}^{m} \lambda_i \nabla g_i(x_k))$$

2．求解二次规划问题

在逐次二次规划方法中，每一次迭代都要解一个二次规划问题：

$$\min_{x} \frac{1}{2} x^{\mathrm{T}} H x + f^{\mathrm{T}} x$$

subject to

$$A_x \leqslant b$$

$$Aeqx = beq$$

3．初始化

此算法要求有一个合适的初始值，如果由逐次二次规划方法得到的当前计算点是不合适的，则通过求解线性规划问题可以得到合适的计算点：

$$\min_{\gamma \in R, x \in R^n} \gamma$$

subject to

$$Ax = b$$

$$Aeqx - \gamma \leqslant beq$$

如果上述问题存在要求的点，就可以通过将 x 赋值为满足等式条件的值来得到。

19.7　综合实例——建设费用计算

扫一扫，看视频

源文件：yuanwenjian/ch19/jsfy.m、objfun0.m、confun0.m

操作步骤

某农场拟修建一批半球壳顶的圆筒形谷仓，计划每座谷仓的容积为 200 立方米，圆筒半径不得超过 3 米，高度不得超过 10 米。按照造价分析材料，半球壳顶的建筑造价为每平方米 150 元，圆筒仓壁的建筑造价为每平方米 120 元，地坪造价为每平方米 50 元，试求造价最小的谷仓尺寸应为多少？

设谷仓的圆筒半径为 R，壁高为 H，则半球壳的面积为 $2\pi R^2$

圆筒壁的面积为：

$$2\pi RH$$

地坪面积为：

$$\pi R^2$$

每座谷仓的建筑造价为：

$$150(2\pi R^2) + 120(2\pi RH) + 50(\pi R^2)$$

此即为本题的目标函数，根据题意要求，目标函数越小越好，所以，是一个极小值最优化问题。

由于谷仓的容积拟定为 200 立方米，故有如下限制：

$$2\pi R^3 / 3 + \pi R^2 H = 200$$

另外，对高度和半径的限制为：

$$0 < R \leqslant 3$$

$$0 < H \leqslant 10$$

至此，可以写出本题的数学模型如下：

$$\min 10\pi R(35R + 24H)$$

subject to

$$2\pi R^3 + 3\pi R^2 H = 600$$
$$0 < R \leqslant 3$$
$$0 < H \leqslant 10$$

下面利用 MATLAB 求解上述问题。

首先，编制目标函数文件和约束函数文件。

（1）目标函数文件 objfun0.m。

```
function f=objfun0(x)
% 这是一个目标函数文件
f=10*pi*x(1)*(35*x(1)+24*x(2));
```

（2）创建约束函数文件 confun0.m。

```
function [c,ceq]=confun0(x)
% 这是一个目标函数文件
c=[ ];
ceq=2*pi*x(1)*x(1)*x(1)+3*pi*x(1)*x(1)*x(2)-600;
```

（3）在命令行窗口中设置初始参数。

```
>> x0=[3;3];
>> ub=[3;10];
>> lb=zeros(2,1);
```

（4）调用工具箱函数求解。

```
>> [X,FVAL,EXITFLAG,OUTPUT,LAMBDA,GRAD,HESSIAN]=fmincon(@objfun0,x0,[ ],[ ],[ ],
[ ],lb,ub,@confun0)
Local minimum found that satisfies the constraints.

Optimization completed because the objective function is non-decreasing in
feasible directions, to within the default value of the optimality tolerance,
and constraints are satisfied to within the default value of the constraint tolerance.

<stopping criteria details>
X =
    3.0000
    5.0736
FVAL =
  2.1372e+04
EXITFLAG =
    1
OUTPUT =
        包含以下字段的 struct
        iterations: 7
         funcCount: 25
    constrviolation: 9.0949e-13
          stepsize: 3.4971e-07
         algorithm: 'interior-point'
     firstorderopt: 8.5609e-05
```

```
        cgiterations: 0
             message: 'Local minimum found that satisfies the co…'
LAMBDA =
        包含以下字段的 struct
          eqlin: [0x1 double]
       eqnonlin: -26.6667
         ineqlin: [0x1 double]
          lower: [2x1 double]
          upper: [2x1 double]
      ineqnonlin: [0x1 double]
GRAD =
   1.0e+04 *
    1.0423
    0.2262
HESSIAN =
   1.0e+03 *
    1.0249   -0.4703
   -0.4703    0.2158
```

　　由上面的结果，谷仓的尺寸应选为：半径 3 米，壁高 5.0736 米。这种谷仓的造价最小，每座约为 21372 元。

第 20 章　图形用户界面设计

内容简介

用户界面是指用户与计算机或计算机程序的接触点或交互方式，是用户与计算机进行信息交流的方式。

本章将介绍 MATLAB 中提供的图形用户界面特征。这些特征包括菜单、上下文菜单、按钮、滚动条、单选按钮、弹出式菜单和列表框等，并通过实例介绍如何编制 GUI 程序。

内容要点

- ❯ 用户界面概述
- ❯ 图形用户界面设计
- ❯ 控制属性编辑
- ❯ 控件编程

案例效果

20.1　用户界面概述

用户界面是用户与计算机进行信息交流的方式，计算机在屏幕显示图形和文本。用户通过输入设备与计算机进行通讯，设定了如何观看和感知计算机、操作系统或应用程序。

图形用户界面 GUI 是由窗口、菜单、图标、光标、按键、对话框和文本等各种图形对象组成的用户界面。

20.1.1　用户界面对象

1. 控件

控件是显示数据或接受数据输入的相对独立的用户界面元素，常用控件介绍如下。

（1）按钮（Push Button）：按钮是对话框中最常用的控件对象，其特征是在矩形框上加上文字说明。一个按钮代表一种操作，所以有时也称命令按钮。

（2）双位按钮（Toggle Button）：在矩形框上加上文字说明。这种按钮有两个状态，即按下状态和弹起状态。每单击一次其状态将改变一次。

（3）单选按钮（Radio Button）：单选按钮是一个圆圈加上文字说明。它是一种选择性按钮，当被选中时，圆圈的中心有一个实心的黑点，否则圆圈为空白。在一组单选按钮中，通常只能有一个被选中，如果选中了其中一个，则原来被选中的就不再处于被选中状态，这就像收音机一次只能选中一个电台一样，故称作单选按钮。在有些文献中，也称作无线电按钮或收音机按钮。

（4）复选框（Check Box）：复选框是一个小方框加上文字说明。它的作用和单选按钮相似，也是一组选择项，被选中的项其小方框中有✓。与单选按钮不同的是，复选框一次可以选择多项，这也是"复选框"名字的来由。

（5）列表框（List Box）：列表框列出可供选择的一些选项，当选项很多而列表框装不下时，可使用列表框右端的滚动条进行选择。

（6）弹出框（Pop—up Menu）：弹出框平时只显示当前选项，单击其右端的向下箭头即弹出一个列表框，列出全部选项。其作用与列表框类似。

（7）编辑框（Edit Box）：编辑框可供用户输入数据用。在编辑框内可提供默认的输入值，随后用户可以进行修改。

（8）滑动条（Slider）：滑动条可以用图示的方式输入指定范围内的一个数量值。用户可以移动滑动条中间的游标来改变它对应的参数。

（9）静态文本（Static Text）：静态文本是在对话框中显示的说明性文字，一般用来给用户做必要的提示。因为用户不能在程序执行过程中改变文字说明，所以将其称为静态文本。

2. 菜单（Uimenu）

在 Windows 程序中，菜单是一个必不可少的程序元素。通过使用菜单，可以把对程序的各种操作命令非常规范有效地表示给用户，单击菜单项程序将执行相应的功能。菜单对象是图形窗口的子对象，所以菜单设计总在某一个图形窗口中进行。MATLAB 的各个图形窗口有自己的菜单栏，包括 File、Edit、View、Insert、Tools、Windows 和 Help 共 7 个菜单项。

3. 快捷菜单（Uicontextmenu）

快捷菜单是用鼠标右键单击某对象时在屏幕上弹出的菜单。这种菜单出现的位置是不固定的，而且总是和某个图形对象相联系。

4. 按钮组（Uibuttongroup）

按钮组是一种容器，用于对图形窗口中的单选按钮和双位按钮集合进行逻辑分组。例如，要分出若干组单选铵钮，在一组单选按钮内部选中一个按钮后不影响在其他组内继续选择。按钮中的所有控件，其控制代码必须写在按钮组的 SelectionChangeFcn 响应函数中，而不是控件的回调函数中。按钮组会忽略其中控件的原有属性。

5.面板（Uipanel）

面板对象用于对图形窗口中的控件和坐标轴进行分组，便于用户对一组相关的控件和坐标轴进行管理。面板可以包含各种控件，如按钮、坐标系及其他面板等。面板中的控件与面板之间的位置为相对位置，当移动面板时，这些控件在面板中的位置不改变。

6.工具栏（Uitoolbar）

通常情况下，工具栏包含的按钮和窗体菜单中的菜单项相对应，以便提供对应用程序的常用功能和命令进行快速访问。

7.表（Uitable）

用表格的形式显示数据。

20.1.2　图形用户界面

MATLAB 本身提供了很多的图形用户界面。在 MATLAB 中，图形用户界面提供了新的设计分析工具，体现了新的设计分析理念，进行某种技术、方法的演示。

1.单输入单输出控制系统设计工具

在命令行窗口输入 sisotool，弹出如图 20-1 所示的图形用户界面。

图 20-1　单输入单输出控制系统设计环境

2.滤波器设计和分析工具

在命令行窗口输入 fdatool，弹出如图 20-2 所示的图形用户界面。

图 20-2　滤波器设计和分析环境

这些工具的出现不仅提高了设计和分析效率，而且改变原先的设计模式，引出了新的设计思想，改变了和正在改变着人们的设计、分析理念。

20.1.3　GUI 概述

对于 GUI 的应用程序，用户只要通过与界面交互就可以正确执行指定的行为，而无需知道程序是如何执行的。

在 MATLAB 中，GUI 是一种包含多种对象的图形窗口，并为 GUI 开发提供一个方便高效的集成开发环境GUIDE。GUIDE 主要是一个界面设计工具集，MATLAB 将所有GUI支持的控件都集成在这个环境中，并提供界面外观、属性和行为响应方式的设置方法。GUIDE 将设计好的 GUI 保存在一个 FIG 文件中，同时还生成 M 文件框架。

FIG 文件：FIG 文件包括 GUI 图形窗口及其所有后裔的完全描述，包括所有对象的属性值。FIG 文件是一个二进制文件，调用命令 hgsave 或选择界面设计编辑器"文件"菜单下的"保存"选项，保存图形窗口时生成该文件。FIG 文件包含序列化的图形窗口对象，在打开GUI时，MATLAB能够通过读取 FIG 文件重新构造图形窗口及其所有后裔。需要说明的是，虽有对象的属性都被设置为图形窗口创建时保存的属性。

M 文件：M 文件包括 GUI 设计、控制函数以及定义为子函数的用户控件回调函数，主要用于控制 GUI 展开时的各种特征。M 文件可分为 GUI 初始化和回调函数两个部分，回调函数根据交互行为进行调用。

GUIDE 可以根据 GUI 设计过程直接自动生成 M 文件框架，这样做具有以下优点。

- ↘　M 文件已经包含一些必要的代码。
- ↘　管理图形对象句柄并执行回调函数子程序。

↘ 提供管理全局数据的途径。

↘ 支持自动插入回调函数原型。

20.2　图形用户界面设计

本节先简单介绍图形用户界面（GUI）的基本概念，然后说明 GUI 开发环境 GUIDE 及其组成部分的用途和使用方法。

GUI 创建包括界面设计和控件编程两部分，主要步骤如下：

（1）通过设置 GUIDE 应用程序的选项来运行 GUIDE。

（2）使用界面设计编辑器进行界面设计。

（3）编写控件行为相应控制代码（回调函数）。

GUI 设计向导（guide）的调用方式有 3 种：

（1）在 MATLAB 主工作窗口中输入 guide 命令。

（2）单击 MATLAB 主工作窗口上方工具栏中的 图标。

（3）在 MATLAB 主工作窗口"文件"菜单中选择"New"→"GUI"命令。

20.2.1　GUIDE 界面

GUIDE 界面如图 20-3 所示。

GUIDE 界面主要有两种功能：一是创建新的 GUI，二是打开已有的 GUI（见图 20-4）。

图 20-3　GUIDE 界面

图 20-4　打开已有的 GUI

从图 20-3 可以看到，GUIDE 提供了 4 种图形用户界面，分别是：

↘ 空白 GUI（Blank GUI）。

↘ 控制 GUI（GUI with Uicontrols）。

↘ 图像与菜单 GUI（GUI with Axes and Menu）。

↘ 对话框 GUI（Modal Question Dialog）。

其中，后 3 种 GUI 是在空白 GUI 基础上预置了相应的功能供用户直接选用。

GUIDE 界面的下方是"将新图形另存为"工具条，用来选择 GUI 文件的保存路径。

在 GUIDE 界面中选择 Blank GUI，进入 GUI 的编辑界面，如图 20-5 所示。

图 20-5　GUI 编辑界面

20.2.2　GUIDE 控件

在用户界面上有各种各样的控件，利用这些控件可以实现有关的控制。MATLAB 提供了用于建立控件对象的函数 uicontrol，其调用格式如下。

- ➘　c = uicontrol
- ➘　c = uicontrol(Name,Value,...)
- ➘　c = uicontrol(parent)
- ➘　c = uicontrol(parent,Name,Value,...)
- ➘　uicontrol(c)

在命令行输入 uicontrol，弹出如图 20-6 所示的图形界面。同样地，在命令行输入 figure，弹出如图 20-7 所示的图形编辑窗口。

图 20-6　图形界面

图 20-7　图形编辑窗口

在 GUIDE 中提供了多种控件，用于实现用户界面的创建工作，通过不同组合，形成界面设计，如图 20-8 所示。

图 20-8　界面设计

用户界面控件分布在 GUI 界面编辑器左侧，其作用见表 20-1。

表 20-1　GUI 控件

图　标	作　用	图　标	作　用
	选择模式		按钮控件
	滚动条控件		单选按钮
	复选框控件		文本框控件
	文本信息控件		弹出菜单控件
	列表框控件		开关按钮控件
	表格控件		坐标轴控件
	组合框控件		按钮组控件
	ActiveX 控件		

下面简要介绍其中几种控件的功用和特点。

❯　按钮：通过鼠标单击可以实现某种行为，并调用相应的回调子函数。

❯　滚动条：通过移动滚动条改变指定范围内的数值输入，滚动条的位置代表用户输入的数值。

❯　单选按钮：执行方式与按钮相同，通常以组为单位，且组中各按钮是一种互斥关系，即任何时候一组单选按钮中只能有一个有效。

❯　复选框：与单选按钮类似，不同的是同一时刻可以有多个复选框有效。

❯　文本框：该控件是用于控制用户编辑或修改字符串的文本域。

❯　文本信息控件：通常用做其他控件的标签，且用户不能采用交互方式修改其属性值或调用其响应的回调函数。

❯　弹出菜单：用于打开并显示一个由 String 属性定义的选项列表，通常用于提供一些相互排斥的选项，与单选按钮组类似。

❧ 列表框：与弹出菜单类似，不同的是该控件允许用户选择其中的一项或多项。

❧ 开关按钮：该控件能产生一个二进制状态的行为（on 或 off）。单击该按钮可以使按钮在下陷或弹起状态间进行切换，同时调用相应的回调函数。

❧ 坐标轴：该控件可以设置许多关于外观和行为的参数，使用户的 GUI 可以显示图片。

❧ 组合框：是图形窗口中的一个封闭区域，用于把相关联的控件组合在一起。该控件可以有自己的标题和边框。

❧ 按钮组：作用类似于组合框，但它可以响应单选按钮及开关。

20.3　控件属性编辑

在 GUI 设计的过程中需要进行一系列的属性、样式等设置，需要用到相应的设计工具。下面对如下几种设计工具进行介绍。

❧ 属性检查器（Properties Inspector）。

❧ 控件布置编辑器（Alignment Objects）。

❧ 网格标尺编辑器（Grid and Rulers）。

❧ 菜单编辑器（Menu Editor）。

❧ 工具栏编辑器（Toolbar Editor）。

❧ 对象浏览器（Object Browser）。

❧ GUI 属性编辑器（GUI Options）。

20.3.1　属性检查器（Properties Inspector）

在 GUIDE 界面中选择 Blank GUI，进入 GUI 的编辑界面，如图 20-9 所示。

图 20-9　GUI 编辑界面

GUI 编辑界面的左侧是控件区，右侧是编辑区。

进入属性编辑器有以下两种途径。

（1）在编辑区单击鼠标右键，选择"属性检查器"。

（2）在工具条中单击 按钮。

属性编辑器如图 20-10 所示，在此工具中可以设置所选图形对象或者 GUI 空间各属性的值，比如名称、颜色等。

图 20-10　属性检查器

20.3.2　控件布置编辑器（Alignment Objects）

在工具条中单击 按钮即可调用控件布置编辑器，其功能是设置编辑区中使用的各种控件的布局，包括水平布局、垂直布局、对齐方式、间距等，如图 20-11 所示。

图 20-11　控件布置编辑器

该编辑器中的各个控件作用见表 20-2。

表 20-2　控件作用

垂直方向布局		水平方向布局	
图　标	作　用	图　标	作　用
	关闭垂直对齐设置		关闭水平对齐设置
	垂直顶端对齐		水平左对齐
	垂直居中对齐		水平中对齐
	垂直底端对齐		水平右对齐
	控件底-顶间距		控件右-左间距
	控件顶-顶间距		控件左-左间距
	控件中-中间距		控件中-中间距
	控件底-底间距		控件右-右间距

在设置间距时，需要先选中需要设置的控件，然后设置间距值（单位为像素）。

20.3.3　网格标尺编辑器（Grid and Rulers）

在 GUI 编辑界面的菜单栏中，选择"工具"→"网格和标尺"命令，即可进入网格标尺编辑器，如图 20-12 所示。

图 20-12　网格标尺编辑器

利用该编辑器可以设置是否显示标尺、向导线和网格线等。

20.3.4　菜单编辑器（Menu Editor）

在工具条中单击 按钮即可打开菜单编辑器，如图 20-13 左图所示。

图 20-13　菜单编辑器

单击该编辑器工具栏上的 📄 按钮，或在左图左侧的空白处单击，即可添加一个菜单项，如图 20-13 右图所示。利用该编辑器可以设置所选菜单项的属性，包括菜单名称（Label）、标签（Tag）等。"分隔符位于此菜单项上"是定义是否在该菜单项上显示一条分隔线，以区分不同类型的菜单操作；"在此菜单项前添加选中标记"是定义是否在菜单被选中时给出标示；"回调"定义的是菜单项对应的反映事件。

20.3.5　工具栏编辑器（Toolbar Editor）

在 GUI 编辑窗口的工具条中单击 📊 按钮，即可打开工具栏编辑器，如图 20-14 左图所示。

该编辑器用于定制工具栏。将界面左侧的工具图标拖放到其顶端的工具条中，或选中某个工具图标后单击"添加"按钮，即可在图 20-14 右图所示的界面中定制工具项图标、名称、在工具栏中的位置及工具栏名称等属性。

图 20-14　工具栏编辑器

20.3.6　对象浏览器（Object Browser）

在 GUI 编辑窗口的工具条中单击 📇 按钮，即可打开对象浏览器，如图 20-15 所示。

图 20-15　对象浏览器

在此工具中可以显示所有的图形对象，单击该对象就可以打开相应的属性编辑器。

20.3.7　GUI 属性编辑器（GUI Options）

在 GUI 编辑界面的菜单栏中，选择"工具"→"GUI 选项"命令，即可打开 GUI 属性编辑器，如图 20-16 所示。

图 20-16　GUI 属性编辑器

其中，"调整大小的方式"用于设置 GUI 的缩放形式，包括固定界面、比例缩放、用户自定义缩放等形式；"命令行辅助功能"用于设置 GUI 对命令行窗口句柄操作的响应方式，包括屏蔽、响应、用户自定义响应等；中间的复选框用于设置 GUI 保存形式。

20.4　控　件　编　程

GUI 图形界面的功能，主要通过一定的设计思路与计算方法，由特定的程序来实现。为了实现程序的功能，还需要在运行程序前编写代码，完成程序中变量的赋值、输入输出、计算及绘图功能。

20.4.1　菜单设计

建立自定义的用户菜单的函数为 uimenu，其调用格式如下。

- ➥ m = uimenu：创建一个现有的用户界面的菜单栏。
- ➥ m = uimenu(Name,Value,...)：创建一个菜单并指定一个或多个菜单属性名称和值。
- ➥ m = uimenu(parent)：创建一个菜单并指定特定的对象。
- ➥ m = uimenu(parent,Name,Value,...)：创建了一个特定的对象并制定一个或多个菜单属性和值。

在命令行窗口中输入下面的命令。

```
>> uimenu
```

执行上面的命令后，弹出如图 20-17 所示的图形界面。

创建图形窗口：

```
H_fig=figure                                %显示图 20-17 所示的图形窗口
```

隐去标准菜单使用命令：

```
set(H_fig, 'MenuBar', 'none')               %显示图 20-18 所示的图形窗口
```

恢复标准菜单使用命令：

```
set(gcf, 'MenuBar', ' figure')              %显示图 20-17 所示的图形窗口
```

图 20-17　图形界面显示　　　　　　　　　　图 20-18　隐藏菜单栏显示

实例——新建工作区菜单

源文件：yuanwenjian/ch20/gzq.m、新建工作区菜单.flg

添加菜单栏命令。

操作步骤

解：MATLAB 程序如下。

```
>> f = uimenu('Label','Workspace');
   uimenu(f,'Label','New Figure','Callback','disp(''figure'')');
   uimenu(f,'Label','Save','Callback','disp(''save'')');
   uimenu(f,'Label','Quit','Callback','disp(''exit'')',...
          'Separator','on','Accelerator','Q');
```

执行上面的命令后，弹出如图 20-19 所示的图形界面。

实例——创建子菜单

源文件：yuanwenjian/ch20/zcd.m

重建菜单栏命令。

操作步骤

解：MATLAB 程序如下。

扫一扫，看视频

```
>> f = figure('MenuBar','None');
mh = uimenu(f,'Label','Find');
frh = uimenu(mh,'Label','Find and Replace ...',...
        'Callback','disp(''goto'')');
frh = uimenu(mh,'Label','Variable');
uimenu(frh,'Label','Name...', ...
        'Callback','disp(''variable'')');
uimenu(frh,'Label','Value...', ...
        'Callback','disp(''value'')');
```

执行上面的命令后，弹出如图 20-20 所示的图形界面。

图 20-19　添加菜单栏后的图形窗口

图 20-20　重建菜单栏后的图形窗口

实例——创建上下文菜单

源文件：yuanwenjian/ch20/sxwcd.m、创建上下文菜单.flg

创建一个上下文菜单。

扫一扫，看视频

操作步骤

解：MATLAB 程序如下。

```
>> f = figure;
%创建用户界面上下文菜单
cmenu = uicontextmenu;
%创建当前菜单
fontmenu = uimenu(cmenu,'label','Font');
%创建子菜单
font1 = uimenu(fontmenu,'label','Helvetica',...
        'Callback','disp(''HelvFont'')');
font2 = uimenu(fontmenu,'label',...
        'Monospace','Callback','disp(''MonoFont'')');
f.UIContextMenu = cmenu;
```

执行上面的命令后，弹出如图 20-21 所示的图形界面。

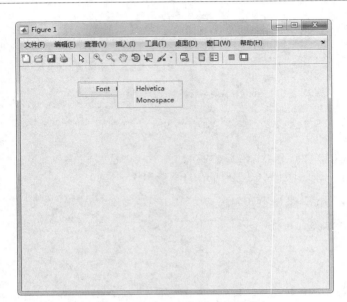

图 20-21　添加上下文菜单后的图形窗口

20.4.2　回调函数

在图形用户界面中，每一控件均与一或数个函数或程序相关，此相关之程序称为回调函数(callbacks)每一个回调函数可以经由按钮触动、鼠标单击、项目选定、光标滑过特定控件等动作后产生的事件下执行。

1．事件驱动机制

面向对象的程序设计是以对象感知事件的过程为编程单位，这种程序设计的方法称为事件驱动编程机制。每一个对象都能感知和接受多个不同的事件，并对事件作出响应（动作）。当事件发生时，相应的程序段才会运行。

事件是由用户或操作系统引发的动作。事件发生在用户与应用程序交互时，例如，单击控件、键盘输入、移动鼠标等都是一些事件。每一种对象能够"感受"的事件是不同的。

2．回调函数

回调函数就是处理该事件的程序，它定义对象怎样处理信息并响应某事件，该函数不会主动运行，是由主控程序调用的。主控程序一直处于前台操作，它对各种消息进行分析、排队和处理，当控件被触发时去调用指定的回调函数，执行完毕之后控制权又回到主控程序。gcbo 为正在执行回调的对象句柄，可以使用它来查询该对象的属性。例如：

```
get(gcbo,'Value')                                    %获取回调对象的状态
```

MATLAB 将 Tag 属性作为每一个控件的唯一标识符。GUIDE 在生成 M 文件时，将 Tag 属性作为前缀，放在回调函数关键字 Callback 前，通过下画线连接而成函数名。例如：

```
function pushbuttonl Callback(hObject,eventdata,handles)
```

其中，hObject 为发生事件的源控件，eventdata 为事件数据，handles 为一个结构体，保存图形窗口中所有对象的句柄。

3．handles 结构体

GUI 中的所有控件使用同一个 handles 结构体，handles 结构体中保存了图形窗口中所有对象的句柄，可以使用 handles 获取或设置某个对象的属性。例如，设置图形窗口中静态文本控件 textl 的文字为"Welcome"。

```
set(handles•textl,'strlng','Welcome')
```

GUIDE 将数据与 GUI 图形关联起来，并使之能被所有 GUI 控件的回调使用。GUI 数据常被定义为 handles 结构，GUIDE 使用 guidata 函数生成和维护 handles 结构体，设计者可以根据需要添加字段，将数据保存到 handles 结构的指定字段中，可以实现回调间的数据共享。

例如，要将向量 x 中的数据保存到 handles 结构体中，按照下面的步骤进行操作。

（1）给 handles 结构体添加新字段并赋值，即

```
handles. mydata=X;
```

（2）用 guidata 函数保存数据，即

```
guidata(hObject,handles)
```

其中，hObject 是执行回调的控件对象的句柄。

要在另一个回调中提取数据，使用下面的命令：

```
X= handles. Mydata;
```

实例——显示提示对话框

源文件：yuanwenjian/ch20/tsdhk.m
利用图形界面设计显示提示对话框。

操作步骤

解：MATLAB 程序如下。

```
>> guide
```

弹出如图 20-22 所示的 GUI 模板选择对话框，选择空白文档，单击"确定"按钮，进入 GUI 图形窗口，进行界面设计。

图 20-22　GUIDE 快速入门

在弹出的图形窗口中选择"按钮"，放置到设计界面，选择该控件，单击鼠标右键，选择"属性检查器"命令，在弹出的对话框中设置 string 栏为"关闭"，结果如图 20-23 所示。

图 20-23   界面设计结果

在命令行窗口中输入下面的程序：

```
>> choice=questdlg('是否需要关闭对话框？', '关闭对话框', 'Yes', 'No', 'No');
% 弹出如图 20-24 所示的图形界面
switch choice,
    case 'Yes'
        delete(handle.figure1);
        return
    case 'No'
        return
end
%编写变量对应关系代码
```

图 20-24   创建提示对话框

实例——字符转换

源文件：yuanwenjian/ch20/trdec.m
编写整数转换为字符串回调函数。

操作步骤

解：MATLAB 程序如下。

```
function dec = trdec( n,a )
%将整数转换为字符串
ch1='0123456789ABCDEF';    k=1;
while n~=0    p(k)=rem(n,a);
    n=fix(n/a);
    k=k+1;
```

扫一扫，看视频

```
end
k=k-1;
strdec='';
while k>=1
    kb=p(k);
    strdec=strcat(strdec,ch1(kb+1:kb+1));
    k=k-1;
end
dec=strdec;
```

实例——添加颜色快捷菜单

源文件：yuanwenjian/ch20/quxianyanse.m、添加颜色快捷菜单.flg

绘制函数曲线 $x = \sin(t)\cos(t), (-\pi, \pi)$ 并控制曲线颜色。

操作步骤

解：MATLAB 程序如下。

```
>> t=(-pi:pi/100:pi)+eps;
>> y=sin(t).*cos(t);
>> hline=plot(t,y);                                          %绘制曲线
>> cm=uicontextmenu;                                         %创建快捷菜单
>> uimenu(cm,'label','Red','callback','set(hline,''color'',''r''),')
>> uimenu(cm,'label','Blue','callback','set(hline,''color'',''b''),')
>> uimenu(cm,'label','Green','callback','set(hline,''color'',''g''),')
>> set(hline,'uicontextmenu',cm)
```

执行命令后，弹出如图 20-25 所示的图形窗口，同时，单击右键可弹出右键菜单，显示曲线颜色。

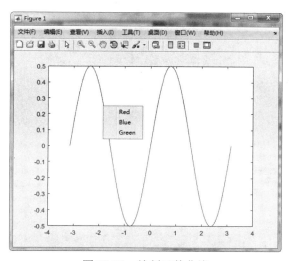

图 20-25 绘制函数曲线

20.5 综合实例——MATLAB 界面的启动

源文件：yuanwenjian/ch20/Start.m、Start.flg

演示 MATLAB 的启动界面与旋转动画。

操作步骤

1. 界面布置

（1）在命令行窗口中输入下面的命令。

```
>> guide
```

弹出如图 20-26 所示的"GUI 快速入门"对话框，在 GUIDE templates 列表框中选择 Black GUI（Default）选项，单击"确定"按钮，进入 GUI 图形窗口，进行界面设计。

图 20-26 "GUI 快速入门"对话框

（2）在弹出的图形窗口中创建 1 个按钮，如图 20-27 所示。

图 20-27 创建按钮控件

（3）单击工具栏中的"属性检查器"按钮 ，根据需要弹出的对话框中的 String 文本框中修改控件名称为"显示启动界面"，如图 20-28 所示。

图 20-28　按钮控件属性设置

2．程序编辑

在命令行窗口中输入下面的程序。

在 Start.flg 图形界面中，单击工具栏中的"编辑器"按钮，打开 Start.m 文件，在程序代码中找到下面的程序。

```
function pushbutton1_Callback(hObject, eventdata, handles)
```

在回调函数程序下面添加下面的程序。

```
[bpath,bname,index]=uigetfile('*.jpg',"选中 MATLAB 启动界面")
                                                  %选择启动界面图片
if index
    tp=[bname bpath];
    I=imread(tp)                                  %将该图片读取的数据保存到矩阵 I 中
    imshow(I); title('MATLAB 2018 启动');          %显示启动图片
%创建启动动画
M=moviein(20);                                    %建立一个 20 列的大矩阵
for i=1:20
    view(10*(i-1),20)                             %改变视点
    M(:,i)=getframe;                              %将图形保存到 M 矩阵
end
movie(M,3)                                        %播放画面 3 次
end
```

3．程序运行

单击"运行"按钮，系统自动生成以"．flg""．m"为后缀名的文件。如图 20-29 所示为

Start.flg 图形显示运行界面。

图 20-29　显示运行界面

单击"显示启动界面"按钮,弹出如图 20-30 所示的"选中 MATLAB 启动界面"对话框,选择图片 2018.jpg,在运行界面将显示如图 20-31 所示的启动界面与旋转动画。

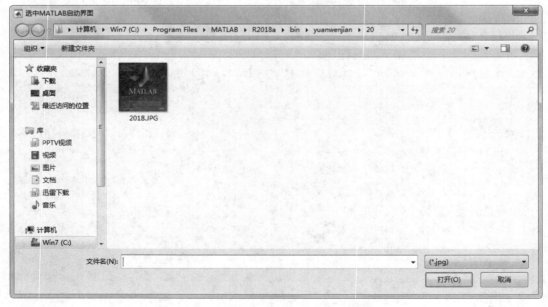

图 20-30　"选中 MATLAB 启动界面"对话框

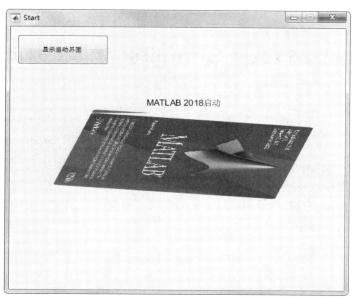

图 20-31 分析结果

第 21 章　Simulink 仿真设计

内容简介

Simulink 是 MATlLAB 的重要组成部分，可以非常容易地实现可视化建模，并把理论研究和工程实践有机地结合在一起，不需要书写大量的程序，只需要使用鼠标对已有模块进行简单的操作，以及使用键盘设置模块的属性。

本章着重讲解 Simulink 的概念及组成、Simulink 搭建系统模型的模块及参数设置，以及 Simulink 环境中的仿真及调试。

内容要点

- ➔ Simulink 简介
- ➔ Simulink 模块库
- ➔ 模块的创建
- ➔ 仿真分析

案例效果

21.1　Simulink 简介

Simulink 是 MATLAB 软件的扩展，它提供了集动态系统建模、仿真和综合分析于一体的图形用户环境，是实现动态系统建模和仿真的一个软件包，它与 MATLAB 语言的主要区别在于，其与用户交互接口是基于 Windows 的模型化图形输入，其结果是使得用户可以把更多的精力投入到系统模型的构建，而非语言的编程上。

Simulink 提供了大量的系统模块，包括信号、运算、显示和系统等多方面的功能，可以创建各种类型的仿真系统，实现丰富的仿真功能。用户也可以定义自己的模块，进一步扩展模型的范围和功能，以满足不同的需求。为了创建大型系统，Simulink 提供了系统分层排列的功能，类似于系统的设计，在 Simulink 中可以将系统分为从高级到低级的几个层次，每层又可以细分为几个部分，每层系统构建完成后，将各层连接起来构成一个完整的系统。模型创建完成之后，可以启动系统的仿真功能分析系统的动态特性，Simulink 内置的分析工具包括各种仿真算法、系统线性化、寻求平衡点等，仿真结果可以以图形的方式显示在示波器窗口，以便于用户观察系统的输出结果；Simulink 也可以将输出结果以变量的形式保存起来，并输入到 MATLAB 工作空间中以完成进一步的分析。

Simulink 可以支持多采样频率系统，即不同的系统能够以不同的采样频率进行组合，可以仿真较大、较复杂的系统。

1. 图形化模型与数学模型间的关系

现实中每个系统都有输入、输出和状态 3 个基本要素，它们之间随时间变化的数学函数关系，即数学模型。图形化模型也体现了输入、输出和状态间随时间变化的某种关系，如图 21-1 所示。只要这两种关系在数学上是等价的，就可以图形化模型代替数学模型。

图 21-1　模块的图形化表示

2. 图形化模型的仿真过程

Simulink 的仿真过程包括如下几个阶段。

（1）模型编译阶段。Simulink 引擎调用模型编译器，将模型翻译成可执行文件。其中编译器主要完成以下任务。

- 计算模块参数的表达式，以确定它们的值。
- 确定信号属性（如名称、数据类型等）。
- 传递信号属性，以确定未定义信号的属性。
- 优化模块。
- 展开模型的继承关系（如子系统）。
- 确定模块运行的优先级。
- 确定模块的采样时间。

（2）连接阶段。Simulink 引擎按执行次序创建运行列表，初始化每个模块的运行信息。

（3）仿真阶段。Simulink 引擎从仿真的开始到结束，在每一个采样点按运行列表计算各模块的状态和输出。该阶段又分成以下两个子阶段。

- 初始化阶段：该阶段只运行一次，用于初始化系统的状态和输出。
- 迭代阶段：该阶段在定义的时间段内按采样点间的步长重复运行，并将每次的运算结果用于更新模型。在仿真结束时获得最终的输入、输出和状态值。

21.1.1　Simulink 模型的特点

Simulink 建立的模型具有以下 3 个特点。

（1）仿真结果的可视化。

（2）模型的层次性。

（3）可封装子系统。

实例——建立模型

扫一扫，看视频

演示 Simulink 建立模型的特点。

操作步骤

（1）通过在"主页"选项卡下选择"新建"→Simulink Model 命令，打开如图 21-2 所示的 Simulink Start Page 窗口。

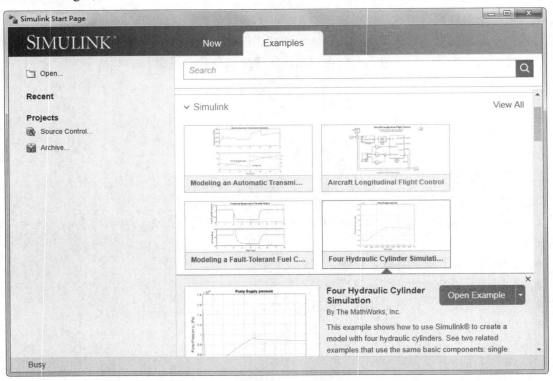

图 21-2　Simulink Start Page 窗口

（2）选择 Example 选项卡，选择 Simulink→Featured Example→Four Hydraulic Cylinder Simulation 选项。

（3）单击 Open Example 按钮，打开如图 21-3 所示的窗口。

（4）单击"开始"按钮，可以看到如图 21-4 所示的仿真结果。

（5）双击模型图标中的 Control Valve Command 模块，添加如图 21-5 所示的 Control Valve Command 子系统图标。

图 21-3 仿真结果可视化

图 21-4 演示模型

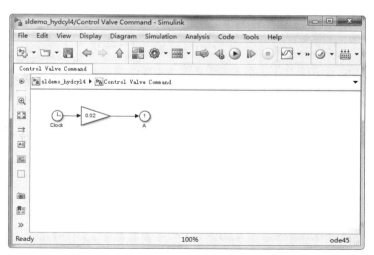

图 21-5 子系统图标

21.1.2 Simulink 的数据类型

Simulink 在仿真开始之前和运行过程中会自动确认模型的类型安全性,以保证该模型产生的代码不会出现上溢或下溢。

1. Simulink 支持的数据类型

Simulink 支持所有的 MATLAB 内置数据类型,除此之外 Simulink 还支持布尔类型。绝大多数模块都默认为 double 类型的数据,但有些模块需要布尔类型和复数类型等。

在 Simulink 模型窗口中选择菜单 Help→Simulink→Block & Blockets Reference 命令,其中总结了所有 Simulink 库中的模块所支持的数据类型的情况。

还可以在 Simulink 模型窗口中选择 Display→Signal & Ports→Port Data Types 命令(如图 21-6 所示),查看信号的数据类型和模块输入/输出端口的数据类型。示例如图 21-7 所示。

图 21-6 查看信号的数据类型

执行命令前   执行命令后

图 21-7 信号的数据类型的显示

2. 数据类型的统一

如果模块的输出/输入信号支持的数据类型不相同,则在仿真时会弹出错误提示对话框,告知出现冲突的信号和端口。此时可以尝试在冲突的模块间插入 DataTypeConversion 模块来解决类型冲突。

实例——信号冲突

源文件：yuanwenjian/ch21/xinhaochongtu.slx

本实例演示解决信号冲突的方法。

操作步骤

（1）在如图 21-8 所示的示例模型中，当常数模块的输出信号类型设置为布尔型时，由于连续信号积分器只接受 double 类型信号，所以弹出出错提示框。

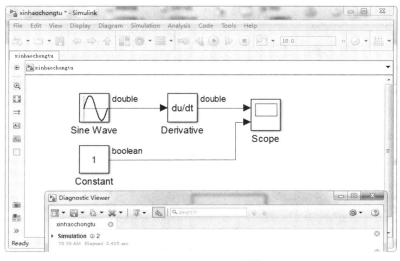

图 21-8　数据类型示例模型

（2）在示例模型中插入 DataTypeConversion 模块，并将其输出改成 double 数据类型，如图 21-9 所示。

图 21-9　修改后的示例

3. 复数类型

Simulink 默认的信号值都是实数，但在实际问题中有时需要处理复数信号。在 Simulink 中通常用 Real-Image to Complex 模块和 Magnitude-Angle to Complex 模块来建立处理复数信号的模型。

实例——输出复数

源文件：yuanwenjian/ch21/fushu.slx

本实例创建输出复数的仿真模型。

操作步骤

在模型中加入 constant 模块，并将其参数设为复数。

➜ 分别生成复数的虚部和实部：在 Simulink 库的 Math Operations 子库中用 Real-Image to Complex 模块把它们联合成一个复数。

➜ 分别生成复数的幅值和幅角：在 Simulink 库的 Math Operations 子库中用 Magnitude-Angle to Complex 模块把它们联合成一个复数。如图 21-10 所示。

图 21-10　复数信号模型

21.2　Simulink 模块库

Simulink 模块库提供了各种基本模块，它按应用领域以及功能组成若干子库，大量封装子系统模块按照功能分门别类地存储，以方便查找，每一类即为一个模块库。如图 21-11 所示的 Simulink Library Browser 窗口按树状结构显示，以方便查找模块。本节介绍 Simulink 常用子库中的常用模块库中模块的功能。

图 21-11　Simulink Library Browser 窗口

21.2.1　常用模块库

1．Commonly Used Blocks 库

双击 Simulink 模块库窗口中的 Commonly Used Blocks，即可打开常用模块库，如图 21-12 所示。常用模块库中的各子模块功能如表 21-1 所示。

图 21-12　常用模块库

表 21-1　Commonly Used Blocks 子库

模　块　名	功　　能
Bus Creator	将输入信号合并成向量信号
Bus Selector	将输入向量分解成多个信号，输入只接受从 Mux 和 Bus Creator 输出的信号
Constant	输出常量信号
Data Type Conversion	数据类型的转换
Demux	将输入向量转换成标量或更小的标量
Discrete-Time Integrator	离散积分器模块
Gain	增益模块
In1	输入模块
Integrator	连续积分器模块
Logical Operator	逻辑运算模块
Mux	将输入的向量、标量或矩阵信号合成
Out1	输出模块
Product	乘法器，执行标量、向量或矩阵的乘法
Relational Operator	关系运算，输出布尔类型数据
Saturation	定义输入信号的最大和最小值
Scope	输出示波器
Subsystem	创建子系统
Sum	加法器
Switch	选择器，根据第二个输入信号来选择输出第一个还是第三个信号
Terrainator	终止输出，用于防止模型最后的输出端没有接任何模块时报错
Unit Delay	单位时间延迟

2．Continuous 库

双击 Simulink 模块库窗口中的 Continuous，即可打开连续系统模块库，如图 21-13 所示。连续系统模块库中的各子模块功能如表 21-2 所示。

表 21-2　Continuous 子库

模　块　名	功　　能
Derivative	数值微分
Integrator	积分器与 Commonly Used Blocks 子库中的同名模块一样
State—Space	创建状态空间模型 $dx/dt = Ax + Bu$ $y = Cx + Du$
Transport Delay	定义传输延迟，如果将延迟设置得比仿真步长大，就可以得到更精确的结果
Transfer Fen	用矩阵形式描述的传输函数
Variable Transport Delay	定义传输延迟，第一个输入接收输入，第二个输入接收延迟时间
Zero-Pole	用矩阵描述系统零点，用向量描述系统极点和增益

图 21-13　连续系统模块库

21.2.2　子系统及其封装

若模型的结构过于复杂，则需要将功能相关的模块组合在一起形成几个小系统，即子系统，然后在这些子系统之间建立连接关系，从而完成整个模块的设计。这种设计方法实现了模型图表的层次化。将使整个模型变得非常简洁，使用起来非常方便。

用户可以把一个完整的系统按照功能划分为若干个子系统，而每一个子系统又可以进一步划分为更小的子系统，这样依次细分下去，就可以把系统划分成多层。

如图 21-14 所示为一个二级系统图的基本结构。

图 21-14　二级系统图的基本结构

模块的层次化设计既可以采用自上而下的设计方法，也可以采用自下而上的设计方法。

1. 子系统的创建方法

在 Simulink 中有两种创建子系统的方法。

（1）通过子系统模块来创建子系统。

打开 Simulink 模块库中的 Ports＆Subsystems 库，如图 21-15 所示。选中 Subsystem 模块，将其拖动到模块文件中，如图 21-16 所示。

图 21-15 Simulink Library Browser 窗口

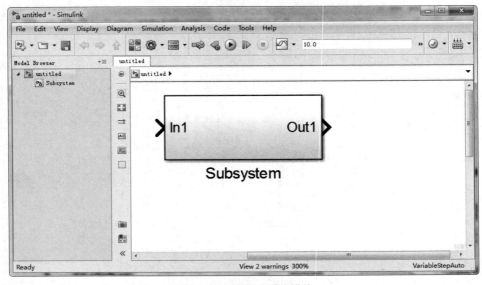

图 21-16 放置子系统模块

双击 Subsystem 模块，打开 Subsystem 文件，如图 21-17 所示。在该文件中绘制子系统图，然后保存即可。

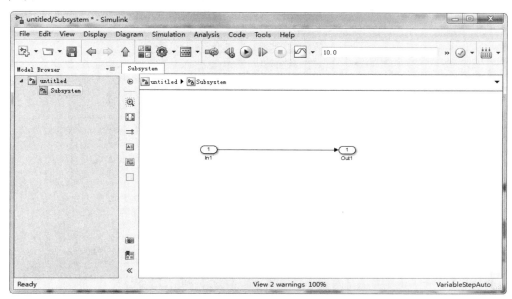

图 21-17　打开子系统图

（2）组合已存在的模块集。

打开 Model Browser（模块浏览器）面板，如图 21-18 所示。单击面板中相应的模块文件名，在编辑区内就会显示对应的系统图。

图 21-18　打开 Model Browser（模块浏览器）面板

选中其中一个模块，选择菜单栏中的 Diagram（图表）→Subsystem&Model Reference→Create Subsystem from Selection 命令，模块自动变为 Subsystem 模块，如图 21-19 所示，同时在左侧的

Model Browser（模块浏览器）面板中显示下一个层次的 Subsystem 图。

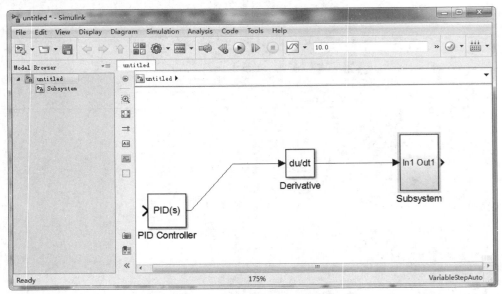

图 21-19　显示子系统图层次结构

在左侧的 Model Browser（模块浏览器）面板中单击子系统图或在编辑区双击变为 Subsystem 的模块，打开子系统图，如图 21-20 所示。

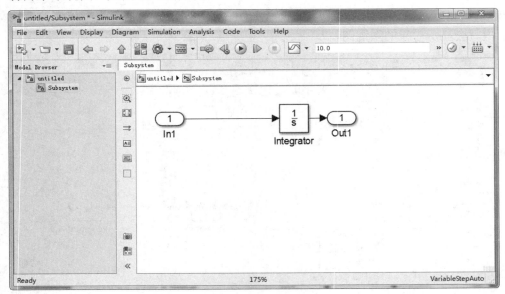

图 21-20　Subsystem 图

2. 封装子系统

封装后的子系统为子系统创建可以反映子系统功能的图标，可以避免用户在无意中修改子系统中模块的参数。

选择需要封装的子系统，选择 Diagram（图表）→Mask→Create Mask 命令，弹出如图 21-21 所示的封装编辑器对话框，从中设置子系统中的参数。

图 21-21　Mask Editor 对话框

单击 Apply（应用）按钮或 OK 按钮，保存参数设置。

双击封装前的子系统图后，进入子系统图文件；封装后的子系统拥有与 Simulink 提供的模块一样的图标，图 21-22 所示为显示添加 image 封装属性后的对话框。

图 21-22　Block Parameters: Subsystem 对话框

扫一扫，看视频

实例——封装信号选择输出

源文件：yuanwenjian/ch21/min_max.slx

本实例演示封装信号选择输出子系统。

操作步骤

选择需要封装的 Subsystem 模块，选择 Diagram（图表）→Mask→Create Mask 命令，弹出封装编辑器对话框。选择 Parameters（参数）选项卡，输入参数，如图 21-23 所示。

图 21-23　Parameters（参数）选项卡

　　按照如图 21-24 所示设置 Documentation 选项卡，设置封装子系统的封装类型、模块描述和模块帮助信息。

图 21-24　Documentation 选项卡

单击 Apply 按钮或 OK 按钮，保存参数设置。

双击 Subsystem 模块，弹出如图 21-25 所示的参数对话框，显示添加的封装参数。

图 21-25 Block Parameters: Subsystem 对话框

21.3 模块的创建

模块是 Simulink 建模的基本元素，了解各个模块的作用是熟练掌握 Simulink 的基础。下面介绍利用 Simulink 进行系统建模和仿真的基本步骤。

（1）绘制系统流图。首先将所要建模的系统根据功能划分成若干子系统，然后用模块来搭建每个子系统。

（2）启动 Simulink 模块库浏览器，新建一个空白模型窗口。

（3）将所需模块放入空白模型窗口中，按系统流图的布局连接各模块，并封装子系统。

（4）设置各模块的参数以及与仿真有关的各种参数。

（5）保存模型，模型文件的后缀名为.mdl。

（6）运行并调试模型。

21.3.1 创建模块文件

启动 Simulink，打开 Simulink Start Page 窗口，如图 21-26 所示。

图 21-26 Simulink Start Page 窗口

（1）单击 Blank Model（空白模型），创建空白模块文件，如图 21-27 所示。后面详细介绍模块的编辑。

图 21-27　自建模型库

（2）单击 Blank Library（空白库），创建空白模块库文件。通过自定义模块库，可以集中存放为某个领域服务的所有模块。

在 Simulink 模型窗口中选择 File（文件）→New（新建）→Library（库）命令，弹出一个空白的库窗口，将需要的模块复制到模块库窗口中即可创建模块库，如图 21-28 所示。

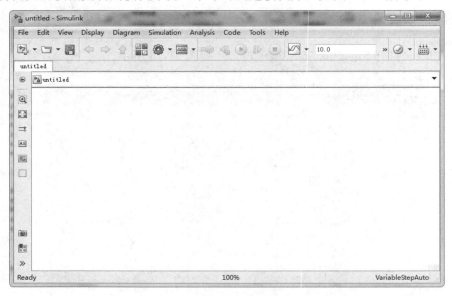

图 21-28　创建模块文件

（3）单击 Blank Project（空白项目），建空白项目文件。执行该命令后，弹出如图 21-29 所示的 Create Project（创建项目）对话框，设置项目文件的路径与名称。

图 21-29　Create Project 对话框

单击 Create Project（创建项目）按钮，创建项目文件，如图 21-30 所示。

图 21-30　项目文件编辑环境

21.3.2　模块的基本操作

打开 Simulink Library Browser 窗口，在左侧的列表框中选择特定的库文件，在右侧显示对应的模块。

1. 模块的选择

- ↳ 选择一个模块：单击要选择的模块，当选择一个模块后，之前选择的模块被放弃。
- ↳ 选择多个模块：按住鼠标左键不放拖动鼠标，将要选择的模块包括在鼠标画出的方框里；或者按住 Shift 键，然后逐个选择。

2. 模块的放置

模块的放置包括以下两种：

❏ 将选中的模块拖动到模块文件中。

❏ 在选中的模块上单击鼠标右键，弹出如图 21-31 所示的快捷菜单，选择 Add block to model untitled 命令，完成放置的模块如图 21-32 所示。

图 21-31　快捷菜单

图 21-32　放置模块

3. 模块的位置调整

❏ 不同窗口间复制模块：直接将模块从一个窗口拖动到另一个窗口。

❏ 同一模型窗口内复制模块：先选中模块，然后按 Ctrl+C 组合键，再按 Ctrl+V 组合键；还可以在选中模块后，通过菜单栏 Edit（编辑）→Cut（剪切）或快捷菜单 Copy（复制）来实现。

❏ 移动模块：按下鼠标左键直接拖动模块。

❏ 删除模块：先选中模块，再按 Delete 键或者通过快捷菜单命令 Delete 来实现。

4. 模块的属性编辑

❏ 改变模块大小：先选中模块，然后将移到鼠标模块方框的一角，当鼠标指针变成两端有箭头的线段时，按下鼠标左键拖动模块图标，以改变图标大小。

❏ 调整模块的方向：先选中模块，然后通过菜单栏中的 Diagram（图表）→Rotate&Flip（旋转/翻转）→Clockwise（顺时针方向的）或 Counterclockwise（逆时针方向）来改变模块方向。

❏ 给模缝加阴影：先选中模块，然后通过菜单栏中的 Diagram（图表）→Format（格式）→Shadow（阴影）来改变给模块添加阴影，如图 21-33 所示。

添加前　　添加后

图 21-33　给模块添加阴影

❏ 修改模块名：双击模块名，然后修改。

❏ 模块名的显示与否：先选中模块，然后通过菜单栏中的 Disgram（图表）→Format（格式）→Show Block Name（显示块名称）子菜单来决定是否显示模块名。

❏ 改变模块名的位置：先选中模块，然后通过菜单栏中的 Disgram（图表）→Rotate& Flip（旋转/翻转）→Flip Block Name（翻转块名称）菜单来改变模块名的显示位置。

21.3.3 模块参数设置

1. 参数设置

双击模块或选择菜单栏中的 Diagram（图表）→Block Parameters（块参数）命令或选择右键快捷命令 Block Parameters（块参数），弹出 Block Parameters Derivative（模块参数设置）对话框，如图 21-34 所示。

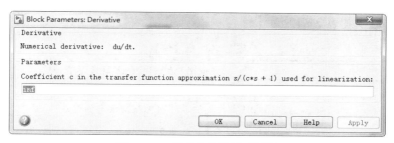

图 21-34　模块参数设置对话框

2. 属性设置

选择菜单栏中的 Diagram（图表）→Properties（属性）命令或选择右键命令 Properties（属性），弹出 Block Properties: Derivative 属性设置对话框，如图 21-35 所示，其中包括如下 3 项内容。

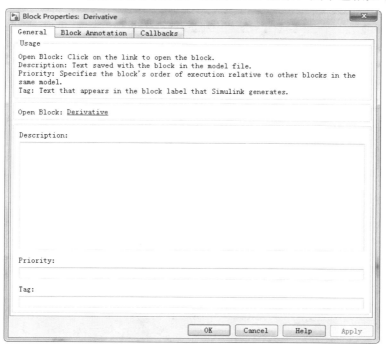

图 21-35　模块属性设置对话框

（1）General（通用）选项卡。

➥ Description：用于注释该模块在模型中的用法。

- Priority：定义该模块在模型中执行的优先顺序，其中优先级的数值必须是整数，且数值越小（可以是负整数），优先级越高，一般由系统自动设置。
- Tag：为模块添加文本格式的标记。

（2）Block Annotation（块注释）选项卡。

指定在图标下显示模块的参数、取值及格式。

（3）Callbacks（回调函数）选项卡。

用于定义该模块发生某种指定行为时所要执行的回调函数。对信号进行标注和对模型进行注释的方法分别如表21-3和表21-4所示。

表21-3　标注信号

任　　务	Microsoft Windows 环境下的操作
建立信号标签	直接在直线上双击，然后输入
复制信号标签	按住 Ctrl 键，然后按住鼠标左键选中标签并拖动
移动信号标签	按住鼠标左键选中标签并拖动
编辑信号标签	在标签框内双击，然后编辑
删除信号标签	按住 Shift 键，然后单击选中标签，再按 Delete 键
用粗线表示向量	选择 Foamat→Port/Signal Displays→Wide Nonscalar Lines 命令
显示数据类型	选择 Foamat→Port/Signal Displays→Port Data Types 命令

表21-4　注释模型

任　　务	Microsoft　Windows 环境下的操作
建立注释	在模型图标中双击，然后输入文字
复制注释	按住 Ctrl 键，然后按住鼠标左键选中注释文字并拖动
移动注释	按住鼠标左键选中注释并拖动
编辑注释	单击注释文字，然后编辑
删除注释	按住 Shift 键，然后选中注释文字，再按 Delete 键

扫一扫，看视频

实例——滤波信号输出

源文件：yuanwenjian/ch21/lbxh.slx

本实例演示滤波器中的正弦余弦信号，如图21-36所示。

操作步骤

在 MATLAB "主页" 选项卡中选择 "新建" → "SIMULINK 模型" 命令，打开 Simulink 模型文件。

1. 打开库文件

选择菜单栏中的 View（视图）→Library Browser（搜索库）命令，弹出模块库浏览器。

2. 放置模块

在模块库中，选择 Simulink→Source 中的正弦信号模块 Sine Wave，将其拖动到模型中。

选择 Dsp System Toolbox→Sinks 库中的滤波器模块 Scope，将其拖动到模型中。

3．仿真模型中参数的设定

设置第二个 Sine Wave 模块中的 Phrase（相位）为 pi/2，连接模块，结果如图 21-36 所示。

4．仿真分析

单击工具栏中的 Run 按钮 ▶，弹出 Scope 窗口，在滤波器中显示了分析结果，如图 21-37 所示。

图 21-37　滤波器分析图

图 21-36　创建模型图

实例——正弦波信号输出

源文件：yuanwenjian/ch21/zxbxh.slx

本实例演示 $x = \cos t, y = \int_0^t x(t)\mathrm{d}t$，用正弦波发生器显示信号。

操作步骤

在 MATLAB "主页" 选项卡中选择 "新建" → "SIMULINK 模型" 命令，打开 Simulink 模型文件。

1．打开库文件

选择菜单栏中的 View（视图）→Library Browser（搜索库）命令，弹出模块库浏览器。

2．放置模块

在模块库中，选择 Simulink→Commonly Used Block 中的 1 个正弦信号模块 Sine Wave，将其拖动到模型中。

选择 Simulink→Sinks 库中的 XY 图模块 XY Graph，将其拖动到模型中。

选择 Simulink→Commonly Used Block 库中选择 Integrator 积分模块，将其拖动到模型中。

3. 仿真模型中参数的设定

设置 Sine Wave 模块中的 Phrase（相位）为 pi/2，默认积分模块 Intergrator 参数；XY Graph 中，X 的范围为-1.5~1.5，Y 的范围为-1.2~1.2。连接模块，结果如图 21-38 所示。

图 21-38　创建模型图

4. 仿真分析

单击工具栏中的 Run 按钮 ▶，弹出 XY Graph 对话框，其中显示了分析结果，如图 21-39 所示。

设置 XY Graph 中 X 的取值范围为"-5 5"，单击工具栏中的 Run 按钮 ▶，弹出 XY Graph 对话框，分析结果如图 21-40 所示。

图 21-39　XY 图 1

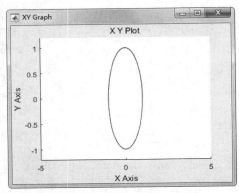

图 21-40　XY 图 2

21.3.4　模块的连接

1. 直线的连接

↳　连接模块：先选中源模块，然后按住 Ctrl 键并单击目标模块，如图 21-41 所示。

选中源模块　　　　　按住 Ctrl 键并单击目标模块　　　　　完成连线

图 21-41　连接模块流程

➲ 断开模块间的连接：先按住 Shift 键，然后拖动模块到另一个位置；或者将鼠标指向连线的箭头处，当出现一个小圆圈圈住箭头时，按下鼠标左键并移动连线，如图 21-42 所示。同时也可以直接选中连线，按 Delete 键删除。

　　圈住箭头　　　　　　　　　　移动连线　　　　　　　　　　删除连线

图 21-42　断开连接模块流程

➲ 在连线之间插入模块：拖动模块到连线上，使模块的输入/输出端口对准连线，如图 21-43 所示。

　　未连接前　　　　　　　　拖动模块到连线上　　　　　　　完成连线

图 21-43　在连线之间插入模块流程

📝 知识拓展：

模块不止可以在连线之间插入模块，还可以在连线之外插入模块进行连接，如图 21-44 所示。

　　未连接前　　　　　　　　　　　　　　　　　拖动模块

　　向外拖动模块　　　　　　　　　　　　　　　完成连线

图 21-44　在连线之外插入模块流程

2. 直线的编辑

- ❧ 选择多条直线：与选择多个模块的方法一样。
- ❧ 选择一条直线：单击要选择的连线，选择一条连线后，之前选择的连线被放弃。
- ❧ 连线的分支：按住 Ctrl 键，然后拖动直线；或者按下鼠标左键并拖动直线。
- ❧ 移动直线段：按住鼠标左键直接拖动直线。
- ❧ 移动直线顶点：将鼠标指向连线的箭头处，当出现一个小圆圈圈住箭头时，按住鼠标左键移动连线。
- ❧ 直线调整为斜线段：按住 Shift 键，鼠标变为圆圈，将圆圈指向需要移动的直线上的一点，并按下鼠标左键直接拖动直线，如图 21-45 所示。

鼠标变为圆圈　　　　　　　　　　　　　　　　　向斜上方拖动

完成斜线

图 21-45　斜线的操作

- ❧ 直线调整为折线段：按住鼠标左键不放直接拖动直线，如图 21-46 所示。

选中连线　　　　　　　　　　　　　　　　　　向下方拖动

放开鼠标

图 21-46　折线的操作

📽 **知识拓展：**

> Simulink 提供了通过命令行建立模型和设置模型参数的方法。一般情况下，用户不需要使用这种方式来建模，因为它很不直观，这里不再介绍。

实例——最大值最小值输出

源文件：yuanwenjian/ch21/sine_max_min.slx

本实例演示正弦信号的最大值最小值输出。

操作步骤

（1）打开 Simulink 模块库中的 Commonly Used Blocks 库，选中 Subsystem 模块，将其拖动到模型中。

选择 Source 库中的正弦信号模块 Sine Wave，Commonly Used Blocks 库中的定义输入信号的最大和最小值模块 Saturation，将其拖动到模型中，结果如图 21-47 所示。

（2）双击 Subsystem 模块图标，打开 subsystem 模块编辑窗口。

（3）在新的空白窗口创建子系统，选择 Commonly Used Blocks 库中的将输入信号合并成向量信号模块 Bus Creator，结果如图 21-48 所示。

图 21-47　创建子系统图

图 21-48　绘制 Subsystem 模块

实例——信号输出

源文件：yuanwenjian/ch21/signal_output.slx

本实例演示信号选择输出。

操作步骤

（1）打开 Simulink 模块库中的 Commonly Used Blocks 库，选中 Switch（选择器）模块、Scope（示波器）模块，将其拖动到模型中。

（2）选择 Source 库中的正弦信号模块 Sine Wave、Constant 模块、Chirp Signal 模块，连接模块，结果如图 21-49 所示。

（3）选中要创建成子系统的模块，如图 21-50 所示。选择菜单栏中的 Diagram（图表）→Subsystem &Model Reference→Create Subsystem from Selection 命令，模块自动变为 Subsystem 模块，结果如图 21-51 所示。

图 21-49　模块绘制结果

图 21-50　选中已存在的模块

图 21-51   创建子系统

动手练一练——创建线性定常离散时间系统

创建图 21-52 所示的线性定常离散时间系统进行建模与仿真。

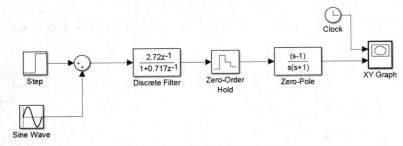

图 21-52   离散时间系统模型

思路点拨：

源文件：yuanwenjian/ch21/Discrete_time.slx
（1）打开模块库。
（2）放置模块。
（3）设置模块参数。
（4）连接模块。

21.4　仿 真 分 析

Simulink 的仿真性能和精度受许多因素的影响，包括模型的设计、仿真参数的设置等。可以通过设置不同的相对误差或绝对误差参数值，比较仿真结果，并判断解是否收敛，设置较小的绝对误差参数。

21.4.1　仿真参数设置

在模型窗口中选择 Simulation→Mode Configuration Parameters 命令，打开设置仿真参数的对话框，如图 21-53 所示。
下面介绍不同面板中参数的含义。
（1）solver 面板。
要用于设置仿真开始和结束时间，选择解法器，并设置相应的参数，如图 21-54 所示。

图 21-53 设置仿真参数的对话框

图 21-54 Solver 面板

Simulink 支持两类解法器：固定步长和变步长解法器。Type 下拉列表用于设置解法器类型，Solver 下拉列表用于选择相应类型的具体解法器。

（2）Data Import/Export 面板。

主要用于向 MATLAB 工作空间输出模型仿真结果，或从 MATLAB 工作空间读入数据到模型，如图 21-55 所示。

图 21-55　Data Import/Export 面板

- Load from workspace：设置从 MATLAB 工作空间向模型导入数据。
- Save to Workspace or file：设置向 MATLAB 工作空间输出仿真时间、系统状态、输出和最终状态等。
- Save options：设置向 MATLAB 工作空间输出数据。

21.4.2　仿真的运行和分析

仿真结果的可视化是 Simulink 建模的一个特点，而且 Simulink 还可以分析仿真结果。仿真运行方法包括以下 4 种。

- 选择菜单栏中的 Simulation→Run 命令。
- 单击工具栏中的 Run 按钮 。
- 通过命令行窗口运行仿真。
- 从 M 文件中运行仿真。

为了使仿真结果能达到一定的效果，仿真分析还可采用几种不同的分析方法。

1. 仿真结果输出分析

在 Simulink 中输出模型的仿真结果有如下 3 种方法。

- 在模型中将信号输入 Scope（滤波器）模块或 XY Graph 模型。
- 将输出写入 To Workspace 模块，然后使用 MATLAB 绘图功能。
- 将输出写入 To File 模块，然后使用 MATLAB 文件读取和绘图功能。

2．线性化分析

线性化就是将所建模型用如下的线性时不变模型进行近似表示：

$$\begin{cases} \dot{x} = Ax + Bu \\ y = Cx + Du \end{cases}$$

其中，x、u、y 分别表示状态、输入和输出的向量。模型中的输入/输出必须使用 Simulink 提供的输入（Inl）和输出（Outl）模块。

一旦将模型近似表示成线性时不变模型，大量关于线性的理论和方法就可以用来分析模型。

在 MATLAB 中用函数 linmod()和 dlinmod()来实现模型的线性化，其中，函数 linmod()用于连续模型，函数 dlinmod()用于离散系统或者混杂系统。其具体使用方法如下。

➴ [A，B，C，D] =linmod(filename)

➴ [A，B，C，D]=dlinmod(filename，Ts)

其中参量 Ts 表示采样周期。

3．平衡点分析

Simulink 通过函数 trim()来计算动态系统的平衡点，所谓稳定状态点，就是满足 $x=f(x)$。并不是所有时候都有解，如果无解，则函数 trim()返回离期望状态最近的解。

21.4.3 仿真错误诊断

在运行过程中遇到错误，程序停止仿真，并弹出 Diagnostic Viewer 对话框，如图 21-56 所示。通过该对话框，可以了解模型出错的位置和原因。

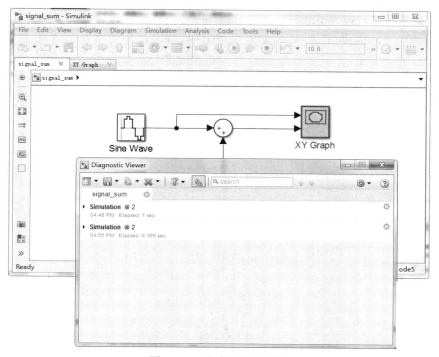

图 21-56 仿真诊断对话框

单击每一个错误左侧的展开按钮，列出了每个错误的信息，如图 21-57 所示，在蓝色文字上单击，在模块文件中显示对应的错误模型元素用黄色加亮显示。

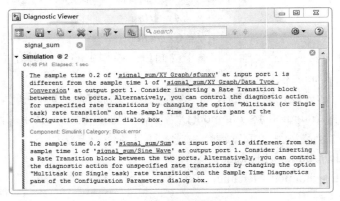

图 21-57　显示详细的错误信息

展开的错误信息包括 Message 的完整内容，包括出错原因和元素。

21.5　回调函数

为模型或模块设置回调函数的方法有下面两种。

➥　通过模型或模块的编辑对话框来设置。

➥　通过 MATLAB 相关的命令来设置。

在如图 21-58 和图 21-59 所示的 Model Properties（模型属性设置）和 Block Properties（模块属性设置）对话框的 Callbacks 选项卡中给出了回调函数列表，分别如表 21-5 和表 21-6 所示。

图 21-58　模型属性对话框

图 21-59　模块属性设置对话框

表 21-5 模型的回调参数

模型回调参数名称	参 数 含 义
CloseFcn	在模型图表被关之前调用
PostLoadFcn	在模型载入之后调用
InitFcn	在模型的仿真开始时调用
PostSaveFcn	在模型保存之后调用
PreLoadFcn	在模型载入之前调用,用于预先载入模型使用的变量
PreSaveFcn	在模型保存之前调用
StartFcn	在模型仿真开始之前调用
StopFcn	在模型仿真停止之后,在 StopFcn 执行前,仿真结果先写入工作空间中的变量和文件中

表 21-6 模块的回调参数

模块回调参数名称	参 数 含 义
ClipboardFcn	在模块被复制或剪切到系统粘贴板时调用
CloseFcn	使用 close-system 命令关闭模块时调用
CopyFcn	模块被复制之后调用,该回调对于子系统是递归的。如果是使用 add—block 命令复制模块,该回调也会被执行
DeleteFcn	在模块删除之前调用
DeleteChildFcn	从子系统中删除模块之后调用
DestroyFcn	模块被毁坏时调用
InitlFcn	在模块被编译和模块参数被估值之前调用
LoadFcn	模块载入之后调用,该回调对于子系统是递归的
ModelCloseFcn	模块关闭之前调用,该回调对于子系统是递归的
MoveFcn	模块被移动或调整大小时调用
NameChangeFcn	模块的名称或路径发生改变时
ParentCloseFcn	在关闭包含该模块的子系统或者用 new—system 命令建立的包含该模块的子系统时调用
PostSaveFcn	模块保存之后调用,该回调对于子系统是递归的
PreSaveFcn	模块保存之前调用,该回调对于子系统是递归的
StarFcn	模块被编译之后,仿真开始之前调用
StopFcn	仿真结束时调用
UndoDeleteFcn	一个模块的删除操作被取消时调用

21.6 S 函数

S 函数是一种描述动态系统的计算机语言,可以用 MATLAB、C、C++、Ada 和 Fortran 语言编写。用 C、C++等语言编写的 S 函数用 mex 命令可编译成 MEX 文件,从而可以像 MATLAB 中的其他 MEX 文件一样,动态地连接到 MATLAB。本章只介绍用 MATLAB 语言编写的 S 函数。

S 函数采用一种特殊的调用语法，使得 S 函数可以和 Simulink 解法器进行交互，这种交互与解法器和 Simulink 自带模块间的交互十分类似。S 函数可以用来描述连续、离散和混杂系统。

S 函数（System 函数）是扩展 Simulink 功能的强有力的工具，S 函数可以实现以下操作。

- ➥ 可以通过 S 函数用多种语言来创建新的通用性的 Simulink 模块。
- ➥ 编写好的 S 函数，可以在 User-Defined Functions 模块库的 S-function 模块中通过名称来调用，并可以进行封装。
- ➥ 可以通过 S 函数将一个系统描述成一个数学方程。
- ➥ 便于图形化仿真。
- ➥ 可以创建代表硬件驱动的模块。

21.7 综合实例——轴系扭转振动仿真

扫一扫，看视频

源文件：yuanwenjian/ch21/xiangyingquxianyupingmianquxian.flg 、 niudongzhuanju.slx 、 verderpol.m、niuzhuan.m

某柴油机 4 级系统振动微分方程

$$I\ddot{\varphi} + C\dot{\varphi} + K\varphi = T$$

其中，φ 是轴系各质量点扭振转角位移，轴系节点扭矩向量 T=1200N·m，轴系转动惯量 I=(0.002-6.7)kg·m^2，阻尼 C=13000 (N.m) s/rad，刚度矩阵 K=2000N/m。当 T=0 时，计算系统自由振动；$T\neq 0$，计算系统强迫振动。

系统强迫振动微分方程表述为

$$5\ddot{\varphi} + 13000\dot{\varphi} + 2000\varphi = 1200$$

将原微分方程修改为

$$\ddot{\varphi} = 240 - 2600\dot{\varphi} - 400\varphi$$

操作步骤

1. 创建模型文件

在 MATLAB "主页" 选项卡中选择 "新建" →SIMULINK 模型命令，打开 Simulink Start Page 窗口。

单击 Blank Model，创建空白模块文件，进入 Simulink 编辑环境。

2. 打开库文件

选择菜单栏中的 View(视图)→Library Browser(搜索库)命令，弹出如图 21-60 所示的 Simulink Library Browser （模块库浏览器）窗口。

3. 放置模块

在模块库中，选择 Simulink→Commonly Used Block 中的 1 个常数模块 Constant、2 个增益模块 Gain、2 个积分模块 Intergrator，将其拖动到模型中。

选择 Dsp System Toolbox→Sinks 库中的滤波器模块 Scope，将其拖动到模型中。

在 Simulink→Math 库中选择 Add 加法模块，将其拖动到模型中。

图 21-60　Simulink Library Browser 窗口

4．仿真模型中参数的设定

设置 Gain 模块中增益值为 400，Gain1 中增益值为 4000；常数模块 Constant 设置为 240、默认积分模块 Intergrator 参数，Add 加法模块设置 3 个减法。连接模块，结果如图 21-61 所示。

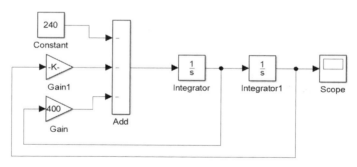

图 21-61　创建模型图

5．仿真分析

单击工具栏中的 Run 按钮 ⏵，弹出 Scope 对话框，在滤波器中显示分析结果，如图 21-62 所示。

图 21-62　滤波器分析图

6. 转化方程组

对系统强迫振动微分方程

$$5\ddot{\varphi} + 13000\dot{\varphi} + 2000\varphi = t$$

$$\varphi(0) = 1200, \quad \varphi(0) = 0, \quad t = 1200$$

上式为高阶微分方程，这里需要将其进行转换为一阶微分方程组，即状态方程，然后使用函数 ode45 进行求解。

令 $x1 = \varphi$，$x2 = \dot{\varphi}$，则状态方程为

$$\dot{x}_1 = x_2$$

$$\dot{x}_2 = 0.2t - 400x_1 - 2600x_2$$

7. 时间响应曲线与平面曲线

（1）创建函数文件 verderpol.m。

```
function [ xn ] = verderpol(t,x )
global  mu;
xn=[x(2);0.2*mu-400*x(1)-2600*x(2)];
end
```

（2）在命令行窗口中输入下面的程序。

```
>> global  mu;
>> mu=1200;
>> y0=[1200;0]
>> [t,x]=ode45(@verderpol,[0,1200],y0);    %求解微分方程
>> subplot(1,2,1);plot(t,x);
>> title('时间响应曲线')                     %绘制系统时间响应曲线
```

```
>> subplot(1,2,2);plot(x(:,1),x(:,2))                    %绘制平面曲线
>> title('平面曲线')
```

（3）执行程序后，弹出图形界面，如图 21-63 所示。

图 21-63　时间响应曲线与平面曲线

在图形界面选择菜单栏中的"文件"→"另存为"命令，将生成的图形文件保存为 xiangyingquxianyupingmianquxian.flg。